谨以此书
向张家港建县（市）60周年献礼
（1962—2022）

沙上文化系列丛书（十九）

张家港沙上围垦史料丛编

第一辑

张家港市沙上文化研究会 编

周新华 主编

图书在版编目（CIP）数据

张家港沙上围垦史料丛编. 第一辑 / 张家港市沙上文化研究会编；周新华主编. -- 苏州：苏州大学出版社，2023.8

（沙上文化系列丛书；十九）

ISBN 978-7-5672-4501-3

Ⅰ.①张… Ⅱ.①张… ②周… Ⅲ.①砂土－围垦－农业史－史料－张家港 Ⅳ.①S277.4-092

中国国家版本馆CIP数据核字（2023）第143144号

ZHANGJIAGANG SHASHANG WEIKEN SHILIAO CONGBIAN（DI-YI JI）

书　　名	张家港沙上围垦史料丛编（第一辑）
编　　者	张家港市沙上文化研究会
主　　编	周新华
策　　划	刘　海
责任编辑	刘　海
装帧设计	吴　钰
出版发行	苏州大学出版社（Soochow University Press）
出 品 人	盛惠良
社　　址	苏州市十梓街1号　邮编：215006
印　　刷	苏州工业园区美柯乐制版印务有限责任公司
网　　址	www.sudapress.com
邮购热线	0512-67480030
销售热线	0512-67481020
开　　本	787 mm×1 092 mm　1/16　印张：19.5　字数：451千
版　　次	2023年8月第1版
印　　次	2023年8月第1次印刷
书　　号	ISBN 978-7-5672-4501-3
定　　价	98.00元

若有印装错误，本社负责调换
苏州大学出版社营销部　电话：0512-67481020
苏州大学出版社邮箱　sdcbs@suda.edu.cn

《张家港沙上围垦史料丛编（第一辑）》
编委会

(按姓氏笔画排序)

编 委 马春青　王皓琼　吕大安

　　　　　许海峰　李刚强　李洪生

　　　　　杨子才　何坤明　沙立平

　　　　　陈兆祥　林　源　周新华

　　　　　倪惠芬　徐乐涛

主 编 周新华

副主编 王兴亮　吕大安　黄志刚

编 辑 说 明

《张家港沙上围垦史料丛编（第一辑）》由八个部分组成：围垦地图及照片资料，方志围垦资料，报刊围垦资料，地方文史及个人文集资料，档案围垦资料，家谱围垦资料，诗歌、民谣、轶闻传说，围垦相关研究成果。从资料门类上看，涵盖政治、经济、军事、地理、水利、气候、人文、风俗、宗族、人物、教科文卫、文学（包括诗歌、散文、神话传说、民歌、民谣、奇闻趣事）、乡土掌故等多个方面，资料丰富，弥足珍贵。从一定意义上说，这是张家港沙上文化研究的一部百科全书。我们在编纂中注意了以下几点：

一、所编录资料的时间跨度从事物或事件发端至2020年，以时间先后为序编录。

二、所编录资料的内容尽可能全面完整。凡涉及张家港沙上围垦的资料尽可能全部编录，即使是一般消息，也照样辑录，以尽量满足各类读者包括研究人员之需。

三、所编录资料，如有特别重大的价值或涉及人物、地方典故，编者适当加按语，作简要说明。

四、所编录资料的标题一般不做改动，以存原貌。对于个别结构不完整、不足以说明主题的标题予以补足，或酌情补加标题。

五、由于年代久远，或受当时印刷条件和纸张质量所限，不少资料难免有版面破损、缺字和漫漶不清之处，加之有些影印本幅面缩小了一半，给字词的辨识造成了一定困难。编录者在存真、求实、慎动的原则下，将原文中的繁体字、异体字改为现行规范的简化字；原文中残缺不全或无法辨认的字用"□"表示；对原文中的术语和称谓，如"知事""司事"等，一般不另作注释；对原文中的繁冗之处，则作删略处理。

六、所编录的资料涉及不同历史时期，标点的使用和段落的划分与当下的规范多有差异，早期的既不分段也无标点，中期的则是一顿到底，后期的分段虽有句号，但一段中尽是逗号，编录时按原意分段并根据现行规范加上标点符号。

编 者

2022年7月

序

万里长江，浩荡向东，在奔流入海前的最后一湾处聚沙成洲，孕育了一块年轻而又神奇的江南新陆——张家港沙上地区。"穷奔沙滩富奔城"！数百年来，一代又一代移民过来的沙上人，白手起家，凿河筑坝，围垦修堤，辛勤耕耘，繁衍生息，接续奋斗，用汗水浇灌家园，凭智慧探索前行。中华人民共和国成立后，特别是党的十一届三中全会以来，改革开放的大潮在沙上唱响了一曲曲"春天的故事"，沙上地区发生了翻天覆地的变化。勤劳智慧的沙上人，在党的领导下，解放思想，敢想敢干，将曾经水患频仍、偏僻落后、交通闭塞的"边角料"地区，建设成了环境优美、物产丰饶、经济发达的黄金长江岸线，成了长三角乃至在中国改革开放中领风气之先的前沿窗口。

树高千丈必有根，江流千里必有源。沙上哪里来？沙上形成的脉络在何处？张家港市沙上文化研究会铭记使命，勇担重任，不断推进研究的广度和深度，把探寻的目光投向了沙上围垦史研究这一极其重要的领域。

迄今为止，有关张家港沙上围垦的资料散落于历朝历代各类文献资料中，不少近乎流失、湮没，随着沙上历史文化研究的不断深入，挖掘、收集、整理、编纂沙上围垦资料，已十分迫切。张家港市沙上文化研究会精心组织研究人员，经过调研走访、资料收集、辑篇成书、勘校审核等环节，倾注了大量饱含艰辛的心血和汗水，编纂出版了《张家港沙上围垦史料丛编（第一辑）》，为沙上文化研究增添了一部新品力作。值此《张家港沙上围垦史料丛编》首辑付梓之际，我代表中共江苏扬子江国际冶金工业园工作委员会、中共锦丰镇委员会，向全体编纂者、参与者和各有关热心人士表示崇高的敬意！

静心细读，翻阅一张张图照、一份份资料文献，探究沙上形成的"诗和远方"，宛如在时空隧道中与历史对话。

这是张家港市沙上文化研究领域一项具有重要基础性、战略性意义的寻根探源工程。2022年5月27日，习近平总书记在主持中共中央政治局就深化中华文明探源工程进行第三十九次集体学习时强调，经过几代学者接续努力，中华文明探源工程等重大工程的研究成果，实证了我国百万年的人类史、一万年的文化史、五千多年的文明史。中华文明探源工程成绩显著，但仍然任重而道远，必须继续推进、不断深化。编纂出版《张家港市沙上围垦史料丛编》，是我们贯彻落实习近平总书记重要讲话精神的重要举措。

这是向张家港建县（市）60周年献礼的传承守望之作。张家港市原名"沙洲县"，1962年建县，1986年撤县建市。境内围垦始于南宋，至20世纪90年代，历经700余年，共围垦土地85万亩，除去历年沿江南岸坍塌的土地，实际得土地70余万亩，约占全域土地总面积的三分之二，从一定意义上讲，历代沙上围垦，是形成沙上地域最重要、最根本的事件，代表了张家港市自然地理环境的生成演变过程，也是长三角地理地貌形成、农耕文明发育发展的一个缩影。沙上围垦史，浓缩了历代沙上人民改造自然、建设家园、发展生产、繁衍生息的奋斗史、创业史。2022年是张家港建县（市）60周年，六十一甲子，将《张家港沙上围垦史料丛编（第一辑）》作为献礼之作，对守望来时之路，传承奋斗之志，有着特殊的意义。

这是一部研究沙上围垦的专业书籍。《张家港沙上围垦史料丛编（第一辑）》共分八编。从资料门类上看，涵盖政治、经济、军事、地理、水利、人文、风俗、宗族、人物、科教文卫、文学（包括诗歌、散文、神话传说、民歌、民谣、奇闻趣事）、乡土掌故等诸多领域，资料丰富、内容翔实、系统严谨，其中有不少是第一次正式面世的资料，弥足珍贵。从一定程度上讲，《张家港沙上围垦史料丛编（第一辑）》是研究张家港沙上地区、苏南乃至长江下游形成演进历史的一座丰富的资源宝库，其功在当代、惠及子孙。

这是一项再现历代沙上人"拓荒牛"形象、激励当代沙上人建功立业的文化工程。"一切历史，都是当代史"。沙上围垦史是一面镜子，折射出一代又一代勤劳智慧的沙上人不怕贫穷落后、不向困难低头、敢于创新创业的坚强意志，折射出"崇文尚教、睿智谦和、自强不息、敢为人先"的独具沙上人特质的沙上精神。此书的编纂出版，将进一步提升沙上围垦史研究在传承弘扬先民创业精神中的独特地位和作用，进一步彰显沙上围垦史蕴藏的深刻含义和精神要义，以文化人，以史明志，让一代又一代沙上人，不忘初心、牢记使命，记得来时的路，迈好今后的步，发挥沙上精神的典型示范、价值导向作用，从这个角度讲，这项文化工程的意义远远超越它本身的价值。

文化是一个地区繁兴的底色和精神之源。依江而兴，向海图强，是流淌在沙上人血液里的特质。新时代沙上地区正大踏步融入长三角、对接大上海、参与"一带一路"建设和"双循环"新发展格局，积极贯彻"共抓大保护，不搞大开发"的战略导向，加快实施长江国家文化公园江苏先行示范段张家港区域建设工作，因此，《张家港沙上围垦史料丛编（第一辑）》的编纂出版是一项极具时代意义的资政文化工程。

作为张家港市产业发展主阵地、重要经济板块，冶金工业园（锦丰镇）肩负着争当区域高质量发展"领头雁"的重任。站在新的发展起点，统筹推动经济发展与文化软实力全面提升，掀起"三跃一争"行动高潮，成为一种更高层次的价值追求。编纂出版《张家港沙上围垦史料丛编》，目的就是要充分发挥本土丰厚的沙上文化底蕴优势，在整体保护和创新利用中提升沙上文化的认同感，让文化"软实力"成为经济发展"硬支撑"。冶金工业园（锦丰镇）将继续扛好沙上文化传承弘扬的大旗，大力支持开展沙上文化研究工作，为沙上地区高质量发展提供不竭精神动力。希望张家港市沙上文化研究会再接再厉，接续努力，紧扣时代主题，激活历史资源，多出精品力作，当好沙上文化研究的"领头羊"和生力军；勇担使命，成为新时代沙上地区文化建设与文明典范区镇创建的高级智囊和高端"智库"，办成在苏南乃至在长三角有影响力的文化研究会，为助力张家港高质量发展做出新的更大贡献！

2022 年 8 月

（作者系江苏扬子江国际冶金工业园党工委书记、锦丰镇党委书记）

目 录

第一编　围垦地图及照片资料　/　1

　　围垦地图　/　1
　　围垦照片　/　17

第二编　方志围垦资料　/　22

　　嘉靖江阴县志　/　22
　　重修常昭合志稿　/　24
　　重修常昭合志　/　26
　　沙洲县志　/　27
　　南沙镇志　/　44
　　南沙志　/　47
　　港区镇志　/　51
　　中兴镇志　/　52
　　德积镇志　/　56
　　大新镇志　/　59
　　锦丰镇志　/　61
　　合兴镇志　/　68
　　三兴镇志　/　77
　　乐余镇志　/　90
　　兆丰镇志　/　98
　　常阴沙农场志　/　107

第三编　报刊围垦资料　/　121

　　常熟日日报（1916—1922）　/　121
　　常熟青年日报　/　172

第四编　地方文史及个人文集资料　/　214

　　沙洲县文史资料选辑　/　214
　　常熟县文史资料辑存　/　252
　　筑圩法　/　255
　　荔圆楼集　/　259
　　荔圆楼续集附外集　/　260
　　画月录　/　262
　　韵荷诗文集　/　263
　　钱昌照回忆录　/　264
　　浮生百记　/　266
　　钱耕玉先生暨德配程夫人百龄诞辰追思录　/　267

第五编　档案围垦资料　/　269

　　财政部呈设立清理江苏沙田局文并批令　/　269
　　公牍"水利门"　/　269

第六编　家谱围垦资料　/　271

　　海虞禄园钱氏振鹿公支世谱　/　271

第七编　诗歌、民谣、轶闻传说　/　278

　　诗歌、民谣　/　278
　　轶闻传说　/　282

第八编　围垦相关研究成果　/　294

　　近代"沙田世家"——以鹿苑钱氏支系钱福祐家族为例　/　294

后记　/　301

第一编 围垦地图及照片资料

围垦地图

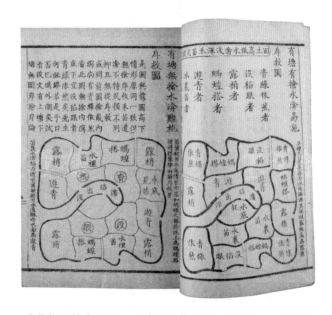

古代圩田技术图之一（清孙峻著《筑圩图说》）(1813)

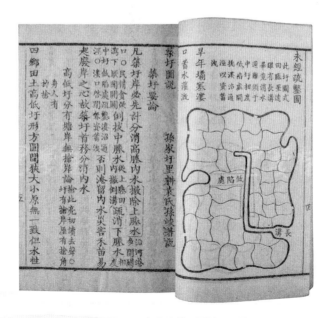

古代圩田技术图之二（清孙峻著《筑圩图说》）(1813)

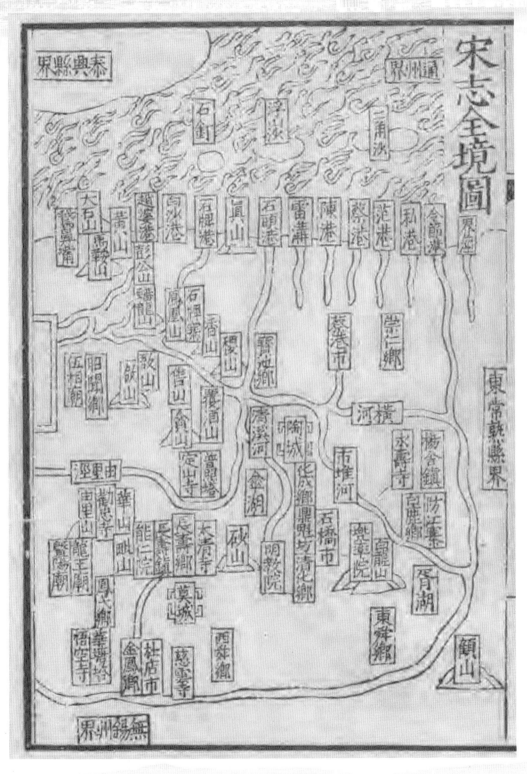

《嘉靖江阴县志》"宋志全境图"（1548）

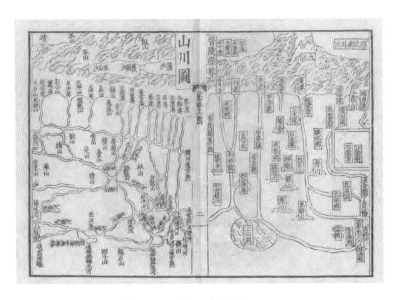

《嘉靖江阴县志》"山川图"（1548）

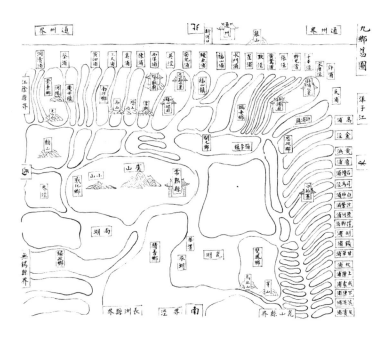

《崇祯常熟县志》"九乡旧图"（1639）

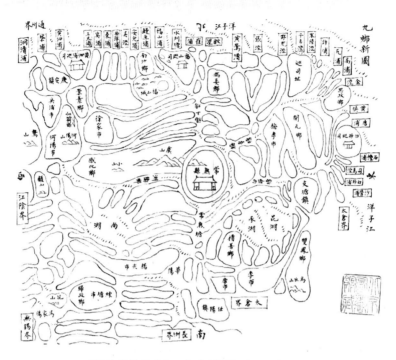

《崇祯常熟县志》"九乡新图"之一（1639）

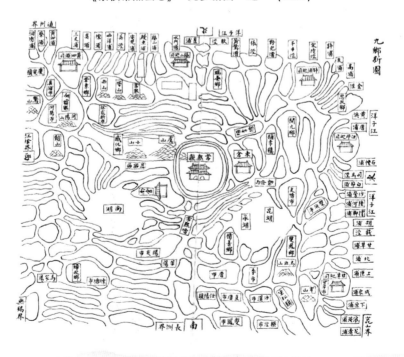

《崇祯常熟县志》"九乡新图"之二（1639）

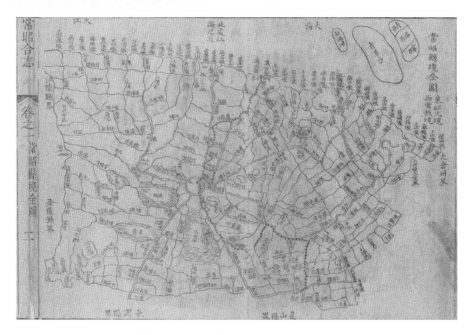

《乾隆常昭合志》嘉庆刻本"常昭县境全图"

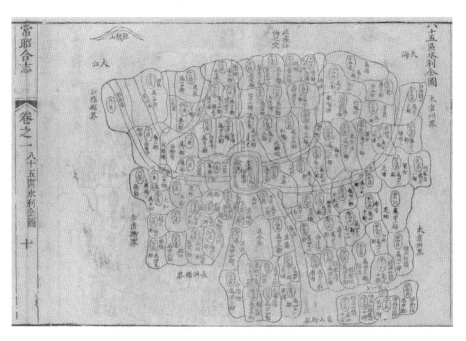

《乾隆常昭合志》嘉庆刻本"八十五区水利全图"

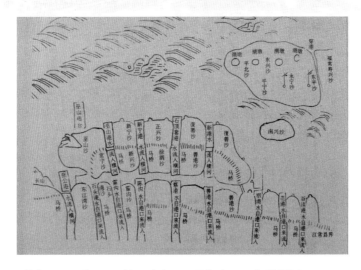

《乾隆江阴县志》"县境江防全图"局部之"西部岸线图"（1744）

《道光江阴县志》"县境全图"（1840）

《道光江阴县志》"营汛图"（1840）

《道光江阴县志》"江防营汛全图"（1840）

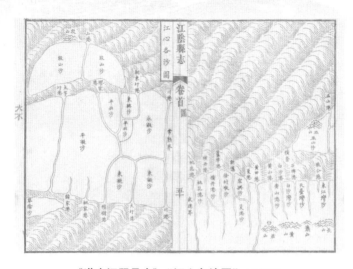

《道光江阴县志》"江心各沙图"（1840）

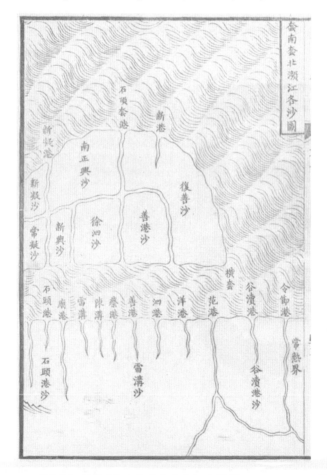

《道光江阴县志》"套南套北濒江各沙图"（1840）

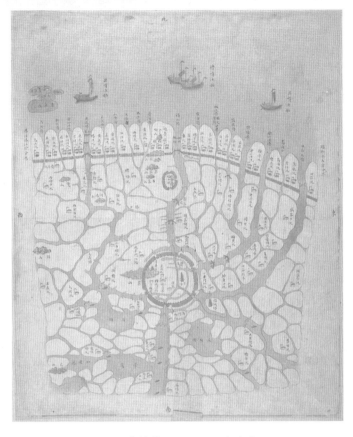

江阴、常熟营汛图（1861年左右）

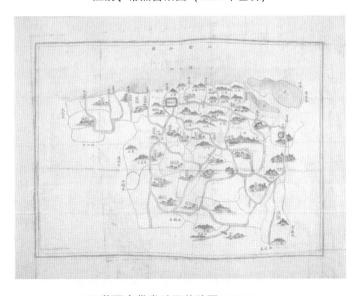

英国会带常胜军关防图（1861）

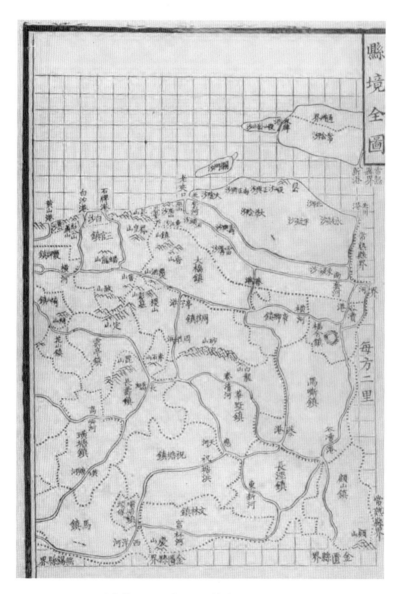

《光绪江阴县志》"县境全图"（1878）

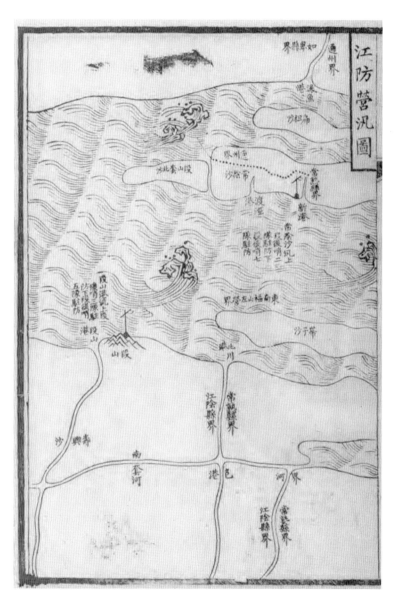

《光绪江阴县志》"江防营汛图"（1878）

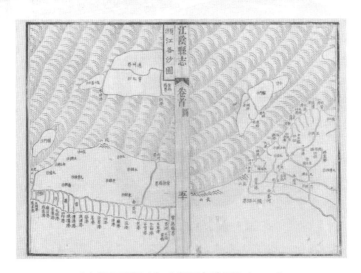

《光绪江阴县志》"濒江各沙图"（1878）

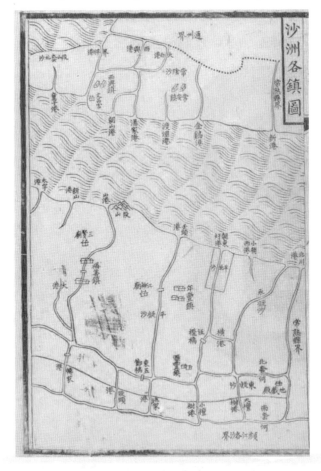

《光绪江阴县志》"沙洲各镇图"（1878）

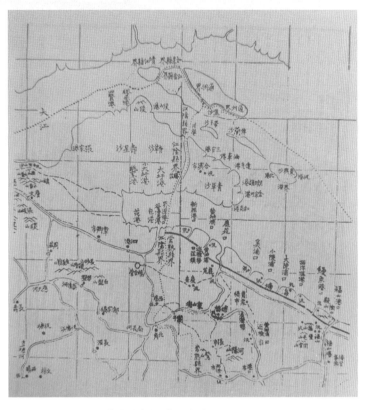

清光绪年间沙洲岸线图（1895）

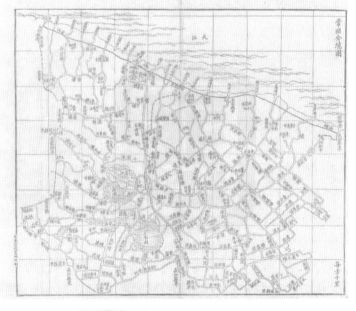

《光绪常昭合志》"常昭全境图"（1904）

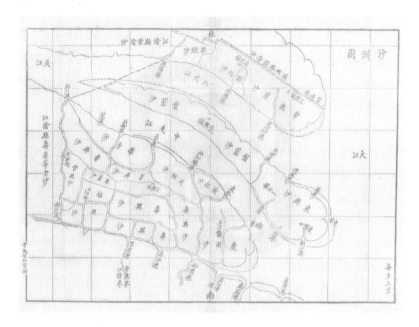

《光绪常昭合志》"沙洲图"（1904）

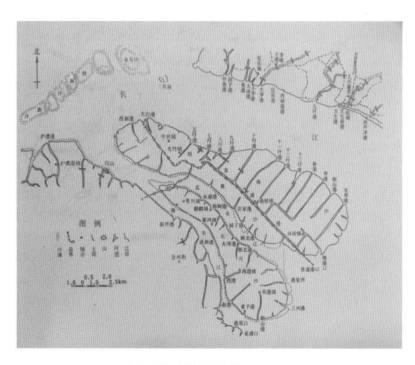

南北夹筑坝前沙洲岸线图（1911）

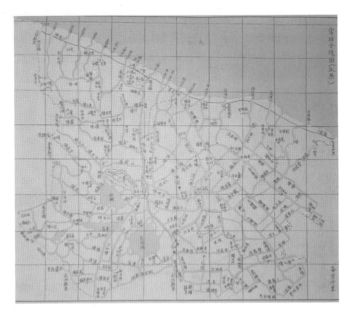

清末常昭全境图（水系）

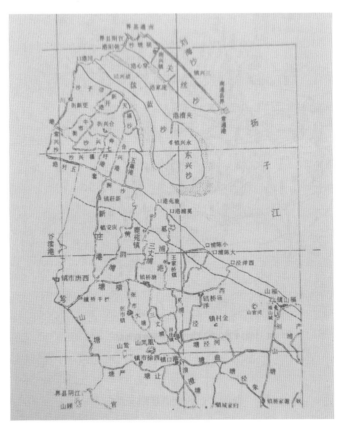

东部岸线图（1914）

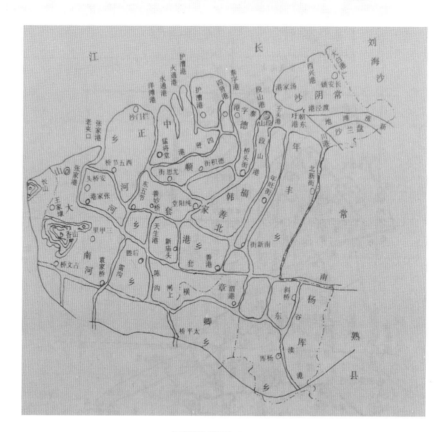

西部岸线图（1925）

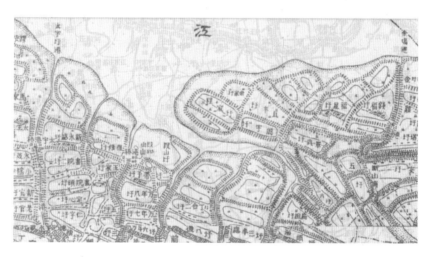

民国初年沙洲沿江地区圩田

围垦照片

常熟县沙洲区围垦共青圩办事处全体工作人员合影（1956）

沙洲县长江沿线围圩造田场景（1967）

沙洲县老海坝段长江保坍工程施工现场之一（20世纪70年代初）

沙洲县老海坝段长江保坍工程施工现场之二（20世纪70年代初）

扎芦把（俗称"草龙"）保江堤（1973）

东沙滩涂围垦（1975）

加固双山岛防洪江堤（1975）

乐余公社加固长江江堤（1976）

锦丰公社协仁大队民工参加开河工程（1977）

乐余镇抗洪保江堤（1991）

第二编 方志围垦资料

嘉靖江阴县志

明嘉靖二十七年（1548）刊印。

提封记·灾祥

乾道元年六月，常州水坏圩田。

【按】南宋乾道元年，为公元1165年（乙酉年）。这段文字是地方志中关于江南圩田的较早记载。

提封记·山川

芙蓉湖，陆羽记云："南控长州，东连江阴，北掩晋陵。周围一万五千三百顷。又号三山湖。"今皆为圩田。

食货记·田赋

国朝洪武十年，已垦田土六千八百三十八顷三十三亩。二十四年，攒造黄册，实征官民田地山滩九千九百一十一顷三十亩五厘二毫。永乐十年，实征官民田地山滩一万二千八百五十九顷三十五亩二分二厘一毫。宣德十年，实征官民田地山滩一万三千四百四顷六十亩一分六毫。天顺六年，实征官民田地山滩一万四千五十六顷四十一亩八分九厘五毫。

【按】上述记载表明，明代自洪武十年（1377）至天顺六年（1462）的八十多年间，江阴县境内"已垦田"的数量增长是十分明显的。其中，滩田——圩田的增长数量应该占较大比例。

国初定垦田几一万顷……惟新堪田亩系是边江浮土，有涨有坍，势不可常。

【按】县志记载：在《嘉靖江阴县志》成书的前几年——嘉靖二十一年（1542），全县核定田地山滩为11 416顷——较天顺年间减少了3 000多顷。基于长江洪水冲蚀及围田工程技术质量等诸多原因，沿江滩田、圩田时有坍蚀，数量减少也是自然的。

河防记·古今治水绩

宋天禧中，知军崔立开横河。

皇祐中，知军葛闳浚九里河。

嘉祐中，杨士彦重修横河。

政和甲午，县令王承奉重浚横河。县丞楚执柔重浚市墩河、东新河、令节港，造马嘶闸、唐市闸，筑利楚堰。

（明洪武）二十五年，浚陈港、蔡港、范港、谷渎港、东新河。

天顺二年，知县周斌重浚谷渎港、南新河、新沟、桃花港、九里河。

（正德）五年，右金都御史俞谏令民修筑圩坦。

【按】《嘉靖江阴县志·河防记》中说：治水理水的要务是疏浚河道，使排水泄洪通畅。治理河港与生产、民生关系密切。上述记载中提到的横河（东横河）、令节港、谷渎港、蔡港、范港、唐市闸等均在今张家港市境内。

河防记·附录·修筑圩坦事宜（摘录）

圩田内外所作横塘直浦、大岸小塍，亦是古人井田之遗法。古之井田赖沟浍封畛以备旱涝，今之圩田赖塘浦岸塍以备旱涝。

五等圩岸式：田低于水者，底阔一丈五尺；田与水平者，底阔一丈四尺；田高于水一尺者，底阔二丈二尺；田高于水二尺者，底阔一丈；田高于水三尺者，底阔九尺。

应修圩岸，该管排年，量田高下，照依五等岸式，督率圩户各就田头修筑。不论有田多寡，但以田头阔狭为则。假如田头阔五丈者，即修岸五丈；阔十丈者，即修岸十丈。或有逃户，田头及沟头岸则众共修筑。

低乡有等大圩，一遇雨水，茫然无救，该管人员务要督率圩户于其中多作径塍，分为小圩。

凡边临湖荡圩岸外，须种茭芦，以御风浪。其狭河宣泄去处，却不许一概侵种以遏水势。

高乡河埒，临水二三丈间不许人播耕种苎，以致浮土下河。

凡紧要泄水河内，但依古人建造水桥，宣泄快便。不得辄造石桥遏束水势。

【按】圩：低洼地区防水护田的土堤；坦：平而宽广的土地。《修筑圩坦事宜》的作者为明弘治年间常州府通判姚文灏。通判一职，明清时主要分掌粮运及农田水利等事务。姚文灏是治理河道、修筑圩田的行家里手，曾主持江阴县境内申港、利港、桃花港的疏浚工程，并有《河渠议》《九里河议》等文和《修圩歌》《开坝歌》《吴农开河谣》等诗歌。这篇《修筑圩坦事宜》，制订了五等级圩岸的修筑工程范式，规定了修圩筑圩的责任人、管理者，订立了大圩宜分小圩、圩岸内外种植乃至造桥等规条，是一份切实可行的修筑圩堤的章程。

列传·名宦

宋代

崔立 字本之，开封鄢陵人。天禧四年，知江阴军。属县利港湮废，教民浚治，农田大利。开横河六十里，通运漕。累迁太常少卿。进尚书工部侍郎。

杨士彦 嘉祐中以都官郎知江阴军。浚横河，有高绩。蒋静追论之，谓其功不在崔立下。

楚执柔 政和三年癸巳，丞江阴县。善知水道，尝治横河、市墩新河、代洪港，使水疏而不壅，节而不滥。白鹿、化成等十乡之田，频苦旱涝，尽除其患，农田资利，计亩凡六千五百七十三顷有畸。

明代

周斌 字国用，昌黎人。由进士擢监察御史。天顺元年以言事左迁。下车甫逾月，劝善直枉，痛绳奸恶。喜为百姓兴利，开通河港凡数十处，以广溉灌，民享其利。在任六年，迁开封府知府。既去，邑人为图像，留衣舄，勒碑纪德云。

重修常昭合志稿

光绪甲辰（1904），庞鸿文纂修。

疆域志·清末沙洲形势

沙洲地面，由潮泥淤积而成，其始突见于江心，农民筑坝乃成田亩，但以西塌东涨为常，或日渐移徙而连于江岸，往往月异而岁不同。今就近年形势述其大略如左：

南一洲 西与江阴县分界（分界有河），属常熟境者，地为三角形。南境邻乌沙港、新庄港、黄泗浦港，其西南角沿边一带为常兴沙。稍东为福兴沙，又东为寿兴沙，又东为庆凝沙抵海滩。西北沿边一带为青屏沙（沙中心地亦隶之）。其东为带子沙，福兴沙之北、青屏沙之南，为东盈沙。西北一带滨江之口，有北川港、范家港、北新套、三官殿港、北红线港、东大套、朝日港、坍港。西南一带，通夹港之口，有南川港、叉港、新开港、老圩港、二圩港、七圩港、南红线港、和尚港，其市镇则青屏沙、常兴沙，与江阴交界处有更新街，福兴沙有牛市街，寿兴沙之北有合兴街，南有聚南镇，庆凝沙有五集桥。

中一洲 形斜长如琵琶，西北狭而东南广。西北为盘篮沙，东南为东兴沙。西南一带滨江之口有西港、南港、朝山港，东南一带滨水之口有水洞港、雁鸿港、夹漕港、复兴港、庙港、东港、大流槽，其市镇则盘篮沙有雁鸿镇，东兴沙西有西港镇，东有安澜镇。

北一洲 与通州及江阴县分界（与通州分界有常通港，与江阴县分界有朝阳港），属常熟境者系东南沿边一带，地形势狭长，其西为横墩沙，中为关丝沙，东为蕉沙，滨江之口有南兴港、定心圩港。其市镇，则关丝沙有南兴镇，蕉沙与通州交界有三兴镇。

按，诸沙洲皆隶常熟，其昭文县境江海之交亦间有沙（旧志有"薛家沙"，在昭文境者早坍塌无存），唯潮落则见，潮涨则没，尚未圩田，并无居民，无凭纂录，即常熟境诸沙洲田亩，定例十年清丈一次，或坍或涨，向无一定细数，亦不具记。

【按】引自《重修常昭合志稿》（凡五十卷）卷一《疆域志》，原文附于《疆域志》之后，题曰"附沙洲"。庞鸿文（1845—1909），字伯䌹，号絅堂，常熟人，世居今张家港市塘桥镇，道光二十七年（1847）一甲三名进士庞锺璐之长子。光绪二年（1876）进士，曾任通政使司副使。《重修常昭合志稿》五十卷因是由庞鸿文负责纂修的，故又称"庞志"。

耿橘治水及其《常熟县水利全书》节录

三丈浦、盐铁塘、湖漕、横沥、李墓塘、贵泾、横泾等支干各河，处处通流，又筑岸八十一圩，并设法省存充费，官民两称便益。

沈应科《重开盐铁塘记》曰：万历丙午春，邑父母耿公咨求民瘼，议浚盐铁塘，佥谋共谐，爰鸠群工，以正月二十八日经始其法，计亩抽丁，费均力协，不匝月告竣。（按，盐铁塘在漕河，独南北亘于吴淞、白茆、七浦之间，为诸港之咽喉，宋臣郑侨谓松江之北岸三十余浦，惟盐铁直泻，其要害可睹矣。扬州之域，厥土涂泥，易于停积，而兹塘为尤甚，盖塘首尾皆吞逆，海潮湍悍而流曲，力不足以冲涤，遂致淤沙壅阂，迩岁递浚递塞，不胜浅淀，旱涝并受其灾）

管一德《浚横沥湖漕等河记》曰：耿公之治河则不然，下车之日，首问河渠，父老以荒度事对。公曰：固也，吾闻常熟巨流无过白茆，支流余派无虑数十道，白茆淤，何所不淤？……乃先浚福山塘，……士民称便利焉。又逾年，政通人和，因经始其事，……西则奚浦、三丈浦，功甚巨，官给以金，……不两月而成。……往年三月而无成，今则匝月而就绪，往年专治一河而不足，今则兼治诸河而有余也。公名橘，河间沈阳卫人。与斯役者则沈大参应科、蒋御史以化、陈郡伯国何、孝廉允济、归孝廉绍庆、管孝廉日新，俱有倡率功。督工巡检，施甘棠，浙江建德人。按，大修吾邑水利而民被实惠者，以邑令耿侯称首，侯纂有《水利全书》，良法美意，纤悉可考，第卷帙浩繁不能备录，兹照旧志节录之，曰：

高区浚河，低区筑岸，各随民便，语云"种田先治岸，种地先治沟"，不易之道也。本县正西、西北、正北、东北尽高地，正东、东南、正南、西南尽低田。凡有浚筑之事，惟于该区中调役，民果不足，给之官币，不得混行派扰，以拂民情而摇众志。水利用湖不用江，为第一良法。本县地势，东北滨海，正北、西北滨江。白茆潮水极盛者达于小东门，此海水也。白茆以南，若铛脚港、陆和港、黄浜、湖漕、石撞浜，皆为海水。自白茆抵江阴县金泾、高浦、唐浦、四马泾、吴六泾、东瓦浦、西瓦浦、许浦、千步泾、中沙泾、海洋塘、野儿漕、耿泾、崔浦、芦浦、福山港、万家港、西洋港、陈浦、钱巷港、奚浦、三丈浦、黄泗浦、新庄港、乌沙港、界泾等港口，皆江水也，江潮最胜者及于城下。县治正西、西南、正南、东南三面而下东北，而注之海、注之江者，皆湖水也。此常熟水利之大经也。

夫湖水清，灌田田肥；江水浑，灌田田瘦。其来有时，其去有候，来之时虽高于湖水，而去则泯然矣，乃正北、西北、东北、正东一带小民第知有江海，而不知有湖，不知浚深各河取湖水无穷之利，第计略通江口待命于潮水之来。当潮之来也，各为小坝以留之，朔望汛大水盛，则争取焉；逾期汛小水微，则坐而待之，曾不思县南一带享湖水之利者，无日无夜无时而不可灌其田地。夫江水，岂惟利小，抑且害大。彼其浮沙日至，则河易淤，来去冲刷，则岸易崩，往往浚未几而塞随之矣，厥害一。江水灌田，沙积田内，田日薄，一遇大雨，浮沙渗入，禾心日枯，厥害二。湖水澄清，底泥淤腐，农夫罱取壅田，年复一年，田愈美而河愈深。江水浮沙日积于河，而不可取以为用，徒淤其河，厥害三。况江口通流，盐船、盗艘扬帆出入，百姓日受其扰，厥害四。欲求永利而祛四害，宜何如？曰：沿江大小港浦浅淤者，随急缓浚之。

浚之时必于港口筑坝，浚毕而坝不决，则湖水不出，而江水不入，清浊判于一塘，利害悬于霄壤，而比河亦永永无劳再浚，何也？县南凡用湖水者，未闻有塞河也，此不待大智而后见也，独无良之民偷坝兴谣为可虑耳。然此亦论其常耳。若大旱之年，湖水竭，江水盛，大涝之年，江水低，湖水高，不妨决坝以济之。但浚河每先干河，而后支河，支河未浚而身高，湖水低不能上济，江潮稍高足以济之，则坝亦不得留矣。福山港小坝正坐此弊。吁！安得并举干支而成此永远之利也？（按，从来言水利者，于江海之口皆主建闸，不闻筑坝，此书独云浚毕而坝不决，其说虽创，实至论也。自宋至今，江浦之开浚不知凡几，皆未久为潮沙壅塞，可见置闸之无益矣。今若于疏浚深通之后留坝港口，严立禁约，不许居民盗开，平时潮汐不至，水既常清，不患沙淤。坝外之港，不过数里，岁岁开浚，为费无几。遇大旱大涝之年，又可决坝以济。此诚一劳永佚之计，为民牧者所当留意也。）

【按】摘自《重修常昭合志稿》卷九《水利》之"（万历）三十四年耿橘浚塘浦"条。耿橘，生卒年不详，字庭怀，一字朱桥，又字蓝阳，号兰阳。河北献县人，明万历辛丑科（1601）进士，历官尉氏、常熟知县，监察御史、兵部主事，颇有政声。明万历三十二年（1604），耿橘出任常熟知县，其间究心水利，遍历全县川原，勘查地势，访问乡老，标本兼治，成绩卓著，并撰成《常熟县水利全书》（正文十卷、附录二卷），该书是研究17世纪江南水利的重要参考文献。

重修常昭合志

以下资料引自《重修常昭合志》（常熟地方志编纂委员会办公室标校，上海社会科学院出版社2002年版）卷二《疆域志·境界》，小标题为编者所加。原文不分段，中间附有夹注，为便于阅读，适当分段；原文夹注，加括号以作区分。

20世纪20年代前的沙洲形势

沙洲地面，由潮沙淤积而成。其始突见于江心，农民筑圩围田，渐成市集。但坍涨无常，移徙甚速，岁有变迁，不可方物。今就近年形势，志其大略如左（按：沙洲地势，近数年间变更愈速。昔三沙分列江心，今中北两沙已渐联成一片，而中南两沙，亦有创为筑坝以联属者。将来三沙或合二为一，而沿江港浦，势必尽受潮沙封闭，非亟辟通江干河，无以资宣泄灌引也）。

南沙洲西自川港，与江阴县分界。港西属江阴，港东属常熟。洲内福兴、青屏等沙，自明季始，地为三角形。南境邻乌沙港、新庄港、黄泗浦港。其西南角沿边一带为常兴沙，稍东为福兴沙，又东为寿兴沙，又东为庆凝沙，抵海滩。光绪初，渐涨成陆套，南属新庄、鹿苑，西北川港迤东沿边一带为青屏沙、带子沙、天福沙、庆凝沙。青屏沙之南为东盈沙。西北一带滨江之口有北川港、范家港、新港（即三官殿港）、小红线港、大红线港（即东大套）、朝日港。以后，南夹坝成，不数年，南漕即淤成陆。西南一带有南川港、叉港、新开港、老圩港、二圩港、七圩港、红线港、和尚港（俱接南套）。其市镇则青屏沙、常兴沙，与江阴县交界处有更新街，福兴沙有牛市街，寿兴沙之北有合兴街，南有聚南镇（俗名二圩港），庆凝沙有五集桥，带子沙有悦来镇，青屏沙有中兴镇。

中沙洲形斜长如琵琶，西北狭而东南广。西北为盘篮沙，东南为东兴沙。西南一带，滨江之口（今称南夹），有朝山港、南港、西港。东北一带，滨江之口（今称北夹，大半淤成平陆），有雁鸿港、水洞港、夹漕港、郁家港、棟树港、麒麟港、福兴港、江常界港（斜对川港）。其市镇则东兴镇西有西港镇，东有东港镇（亦名安澜）。盘篮沙有福兴镇。

北沙洲与通州及江阴县分界（与通州分界有常通港，以乾巽分向，南属常熟，北属通州。与江阴分界有朝阳港，以甲庚分向，东属常熟，西属江阴），属常熟境者，系东南沿边一带，地形狭长。其西为横墩沙，中为关丝沙，东为蕉沙（清道光时江心突涨，江常画界，先后筑圩，故名常阴沙）。滨江之口，有朝阳分界港，迤东有川星港、庞家港、五圩洞子港、六圩洞子港、七圩洞子港。其市镇，关丝沙有南兴镇，蕉沙与通州交界处有三兴镇（俗名十二圩港镇。以上参《志稿》）。

【按】《重修常昭合志》全书的出版，一波三折，前后经历了八十多年。辛亥革命后，邑人议重修县志，获准，民国六年（1917）设常熟县修志征访处，众推丁祖荫为总纂，至民国十三年书成，定名"重修常昭合志"，共22卷，于常熟开文书社陆续付印，而丁氏不幸于民国十九年病逝。徐兆玮继任总纂，加紧整理刊印。至1937年已印成17卷及图31幅，而日寇侵华，县境沦陷，成书毁残过半，徐氏亦病殁。1946年由庞树森任总纂，主持扫尾工作，至1949年印成卷1、卷10、卷14、卷19、卷20，因物价飞涨，经费不敷，未全部付印，尚存原稿。《重修常昭合志》全书标校本，2002年由上海社会科学院出版社出版。丁祖荫虽然未完成全书，但绝大部分书稿由丁氏负责纂成，其功不可没，该书因此被称为"丁志"。继任者徐兆玮主要负责书稿的付印，庞树森主要负责《职官志》《选举志》的制表，《列女志》的整理，《杂记》的补充，卷附叙录和《人物志》总目的写订等工作。（参考曹培根《书乡漫录》之《琴川书事·丁祖荫及其〈重修常昭合志·艺文志〉》，河北教育出版社2004年版）

丁祖荫（1871—1930），原名祖德，字芝孙、之孙，号初我、初园居士、一行，江苏常熟人。少时就读于江阴南菁书院，清光绪十五年（1889）庠生。光绪二十二年联合同志在常熟设立中西学堂，又独立创办丁氏小学，致力于地方教育事业。宣统年间被选为江苏谘议局议员。民国初年曾任常熟县民政长、吴江县知事，1926年应聘任常熟地方款产处主任。1929年迁居吴县。

沙洲县志

张家港市地方志编纂委员会办公室编，主编李恺民，江苏人民出版社1992年版。

围垦志

晋代，境内北部尚属江海交界处。此后千余年，江阴附近江面逐渐缩窄，江阴以下水面骤宽，呈喇叭状。在江流和海潮的作用下，大量泥沙沉降淤积，浅海海底不断升高，河口出现分汊，水流动力结构改变，逐步形成境内北部江中沙洲众多、滩涂发育的自然特点。

境内围垦，始于宋代，元、明已具相当规模。宋景炎元年（1276），大桥千总集议围垦，得七房庄吴氏赞助，围田万余亩。元至正二十年（1360），张士诚屯兵大桥，围雷沟沙7 000多亩。明洪武八年（1375），宝池乡呈报登记，由江阴徐氏主持在今南沙、后塍一带筑坝围田1万余亩。至明末，境内围垦土地约10万亩。清代，沙洲发育加快，并逐步并连，至道光年间，形成了西部的南沙、北部的常阴沙和中部的东兴沙3个大沙，中间有老夹和段山南夹、北夹3条夹江分隔。清咸丰七年（1857），筑老夹坝，南沙并岸。在清代的260多年中，境内围田40多万亩。民国时期，先后在段山北夹、南夹筑坝，南北两夹逐步淤塞，常阴沙和东兴沙相连并岸，并向东扩展。同时，双山沙也迅速积涨成滩。在民国的38年中，先后围垦土地近22.7万亩。长江岸线自清至民国，北移10余公里。解放后，常阴沙、东兴沙外的滩涂继续向东发展，人民政府有计划地逐步组织围垦。至1985年，先后围垦10万余亩。自宋以来，历经700余年，至1985年，境内共围垦土地约85万亩，除去拦门沙、常阴沙北部大片坍失和其他地方零星坍失的约12万亩，实际增加70多万亩，约占全县总面积的2/3，成为沙洲的一大地理特点。

工程机构

垦殖公司 明代至解放前夕，境内先后出现近10个垦殖公司。这些公司一般都设在县城内，在围垦工地设临时工务所。

佛修垦殖公司 成立于明洪武年间，原名佛兴社，嘉靖年间改称佛修垦殖社。清乾隆四年（1739），严斌琦等人促议围田，光绪年间定名佛修垦殖公司，沙伯颖任董事长，下设经理、协理和理事若干人。该公司先后在今南沙乡的高峰、港上、镇山等村及中兴乡的三节桥、后塍镇的学田村一带，围有沙田数万亩。

东江垦殖公司 成立于明永乐元年（1403），原名福灵垦殖社，又称宝灵社，由香山寺庙主持。光绪年间，更名为东江垦殖公司，聘地方绅士吴霆胪为董事长，下设经理、协理和理事数人。该公司先后在今南沙乡的长山、朝阳、镇山村一带围有朱七圩、安乐圩、后港圩、甘露圩、大平圩、张四圩等，面积约2万亩。

福江垦殖公司 成立于清末民初，由江阴市董祝廷华任董事长，在黄田港至张家港一线围垦江滩。民国十三年（1924），报买双山沙滩地1.4万亩，以后又陆续报买拦门沙、常阴沙等滩地1.6万亩。民国三十年祝避难苏北病故，由祝近仁、吴漱英等接管。至民国三十八年，先后围垦双山沙、拦门沙及常阴沙西端（已坍失）的沙田2.5万亩。

广业垦殖公司 成立于民国六年，又名广勤厂。民国五年段山北夹筑坝后，夹中沙滩积涨迅猛。江苏省财政厅及沙田局曾有"凡筑坝者不得报买北夹沙田"的决议。常熟庞仲嘉得知后，即怂恿无锡广勤纱厂的杨翰西与安徽流寓上海的刘子鹤、刘世珩合资成立广业垦殖公司，由刘世珩、杨翰西主持围垦事宜，集资6万元，报买北夹和别处滩地 1.6 万亩。民国九年围垦北夹沙田,原筑坝者徐韵琴等起哄阻扰,制造人命沙案。广业垦殖公司败诉,赔偿筑坝损失费 10 万银元,广业垦殖公司告终。先后围田约 5 000 亩。

鼎丰垦殖公司 成立于民国八年,有资金 50 万元。始由祝廷华任董事长,后由汤静山、张渐陆主持。至民国三十八年,该公司先后报买北夹滩地 20 万亩,筑海坝 6 条,实际围垦 8 万亩。

厚德公司 成立于民国九年,由江阴薛礼泉购买广业垦殖公司股票及滩照而创办。先后报买沙田约 3 万亩,实际围垦约 1 万亩。民国十九年退出沙田案,公司告终,部分股东并入鼎丰垦殖公司。

福利垦殖公司 成立于民国十一年,始有股东 3 人,资金 20 万元。随即在段山南夹筑坝,设工程总局于盘兰沙(按:即盘篮沙)吴郑庄。经游说,新增股东 10 多人,资金 10 万元,报买南夹沙田 30 万亩,缴滩价 15 万元,保证金 30 万元,以后每半年须缴 50 万元。后因筑坝屡遭挫折,损失约 10 万元,对民工改发泥工票代集资。坝成后,围垦事宜勉强支撑,公司主持人数次更迭。民国十九年由鹿苑钱宇门主持公司,张渐陆、杨在田参与公司围垦,并在上海设办事处,筹集资金。至民国三十八年,该公司先后围垦 10 多万亩。

大丰垦殖公司 成立于民国二十九年,由无锡羊尖资本家陈氏凭借侵华日军势力,乘福利垦殖公司不景气时组成,抢围沙田。共围垦土地约 2 000 亩,后因沙案纠纷而停止。

围垦工程处

解放以后,沙田围垦由县人民政府水利部门负责。每次较大的围垦工程,均有人民政府组建临时的围垦工程处或指挥部。一般由分管农业的副县长任总指挥,水利、交通、物资、商业等部门及有关乡镇的负责人参加工程处工作。围垦工程处负责经费筹集、使用,民工的组织发动,器材、物资的购置和运送,工程的质量验收等项工作。工程结束,围垦工程处即撤销。

小面积边角滩地的围垦,由所在乡(镇)提出围垦方案,县水利部门测勘、绘图、设计,然后报县政府批准后实施,由乡(镇)组建临时围垦工程处负责工程事务。

围垦工程

筑坝 江心洲与江岸之间,沙洲与沙洲之间,均有夹江阻隔。从清咸丰七年(1857)至解放后的 1968 年,先后筑海坝 5 条,使夹江淤没,沙洲并岸。

老夹坝 清代中叶,在今中兴、晨阳、合兴、东莱乡的南部和南沙、后塍、泗港、杨舍乡的北部有一条夹江,即老夹。夹中有一个东西走向的狭长沙洲,西端在今南沙乡的马桥村,东端在今晨阳乡的金沙村。老夹两侧坍失严重。咸丰三年(1853),"无锡善士余治集资筑海楗以减水势,收效甚微,坍江如故",南岸后塍的法水庵后壁已临坍坎。咸丰七年农历八月,大桥(今南沙乡)人严康保创议,自南寿兴沙(原南沙西端的一个沙洲)与张家港中间筑坝治坍,以保南岸,遂与绅户赶之金议决，按亩投资筑坝。坝址选在今中兴乡五节桥与张家港之间，全长1.7公里，夹江两侧同时施工，一侧自张家港东岸向东，一侧由寿兴沙向西。每担土给钱3文，居民踊跃，工程进展迅速，但因潮大未能合龙。至冬季，在缺口两侧打木桩，用芦排沉石阻止急流，即合龙坝成。此后，老夹迅速淤涨，绵延数公里，成滩数万亩。

段山北夹坝 清末，段山以东的江中，偏北有常阴沙，东南有东兴沙。长江流经段山，形成一条汊江，即段山夹。汊江由段山与常阴沙之间入口向东南与主泓汇合，中间被东兴沙分为南北两夹。北夹的位置在今天大新乡老海坝村向东南到北中心河一线，长约12公里，江面窄处1~2公里，宽处3~4公里。当时常阴沙迎水坡坍失严重，向阳圩坍失近千亩。光绪三十三年（1907）五月，鹿苑钱召诵等发起筑坝培滩的倡议，并赴省（南京）报案获滩，后因钱召诵回归途中遇难而废止。民国五年（1916）11月，卢国英等集议筑段山北夹坝，并提出张滩围田后，以优惠田价补偿投资，赢得拥护，集资万余元。坝址一端选在小盘兰沙的庆安圩（今大新乡老海坝村），另一端选在常阴沙毛竹镇西南的补圩口（今已坍失）。汤静山任工程主任。乘冬季潮小之际，招雇民工2 600余人，沉破船10多艘及1 000余只装泥草包，大坝顺利合龙，40天全部竣工。坝长1.28公里，岸高出平地4米，顶宽3米，坡比1∶2左右，共挑土方16.6万立方米。坝成后，段山北夹淤涨迅速，常阴沙与东兴沙并连。

段山南夹坝 段山南夹，自段山与东兴沙的小盘篮沙之间入口，向东南于今妙桥乡西旸附近与长江主泓汇合，长约15公里，江面窄处近1公里，宽处3~4公里。其位置在今南中心河与永南河一线。民国十一年（1922）春，福利垦殖公司报请江苏省督军公署核准在段山南夹筑坝。坝址一端在南沙带子沙合红圩（今合兴乡光明村），另一端选在东兴沙西北端小盘兰沙的耕乐圩（今锦丰乡红光村），长820米多。3月初动工，仅10天即将合龙。时春汛潮急，屡合屡败，损失工本费银17万元，工程被迫停顿。至冬季，又集款兴工，坝址向上游移动5 000米左右，南端在平北沙的顶海岸，北端在常阴沙沙王庙，即今大新乡老海坝村与顶海岸村之间。坝长近1公里。12月31日动工，10余天坝即成。但因坝身低，潮水漫溢，功败垂成，耗资10余万元。次年春，公司以"扁担票"及以股金分地相许，邀集民工，于2月4日重新施工，修筑坝身，同时围田1 600亩。坝成后，东兴沙与常阴沙并岸。

连珠沙坝 解放初，联珠、青草、东长三沙孤立江中，有农田、居民，成为防汛防台的重点地区。同时，三沙都在涨沙地带，潮水含沙特多，河道易淤，常成内涝。1955年，常熟县人民政府决定在联珠沙西北与建设圩东南之间筑一海坝，使三沙并岸。由南丰区政府负责施工，不久坝成。坝长547米，顶宽7.4米，内外坡比1∶3，内外两侧与滩地等高处筑3米宽的戗台，完成土方6.13万立方米。

拦门沙坝 1968年5月上旬，德积公社出动民工2 000余人，筑坝300余米，使江中孤岛拦门沙与南岸连成一体。

围圩

宋代，境内自长山至闸上一线的古江岸为凹岸区，边滩发展已有一定的规模，人们就开始围垦。围垦的范围在今南沙乡的东北部，后塍乡的中南部，泗港、杨舍乡的北部，面积约4万亩。至明代，西部的长江岸线已北移到南沙乡的长江村、马桥村、后塍镇、泗港乡的善港村、杨舍乡的南斜桥、青草巷村一线。同时，在较大的江心沙洲也不断围垦。鹿苑以东的古江岸外边滩甚少。民国时期，段山南北两夹筑坝后，在今四干河一带以东的边滩发育迅速，鹿苑、西旸以北的夹江逐渐淤塞。鼎丰、福利等垦殖公司在此围垦滩地约5万亩。解放后，江岸边滩继续向东伸展，人民政府多次组织围垦。至1985年，总计投工400多万个，投资500余万元，完成土方820万立方米，围垦面积10万余亩。

勘测 当沙洲或江滩发育到一定程度，围垦部门即进行勘测，决定围圩与否。解放前，一般由经验比较丰富者进行目测估算；解放后由水利部门用仪器进行测算。当沙洲积涨到与平均潮位相适应时即可决定围垦。根据沙洲沿江地理环境，滩地适宜围垦的高度一般为3~4米，低则滩嫩难围；高则阻塞水道，造成内涝。

箍埂 滩涂围垦，工程较大的都先筑箍埂，这是围垦工程的首道工序。箍埂筑在大堤线外侧，以挡潮水。箍埂标准不一，一般顶高5米，顶宽0.8米，断面土方2~3立方米。围圩工程结束后即废弃。

大堤 大堤一般作外围堤，是围圩的主体工程。民国时期，筑大堤都是先挑土垒成堤岸，然后在外坡将泥垒细，泼上水，搅拌，俗称"摇钎"，再铺草皮。解放后，改为边挑土垒高，边夯打结实，然后"摇钎"铺草皮。外坡无芦滩的做块石护坡，堤外植芦。大堤标准，民国二十年（1931）前无统一规定，民国二十年大水灾后，始定为堤顶高6~6.5米，底宽12~13米，顶宽2~2.5米，断面土方约15立方米。解放以后，标准提高，定位顶高7~7.5米，顶宽4米，底宽24米，内坡1:2，外坡1:3，断面土方约56立方米。1974年大潮后，大堤标准改为：顶宽8米，底宽30.5米，顶高8~9米，内坡1:2，外坡1:2.5，断面土方约96立方米。

圩内水利 1949年前，各垦殖公司围垦的圩田，内部河道多半是筑岸取土后开成的挂脚沟，一般面宽8米，下挖深度1~1.5米。圩田引水、排水设置木涵洞。300亩以上的圩子，每隔二三百米开挖一条三角沟，一般底宽0.5~1米，面宽1.5~2米，下挖深度1米。千亩以上的大圩，利用原有的流漕稍加疏通作为中心河，一般底宽2~3米，面宽4~5米，下挖深度1.2米左右。解放以后围垦的圩田，内部水利设施逐步配套齐全，标准逐步统一。1950—1961年，圩内挂脚沟，距堤岸30米，底宽2~3米，下挖深度1.5米。生产河，底宽2米，下挖深度1.2~1.5米。300亩以上的圩子，有自然流漕的，加以拓浚，作引水、排水河道。木涵洞，中、小圩子每圩设置1~2只，千亩以上大圩每圩设置3~4只。1962—1985年，把圩内水利设施的规格标准与全县水利规划的标准统一。挂脚沟，距堤岸30米，面宽8~10米，底宽3~4米，底高1.5米。生产河，均匀分布圩内，面宽6~8米，底宽2米，底高1.3米。中心河与生产河垂直沟通，底宽2米，底高1.5米。三角沟每300米1条，底宽0.5米，底高2.5米。引、排水设置木、石涵洞，一般每只圩子埋设2~4只。1983年围垦的八三圩设有电排站。新圩田平均每亩水利用工30个。

圩内道路 解放前围垦的圩田，圩内筑有简易路，人行路宽1米左右，流漕两岸作为大路，宽2~3米。解放以后，1950—1961年围垦的圩田，筑有住宅中心路，宽

3米，人行路宽1米。河道上建有简易木桥。筑路建桥的投资平均每亩为3～5元。1962—1985年围垦的圩田，住宅中心路扩为机耕路基，宽3～5米；中心河、生产河两岸均扩为机耕路，宽2.5～3.0米，人行路宽1米。河道建有木桥或砖拱桥、水泥板桥。道路、桥梁建筑投资平均每亩为15～20元。

围垦管理

管理机构

宋嘉熙年间（1237—1240），境内"芦田"就由官府进行课税。元代，围垦事务归行中书省管。明代，由布政使管，并每隔5～10年对业户围垦的沙田进行清丈起课。清代，仍由布政使管，并建有一套报领、上报、审核等制度。

民国时期，围垦管理的制度日臻完备，民国元年（1912），国民政府设长江沙田总局，下设几个分局，境内围垦由常熟、江阴、南通沙田分局分别管理。民国二十二年，境内沙田围垦归属江苏省第二沙田局管辖，局址在常熟。民国三十年，改属常阴太沙田局管辖。民国三十五年，属江苏省沙田局上海分局管辖。

解放后，国家设立长江流域规划办公室，统一管理长江围垦。地方围垦，由县水利局勘察，提出方案，县人民政府报省政府或省水利厅批准，再上报长江流域规划办公室备案。以后，报批手续有所放松，一般由省政府或省水利厅批准即可围垦。

资金、劳动力组织

宋代开始至清道光七年（1827），沙田围垦由官府主持组织，资金由富户赞助，农民义务投工。清道光八年起，沙田全部改为承买，官府收取滩费，围垦资金、劳力由承买者负责。围垦资金有独资、集资、预收权租（大多为民工工资）三种。劳动力以雇工形式为主，私人围垦多以独资为主，如海门顾家、常熟曾家、鹿苑钱家等均为独资。垦殖公司以集资居多，有的集资及预收权租兼而有之。福利垦殖公司曾发放泥工票和预售新沙田筹集资金。这种形式一直沿用至民国三十八年（1949）。

解放以后，围垦资金由县地方财政和乡村集体分别投资，谁围垦谁负担。常阴沙农场的围垦资金，省辖期间由省投资。投资额，1950—1961年，平均每亩15～25元；1962—1970年，每亩25～50元；1971—1985年，每亩70～80元。劳动报酬，实行义务投工加补贴。1950—1957年，每工补贴0.1～0.2元，大米0.5公斤。1958—1985年，每工补贴0.2元，由生产队计给工分，每工补贴粮食0.5公斤。1950—1961年，平均每亩投工70～80个。

土地分配

宋代开始至清道光七年（1827），官府围垦的沙田由官府出租，以农民都有地种为原则，规定每户种官田不超过10亩。清道光八年前，田价每亩为库平银2～8钱（6.25～25克）。道光八年，沙田全部实行承买后，根据投资额分配土地，大量土地为少数豪绅富户所有。农民向豪绅富户买、佃或租种土地。每亩田价，清代后期为库平银3两（93.75克）；民国元年至民国三十四年（1912—1945），每亩田价30～100元；民国三十五年至民国三十八年，因物价飞涨，田价不一，不可比算。

解放以后，县人民政府围垦的土地属国家所有，每亩新围圩子都建立临时圩田管理委员会，专事土地分配和处理有关事务。分配原则，先安置坍江地区农民的生产、生活用地，再按投资、投工日或完成土方数进行统筹分配；乡（镇）组织围垦的小圩子，由乡（镇）统筹安排，作为其他用地的补偿。1950—1985年，全县由县人民政府用于安置坍江区农民及县级水利工程补偿的土地30 210亩；县多种经营管理局、财政局、交通局等投资分得的土地2 610亩；乡（镇）投资、投工分得的土地68 503亩。

纠纷处理

县际归属纠纷

南沙形成后，江阴、常熟两县各自向业户发放"滩照"（准予围垦的官方文书），造成纠纷。康熙六年（1667），明确以川港、界泾河、南谷渎港划界，以东隶苏州府常熟县，以西属常州府江阴县。

常阴沙形成后，有的业户因通州府量田弓大，赋税轻，而向通州府报领，常熟县也向业户发放"滩照"，造成矛盾。清同治十三年（1874）经省调停，划刘海沙归通州府，并开挖常通港作为通州与常熟的分界。

位于沙洲、如皋交界处的文革沙形成后，20世纪60年代初两县农民同往割草，60年代中期发生纠纷，1971年10月19日经江苏省革命委员会调处决定，文革沙归沙洲县管辖。

芦福沙，位于福山夹东北侧，兆丰公社（今东沙乡）南岸附近，由沙洲县草滩管理所管辖。60年代初，为解决常熟福山农场牲畜草料，沙洲县同意农场职工到芦福沙割草，后常发生纠纷。1971年12月7日，经苏州地区行署调停，芦福沙归常熟县，并在福山流漕及芦福沙划定界线。今芦福沙已并岸，与东沙乡接壤。

沙案纠纷

民国时期，一改旧制，不问大户小民，土客公私，有滩无滩，只要缴价报领，无不准许。案之间发生矛盾时，以先领为序，或以子母相承为先。民国五年（1916），徐韵琴等在段山北夹筑坝断流，北夹淤涨。民国九年，无锡杨翰西持刘世珩案滩照前来围垦，造成械斗，死一人。经常熟县调解，杨翰西以10万银元偿坝费，另将新田若干亩给死者家属，以示抚恤。

水利纠纷

段山北夹筑坝后，南通、如皋坍势加剧。南通、如皋、靖江、海门四县群情激奋，联议公推张謇向省政府报告，要求铲除北夹坝。经省水利专家和在省工作的荷兰、法国等4名外国专家联合调查，情况属实，省政府遂下令铲坝。民国十七年（1928）5月，省政府派军队弹压，进行铲坝。但因北夹筑坝后淤积迅速，已无法铲除，便议定：北夹淤涨滩地收归国有，在已报领的滩价（按，"滩价"，当为"滩地"之误）内，将1/3左右补助南通、如皋作保坍经费，计2.6万元；凡筑北夹坝的股东不得围垦北夹中淤涨的沙田。

福利垦殖公司在段山南夹筑坝时，因堵塞南夹两岸沙田引排通道，群起反对，经省核定，主办单位以10万元作水利费，协助各港套开辟新水道。并循北夹例，以每亩1元，计30万元，缴南通、如皋作保坍经费。

附　宋代至1985年围垦一览表

表1　宋至清代围垦一览表

现今乡（镇）	围垦陆地面积（亩）	围垦沙、滩名称	围垦年代
南沙	12 000	天台沙、巫山沙、东江沙、石头港沙、老夹滩地、边滩	宋、元、明、清
后塍	45 000	雷够沙、西寿兴沙、边滩、老夹滩地	宋、元、明、清
杨舍	25 000	谷渎港沙、边滩、老夹滩地	宋、元、明、清
泗港	25 000	边滩、老夹滩地、徐泗沙、善港沙	宋、元、明、清
鹿苑	20 000	边滩、老夹滩地	宋、元、明、清
妙桥	10 000	边滩	宋、元、明、清
东莱	45 500	寿兴沙、庆凝沙、东兴沙、老夹滩地	明、清
中兴	26 500	新凝沙、寿兴沙、老夹滩地、拦门沙	明、清
大新	40 000	平凝沙、平北沙、永凝沙、段山沙、印子沙	明、清
合兴	45 000	常兴沙、福兴沙、寿兴沙、东凝沙、天福沙、带子沙、青屏沙	清
德积	60 000	正兴沙、段山北沙、大阴沙、小明沙、拦门沙	清
晨阳	49 500	正兴沙、西寿兴沙、平凝沙、东凝沙、老夹滩地	清
乐余	35 200	东兴沙、登瀛沙、文兴沙、鼎兴沙	清
三兴	48 000	刘海沙、蕉沙、登瀛沙	清
锦丰	32 000	小盘篮沙、盘篮沙、水关沙、关丝沙	清
南丰	6 000	东兴沙	清
合计	524 700		

表2　民国时期围垦圩田一览表

现今乡（镇）名称	围垦陆地面积（亩）	围垦圩名
双山乡	14 000	南五圩、东小圩、老圩二圩、三圩、四圩、北五圩、小五圩、六圩、七圩、八圩、双东圩、新东圩、复兴圩
德积乡	9 100	小明圩、沙泥圩、顺兴圩（12个）、芦头圩、二圩、宾兴小圩

续表

现今乡（镇）名称	围垦陆地面积（亩）	围垦圩名
锦丰乡	25 200	福兴头圩、学稼圩、耕乐圩、退省圩、盈济圩、事畴头圩、盈济小圩、小方圩、辰时头圩、辰时二圩、东鼎生圩、辰时三圩、辰时四圩、标卖头圩、标卖二圩、福利四圩、事畴二圩、西鼎生圩、公司圩、南长圩、北长圩、鼎福圩、鼎安圩、鼎和圩、协兴圩、鼎丰圩、鼎康圩、鼎昌圩、鼎全圩
乐余乡	26 000	小沙圩、梁案七圩、黄案头圩、黄案二圩、周案全圩、周案头圩、周案二圩、周案三圩、周案四圩、周案五圩、周案七圩、周案八圩、周案九圩、周案十一圩、周案十二圩、登礼圩、登射圩、登街圩、登书圩、登教圩、阜利圩、余成圩、阜贞圩、鼎益圩、中丰小圩、阜头圩、兆丰圩、安丰圩、东盈丰圩、聚丰圩、公顺头圩、公顺二圩、公顺三圩、公顺四圩、公顺五圩、公兴头圩、公兴二圩、东庆二圩、鲍家圩、钱家圩、裤裆圩、公和二圩、公和三圩、德丰圩、登八圩、登九圩、登十二圩、济生三圩、济生四圩、济生五圩、济生六圩、园和庄、小园和、何小圩、乾申圩、女师头圩、女师二圩、女师三圩、女师四圩、女师五圩、女师六圩、文兴圩、文兴二圩、文兴南三圩、文兴中三圩、文兴北三圩、文兴南四圩、文兴北四圩、文兴北五圩、文兴北六圩、鼎兴头圩、鼎兴二圩、鼎兴三圩、鼎兴四圩、鼎兴五圩、鼎兴六圩、鼎兴七圩、鲍家四圩、苏小圩、培丰圩
大新乡	17 400	庆安头圩、庆安二圩、庆安三圩、庆安四圩、南新圩、港漕圩、五圩、六圩、七圩、小八圩、西徐案圩、东徐案圩、永丰三圩、申圩、公胜圩、三友圩、金字头圩、金字二圩、金字大圩、金字小圩、段山后圩、桃园圩、老二圩、朝山圩、西小圩、老三圩
东莱乡	9 480	六海坝、七海坝、永寿圩、永安圩、徐福圩、杨头圩、杨二圩、杨三圩、杨四圩、杨五圩、交通圩、戊氏乐圩、明中圩、同仁圩、新安圩、钱合圩、德红圩、最分圩、庆耕二圩、庆耕头圩、合顺圩、连丰一圩、连丰二圩、连丰三圩、头圩、二圩、三圩
鹿苑乡	6 680	甲戌一圩、恒丰圩、甲戌二圩、福兴圩、杨家圩、得元圩、黄介圩、四善圩、昌欣圩、三圩、五圩、寿善圩、头圩、任善圩、二圩、六圩、龙潭圩、枪筑圩、四圩、南恒丰圩、北恒丰圩、薄荷圩、船头圩、徐家圩、杨家圩、芙蓉圩、庚辰圩、辛巳圩、己卯圩、倪家圩、小方圩、董家圩、戊寅圩、庚辰圩、德和圩、壬午圩、甲戌三圩、乙亥圩、丙子圩、丁丑圩、火烧圩、甲戌小圩

续表

现今乡（镇）名称	围垦陆地面积（亩）	围垦圩名
南丰乡	53 500	聚成圩、南丰（1~7）圩、东胜头圩、东胜四圩、甲戌西圩、甲戌中圩、乙亥圩、新弓圩、船头圩、龙潭圩、庆耕四圩、庆耕五圩、庆耕三圩、抽头圩、九丰圩、壬申南圩、壬申北圩、癸酉西圩、癸酉中圩、东胜六圩、三角圩、同丰圩、民丰圩、东莱头圩、东莱二圩、长兴圩、恒升圩、东胜七圩、癸酉圩、周继头圩、小方圩、周继圩、聚成二圩、宏丰头圩、宏丰二圩、湘丰圩、萃丰圩、恒丰圩、晨兴圩、连南兴圩、和顺圩、蒋小圩、迎福圩、和丰圩、和顺北圩、连北兴圩、连中兴圩、复兴南圩、复兴北圩、癸酉北圩、民生东圩、民生头圩、民生四圩、和兴圩、连和圩、大成圩、补口圩、加和圩、补口东圩、公兴西圩、连兴圩、元丰西圩、连兴东圩、连兴南圩、公兴东圩、丙子大堤、火烧圩、华丰圩、定丰圩、渐丰圩、润丰圩、勤丰圩、正丰圩、正德圩、正安圩、正乐圩、正隆圩、丙子圩、协丰圩、瑞丰圩、正兴圩、正发圩、流槽圩、丙戌圩、大成圩、棉花圩、连顺圩、戊子圩、协顺圩、庚辰小圩、庚辰圩、辛巳小方圩、辛巳圩、壬午圩、甲申圩、永丰圩、德三圩、大丰圩、壬午北圩、流漕圩、保管圩、翔丰二圩、农场圩、己酉大堤、己卯圩、小方圩、德元小圩、德元圩、德元二圩、德元三圩、丙小圩、甲戌圩、乙亥圩、丙子小圩、兆丰圩、东胜二圩、恒福圩、恒安圩、恒兴圩
兆丰乡	45 000	济生七圩、义成圩（5个）、义成小圩、集成头圩、集成二圩、新闸西圩、陶案圩（6个）、茅案圩（6个）、朱案头圩、朱案二圩、张案圩、安波圩、民新圩、民主圩、黄案圩、水顺圩、安顺圩、洪顺圩、天顺圩、瑞顺圩、登丰圩、登八圩、流漕圩、安丰圩、和丰圩、围丰圩、祥丰圩、北振丰圩、舜丰圩、联丰圩、古丰圩、正丰圩、鸿丰圩、巨丰圩、万丰圩、庆丰圩、义丰圩、联顺圩、协顺圩、大明圩、富民圩、鸿发圩、骏发圩、协发圩、同昌圩、新生圩、鼎丰圩、保丰圩、乐顺圩
妙桥乡	2 000	同丰圩、庚辰圩、丙子圩、壬午圩、协农圩、人案圩、辛巳圩、甲申圩、乙酉圩
三兴乡	7 500	挂耳圩、三圩、鼎字圩、永生圩、杨家圩、西七圩、阜亨圩、西六圩、西八圩、西九圩、四圩、鼎泰圩、小方圩、鼎盛圩、六百亩圩、十三圩、丁陈圩、扁担圩、重阳旗杆、鼎嘉圩
合兴乡	12 000	标卖圩、标卖四圩、汪家圩、于丰圩、文汇圩、卢兴圩、立丰圩、永丰圩、钱家圩、和丰圩、辰字圩、三圩岸、四圩岸、灰坝圩、扁担圩、季家圩、叶家圩、清基圩、耕新圩、芦头滩、钱家圩、福利圩、福安圩、耕辛圩、老安圩、老围圩、范家埭、顾安圩、隔漕圩、既新二圩、九圩、八圩、七圩、安仁圩、严家圩、小圩、福利二圩、川云圩、放涨圩、六圩、正兴六圩、大圩、文冒圩、纪六圩、从额圩
总计	227 860	

表3 1949—1985年围圩一览表

现今乡（镇）名称	圩名	总面积（亩）	耕地面积（亩）	圩堤长（米）	土方数（万立方米）	围垦年代
乐余乡	时耕圩	200	124	800	2.40	1949
	建设圩	600	324	1 650	12.90	1960
	整风圩	630	430	1 700	5	1963
	文革圩	2 100	1 384	3 774	18	1967
	新小圩	30	30	300	0.9	1968
	东闸圩	165	101	880	1.5	1970
	西闸圩	120	90	550	1.2	1970
	人民圩	540	280	2 250	7.00	1975
	种子场	675	300	2 130	9.75	1973
常阴沙农场	长沙圩	1 839	1 287	—	—	1950
	建设圩	1 214	1 197	3 079	15.68	1953
	合作圩	2 314	1 956	—	16.26	1954
	合作二圩	3 153	1 729	2 434	23.16	1955
	合作三圩	3 250	1 729	4 738	36.90	1956
	生建圩	145	102	600	2.00	1957
	跃进圩	6 580	4 336	5 600	78.69	1958
	东风圩	6 008	4 908	10 763	122.08	1960
	卫星圩	6 525	4 026			1960
	长江圩	2 482	1 822	—	38.78	1962
	新闸东圩	841	611	800	2.40	1962
	青年圩	3 223	2 255	3 160	18.67	1963
	青年二圩	2 589	1 854	2 813	14.58	1964
	闸北圩	906	634	2 190	9.28	1966
	三五圩	1 709	1 212	2 369	8.89	1966
	补方圩	315	221	1 396	2.87	1966
	文革二圩	896	689	2 068	6.09	1967
	文革三圩	4 824	3 384	3 718	13.90	1968
	四五圩	2 971	2 199	2 344	10.83	1971
	七五圩	2 292	1 537	3 506	19.67	1975
	八〇圩	563	393	1 783	17.68	1980

续表

现今乡（镇）名称	圩名	总面积（亩）	耕地面积（亩）	圩堤长（米）	土方数（万立方米）	围垦年代
兆丰乡	解放圩	92	65	500	1.55	1950
	合丰小圩	162	127	800	2.20	1950
	东南小圩	183	161	600	2.00	1950
	西中小圩	174	147	470	1.52	1950
	西南小圩	95	86	533	1.59	1950
	新围小圩	89	76	200	1.76	1950
	大德圩	420	371	500	5.55	1954
	东小圩	158	108	600	5.66	1955
	泗兴小圩	31	31	350	0.39	1957
	六百亩圩	600	500	900	7.20	1957
	林场圩	653	585	670	7.40	1959
	农场圩	557	403	900	7.20	1960
	泗兴圩	2 129	1 528	1 600	7.60	1961
	新发圩	199	123	700	2.07	1961
	三兴小圩	152	143	520	1.57	1962
	新民圩	304	259	1 170	1.29	1962
	新闸西圩	650	486	800	2.40	1962
	六三圩	210	186	600	1.66	1963
	六四圩	129	95	420	0.46	1964
	文革圩	54	54	450	0.50	1966
棉花原种场	农场圩	1 669	1 168	—	8.56	1956
南丰乡	共青圩	1 055	832	1 200	16.00	1956
	新沙头圩	900	785	2 000	8.80	1961
	新沙二圩	605	452	1 600	6.20	1964
	黄豆圩	100	100	200	0.25	1964
	新沙三圩	390	207	900	3.00	1966
	海坝头圩	840	560	500	2.00	1966
	海坝二圩	420	306	680	2.80	1968
	七〇圩	1 175	650	989	24.20	1970

续表

现今乡（镇）名称	圩名	总面积（亩）	耕地面积（亩）	圩堤长（米）	土方数（万立方米）	围垦年代
妙桥乡	跃进圩	700	550	2 500	11.94	1958
	六三圩	450	300	1 800	12.00	1963
	三角圩	80	80	200	0.25	1964
	六六圩	300	250	2 000	12.00	1966
	七〇圩	100	58	110	0.70	1970
双山乡	跃进圩	1 376	688	3 400	6.30	1958
	跃进二圩	1 836	918	4 450	7.00	1964
	跃进三圩	690	345	2 400	4.14	1964
	东新圩	285	142	980	2.70	1964
	东新二圩	48	48	640	1.20	1964
	新一圩	195	98	1 300	2.50	1965
	文革圩	655	318	2 400	4.30	1967
	劳动圩	165	82	1 200	2.20	1967
	斗私圩	1 095	448	3 100	5.40	1968
	批修圩	2 190	1 095	4 330	7.80	1968
	联合圩	660	330	2 400	4.20	1968
德积乡	外围圩	74	60	1 300	6.00	1960
	西新圩	500	250	1 800	1.25	1963
	外围圩	23	16	250	1.14	1963
	东新圩	525	270	2 100	1.24	1964
	外围圩	147	120	2 600	12.00	1964
	顶海围	101	72	800	4.00	1964
	东新二圩	48	48	640	1.20	1964
	新一圩	195	98	1 300	2.50	1965
	良种场	1 185	550	3 332	12.35	1970
	新圩	36	25	520	1.01	1977

续表

现今乡（镇）名称	圩名	总面积（亩）	耕地面积（亩）	圩堤长（米）	土方数（万立方米）	围垦年代
东沙乡	福山流漕圩	90	64	145	0.51	1962
	东沙头圩	278	191	982	3.44	1963
	东沙二圩	108	73	625	2.19	1964
	东沙三圩	237	213	1 120	3.92	1964
	三角圩	55	55	405	1.42	1966
	东风头圩	126	118	796	2.79	1966
	东风二圩	55	54	480	0.60	1966
	联合头圩	1 960	1 448	1 417	4.96	1968
	联合二圩	1 411	1 067	2 470	8.64	1969
	联合三圩	1 685	1 138	1 350	4.73	1969
	七〇圩	1 200	696	1 400	8.90	1970
	种子圩	808	499	1 090	3.82	1973
	七五圩	941	738	606	2.12	1975
	闸东圩	988	714	1 886	6.60	1975
	八三圩	965	780	928	3.11	1983
大新乡	新丰头圩	124	124	—	—	1960
	后小圩	15	15	—	—	1967
	新丰二、三圩	114	114	—	—	1967
麻风病医院	小圩	50	30	450	0.60	1970
县种猪场	种猪场圩	860	600	1 500	17.00	1975
县畜牧场	大圩	1 700	1 200	2 000	25.00	1979
总计	105	101 323	68 928	156 249	878.11	—

沙洲围垦大事记（宋代至1980年）

宋

景炎元年（1276） 大桥千总集议围垦，得七房庄吴氏赞助，围田万余亩。

元

至正二十年（1360） 张士诚围雷沟沙，得田7 000多亩。

明

洪武八年（1375） 江阴徐氏主持在今南沙、后塍一带筑坝围田 1 万余亩。

清

乾隆二十年（1755） 修筑海塘。自乘航庆安北（青草巷）起，经鹿苑、西旸、福山至太仓挡脚铺。

咸丰七年（1857） 老夹西端（今西寿兴沙至张家港之间）筑坝成功。

同治十一年（1872） 开掘十一圩港。

同治十三年（1874） 通州（今南通）在刘海沙与常阴沙之间开掘常通港，作为常熟、通州之界。

光绪五年（1879） 塘桥农民自浚三丈浦南段。次年，鹿苑农民自浚三丈浦北段。

光绪八年（1882） 农历六月，南沙巫山沙一带江潮淹没，秋熟无收。灾后荒地，漫长野慈姑，农民以此为食。

中华民国

民国五年（1916） 初冬，集议兴筑段山北夹坝，40 天坝成。

民国十二年（1923） 春，段山南夹筑坝成功。

民国十六年（1927） 开挖一干河。

民国十七年（1928）

3 月 1 日，店岸农民暴动，冲击福利垦殖公司。

11 月，三干河拓浚完工，国民党省府派员验收。

民国十八年（1929）

4 月 14 日，沙洲市"力争沙案委员会"各执委决议，改名为"沙洲市民力争归并刘海沙委员会"，并决定 15 日赴省请愿。

7 月 11 日，沙洲 3 000 余民众开通十三圩港。

民国十九年（1930） 4 月 1 日，常熟县南沙区（今乐余、南丰地区）农民，因省建设厅以经费缺乏为由，不允许开四干河，致 10 万亩沙田缺水成荒，召开请愿大会，推代表 80 人赴省请愿。

民国二十七年（1938） 南通县刘海沙之重镇——毛竹镇坍入长江。

民国三十年（1941）

春，沙洲县抗日民主政府发动全县人民疏浚南、北横套和一干河等 36 条半河道，全长 100 多公里。

12 月 5 日，汪伪常阴太沙田局江阴分局在晨阳堂设立办事处，解决沙田登记和处理问题。

12 月 19 日，南通县管辖的沙洲市十一圩港、十二圩港划归常熟县管辖。

民国三十五年（1946）

3 月，国民党晨阳区建设委员会主持疏浚境内大小河港 40 条，5 月完工。受益农田 10 万多亩。

5月，倪成垦殖公司青草沙挑泥场千余民工在中共地下党的秘密发动下举行罢工。至6月，先后罢工3次，迫使公司如期发放工资。

10月27日，暴风雨冲毁圩岸，沙洲市南丰、庆凝、福盈乡有13 100亩农田被淹，北固乡扁担圩坍沉农田100多亩。

是年，江阴、常熟、南通3县人士组织海塘工程委员会，主要办理常阴沙保圩事宜。地址设在十二圩港的红十字会内。

民国三十六年（1947）

2月9日，国民党江阴、常熟两县政府在段山筑海楗（即丁坝）。

4月25日，常阴沙海塘工程成立经济委员会，筹募抢险经费米千余石（折8万多公斤）。

民国三十七年（1948）

7月上旬，暴风雨成灾，沙洲南丰2万亩土地受江潮淹没，损失惨重。

9—10月，常阴沙保圩工程第一期工程在老海坝沿江筑挑水坝及打桩石护岸。

民国三十八年（1949） 7月24日，6号台风过境，伴长江洪水，江堤崩溃34.71公里，冲毁圩子160多个，受淹农田45万亩，2 361人死亡，4万余人无家可归。人民政府及时组织抢险救灾，安抚群众。

中华人民共和国

1953年

春，在常阴区解放圩外围垦滩1 214亩，取名建设圩。

1954年

春，长江复堤工程竣工，历时4年，全长79.15公里，完成土方450.09万立方米。

春，江阴、常熟两县在联珠沙联合围垦合作头圩，得田2 314亩。

7月，拦门沙盘明镇、常阴沙新桥镇全部坍入长江。

8月25日，台风、暴雨和长江洪水并袭，江堤决口，受灾农田26万余亩。

1955年

春，境内开始加高加固长江江堤，全长93.42公里，至1957年春竣工，完成土方215.06万立方米。

春，围垦合作二圩，得田3 153亩，投资7.48万元。

1956年

3月15日—5月10日，围垦合作二圩、共青圩，共得田4 305亩。

7月，拦门沙天东镇全部坍入长江。

1957年

1月，新开六干河竣工，长约11公里。

6月，老海坝镇全部坍入长江。

是年，德安镇坍入长江。

1958 年

春，万余人围垦跃进圩，筑堤 5.6 公里，挑土 78 万立方米，得田 6 580 亩。

11 月 16 日，深夜 12 时，中兴公社九工区水利野战工地宿舍失火成灾，烧死妇女 4 人，小孩 6 人，重伤 2 人，轻伤 6 人。

11 月，江阴县组织南沙、后塍、周庄等 26 个公社，6 万多名民工及中国人民解放军驻黄山部队 1 840 名指战员拓浚张家港。

冬，境内 10 万多男女民工开挖望虞河、三丈浦、太子圩港、东横河，大搞水利。

1960 年 春，围垦东风圩、卫星圩，得田 1.25 万亩。

1963 年 春，开凿永南河。

1965 年 7 月，十一圩港节制闸竣工。

1967 年

秋，西界港、十字港、十三圩港、五节桥 4 座"革命化"的节制闸建成。因设计、施工不讲科学，当年相继出险。

是年，中兴公社的定心圩至德积公社的拦门沙段，大新公社的朝东圩港至三兴公社的十一圩港段，共 4 000 余亩土地坍入长江。事发地段 97 家农户事先已迁出安置。

1968 年

5 月上旬，德积公社出动 2 000 余民工筑成海坝，孤立江中的拦门沙与南岸接连。

12 月 1 日，张家港内河整治工程按六级航道标准实施拓浚。常熟、沙洲、江阴等县民工参加，翌年 3 月竣工。

1969 年 是年，从 1959 年开始坍塌的南兴镇全部坍入长江。

1970 年 12 月，开凿七干河，并建节制闸。

1971 年

秋，沙洲县麻风病防治医院在妙桥公社六八圩内建成。

11 月 14 日，接省革命委员会通知，沙洲和如皋交界处的"文革沙"，经省革命委员会 10 月 19 日办公会议讨论决定，归沙洲县管辖。

1972 年 冬，开拓新沙河。

1975 年

春，境内 122.99 公里的江港堤全面开始加高加固。1979 年春竣工。

春，常阴沙农场围垦"七五圩"，面积 2 292 亩。

1976 年 11 月，三干河拓浚工程竣工。

1978 年 冬，拓浚二干河南段。

1980 年 春，张家港闸至六干河，七干河至芦福沙的江堤实施公路化工程。

【按】标题"沙洲围垦大事记（宋代至 1980 年）"为编者所加，内容摘自《沙洲县志·大事记》。

南沙镇志

《南沙镇志》编纂委员会编，主编冯春法、苏其增，广陵书社2016年版。

成陆

南沙陆地分古陆和新陆。从西部的长山、高峰村起，沿香山河南岸向东，至镇山东北麓的古石头港再向南，沿镇山、香山东麓至三甲里和东山村的渡船庵，折东至七房庄，有一条依稀可见的高岗，这就是长江的古江岸。以这条古江岸为界，南部属老长江三角洲的古代沙嘴区，成陆年代约6 000年以上，是海相河相沉积平原，属古陆；北部是近2 000年来在长江江阴以下河口演变过程中逐步形成的新长江三角洲，大部分是距今七八百年以来形成的，是河相海相沉积平原，由长江流水夹带泥沙沿岸落沉形成，属新陆。

新陆

唐代时，香山、镇山北面还是一片浅滩，涨潮时常被江水淹没。从明嘉靖《江阴县志》所载《宋志全境图》来看，宋代时巫山（又名浮山）还在长江中。

（公元10世纪以后）江阴以东的长江主泓道开始北移，出现南涨北坍之势。15—16世纪，由于世界气候的变化，引起海面抬升，主泓道继续北移，南涨北坍之势更加明显。光绪年间，南通实业家张謇保坍的史实便是有力的明证。到民国十九年（1930），从境内长山脚起，至杨舍、鹿苑、西旸一线的古江岸以北，巫山港、横套河（南套河）一线以南，中间大约有30平方公里的狭长浅水滩地全部淤涨成陆，并岸。这条狭长地带贯串南沙、后塍、泗港、杨舍、乘航、鹿苑部分及妙桥等乡镇，这就是古江岸外侧的滩涂地。

境内新陆由天台湾沙、巫山沙、东江湾（东垛湾）沙、石头港沙及部分雷沟沙所组成，总面积为18.7平方公里。它的范围东起马桥村，南至香山、镇山北麓及三甲里以北，西至长山脚下，北至长江，即今长山、长江、巫山、朝阳、山北、港上、镇上、马桥村及三省、柏林村的北部，成陆时间自元代至清咸丰年间，最早的距今七八百年，最晚的距今一百五六十年。

据明《嘉靖江阴县志》载，宋初，江中才出现时隐时现的巫山沙和二角沙。在明代，江中出现了段山沙等，以后陆续出现了天台湾沙、大阴沙、石头港沙等大小数十个沙洲。明永乐年间，郁氏十二世兄弟三人从海门渡江至香山，发现镇山北麓芦苇滩连绵，即在该地垦殖，后遭暴风袭击即弃去，再姚氏来建，故该地叫姚家埭。明万历年间，郁氏二十四世郁思洲、郁思刚、郁思泉三兄弟由靖江迁至龙家湾，于东江湾沙开垦沙田，二十五世郁氏子孙建郁家埭定居。明万历年间，高邮、扬州、如皋、海门等地的贫民纷纷南渡来澄寻觅生机，砍芦苇，筑圩堤，垦荒滩，围田垄。江阴、常熟、无锡等地的农民见这里新田赋税较轻，争相前来垦殖定居。

明末，香山与巫山之间的巫山沙、天台湾沙、东江湾沙、石头港沙已经积涨并岸。至清咸丰七年（1857），南套河至北套河之间的老夹口，被里人严康保筑坝截流后逐渐淤没,南北两条流漕积涨成陆,围田6 600余公顷。至此,自宋以来形成的江中沙洲全部并岸。境内新陆日益稳定,村落渐多。

东江湾沙 也称东江沙。东至石头港沙,南至香山河,西至长山脚,西北接天台湾沙,北至巫山沙,其成陆是由于受巫山沙阻止,大量泥沙由巫子门(巫山港入江口)涌进东江湾淤积而成,是香山以北成陆最早的一块沙田。清道光时腹裹沙田340公顷,濒江沙田54公顷。腹裹草滩4公顷,濒江草滩0.6公顷。明、清时期所筑的圩田有太平圩、安乐圩、朱七圩、葛家圩、严家圩、徐相圩、陈悦小圩、官路圩、匠港圩。

石头港沙 也称石头沙。东连雷沟沙,南至三甲里、七房庄,西接东江湾沙,北临南套河。道光时腹裹沙田406公顷。面积略大于东江湾沙。其成陆是由于受石头港口两侧的陆地及东江湾沙的阻止,沿江而下的泥沙逐渐淤积的结果。明洪武三年,石头港巡检司吴佚丈量登记,上报江阴县丞。明清时开发的圩田有福修圩、缩脚圩、北新圩、新兴圩、卢坊圩、孙奉圩、桃源圩、徐泗圩、金山圩、高可圩、刘明圩、唐畴圩、周仁圩、刘镇圩、张可圩、陈高圩、周伯圩、卢明圩、潘字圩、周海圩、王木圩、刘松圩、马二圩、钱蔡圩、李桥圩、史三圩、西蒲圩、司前圩、黄青圩、厢子圩、严兵圩、山脚圩、唐马圩、港内圩。

天台湾沙 也称天台沙。东接巫山沙,南连东江湾沙,西至长山脚,北濒长江。道光时濒江沙田39公顷,濒江草滩15.6公顷。其成陆是由于江水受巫山和巫山沙所阻,加上巫山沙塌方,潮涨潮落,泥沙不断沉落淤积,又为长山和东江湾沙所阻,遂淤塞于长山北麓天台石下,故名天台湾沙。成陆时间为明天启四年(1624),成陆后由时任石头港巡检司叶梦魁上报江阴县丞。明清时开垦的圩田有狮子圩、朝东圩、补额圩、山脚小圩、东二圩、东三圩。

巫山沙 东至南套河港上,西北至巫山港,南连东江湾沙,北濒长江。道光时腹裹沙田54公顷,濒江沙田133公顷,濒江草滩8公顷。其成陆是由于江水受巫山和东江沙所阻,泥沙沉落积涨所致。其中巫山南沙(位于巫山之南)成陆于元泰定三年(1326),由石牌寨巡检司赵文荣造册报江阴指挥使备案;巫山北沙(位于巫山之北)宋初时即从江中冒出,在从宋初至清咸丰年间的漫长岁月里,由于潮涨潮落,巫山北沙时有坍塌。至清咸丰七年(1857),老夹口筑坝成功,巫山北沙始与巫山南沙、东江湾沙、石头港沙并连成陆。濒江沙田计166.3公顷。明清时所筑圩田有东挂耳圩、山北圩、东文昌圩、西文昌圩、广德圩、山前圩、山南大圩、西隆圩、山东圩、胜兴圩、楚山东小二圩。

水系

主要河道有:

张家港河 北起境内长江口,南至江阴北㵲,1958年11月3日由江阴县人民委员会组织拓浚,1959年9月竣工通航。流经南沙4.67千米,河宽120米,底宽60~82米,深20米。1968—1969年,由苏州地区水利局拓浚,向东延伸,通到常熟、昆山,接吴淞江,是重要的区域性河道。

东横河 于宋天禧四年（1020）开凿。西起江阴澄江镇，东达杨舍镇与盐铁塘相接，全长 27 千米，宽 34 米，流经南沙 4.3 千米。属区域性河道。

石头港 宋代或宋代以前，江阴县在黄田港以东掘河、港 13 条，石头港是其中一条。入江口在镇山东麓，南接白蛇港。长 5.1 千米，宽 15 米。后长江北移，历代不断拓浚，使北接南套河，折北入长江。1958 年开凿张家港，石头港的北半段（自东山村朝东新住基起，至安利桥北入江口止）遂成为张家港的一部分，南半段小部分如今还在。

南横套 又名横套、南套河。开凿于清乾隆年间。西起三节桥，东接永南河，与张家港相通，境内长 1.8 千米，宽 24 米。同治七年（1868），沙董曹毓秀等疏浚南套河，使能引流入江。1959 年起，自三节桥西折北入长江的一段，成了张家港的一部分。

巫山港 又名巫子套。明嘉靖年间开凿。东自张家港河西侧的港区航运站起，向西经巫山村、长山村，于长江村陈三圩岸东头入江。1968—1969 年国家投资拓浚，向东延伸，沟通张家港河，又于入江口南建船闸一所。全长 2.75 千米，宽 50 米。自此，巫山港成为重要的水上航道。

张公港 位于山北村与朝阳村、港上村与长山村的交界处，系元末张士诚驻军所开凿，故得名张公港。该港北接老港，南至香山河北岸，未与香山河沟通，是朝阳村、山北村的重要排灌河道，长 1.06 千米，宽 15 米。

香山河 位于香山北麓。开凿于 1976—1977 年。东起张家港，西至高峰村，长 4.2 千米。河面东宽西窄，平均宽 21 米。香山河对镇山、山北、朝阳采石场的石料运输、高峰村的农田灌溉和香山洪水排泄起到十分重要的作用。

老港 开凿于元代末年。东起山北村与镇山村交界处的邱家港，向西经朝阳村、长山村，折北至长山村西北部入江。长 3.3 千米，宽 18 米。

老张家港 明万历年间由镇山村张家埭张氏率先开凿，后由江阴沙田局组织佃户拓浚，故得名张家港。1958 年拓浚张家港时，老张家港入江处的老夹口水道成为张家港入江口水道的一部分。如今，镇山村境内的老张家港大部分河道仍在，长 860 米，宽约 15 米。

邱家港 又名官路港。明代万历年间山北邱家埭邱氏家族率先开凿，故得名邱家港。位于山北村与镇山村交界处，南起香山北麓，北接老港。长 1.58 千米，宽 25 米，为山北村、镇山村的重要排灌河道。

南横泾 开凿于清康熙六十一年（1722）。西自东山村旺家湾砖窑厂，东注张家港河，长 1.51 千米，宽 22 米。

大丰浜 形成于宋代，旧称"蚂蚁梢"。清末江阴人吴霆胪在占文桥潘家港新场先后开办了大丰油厂、大丰纺纱厂，逐渐拓宽蚂蚁梢，遂以厂名命名该河，大丰浜由此得名。南自东横河，北抵香山湾，长 2.2 千米，宽 22 米。

乾昌河 明万历年间开凿。东起柏林村张家埭，西通张家港运河，流经三省、柏林两村。长 756 米，宽 12~17 米。

南沙志

沙洲县南沙乡地方志办公室编,主编瞿涌晨,1986年12月刊印。

大事记

【按】部分内容参照《南沙镇志》补入。

北宋

大中祥符八年(1015) 江阴知军丁慎招收流民及在押人犯3 000人,在香山周围屯田。

天禧四年(1020) 江阴知军崔立组织民众开凿东横河,西起江阴城,东至杨舍镇。

南宋

建炎二年(1128) 复县为军。乔仲福屯兵巫子门。

建炎三年(1129) 韩世忠屯兵巫子门。

乾道元年(1165) 香山周边大旱。

绍熙五年(1194) 境内山地大旱,民食草根。

庆元六年(1200) 境内大旱,民挑潮水浇地。

元

至元二十七年(1290) 巫门大水。

至大四年(1311) 七月,飓风、暴雨,巫山北滩冲击成沙渚。

皇庆元年(1312) 秋,江阴季子庙庙祝宏缘赐姓吴,定居雷沟沙,建七房庄。

明

洪武初年(1370年前后) 江阴佛兴社在今南沙、后塍地区围田数万亩。(按:佛兴社于嘉靖年间改称佛修垦殖社,清光绪年间定名佛修垦殖公司。)

洪武八年(1375) 江阴徐氏在今南沙、后塍一带围田万余亩。

洪武二十五年(1392) 拓雷沟港。

永乐元年(1403) 江阴福灵垦殖社(后发展为东江垦殖公司)在今南沙、后塍一带围田约2万亩。

永乐四年(1406) 广陵张氏迁至香山北,建张家埭,开发东垱沙东部。

永乐十年(1412) 殷氏十三世孙殷文正迁石头沙定居,开发石头沙,建殷家埭。

永乐十二年(1414) 东海郁氏第六世孙从靖江来东垱沙定居,开发东垱沙西部,建郁家埭。

嘉靖二十三年(1544) 倭寇从横沙入侵大桥镇宝池乡,地方民壮御之,击退倭贼。

清

顺治十七年(1660) 淫雨六昼夜,平地水深数尺,舟船入市。巫山沙老岸坍塌。饥民麇集香山食"观音土"，尸横山路。

康熙三十年（1691） 农历七月，境内大风，江潮暴涨，沙田淹没。

康熙五十九年（1720） 香山周边民众拓浚旱塘泾、南横泾、东横河、郁家港等河道。

乾隆三年（1738） 江阴知县蔡澍组织民众拓浚东横河。

乾隆四十一年（1776） 田赋情况（每亩）：平田一斗八升，圩田九升二勺，低田八升三勺，沙田五升二勺，墩峰田三升七勺，滩场田一升六勺，山地一升六勺。

乾隆五十八年（1793） 长江发大水，马桥圩受淹。

乾隆五十九年（1794） 农历七月，境内大风雨拔木，沿江圩岸冲塌。

道光四年（1824） 11月，飓风，江上船只多翻覆，溺水者无计，巫子沙、天台沙积尸遍滩。

道光二十一年（1841） 法国军舰一艘自长江口入侵，停泊在天台沙，水兵上岸抢粮。香山一带拳勇奋起抗击，入侵者逃遁。

咸丰三年（1853） 秋，张家港巫山沙至寿兴沙坍岸。

咸丰七年（1857） 大桥镇水勇头目、邱家埭人严康保率众在张家港入江处老夹口向东筑坝，同时从寿兴沙西五节桥向西筑坝。是年除夕合龙。自此，南沙洲与陆地相连，夹江积涨，围田数万亩。

同治六年（1867） 江阴县令汪坤厚组织民工疏浚东横河。是年，汪坤厚定"南沙"地名。

同治十二年（1873） 江阴知县林达泉组织民工开拓东横河。

光绪八年（1882） 巫山港水淹，秋收无成，饥民冬月食野菇。

中华民国

二十三年（1934） 夏，南沙地区60天无雨，石头港无潮汛，内河干涸。香山周边瞿高村、沿山巷、邬家巷等3 000多亩高坡地减产八成。

三十八年（1949） 7月25日起，境内受台风暴雨袭击，长江水位高达6.46米，天台、巫山、石港等村江堤被洪水冲垮，决口48处，香山以北3 000余亩农田受淹，799间民房倒塌。

中华人民共和国

1950年 夏，长江发大潮，天台沙、巫山沙数千亩农田受涝。是年，南沙乡成立水利委员会，用以工代赈方法修复江堤，共完成土方28.8万立方米。

1951年 后塍区组织民工3 016人，在长江主江堤培修土方计5万方，支堤培修土方计1.4万方。受益田亩计1.7万亩，其中南沙乡受益面积601亩，巫山乡受益面积144亩。

1953年 6月，南沙乡文昌圩用石块护坡，顶海圩两坡种草，黄鼠圩用块石护坡，巫山乡永安圩石港、张家港边两处水洞口筑翼墙。

1954年 8月中下旬降雨量达323.6毫米，其中19日至21日三天暴雨，降雨量91.4毫米。此月正逢长江大潮，长江水位高达6.66米，香山以北5 000亩棉稻田受淹，香山南的高田田岸被冲塌。是年棉花减产4万斤，粮食减产40万斤。

1955年

3月至5月，南沙乡巫山港入江口建防洪闸，受益农田4 000亩。

是年，巫山乡完成江堤培修6 700立方米，南沙乡完成江堤培修21 000立方米。南沙乡江堤培修列为全县13个乡的重点之一。沿江干堤经数年培修，堤身标准已达到顶宽3米、外坡1∶3、内坡1∶2，高出历年最高洪水位1米。

1958年 南沙公社完成江堤培修2 080米，计土方9 885方。

1962年 8月29日，14号台风袭击南沙地区，连续下雨36小时，降水214.3毫米。暴雨引起内河水及太湖水位猛涨，太湖水大量北灌，香山北一片汪洋。南沙地区受灾面积8 280亩，遍及6个大队64个生产队，房屋倒塌150间，损坏1 200间。

1962年 抢修长江外围堤510米。张家港节制闸外100米加宽堤防，高度达到7.6米，顶宽3米。

1973年 7月14日，下午4时许，狂风夹着冰雹突至，冰雹带宽约2公里，从西北方袭来，延续20分钟。南沙沿长江23个生产队的761亩棉花受灾。

地理 南沙成陆 新陆

香山河以北，西自长山村的狮子圩高峰村的百亩丰产方，折南至镇山北坡绕向南至三甲里前后的一片平原，惯称沙田（亦称芦田），即新陆。这片新陆由天台沙、巫山沙、东垗沙、石头沙、雷沟沙所组成，总面积为18.66平方公里。地面高度为零点正4.2米，计有10 052亩。今为长山村、长江村、巫山村、港上村、山北村、朝阳村、镇山村、马桥村、三省村及柏林村一部分低地。成陆时间为距今700年至300年。

据清光绪年间江阴县志载：沙田于南宋嘉熙年间（1237—1240）见于记载。又据南沙地区有关家族宗谱记载，明初此间诸沙洲陆续积涨成陆后，即有外乡农户来此居住，开始垦殖。如据长山村郁氏家谱记载，明永乐年间（1403—1424），海门郁氏第十二世兄弟三人从海门渡江南来，见香山北麓芦滩连绵，即于此垦殖。不久因风雨灾害未成而弃置，后由姚氏前来开垦并定居。这片沙田北接香山河，南靠镇山，称姚家埭。

嘉靖年间（1522—1566），靖江郁氏第十七世郁颜（字子良）南迁，在香山西北滩地垦殖，住地因此得名郁家埭。1573—1593年，又有郁氏自紧靠香山西北山脚的龙家湾迁至此，围田垦殖。明代万历前后，高邮、扬州、如皋、海门等地的贫苦游民受倭寇的严重摧残渡江来此寻觅生机，砍芦柴，筑圩堤，垦荒滩，围田垄。南边周庄乃至常熟、无锡的农民见此地新田赋税较轻，亦争相而来。清代，沙滩进一步积涨。康熙年间（1662—1722），天台沙、巫山沙、石头沙、东垗沙（东江沙）相继连接，阡陌纵横，烟火相望。大桥镇董吴某来此丈量田亩，登记造册，上报江阴县衙，由县沙田局正式注册。

各沙位置及圩田

东江湾沙，又称东江沙、东垗沙。东至石头港，南至龙家湾、薛家湾、卢家埭，西至瞿高村、陆家村，西北接天台沙、巫山沙，东北连中兴各沙。腹裹沙田4 707.45

亩，濒江草滩 213.85 亩，是香山北最早形成的一块沙丘。它的成陆是由于江水受巫山、巫山沙阻止，大量泥沙从巫门涌进东江湾淤积而成。成陆始于南宋绍兴四年（1134），时筑村落有龙家湾、薛家湾。1265—1277 年，邱、施二姓定居避乱，遗址在姚家山坳下，明清时期所筑圩田有太平圩、安乐圩、朱七圩、葛家圩、严家圩、徐相圩、陈悦小圩、官路圩、匠港圩。

石头港沙，西邻东江湾沙，北濒南套河，南至三甲里、七房庄，东临雷沟沙。腹裹沙田 3 715.65 亩。成陆时间为元至正十二年（1352）。它是由进石头港的潮水受东垡沙的阻止而变成漩涡，转侧反复，涨塞形成。面积仅次于东垡沙。因南接古陆，围垦省工。明洪武三年（1370），石头港巡检司吴佚丈量造册，上报江阴县衙。开发的圩田有：福修沙、缩脚圩、北新圩、新兴圩、芦坊圩、孙奉圩、桃源圩、徐泗圩、小湾圩、金山圩、高可圩、刘明圩、唐畴圩、周仁圩、刘镇圩、张可圩、陈高圩、周伯圩、卢明圩、潘字圩、周海圩、王木圩、刘松圩、马二圩、钱蔡圩、李桥圩、史三圩、西蒲圩、司前圩、黄青圩、厢子圩、严兵圩、山脚圩、唐马圩、港内圩。

天台湾沙，又称天台沙。东接巫山沙，南连东垡沙，西至石筏滩，北濒长江浅滩。濒江沙田 777.44 亩，濒江草滩 158.37 亩。这片沙田是巫山沙塌方受潮水冲积转至长山脚下天台石旁，被东垡沙阻止而淤塞于天台石下积涨而成，故名天台沙。成陆时间为明天启四年（1624），是香山北最小的一块沙滩。圩田有狮子圩、朝东圩、补额圩、山脚小圩、东二圩、东三圩。天台沙成陆围田后，由石头港巡检司叶梦魁上报江阴县衙，后委给瞿氏管理收支。

巫山沙，含巫山南沙（巫南沙）、巫山北沙（巫北沙）。东至南套河（今港上村），西北至巫子港，南至东垡沙，北濒长江。腹裹沙田 11 866.741 亩（按：此数据存疑），濒江草滩 202.43 亩。成陆时间为北宋神宗元丰元年（1078）。这片沙丘是由下游（拦门沙一带）塌滩泥沙受江底巫山岩石根的阻力旋转于此沉积而成。这片沙丘形成后，由当时石牌寨（在今高峰村内）总管。守将黄伯礼命名巫山沙。当时巫山西边还是内江，由于江水涨落冲刷，这片沙丘又慢慢塌滩，至光绪三十三年（1907）大部分塌入长江。史称巫山北沙（今曹家岸原在江中）。此前，巫山西南涨成的沙丘史称巫山南沙。巫山南沙腹裹沙田 1 152.76 亩，濒江沙田 2 494.64 亩（这片濒江沙是巫山北沙未塌光的一部分），濒江草滩 288.34 亩。巫山南沙成陆时间为元泰定三年（1326），时由石牌寨巡检司赵文荣造册报江阴县指挥使备案。明正德二年（1507），知县刘镇、推官伍文亭为防倭寇，在此设立水军屯守。巫山南沙所筑圩田有：东挂耳圩、山北圩、东文昌圩、西文昌圩、广德圩、山前圩、山南大圩、西隆圩、山东圩、胜兴圩、楚山东小二圩。

南沙由来

明嘉靖（1522—1566）前后，香山以北的沙丘得以开发，埭圩相连，河港成网。清同治四年（1865），沙董曹毓秀等掘浚套河（即南套河）及套河以南各港，以利灌溉。同治六年（1867），江阴县令汪坤厚行文，将套河南岸，老夹口西侧的巫山沙、石头沙、天台沙、东垡沙四沙统一定名为"南沙"。

寺院

镇海庵 在镇山,始建于唐垂拱二年(686)。镇山原名振山、牛首山,系香山(因状如卧牛,故又名卧牛山)东北一支脉。因此山形若牛头,故土人称其为牛首山。相传昔日山头有虹蜺(又名狻猊)出现。唐垂拱间,天落陨石镇之,因改称为镇山。时大江进口处水港石头港(张家港北段旧称)即在镇山东北坡。潮汛时节,石头港大潮汹涌。镇山周边圩田因石头港之丰沛水源得以灌溉,亦因时有洪水泛滥而遭灾害。故而农民、渔民筹资在镇山建镇海庵,以祈求江海之神护佑。宋元时期镇海庵香火旺盛。至明代,因巫山沙、东埒沙、雷沟沙涨积成片,港口北移,香火逐渐移向长山的娘娘庙和西宝林庵。

人物轶闻

严康保 小名扣宝,香山北邱家埭人。好学,勤勉,乐于乡事。其生理缺陷是高度近视,故外号"扣瞎子"。咸丰三年(1853)应召充江阴水师水勇哨长,后升为统领。其时寿兴沙日涨,江南岸张家港周边圩田向东坍塌日甚。无锡乡绅余某集资筑海坝,以杀水势。因潮烈流急,坍塌如故。严康保创议曰:"欲固南岸,非于寿兴沙屿与张家港中间筑坝不可,且可按各田户所占沙田亩数多寡斥资。"余某从之。咸丰七年(1857)八月,分段兴工,西段由巫山沙及张家港田户筑,东段由寿兴沙田户筑。每担土付给工钱三文,民工踊跃以从。筑坝有时,水漕愈窄,水势更急,垄久久不能合,延至年尾,民众躁急。忽有一老者来,谓:"除夕潮小,可行事矣。可预用长芦编扎大排,上载土石,以待届期。施工时,分左右下桩,先实以石,次加以土。如此,事必有济。"康保闻之,扶额称善。遵老者之策,海坝一举合龙。此后数年,沙田坍塌止,涨田上万亩。

【按】《南沙志》,沙洲县南沙乡地方志办公室编,瞿涌晨主编,自1980年11月开始编撰,至1986年12月成稿,1987年3月印行。全书约38万字。本书所摘引的资料,编者又对照《沙洲县志》《张家港市地名志》等方志进行了校订。《南沙志》虽是一部未正式出版的书稿,但在乡土地理历史、经济社会、民生习俗等方面仍有甚为重要的参考价值,特别是记录了张家港市境内"老沙"地区的成陆历史、早期沙田形成发育状况、沙田围垦开发,以及江堤修筑、河港疏浚、坝闸建造等,资料翔实,是张家港市围垦资料不可或缺的一个组成部分。

港区镇志

江苏省张家港市港区镇志编纂委员会编,主编邹达才,方志出版社2001年版。

自然环境

成陆

港区镇位于长江江阴以下河口段南岸,是新长江三角洲的一部分。它是由长山至香山一线古江岸外的边滩和长江中的沙洲发育、积涨而成。

公元9—10世纪发生海浸以后,长江江阴以下的主泓道开始北移,出现南涨北坍之势。15—16世纪,由于受世界气候的影响,引起海面抬升,主泓道继续北移,古江岸外侧边滩逐步积涨。与此同时,由于长江水中泥沙沉积,江中沙洲开始形成。南宋初期,巫山沙露出水面。明代,天台沙、东江沙、南正兴沙、大阴沙、寿兴沙出现。至明末,巫山沙、天台沙、东江沙已经积涨并岸,即今港区镇的长江村、巫山村全部及张家港村、滩上村的南部。清咸丰初年,南正兴沙、大阴沙、寿兴沙积涨并联,但与南岸之间有夹江相隔。咸丰七年(1857),老夹被筑坝截流后不断淤涨,使巫山沙、东江沙、南正兴沙、大阴沙、寿兴沙与南岸并联,全境成陆。

中兴镇志

《中兴镇志》编纂委员会编,主编张惠兴、李仁民,广陵书社2018年版。

围垦

境内通过围垦,将沙洲荒地开发成可耕地,始于清朝康熙年间。清雍正元年(1723),佛修垦殖公司招民围垦于南正兴沙上。乾隆四年(1739),地方人士严斌奇围田2万余亩。直至咸丰七年(1857),南正兴沙上的套北沙、套南沙与大阴沙、寿兴沙等三沙积涨并陆,先后围出圩塘(指高东村境内)18个。同治元年(1862),江阴学政司会同孔庙祭祀会开发寿兴沙围成文庙圩。同治三年,围垦了寿兴沙上的夹槽圩等。境内围垦的可耕地圩塘在清朝期间围垦后,除沿江小部分圩塘坍塌(1931—1948年二框圩坍塌,1946年小圩、七圩和马字圩塌坍,1947—1948年老新圩塌坍,1949—1950年稻田圩坍塌,1948—1958年老三圩、跑马圩淹没,1948—1961年头框圩坍塌,1954年补额圩坍去一半等)外,其余陆地上的土地均稳定至今,并无变动。至1998年末,除坍没的老三圩、六九圩、龙船圩等,还剩下11只圩塘,即张家圩、和尚圩、大前小圩、永贵圩、逛西圩、二圩、蚌锰圩、西南圩、朝南圩、旺家圩等,面积约1 688亩。1958年"大跃进"时期和"文化大革命"期间,双山岛上先后围垦跃进圩、劳动圩、文革圩、斗私圩、批修圩、联合圩等大圩塘12只,小圩塘10多只。

围垦机构

清代管围垦事务的机构是布政使,每隔5年清丈一次,有一套报领、上报、审核制度。1912年,国民政府设长江沙田总局和各县沙田分局。境内围垦属江阴沙田分局管理。1933年,归江苏省第二沙田局管辖。1946年,属江苏省沙田局上海分局管辖。新中国成立后,国家设长江流域规划办公室,统一管理长江围垦。地方围垦由县水利局勘察,提出方案。县人民政府报省人民政府或省水利厅批准,再上报长江流域规划办公室备案。以后报批手续有所简化,一般由省人民政府或省水利厅批准即可围垦。

围垦工程

境内圩塘耕地(除双山沙外)基本上是清朝期间围垦而成的圩塘。直至1998年

12月，除极少部分坍塌外，并无变化。但当初的圩塘名称直到拆迁时还是原名。

大圩 属大阴沙。东临夹港，南靠二圩，西靠朝东岸埭，北邻唐家埭。清道光元年（1821）由大桥张昆玉在大阴沙开发，围田共615亩。

二圩 属大阴沙。东临夹港，南靠三圩，西靠水洞港，北紧靠大圩。清道光年间围垦而成，共342亩。

三圩 属大阴沙。东临夹港，南靠老套港，西邻朱家埭，北紧靠二圩。清道光年间围垦而成，共围田269亩。

永丰一圩、二圩、三圩 属南正兴沙。清朝同治六年（1867）由江阴官绅赵惕义（小名赵元郎）到正兴沙围垦此三个圩塘。

永丰四圩、永丰五圩（又名黄有法圩）、成字圩 属南正兴沙。于清朝光绪二十年（1894）由江阴吴霆胪和地方沙董合作开发而成，围垦面积共达2 700亩。

头框圩、南头框圩、二框圩、书院圩、六圩、奎字圩（定心一圩）、定心四圩以北 此七圩塘属南正兴沙、徐泗沙（后为大阴沙），是清朝道光年间东江垦殖公司和江阴东南学社合作出资开发的万亩滩地。

粽子圩、朝西口圩、朝南口圩、北六圩、南六圩、新二圩、老新田圩 属南正兴沙、大阴沙。由清朝咸丰年间的严康保在老夹口至西五节桥筑坝之后围垦而成。

北套圩（又名卢永金圩）、富字圩、复兴圩、和字圩、南小圩、箱子圩、合顶圩、杨树圩、大圩（又名张寿圩岸）、乌龟背（曹川里）、大滩上 此11圩属寿兴沙。清乾隆四年（1739）严斌琦等人促议围田。光绪年间，由佛修垦殖公司（成立于明朝洪武年间，原名佛兴社，嘉靖年间改称佛修垦殖社，清朝光绪年间定名为佛修垦殖公司）沙伯颖等人，先后在此围垦大小圩塘10多个，面积3 300多亩。

以下的圩塘命名于清朝同治元年（1862）并登记入册：

同字圩、同字一圩、同字二圩、同字三圩 属寿兴沙。清朝道光年间围垦而成圩，面积分别为50亩、40亩、80亩和40亩。

庆宇圩、定兴圩、上老头圩 属寿兴沙。清朝道光年间围垦成圩塘，面积分别为40亩、80亩和160亩。

照字圩、朝西头圩、朝西二圩 属寿兴沙。清朝道光年间垦殖成圩塘，面积分别为80亩、100亩、60亩。

附记 双山沙岛围垦

境内西北部离陆地1公里左右的长江中心双山沙，旧名黑鱼沙、开沙、西开沙、铁板沙。成陆时间有100年左右。1902年归属大桥镇（大桥乡）。1914年，江都渔民邹福寿登滩岛修船、捕网、待汛、歇息，搭棚蜗居，但终因潮汛摧残离去。1919年，阿护沙海盗庞某避世来此隐居，自备大小木船两条，大船避于北滩，小船隐于南口，择地垒土夯墙，砍芦当壁，掘坑为灶，但因受不了江面上"十里洋洋，白浪高低三丈"和"无风三尺浪，起风黄土落"的恶劣环境而遁去。

1920年，拦门沙董事陈某得平凝沙开发渔利，盯住这块涨的沙渚，此时尚有寿兴沙的富户曹某，南正兴沙的富绅朱氏，巫山沙大族徐、郁、张、吴四家族等，都对这片沙渚垂涎三尺，由于齐不了心，谁也不敢去开"头炮"。拦门沙陈氏城府深、文化水平高而脑子灵活，自感实力尚可，于是找后盾做靠山，上书江阴城中名士吴汀鹭、陈默元、陈景新等，以春游为名邀其乘船去巫山下沙考察。众见此沙独立江中，有得天独厚的自然风貌，颇有开发价值，遂呈文江苏巡抚，并报县备案，于1922年春圈地开垦，竟未得垄，但已耗巨资，懊悔不已。

1924年，江阴城中另一名宿祝丹卿，在吴霆胪（汀鹭）去双山沙考察期间，在家为母守孝三年。守孝期满，祝即遣门生章子钊、陆威仁等人与当地巫山沙徐、张、吴、郁四大家族及拦门沙陈氏共同考察。祝氏得悉围垦仅靠银钱无法解决，需靠土著势力为协理方可行事，即在东保灵庵召开联席会议，地方上参加的名人有朱襄堂、张祥芝、王杏福、邹国祯、黄丹桂、陆威仁、郁达璋、吴谦之、张为梓、徐湘吾、章之钧、密余庆、陈志培、朱明熙等20余人，最后议定组建黑鱼沙福江垦殖公司，由祝丹卿任董事长，吴汀鹭任总经理，朱襄堂、陆威仁任协理（副总），章子钧、密余庆任经纪人，朱襄堂任工程部经理，陈贬初任工程部副经理，陆威仁任财务部经理，章子钧为联络部经理。资本总计为1 000股，江阴城中800股，当地200股，每股100元银元；净资产10万元做庄。总会计章子若，陆威仁掌管银钱。经两个冬春，围田500亩。1亩田产20元，500亩是10万元，已捞回本金。

1928年第一个圩塘围成，祭滩（一种仪式）时祝词要用吉语，但是"黑鱼沙"（此名不佳）、"开沙"（"开"等于"裂"）、"西开沙"（"西"同"死"谐音）、"铁板沙"（铁板是沉的、僵硬物）等名称不吉利，均要避讳，诸位重要人物一时愣住。司仪密余庆见吉时已到，于是自己首先祝祷天地，抬头时见长山、巫山屹立在长江南岸，密余庆与陆威仁耳语一阵后心念"这一块新涨的沙滩要真像长山、巫山一样与世长存"，然后高喊："双山沙福江垦殖公司祭滩开始！"众人认为"双山"二字正合天意，于是为第一个圩塘取名"双山"，沿用至今。

自老圩围成后，泥沙不断涨积，滩涂逐年向外不断延伸，福江垦殖公司及本地豪绅见有利可图，纷纷捻滩围圩造田，先后围垦了二圩、三圩、四圩、南五圩、北五圩、六圩、七圩、八圩、东小圩、复兴圩等，至中华人民共和国成立前，双山岛面积达93平方公里，耕地5 500亩，人口约4 000人。中华人民共和国成立后，人民政府继续组织农民围垦滩涂，从1957年围垦跃进圩开始，先后围垦了跃进二圩、跃进三圩、新一圩、西小圩、劳动圩、文革圩、斗私圩、批修圩、联合圩等。此后，随着长江江堤的加固，泥沙冲刷减少，积涨速度逐年趋缓，且主要在岛东侧下游方向。（补记，双山沙于1982年10月经江苏省人民政府批准成立双山人民公社，隶属沙洲县管辖，下辖岛上的6个大队，耕地1.3万亩，人口9 200人。）

双山岛被长江环抱，既得水利，也遭水害。从1929年围垦成老圩至1949年中华人民共和国成立前，20年间，岛上12只圩塘先后遭洪水淹没23次，最可怕的是暴雨、台风、大潮同时袭来（境内人称"三老爷"），就会造成灭顶之灾。1949年夏，风、雨、潮同时来袭，双山沙12只圩塘全部被淹，200多户、600多间民房没入水中。之后人民政府带领双山人民不断加强堤、港、涵、闸等设施的建设，水灾频率大为减少。1950—1982年的33年间，先后发生过近10次险情，其中最大的一次是

1974年8月19—20日，风、雨、潮同时来袭，岛内农田、房屋、人畜安然无恙，但造成了堤外圩塘被淹和副业养殖基地被淹300余亩的损失。长江高潮位时能达到5.6米，而双山岛在中华人民共和国成立初9.4公里的江堤高不足6米，顶宽仅2米，全是沙土堆垒而成，根本经不起潮水的冲刷，多次坍塌成灾。1949年水灾后，1950年3—6月，人民政府组织农民以工代赈，修复加固江堤。1950年冬至1951年春，按顶宽3米、高7米的标准第一次大规模加高、加阔江堤。1974年8月长江出现历史最高潮位6.8米后，于冬季开始第二次大规模的江堤建设，逐步达到了顶宽5米、堤高8.5米的要求。江堤向新围圩塘延伸，长度增至16.8公里。1975年3月成立中兴堤滩管理站，站驻双山岛，作为常设机构，负责堤滩的维护与保养。限于条件，当时仅以植树来固滩。（补记：自1992年起，用块石在堤外作永久性护坡，1996年开始第三次大规模修建江堤工程。江堤标准为堤高9.25米、顶宽6米，大部分地段堤顶外侧建1.2米高的块石水泥挡浪墙，1999年末竣工，共投资2 540万元，劳动力3 000余个，完成土方72万立方米，石方8万余立方米，筑成了16.8公里长的一流江堤，17公里护坡，10公里挡浪墙，双山人民在汛期再也不用担惊受怕。）

中华人民共和国成立后，双山沙除在公社和几个大队联合围垦的大圩塘外，还分别在各个时期围垦了10多只没有题名的小圩塘，这些小圩塘都是按扁担份决定所属权，也就是在公社的允许下，由大队或小队组织进行围垦，围垦出来的田亩归属围垦单位。（附注：公社经办的围垦田也是按各个小队出的劳力而分配围垦的田亩，然后根据田亩的多少安排各个小队安插到新的圩塘内的拆迁户数，而各个小队拆迁的农户都是自愿去双山新圩落户的社员。）

本公社三大队在十一大队三队外围的一只小圩，是由三大队十一队社员居住耕种，双北村在联合圩和斗私圩葛角围垦小圩一个，中兴堤滩站在老圩外围垦一个小圩塘。中兴水利站扎运公司在批修圩外川北围垦小圩一只。新圩村在批修圩外围垦一只小圩塘。八圩村在斗私圩西侧围垦小圩塘一个。八圩村在斗圩灯西侧的另一边围垦小圩塘一只。本公社九大队与一大队在斗圩灯西侧合围小圩塘一个。本公社九大队在斗圩灯西边单独围垦一只小圩塘。（注：斗私圩西侧共围垦小圩塘3只。）八圩村八队在三圩和北五圩之间月湖里围垦小圩塘一个。老圩九队在三圩二队岗南的劳动圩北面围垦小圩塘一个。老圩外有一只三队小圩、四队小圩、南五圩来严增官岸外围垦小圩，西小圩南边围垦小圩一只，分别由老圩三队、四队和渡口村所围与耕种。

岛内的引水排涝，中华人民共和国成立前主要靠每圩一只木质涵洞来进行，常常旱时引不进、涝时排不出。1957年，公社在围垦跃进圩的同时在岛北开挖了东西向的千斤港，长1 500米，宽19米，底宽3米。1971—1972年，从南端渡口处向北开挖双山港，与千斤港交叉贯通，长2 700米，宽24米，并于南端建4米孔径的双山节制闸1座，机动启闭。1975年11月，从新圩村跃进二圩向西，过双山港直至八圩村四圩，开挖南横港，长2 980米、宽20米，与双山港成十字形交叉，贯通了全岛的东西南北。1976年，在双山节制闸建翻水站，翻水能力为4立方米/秒。1978年11月—1979年1月，在双山港东侧和西侧同时开挖了东港（长2 010米，宽18米）和西港（长1 554米，宽1.8米）两条河道，分别穿越南横港，与双山港成平行态势，使全岛形成三纵（双山港、东港、西港）二横（千斤港、南横港）的河道网络，既利排涝抚旱，又利水上运输，还可发展水产养殖。1982年，又在千斤港西通江口处建成了4米孔径的千斤港节制闸，机动启闭门。从此，双山的排灌全部可以自由调控，原有涵洞失去作用，1996年，涵洞全部填没。

德积镇志

《德积镇志》编纂委员会编，主编苏其增，广陵书社2014年版。

围垦

境内围垦，将沙洲荒地开发成可耕地始于明代，清代时初具规模，先后在正兴沙、段山沙、大阴沙、北荫沙、卵子沙和拦门沙大规模围圩。民国时期，大阴沙、拦门沙相连并岸，福江垦殖公司围垦15个，围垦土地2 712亩。解放后，拦门沙、段山沙继续向北发展，人民政府有计划地逐步组织围垦，至1979年，先后围圩10个，面积2 803亩。自明代至1979年，共围垦土地52 526亩。

围垦机构

明代由布政使管围垦事务。每隔5~10年，对业户围垦的沙田进行清丈起课。清代仍由布政使管，每隔5年清丈一次。有一套报领、上报、审核制度。民国元年（1912），国民政府设长江沙田总局和各县沙田分局。境内围垦属江阴沙田分局管理。民国二十二年，归江苏省第二沙田局管辖。民国三十五年，属江苏省沙田局上海分局管辖。新中国成立后，国家设长江流域规划办公室，统一管理长江围垦。地方围垦由县水利局勘察，提出方案。县人民政府报省人民政府或省水利厅批准，再上报长江流域规划办公室备案。以后，报批手续有所放松，一般由省人民政府或省水利厅批准即可围垦。

围垦工程

明嘉靖年间（1522—1566），在境内正兴沙一带，由江阴陈氏赞助，官方主持围田1 700余亩。至明末，境内正兴沙围圩7个，围垦土地2 019亩。清初沙洲逐步向北扩张，清代中期发育加快，并逐步并连。清代，先后在正兴沙、段山沙、大阴沙、北荫沙、卵子沙、拦门沙围圩112个，围垦土地4.46万亩。民国时期，大阴沙和拦门沙相连并岸，并分别向北扩展，其时共围圩17个，围垦土地3 145亩。解放后，拦门沙、段山沙继续向北伸展。人民政府多次组织民工围垦。自明代起至1979年止，境内共围圩151个，围垦土地5.25万亩。其中，正兴沙85个，面积3.07万亩；段山沙20个，面积8 014亩；大阴沙12个，面积4 403亩；北荫沙16个，面积4 078亩；卵子沙1个，面积920亩；拦门沙17个，面积4 389亩。

明代围圩

明嘉靖年间（1522—1566），由江阴县官府主持组织围垦和字圩，资金由江阴财主陈氏赞助。总面积1 699亩，其中一圩195亩、二圩195亩、三圩375亩、四圩

270亩、五圩484亩、小圩180亩。陈氏赞助围垦和字五圩后，因面积不足2 000亩，令其子再赞助围一个圩，名为添六圩。该圩在明嘉靖末年（1566）围垦成功，面积320亩。

清代围圩

清康熙元年至四年（1662—1665），在正兴沙南部（今属新套村）围垦丁家圩，面积1 485亩。康熙年间（1662—1722）至同治末年（1874），先后在正兴沙、段山沙、大阴沙、卵子沙、拦门沙围圩108个，总面积4.31万亩。其中嘉庆二十五年，境内围圩11个，得田3 671亩，是围圩最多、面积最多的年份。至清末，境内共围圩112个，共围垦土地4.46万亩。

丁家圩 属正兴沙，清康熙元年至四年（1662—1665），江阴县官府主持围垦。总面积1 485亩，其中丁家圩180亩，前丁家圩270亩，中丁家圩375亩，后丁家圩660亩。

朝南圩 属正兴沙，清康熙三十年至三十九年（1691—1700）围垦，面积586亩。

新二圩、新三圩、新四圩、新五圩 属正兴沙，总面积1 805亩。新一圩面积小，与新二圩合并，后称新二圩，面积290亩。新三圩、新四圩、新五圩分别为490亩、620亩、405亩。

陈家圩 分大陈家圩和小陈家圩，属正兴沙，清乾隆二十五年至二十八年（1760—1763）围垦，面积775亩、其中大陈家圩515亩、小陈家圩260亩。

毛长圩 分大毛长圩和小毛长圩，属正兴沙，清乾隆二十五年至二十八年（1760—1763）围垦，面积700亩，其中大毛长圩510亩、小毛长圩190亩。

太字圩 属正兴沙，清乾隆三十五年（1770）围垦，面积750亩。

永顺圩 属正兴沙，清乾隆三十五年（1770）围垦，面积375亩。

老官圩 北正兴沙与段山沙的交会处，清乾隆三十五年（1770）围垦，面积750亩。

广昌圩 永顺圩横套和严子港交汇处，属正兴沙，清乾隆三十五年（1770），由江阴官府主持组织围垦。光绪八年（1882）开凿严子港，将其分成东、西两个广昌圩。东广昌圩位于天妃村西北部，面积350亩。西广昌圩位于福民村西南部，面积457亩，其中天妃村67亩。

合界圩 属正兴沙，清乾隆三十五年（1770）围垦，面积821亩。

鸭子圩 分宝鸭子圩、东鸭子圩、西鸭子圩和中鸭子圩4个圩，属正兴沙，清乾隆三十六年至三十八年（1771—1773）围垦，总面积1 340亩。其中宝鸭子圩在乾隆三十六年（1771）围成，面积290亩；东鸭子圩在乾隆三十七年（1772）围成，面积525亩；是年又围成西鸭子圩，面积525亩；中鸭子圩在乾隆三十八年（1773）围成，面积180亩。

伏阜永顺圩 分伏阜永顺一圩、二圩、三圩、四圩、五圩，属段山沙，总面积3 434亩，是德积地区最大的圩。伏阜永顺一圩位于长明村南部，清嘉庆五年（1800）围垦，面积1 400亩。伏阜永顺二圩位于长明村南部，清嘉庆十年（1805）

围垦，面积1 035亩。伏阜永顺三圩位于长明村中部，清道光三年（1823）围垦，面积459亩。伏阜永顺四圩位于长明村北部，清道光十年（1830）围垦，面积180亩。伏阜永顺五圩位于长明村北部，清道光十一年（1831）围垦，面积360亩。伏阜永顺一圩、二圩、三圩的围垦，由江阴县官府主持组织，资金由无锡伏氏资助；伏阜永顺四圩、五圩由无锡伏氏独资围垦。

新官圩 属段山沙，清道光五年（1825）围垦，面积600亩。

小明沙圩 属段山沙，清道光十六年（1836）围垦，面积987亩。

卵子沙 清道光十八年（1838）围垦，总面积920亩。

金城圩 清道光二十年（1840）围垦，总面积1 225亩。由东、西两个金城圩组成，东金城圩属北正兴沙，面积395亩；西金城圩属北荫沙，面积830亩。

大生庄 属大阴沙，清道光二十一年（1841）围垦，面积440亩。

芦头沙圩 属大阴沙，清道光年间（1821—1850）围垦，面积738亩。

标营圩 分西（前）、后、东三个标营圩，总面积1 007亩。西标营圩、后标营圩属正兴沙，东标营圩属大阴沙。清道光二十年（1840）围成西（前）、后二个标营圩，面积分别为366亩、318亩。清道光二十一年（1841）围成东标营圩，面积323亩。

沙泥圩 属大阴沙，清同治年间（1862—1874）围垦，面积914亩，其中小明沙村10、11组面积492亩，永兴村6、9组面积422亩。

宾兴圩 属拦门沙，清光绪六年（1880），围垦沙田300余亩，至光绪十七年（1891），涨至沙田933亩。自民国三十五年（1946）开始坍塌，至1970年，仅剩土地97亩，改称宾兴小圩。

民国时期围圩

民国十二年（1923），福江垦殖公司在大阴沙北部（今永兴村）围垦二圩、三圩，得地266亩。民国十三年至十四年（1924—1925），又在大阴沙北部（今永兴村、小明沙村一带）围垦四圩、五圩、六圩，围地517亩。民国十四年至三十七年（1925—1948），再在拦门沙北部（今拦门村）围圩10个（保安一圩至保安十圩），围地1 929亩。江阴马氏和金城坪陈飚初分别在大阴沙北部（今小明沙村与永兴村交界处）和段山沙北部（今长明村东北部）围垦马家圩和顶海圩，分别围地236亩和197亩。至民国末期，围圩17个，得地3 145亩。

解放后围圩

1960—1964年，德积公社在长明村北边围垦外围圩、顶海圩，得地321亩；1963—1979年，在拦门村北边围垦西新圩、东新圩、良种场、外围圩，得地2 281亩；1968年，在金城村（今属双丰村）围垦新八圩，得地201亩。至1979年，先后围圩10个。共增面积2 803亩，其中耕地面积1 534亩，圩岸长度15.05公里。共投工153万个，完成土方76.63万立方米。

大新镇志

《大新镇志》编纂委员会编,主编郑生大,广陵书社2015年版。

围垦

围垦机构

明清时期,由江苏省布政使司管理围垦事务,有一套报领、审核制度。民国时期的省国民政府设长江围垦总局,在各县设围垦分局,境内属江阴县围垦分局管理。围垦形式在明清时期一般以个人名义向江阴县府申报围垦沙田。民国初年除少量个人申报围垦外,大多以组织垦殖公司合伙名义申报围垦。围垦者向县府围垦分局申报领取围垦沙田的许可证,按荒滩总亩数缴费,方得组织民工围垦。民国时期滩田每亩在库银3元至5元之间。围成沙田后租、售给农民,盈利可观,售田价一般在滩田的20倍以上。境内在段山北夹筑老海坝后,围垦坝以东沙田合伙组成鼎丰垦殖公司,申报县围垦分局批准后动工。在段山南夹筑新海坝围田时,则组建福利垦殖公司,负责向江阴县围垦分局申报批准,报省厅备案。民国时期,国民政府设长江沙田总局,下设若干分局。境内属江阴县沙田分局管理。中华人民共和国建立后,沙田围垦由江阴县人民政府管理。1962年建沙洲县后,由沙洲县人民政府管理。

围垦工程

历代围垦中,明清时期主要围垦沙滩为平凝沙、平北沙、永凝沙、段山沙、盘篮沙,围垦沙田4万亩。在围垦沙滩中,逐步围垦圩田。民国时期围垦老海坝、新海坝等沙滩圩田,有庆安头圩、庆安二圩、庆安三圩、庆安四圩、南新圩、港槽圩、五圩、六圩、七圩、小八圩、西徐案圩、东徐案圩、永丰三圩、中圩、公胜圩、三友圩、金字头圩、金字二圩、金字大圩、金字小圩好、段山后圩、桃园圩、老二圩、朝三圩、西小圩、老三圩。(1956年、1957年发生"走马坍",原海坝乡大部分圩田坍入长江之中。)中华人民共和国成立后,1960年围垦新丰头圩,耕地面积124亩。1967年围垦后小圩,耕地面积15亩,围垦新丰二、三圩,耕地面积114亩,围垦模范圩350亩。1974年围垦劳动圩,耕地面积200亩。

围垦工程顺序为勘测、箍小岸、筑高岸、开沟渠、筑路等。境内有五个影响较大的围垦工程。

一、东、西木排圩围垦工程

明朝万历初年的一个夏天,上游暴雨成灾,山洪暴发,将山下成捆成捆的木排冲向下游,直冲至杨舍以北约10公里的江中才逐渐缓停。由于历年夹带泥沙的江泓流经这数千支木排处而受阻,流速减慢,泥沙大量沉积,所以这一带最先成陆。公元1617年,由殷氏主围东、西木排圩,共有4只圩塘620亩,其中西木排埭前圩130亩,后圩120亩;东木排埭前圩250亩,后圩120亩。

二、段山北夹筑坝(老海坝)工程

清末,段山以东江中,偏北有常阴沙,东南有东兴沙。长江流经段山,形成一条汉江，即段山夹。汉江由段山与常阴沙之间入口向东南与主泓汇合，中间被东兴沙分为南北两夹。

北夹的位置在原老海坝村向东南到北中心河一线，长约12公里，江面窄处仅1~2公里，宽处3~4公里。当时老常阴沙迎水坡坍入严重。光绪三十三年（1907）五月，鹿苑钱召诵等人发出筑坝培滩的倡议，并赴省（南京）报案获准。后因钱召诵回归途中遇难而废止。民国五年（1916）十一月，卢国英、黄承祖、汤舜耕、徐韵琴和江阴城绅吴听胪（霆胪）、郑粹甫等人集议筑段山北夹坝（老海坝），并提出涨滩围田后，以优惠田价补偿投资，赢得拥护，集资万余银元组成鼎丰垦殖公司，汤静山任工程主任。坝址南端选在小盘篮沙的庆安圩（今老海坝村），夹北端选在常阴沙毛竹镇西南的补口圩（今已坍失）。趁冬季潮小之际，招雇民工2 600多人，沉破船10余艘及1 000多只装泥草包，挑土16.6万立方米，大坝顺利合龙。又加固坝身，历经40天全部竣工，坝长1.28公里，岸高出平地4米，顶宽3米，坡比1∶2左右。坝成后，段山北夹淤涨迅速，常阴沙与东兴沙并连，坝名老海坝。

三、段山南夹坝（新海坝）工程

段山南夹，自段山与东兴沙的小盘篮沙之间入口。向东南于今原妙桥乡西旸附近与长江主泓汇合，长约15公里。西段窄处近1公里，宽处3~4公里。其位置在今南中心河与永南河一线。民国十一年（1922）春，福利垦殖公司报请江苏省督军公署核准在段山南夹筑坝。坝址一端带子沙河红圩（今原合兴镇光明村），另一端选在小盘篮沙的耕乐圩（今锦丰镇红光村），长820米。3月初动工，仅10天合龙。时春汛潮急，屡合屡败，损失工本费银17万元，工程被逼停顿。至冬季，又集款兴工。坝址向上游移动500米左右，南段（端）在平北沙的顶海岸，北端在常阴沙的沙王庙，即今大新镇老海坝村与顶海岸村之间。坝长近1公里。12月31日动工，10多天坝即成。但因坝身低，潮水漫溢而坝垮，功亏一篑，耗资10多万元。

次年春，公司以"扁担票"（工票）抵作股金分田相许（名为"树上开花之策"），邀集民工，于2月4日重新开工，修筑坝身，始得成功，同时围田1 600亩。坝成后，盘篮沙、东兴沙与常阴沙并岸。因是第二条新筑海坝，故名新海坝。

四、庆安一、二、三圩围垦工程

民国五年（1916），江阴清朝秀才、沙棍子孙荣清向江阴县府报案围田，经费是向佃农预收租米，3年租米一次收清，将预收租米抵发给围田民工工资，建涵洞或桥梁经费也在预收租米中支付，结果尚有余额。围垦庆安头、二圩后，锦丰镇沙棍杨老九眼红，仗着他权势比孙荣清大，就纠集民工抢围庆安三圩，并联合长江炮舰军官武力威胁。孙荣清无力抗争，就与江阴富绅郑粹甫、吴听胪（霆胪）联合，因吴、郑两人权势比杨老九大，于是吴、郑、孙三人于1918年联合围垦庆安三圩。围圩后，东段归孙荣清，西段归吴郑庄。后来，庆安一、二、三圩田全被吴郑庄并吞。

五、劳动圩围垦工程

1974年春，新闸村（十四大队）组织全村男女主要劳力300多人筑堤岸围垦朝东圩港港口东侧高滩田，堤长1公里，担土3万多立方米，得圩田93亩，取名劳动圩。这是境内围垦的最后一只圩塘。

圩田

大新属河相、海相冲积平原，南部平凝沙成陆最早，明朝万历末年（1617）即开始围垦东木排圩、西木排圩。再逐年向西部和北部围垦沙田。清朝咸丰五年（1855），严康宝（按，应作严康保）（俗名严康瞎子）筑张家港至寿兴沙堤坝后，各个沙洲连成一片，辖区内平凝沙、平北沙、永凝沙、盘篮沙、段山沙等都加快围垦速度。第一周期从1617年至1700年围垦圩塘57圩，第二周期从1701年至1800年围田32圩，第三周期从1801年至1900年围田24圩。第四周期从1901年至1974年围田36圩，其中特别是民国五年（1916）段山北夹筑坝围田（即老海坝）和民国十二年（1923）段山南夹筑坝围田（即新海坝）形成热潮。中华人民共和国成立后的1960年和1967年又在大新公社党委、管委会组织下，先后围垦新丰头圩、二圩、三圩和后四圩。最迟的是1974年围垦了劳动圩。2003—2008年，出于沿江经济开发而土地批租、镇区建设、道路建设等原因，减少圩塘22只。明清时期，辖区共围垦沙田4万亩，民国时期围垦沙田4 700亩，中华人民共和国成立后至20世纪70年代围垦沙田603亩（围垦田亩数均包括河流、道路、村庄、耕地等）。

锦丰镇志

江苏省张家港市《锦丰镇志》编纂委员会编，主编徐平，方志出版社2001年版。

大事记

明代

15世纪　江阴与靖江以东长江江面开阔，水流平缓，潮汐顶托，泥沙淤积，水下孕育起点点沙洲。

16世纪　江阴与常熟两县长江水域交界处，由西北向东南显露出几片沙洲，时人依其形状、位置和沙洲上植被特点称之为紫鲚沙、横墩沙、关丝沙、蕉沙。其中横墩、关丝两沙属日后的锦丰地区。

17世纪　境内水域出现刘海沙。因这众多小沙洲地处江阴和常熟两县之间，日后连片时统称常阴沙。地理位置上称之为北沙。锦丰地区北片属常阴沙。

天启年间（1621—1627）　南沙与北沙之间汊江水域积涨起盘篮沙和东兴沙（两沙合并后称中沙），构成日后锦丰地区的主体。

清代

嘉庆年间（1796—1820）　江阴长山以东长江南侧水域中的大小沙洲逐步并连成南沙、中沙、北沙三大块。

道光年间（1821—1850）　江北沿江民众因土地坍江而登上北沙、中沙割芦苇、青草，垦殖谋生。

咸丰年间（1851—1861）　海门顾七斤、鹿苑钱祐之、塘桥庞锤璐等在北沙、中沙围垦，筑圩造田。顾七斤在刘海沙首次围圩成功，圩名叫佳境庄。随后钱祐之在关丝沙围成砚秀庄，庞锺璐在东兴沙围得庞家圩。

同治元年（1862）　东兴沙西港边形成集市，有日杂店、茶馆、烟铺等，这是日后西港镇雏形。

同治三年（1864）　境内开始大规模围垦，至1874年江北岸一带农民大批迁来定居。中沙的店岸、郁桥、西港从西到东形成一条居民带，北沙以南兴、德安为中心形成居民点。

同治十一年（1872）　开凿十一圩港。

同治十三年（1874）　开凿常通港，将九龙港以东的北沙地区一分为二，南属常熟，北隶通州。

光绪三十年（1904）　境内尚未围垦的草滩经丈量，东兴沙1 322.83公顷，盘篮沙952.59公顷。

光绪年间（1875—1908）　长江北岸靖江、如皋、通州、海门等地民众大批迁居境内。在渡口、民工集散地、交通要道和大居民点出现众多集镇。其中，钱祐之在九龙港西侧建造南兴镇，太学生丁兆庭等集资在盘篮沙去南沙渡口建造雁鸿镇。

宣统二年（1910）　庆凝、盘篮等13沙实行地方自治，称沙洲市。自治公所先设在青屏沙合兴镇，后迁东兴沙西港镇。

中华民国

民国八年（1919）

汤静山、张渐陆、徐韵琴等建办鼎丰垦殖公司，围垦北夹涨滩。

是年，汤静山、黄承祖等主持兴筑北夹第二条海坝（第一条海坝即老海坝，在大新境内），坝址在小盘篮沙的事筹圩西北与常阴沙龙太庄东南，堤长1公里左右。

民国九年（1920）　广业公司到北夹围垦沙滩。

民国十年（1921）

西港镇设置境内第一个邮电代办所。

是年，鼎丰垦殖公司兴筑北夹第三条海坝，坝址在盘篮沙惠民圩与常阴沙关丝圩之间。

民国十一年（1922）

沙洲乡董局委托董事曹钧培疏浚七圩港，直达福前镇。民国十六年，土地局命名其为一干河。

2月，常州冯益、赵陶怀，江阴祝丹清，常熟徐韵琴等组建福利垦殖公司兴筑新海坝（段山南夹海坝），翌年春筑成。

秋，鼎丰垦殖公司兴建北夹第四条海坝，坝址在盘篮沙扁担圩与常阴沙协兴圩之间，南北长1公里许。

秋，福利垦殖公司在小盘篮沙耕乐圩与带子沙合同圩之间，兴建南夹二海坝。

民国十二年（1923）　曹钧培在店岸北市梢创办境内第一所慈善机构——保嫠局，收养孤苦寡妇，俗称"老人堂"。

是年，十一圩港成立保坍委员会，采石构筑十一圩港东、西丁坝。

民国十三年（1924）

鼎丰垦殖公司在东兴沙和盘篮沙之间的浃漕五圩到蕉沙永盛圩，兴建北夹第五条海坝。

是年，福利垦殖公司兴建南夹第三条海坝，坝址在大盘篮沙盈济圩与带子沙耕辛圩之间，堤长1.5公里。

民国十四年（1925）　开掘、拓宽、疏浚十一圩港，北段接通十一圩港港口，南段接通新庄河，全长6.5公里。翌年，国土局命名为二干河。

民国十五年（1926）

夏，时疫严重流行。

是年，锦丰地区围垦沙田计3 813.33公顷。

民国十七年（1928）

长江缉私营统领杨在田（杨老九）独资兴建锦丰镇，历时三年竣工。

3月1日，店岸福利垦殖公司农民暴动，焚毁福利垦殖公司房屋。

民国二十五年（1936）　筑九龙港丁坝。

民国三十年（1941）　2月2日，中共沙洲县抗日民主政府在店岸西曹希墨庄园公开成立。春，沙洲县抗日民主政府发动人民疏浚南、北横套和一干河等河道32条，全长100多公里。

民国三十七年（1948）　上半年，自渡泾港至九龙港构筑丁坝11道。1949年7月发大水，这些丁坝遭破坏或被江流席卷而去。

中华人民共和国

1950年　4月28日至9月6日，南兴乡群众自发组织保圩委员会，在七圩港港口利用铁驳兴建一道根部面宽3米、底宽7米、头宽约8米、底宽24米、长150米的石榫。

1959年　12月，开凿西港至郁家桥长4公里的锦西河，总土方10.77万立方米。

1964年　春，公社组织民工围垦兆丰公社东边的东沙圩，建立东沙大队。

1974年　春，境内7.41公里的江堤全面加高加固，到1978年11月结束。

1997年　3月3—7日，疏浚锦一河、九龙港，总土方13 025立方米。

自然环境

成陆

唐宋时，江阴长山以东的长江入海口呈喇叭形，江面开阔，古称海隅。

宋元时代，锦丰这片土地尚在滔滔江流之下。由于气候变化，海面抬升，长江入海处的喇叭口泥沙淤积，浅海成滩。长江流水自江阴向东，受南岸山脉和凹凸江岸、漫滩的阻滞，主泓道北移，南岸一侧流速变缓，在潮汐的顶托下，泥沙积沉，遂先后孕育了数十个大小沙洲。这些大小沙洲露出水面后，人们以其形状、位置、特征或以吉祥字眼来称谓它们，如盘篮沙因形似农家用的盘篮而得名，关丝沙因遍生关丝草而得名。构成锦丰地区的是盘篮沙、东兴沙之西部、横墩沙、关丝沙和刘海沙之一部。

明代以后沙洲逐渐积涨、延伸、并联。清嘉庆年间（1796—1820）位于北部的横墩沙、关丝沙与西面的紫鲚沙、东面的蕉沙、登瀛沙和北面的刘海沙连接成块，叫作北沙。因地处常熟、江阴两境，故亦称常阴沙，其中刘海沙隶属南通。位于中部的盘篮沙与东兴沙并联，是谓中沙。今日锦丰地界跨越中沙和北沙。《沙洲县志》记载："明代，江中沙洲加速扩张，逐渐并联。清代中叶，江中沙洲基本上并连成东南向的三大块，人们称为南沙、中沙和北沙。"这里讲的南沙，是南部沿岸江中的拦门沙、段山沙、福兴沙、寿兴沙、带子沙、天福沙等近20个小沙洲连接而成，因成陆年代早于中沙和北沙，人们习称老沙。

在这三大块沙洲之间，有两条夹江，南沙与中沙之间的夹江称段山南夹，今南中心河为其旧址，中沙与北沙之间的夹江称段山北夹，今北中心河为其旧址；两条夹江，窄处近1公里，宽处达3～4公里。民国五年（1916）冬，筑北夹坝。民国十一年（1922）春筑南夹坝。两夹筑坝截流后迅速淤塞成陆。至20年代后期，三大片沙洲连成一体。自此锦丰地区遂连成整块。

30年代开始，横墩沙和刘海沙西部逐年向江中坍失。至50年代，横墩沙基本坍没，仅剩下恒丰村七圩港西侧领地沿江一线。刘海沙西部也大部坍没，今联兴村常通港以北的部分，属刘海沙。

建置　集镇

锦丰地区从清同治元年（1862）兴建西港镇起，到1928年建造锦丰镇，先后出现过大小集镇9个。早在盘篮、东兴、横墩、关丝诸沙基本定型时，西港镇、南兴镇、雁鸿镇就相继建立，接着出现麒麟镇、店岸镇，以后庞家桥、郁家桥、德安镇也陆续建造。20年代末，锦丰镇又在二干河与北中心河的交汇处兴起。

1998年，锦丰地区的集镇有锦丰、西港、店岸3个镇。雁鸿镇、麒麟镇因偏处一隅，交通闭塞，于解放前消亡；德安镇、南兴镇于50年代中期和60年代末分别坍失江中；庞家桥和郁家桥两集镇因锦丰镇的兴起而逐渐衰亡。

锦丰镇　民国五年（1916），段山北夹上游筑坝截流，夹江淤塞成陆。民国十三年（1924）后，相继围成鼎安圩（又名公瑞圩）、鼎丰圩。民国十七年（1928），杨在田（字锦龙）买下鼎丰圩，取杨氏表字中的"锦"字和鼎丰圩的"丰"字，改圩名为锦丰圩，庄名叫锦丰庄（今轧花剥绒厂为其遗址）。与此同时，他又在一河之隔的鼎安圩购买地皮，兴建集镇，历时三年镇成。命镇名为锦丰镇。锦丰镇街道呈曲尺形，南北方向依二干河而筑，东西方向傍北中心河而建，总长350余米，宽7.8米，用石块铺就。镇南、镇西设镇门。镇区面积0.25平方公里。有店铺房120多间，人口约800人，有小学、邮政代办所。水上交通靠二干河，享北出长江之利。30年代，镇上有小发电厂，供镇上商家营业和居民照明。

西港镇　位于锦丰镇东南4公里处。是锦丰地区最早建造的集镇，始建于清同治元年（1862）。清末和民国时期曾是沙洲地区的行政中心，为沙洲市乡董局自治公所和沙洲区区公所所在地。道光年间（1821—1850），有人登临东兴沙东部垦殖。东兴沙东、西两端各有一条天然流漕，东面的叫东港，西边的叫西港。西港成为当时南沙与北沙之间的通道和货物转运站。咸丰年间（1851—1861）附近出现较多村落。但只有港，没有镇。同治年间（1862—1874），为适应居民生活、生产需要和方便过往行人，开始在今北街的地段建街。街市仅有一溜茅舍，开设茶馆、栈房和几家经营粮油、铁木竹器和烟酒日杂的铺子。同治四年（1865）在镇东建造关帝庙。光绪年间（1875—1908），西港成为私盐转运站和黑社会帮会哨聚处。清政府鉴于北夹不靖，在西港成立水上讯哨，巡察江面，缉查走私，弹压帮会械斗。这是西港建立政权的雏形。光绪二十九年，建造天主教分堂一座，前后两进。光绪三十二年，当地秀才、著名士绅杨同时（字震寰）创办敬业初等小学堂。

店岸镇 位于锦丰镇西边4公里处，傍一干河，距七圩港港口1.5公里。清光绪年间（1875—1908），围垦盘篮沙形成高潮，大批民工涌到，这里成为围圩民工的集散地。相传当初（因）有店铺设于岸上而得名。民国初年，由曹、张、陈、施、陶诸姓增建草房数十间，开店经商，形成街市。镇上建有玉皇殿，香火颇盛。民国五年（1916），沙洲市乡董局董事曹钧培（字挹芬）创办第十一国民小学（店岸小学的前身）。20年代，店岸镇有了较大发展。镇旁的一干河原名七圩港，日久逐渐淤塞。民国十一年（1922），沙洲市乡董局委托董事曹钧培负责疏浚拓展。拓浚后，河道一直延伸至福前镇。在店岸段河道两侧植桑8 000株（按：疑为800之数），发展蚕桑事业。民国十二年，曹钧培在镇北创办保嫠局，收容年迈孤苦无依的寡妇，俗称"老人堂"。

行政村

红光村 系镇域最西边的一个村。东起一干河，南至合兴镇福安村，西与大新镇老海坝村、新海坝村、顶海岸村为邻，北接长红村。水陆交通和农业灌溉比较方便。该村地处小盘篮沙，南部土地为1922年后南夹淤涨而成。境内有学稼圩、耕乐圩、福曹圩、福得西圩、福得东圩、福利头圩、（福利）二圩和退省圩、退省小圩等。

长红村 东傍一干河，南依红光村，西接大新镇老海坝村，北临长江。水陆交通和农业灌溉比较方便。该村地处小盘篮沙，有学稼圩、协顺圩、事畴头圩、（事畴）二圩、同顺圩、定安圩、定安小圩、永安圩、保安圩、盈济圩等。

恒丰村 东邻麒麟村，南傍店岸村，西靠一干河与长红村相望，北临长江，水陆交通十分便捷。境内有杨家圩、恒丰圩、钱家圩、鼎升圩、永丰圩、丙鑫东圩、丙鑫西圩、丙鑫南圩、继兴圩、事畴头圩、事畴二圩。在该村西部有七圩港渡口和张家港市长江保坍防洪工程管理所。

店岸村 （地处）一干河东侧，傍店岸镇，东连麒麟村，南与合兴镇福利村相邻，北与恒丰村接壤。该村位于盘篮沙中心，境内有同济圩、恒丰圩、辰时头圩、盈济圩、小方圩等。

麒麟村 该村位于盘篮沙，境内有长兴圩、惠民圩、西兴圩、合兴圩、东鼎升圩和辰时头圩、辰时二圩部分。因旧有麒麟镇，故名麒麟村。

锦丰村 因傍锦丰镇得名。东至二干河，南靠向阳村和合兴镇，西隔太平港与麒麟村相邻，北隔北中心河与新华村相望。民国初年，该村所在地尚在北夹洪涛中。民国五年（1916）筑北夹老海坝后，逐渐淤涨成陆。境内有公瑞圩（又名鼎安圩）、养民圩、鼎福圩、辰时二圩、扁担圩、徐家圩等。

向阳村 位于锦丰镇南1公里，东靠二干河，南与合兴镇为邻，西、北方与锦丰村相连。南部系1922年后南夹江淤积成陆,北部为盘篮沙,光绪年间境内曾建雁鸿镇。境内有北小圩、辰时三圩、辰时四圩、郁家圩、元宝圩、西瞿成圩、东瞿成圩、蒋小圩、陈家圩、挂耳圩、小方圩等。

新华村 全村土地系民国五年(1916)筑老海坝后淤积而成的北夹沙滩。20年代后期围垦成田。境内有协兴圩、鼎和圩、老杨太圩、杨太圩、小方圩、鼎丰圩、鼎成圩、东胜圩、夹漕圩等。

联兴村 该村地面属常阴沙中的关丝沙,跨常通港两岸,解放前常通港北土地属南通,港南属常熟县,解放后统属常熟。境内有复兴头圩、(复兴)二圩、崇明三圩、曹家圩、季家圩、正丰圩、东大圩、西大圩、三角圩、王竹西圩、可耕圩、东兴圩、和祥圩、和胜圩、脚盆圩、锦湖圩等。

南兴村 该村属常阴沙中的关丝沙。成陆较早,清咸丰年间即已围垦,最早的圩塘名砚秀庄。境内有南长圩、北长圩、夹漕圩、砚秀庄、何家圩、关丝圩等。

郁桥村 郁桥村北部为盘篮沙最早围垦成田的地区之一,清末已有人在郁家桥附近移居垦殖。南部1922年后成陆。境内有标卖头圩、(标卖)二圩、(标卖)三圩、新老元宝圩、陈家圩、夹漕圩、元丰圩、箱子圩等。

锦西村 锦西村属盘篮沙东端,成陆较早,清末已移民围垦。境内有夹漕圩(部分)、夹漕二圩、(夹漕)三圩(部分)、元兴圩、西成小圩、西成圩等。

建设村 该村成陆较晚,20世纪20年代后期到20世纪30年代初先后围垦成圩塘。境内有西成二圩、(西成)三圩、鼎康圩、鼎昌圩和夹漕三、四、五圩(夹漕三圩与锦西村共有)。

双福村 该村南部、西部成陆较迟,原为南夹流漕。1927年,筑六海坝后围成圩塘。境内有杨家圩、标卖头圩、(标卖)二圩、标卖四圩、同福圩、聚福圩、福利四圩、庚戌圩、义安圩、耕华圩、耕乐圩、协顺圩、协丰圩等。

协顺村 协顺村地面为东兴沙西部沙头,成陆较早,清咸丰年间即有人围垦定居。境内有协丰、同顺、同昌、同福、同丰、永全、标卖、夹漕、耕乐、耕辛、箱子、悦来、立丰、永和、新和等大小圩埭村落。

西港村 该村所处位置为东兴沙西端沙头,成陆较早,咸丰年间已有人围垦定居,同治年间就有人在其南首开店设集。境内有连丰圩、永丰圩、惠丰圩、东西元亨圩,以及以清末围垦者姓氏命名的庞家圩、钱家圩、曹家圩、姜家圩等。

元兴村 该村属东兴沙,是锦丰地区最迟围垦成陆(按:应为成陆围垦)的地方之一。民国初年,尚在北夹流漕中,1926年后围成圩塘。境内有元兴头圩、元兴二圩、广泰圩、鼎全圩、阜西圩、元亨圩。

人物

曹钧培(1874—1938) 字挹芬,光绪二十年(1894)全家迁居店岸西边事畴圩(今长红村)。一生从事教育和社会公益事业,创办新学、开设慈善机构、兴修水利、鼓励农桑,为乡亲父老所传颂。光绪二十五年,在常熟县应科试,得中秀才。光绪末年,应常熟县知事之聘,任县参事。宣统二年(1910),在郁家桥二干河东侧创办新学初等小学堂（后定名为沙洲市第四初等国民小学）（按：清末至民初，曹钧培先后在家乡创办了两所小学）。是年，沙洲地区十三沙实行地方自治，名曰沙洲市，设乡董局作行政办事机构，曹钧培被推举为乡董事局董事，专事处理各沙河道疏浚和社会福利事业。民国十一年（1922），曹氏认办中沙、北沙两区事务，主持疏浚七圩港。七圩港纵贯盘篮沙和南沙，日久淤滞，细流弯曲，宣泄不畅。霪雨，则蓄水四溢，圩田尽成泽国；久旱，禾苗枯萎，田地处处龟裂。曹氏夙夜操劳，踏勘绘图，丈量计工，带领民众经7个月的苦战，将从七圩港港口到福前镇全长13公里的河道拓宽加深，整治一新（民国十六年，国家土地局丈量时命名为一干河，港口仍称七圩港）。七圩港疏浚后，曹氏倡议在该河店岸以北的两岸坡堤植桑800余株，供农家发展蚕桑事业。民国二十七年（1938）农历五月初五上午，曹钧培在郁家桥国民第四小学被日军杀害，终年64岁。

杨在田（1880—1942） 字锦龙，出身贫苦，原籍海门县大安镇，清末随父迁居东兴沙西港镇。青年时期以贩盐为生，胆大气壮，爱打抱不平，为同辈所钦佩。后加入红帮，排行第九，故又名杨老九。曾因拒捕而打死盐哨，锒铛入狱。由一熊姓同狱犯冒名替死。杨获释以后，纠结私盐小贩，专与盐公堂作对，到处打击盐哨。盐局无奈，让他担任哨官。杨任哨官10年，因功升为缉私营统领。民国十年（1921）前后，杨与英商暗中联络，私贩鸦片，缉私营按成分得巨额贿赂。其后，与上海天主教某区主教陆伯鸿合伙开办大通轮船公司。民国十一年（1922），福利（垦殖）公司经理钱宇门、徐韵琴筑南夹海坝，缺少资金，拉杨参加。杨从中围得千亩沙田。民国十七年（1928）前后，杨陆续购买志大、隆大、正大、鸿大4艘商轮，在十一圩港等处设立码头。同年，杨又向鼎丰垦殖公司买下鼎丰圩建庄院（杨家仓房），并在其南一河之隔的鼎安圩建镇。民国十九年（1930）竣工，命名为锦丰镇。民国二十二年（1933），斥资创办锦丰小学，并资助老海坝至十一圩港一线的保圩工程。

杨同时（1875—1947） 字震寰，祖籍常熟，清末移居东兴沙（今锦丰协顺村）。光绪二十八年（1902），杨同时考中秀才。翌年，被聘为县参事。民国元年（1912），常熟县知丁祖荫任命杨同时、曹钧培、曹森培为沙洲市行政助理员，集议沙洲南、中、北十三沙之河道疏浚、社会治理诸事。民国十年（1921），杨同时被选为江苏省第三届省议会参议员。民国十一年（1922），杨同时与冯益云、赵陶怀等组织福利垦殖公司，筑段山南夹坝成功，杨氏在江苏省沙田局领得涨滩600亩，围成杨家圩。

文件辑存
1928年店岸福利垦殖公司暴动

店岸福利垦殖公司的几个地主股东肆意吞并土地，残酷剥削农民，在农暴干部、共产党员汪贵先、陶金才、赵小书等的宣传发动下，庙垹等地贫苦农民的反抗情绪日益高涨，农民暴动正在孕育。3月1日夜，后塍、晨阳等地的六七十名农暴队员到达店岸，与手举刀棍的近百名福利垦殖公司民工汇合。深夜12时，暴动群众冲入福利垦殖公司办公室，当场击毙一名呼救报讯的值班人员。由于事先泄露风声，公司的钱款、枪械、人员早已转移。暴动群众点火焚毁了该公司的房屋，并以罚款、训话等方式在店岸惩罚了数户地主富户。

【按】第一次大革命失败后，中共中央于1927年8月7日在汉口召开了紧急会议。根据会议精神，中共江苏省委具体确定组织农民暴动的政治路线的策略。1928年3月1日境内发生店岸福利垦殖公司暴动。

合兴镇志

锦丰镇地方志编纂委员会编，主编何子龙，广陵书社2012年版。

大事记

明代

16世纪下叶，虞山、澄江两地之间的长江水域逐渐形成几片沙洲。根据它们的位置、形状、洲上植被等特点，人们把它们称为青屏沙、寿兴沙、常兴沙、福兴沙、天福沙、东盈沙。这些沙洲最早与老岸并在一起，俗称老沙。

清代

康熙年间（1662—1722） 境内沙洲渐成良田，定居百姓已成规模。青屏沙有严家圩、安仁圩、西八圩、何家圩、九圩，常兴沙有申家圩、赵家圩、庙埭圩、套圩等村落。

乾隆四年（1739） 在青屏沙西端（今光明村境内）建关帝庙一座，6间正厅，左右各有2间侧厢，建筑面积300平方米，占地1 334平方米。于此年栽种银杏树，其中一棵至今依然枝繁叶茂。

乾隆五十一年（1786） 已经涨连在一起的青屏沙、常兴沙、福兴沙、寿兴沙、天福沙、东盈沙等6个沙洲，共有耕地21 078亩，滩地14 490亩。

道光后期 在青屏沙、天福沙交界处，建造合兴街。

道光末年 在合兴街东市梢建造城隍庙、三官殿和莲社庵，三庙一体，共有相连的房屋20多间。

咸丰年间（1851—1861） 镇江客商徐进鹤、孙立祥和苏北商人陈金根及本地郭云龙等人，先后在庆凝沙和尚港桥旁开店兴市，建五节桥镇。

同治年间（1862—1874）

在带子沙东端（今悦来村第六村民小组）土地庙旁，为方便行人和诣庙人群，逐渐形成一些路边商店，时人称之为土地镇。

同治后期，在福兴沙西部（今牛市村境内）建牛市街。

光绪元年（1875） 9月，在福兴沙牛市街北市梢建造猛将庙，有朝东正殿5间，南北厢房各4间。

光绪三十年（1904） 带子沙、天福沙和庆凝沙涨合，共有耕地4 711亩，滩地21 961亩。

光绪三十二年（1906） 在青屏沙合兴街西市梢创办沙洲初等小学堂（合兴中心小学）。同年，在福兴沙牛市街创建旭初小学堂（牛市小学）。

宣统元年（1909） 在关帝庙内创办关帝庙小学，在北新街创办北新小学。

宣统二年（1910） 境内的青屏沙、寿兴沙、常兴沙和福兴沙及他乡的关丝沙、蕉沙等13沙，建立沙洲市，实行地方自治。自治公所设在合兴街。

宣统三年（1911）

在庆凝沙五节桥集镇开办敦惠初级小学（后称五节桥小学）。

清末，在合兴十字街南侧架设木结构合兴桥。

中华民国

民国元年（1912） 在九圩埭北侧的市河段建造石桥（习惯称合兴东桥），为两块砂石条并排而成。

民国二年（1913） 钱国定在福兴沙与青屏沙交界处的北新街与久隆镇（九龙镇）之间，建街兴市贸易，时人称之为中兴街。

民国十一年（1922） 春，福利垦殖公司冯逸云、郑瑞府、祝丹清和汤静山等人在川港东约500米处的南夹中筑新海坝（今悦丰村13、14村民小组和福安村14、15组一带），未成。同年11月，坝址选择在川港西约500米处，南端在平北沙顶海岸，北端在常阴沙龙王庙附近，几经周折，方筑成功，时人称之为新海坝。

民国十二年（1923） 福利垦殖公司在南夹中筑第二条海坝。其南端为安仁圩（今光明村境内），北端在小盘篮沙耕乐圩（今锦丰红光村境内），时人称之为二海坝。

民国十三年（1924）

春，农民戴铁增、汪耀仙、李仁孝、李国芬、陶金才等人筹集资金，在南川港桥旁建房27间，开店做生意，时人以港取名为南川港。

同年春，福利垦殖公司在南夹中筑第三条海坝。坝址南端为带子沙耕新圩，北端是盘篮沙盈济圩，时人称之为三海坝。

民国十四年（1925） 福利垦殖公司在南夹中筑第四条海坝。其南端为天福沙和丰圩（今天丰村6、7村民小组），北端是盘篮沙元宝圩（今锦丰向阳村7村民小组），时人称之为四海坝。

民国十五年（1926）

福利垦殖公司在南夹中筑第五条海坝。南端为庆凝沙复兴圩（今洪联村4组），北端是东兴沙悦来圩（今锦丰协仁村22村民小组），时人称之为五海坝。

是年，一些居民在带子沙开店，逐渐形成悦来镇。

是年，境内由南向北先后建横跨二干河的木结构桥梁叶家桥、南洪桥、北洪桥和天福桥。

民国十七年（1928） 3月1日，农民暴动，冲击福利垦殖公司。

民国十七年至十九年（1928—1930） 余金生、陶桂芳、潘再齐、张林初等人集资，在天福沙二干河两旁建房50多间，开店做生意，时人称之为天福镇。

民国十九年（1930） 9月，常熟县第二民众教育馆成立，后改称沙洲农民教育馆。馆址在合兴东街三官殿内，第一任馆长陈君谋。

民国二十一年（1932） 宋翰飞等人筹集资金，在悦来镇建造悦来小学校。

民国三十年（1941）

2月2日，沙洲抗日民主政府成立后，境内相继成立青屏、牛市、悦来、带子4个抗日民主乡政府，管辖26个行政村。

是年2月8日，私立大南中学开学。

中华人民共和国

1950年　1月，沙洲区划为沙洲、常阴、南丰3个小区。中共沙洲区（小区）区委、区人民政府设在合兴镇。

1951年　3月，首次疏浚二干河，境内民工完成5公里长的拓浚任务。

1952年　冬，中共沙洲区委、区政府组织民工疏浚一干河。境内6个小乡在2个月内完成土方20多万立方米。

1953年　春，三干河疏浚，南起东莱横套，北至南中心河，全长7 000多米。

1956年　合兴横套第一次疏浚，并完成天福横套、油车港、七圩港、牛市支港、洪兴港等的疏浚开挖任务。

1959年　冬，油车港从合兴小学向南延伸开挖，接通寿兴横套。

1964年　冬，疏浚二干河，完成洪桥闸口以南1 000多米长的拓浚任务。

1965年　冬，疏浚一干河，北起南中心河，南至寿兴横套。

1967年　秋，境内始用手扶拖拉机耕田、机动脱粒机脱粒和抽水机灌溉，共有手扶拖拉机52台、机动脱粒机388台、水泵247台。

1970年　冬，疏浚北接悦来横套、南连合兴横套的三官港，全长982米，完成土方21万立方米。

1972年　冬，疏浚悦来西横套悦来至川港段、油车港天福横套至南中心河段。

1974年　冬，合兴公社出动3 500多名民工参加二干河裁弯取直工程，多处平地开挖。1个月完成任务，获县一等奖。

1975年　冬，合兴公社派出民工3 500多人，参加沙洲县香山河拓浚工程。

1979年　冬，合兴公社派出民工3 000人加固江堤，完成土方8.6万立方米。

1980年

冬，开挖合兴西横套，油车港向西至14大队，全长3 483米。出动民工4 200人，挖土22.88立方米。1981年1月3日竣工。

12月，全社1970—1980年填平废沟、废港总长约10公里，增加耕地348亩，建圩工泵排涝站13座，县办套闸和社办控制闸各1座。大队建圩闸18座、圩内涵洞62只。

1981年　10月1日，境内接通高压电。

1984年

3月，南港村自筹资金建造全乡第一条村级公路，全长3.8公里，宽6米。

12月，合兴街至光明村公路建成，途经8个村，全长4.2公里。投资4.3万元。同时投资5万元，新建合兴西街公路桥。

1989年　10月7日，江苏省副省长凌启鸿合兴乡视察冬季田间管理和农田水利建设。

1992 年 4 月 8 日，撤销合兴乡，建合兴镇。

1994 年 合兴镇被列入张家港市现代化建设试点镇，被江苏省建设委员会定为小城镇建设试点镇。

1995 年

1—11 月，合兴镇复垦平整土地 1 000 亩。11 月 2 日，苏州市委组织部电化教育中心和张家港市土地局拍摄牛市村 400 亩复垦平整土地的现场。

12 月，合兴镇被定为江苏省环境保护与经济协调发展示范镇。

1996 年

4 月 26 日，合兴镇镇级丰产方获江苏省 1995 年度吨粮杯竞赛一等奖。

6 月 28 日，合兴镇荣获"江苏省新型小城镇"称号。

1997 年

全镇投资 250 多万元新增中型拖拉机 17 台、收割机 31 台、水田耙 13 台、旋耕机 17 台。农机总功率 25 232 千瓦。

是年，全镇新建电灌站 11 座，新装抽水泵 16 台。累计有电灌站 18 座、抽水泵 20 台，并新建永久性沟渠 3 150 米，累计达 22 000 多米。

2000 年

9 月，杨锦公路竣工通车。

6—12 月，合兴镇党委、政府决定用 1～2 年时间实施"3331"工程计划。至年末，全镇小辣椒、秧草、特种蔬菜的种植面积分别达到 2 200 亩、2 200 亩、2 300 亩，并形成常家村秧草、天福村小辣椒和福利村药材 3 个种植特色村，建成天福金椒市场和常家秧草交易市场。

6—12 月，合兴镇提出抓好"一块一园一带"的经济发展新思路：以沙洲纺织印染公司为中心的工业经济块、地处张杨公路合兴段的合兴民营工业园、一干河两侧的浅水养殖带。

2002 年 12 月，港丰公路破土动工。此路西起张家港港区，东至常阴沙农场。合兴段长约 6 公里，路面宽 36 米，路两侧绿化带各 30 米。

自然环境　成陆

15—16 世纪，长江江阴以下呈喇叭形江段，由于近南岸江中有巫山、镇山、段山露出水面，尤其是江阴上游河道沙滩发育不一致，形成凹凸岸，迫使长江主泓道摆荡北移，南侧水流变缓，泥沙沉积加快，江中沙洲逐步形成。

清康熙二十三年（1684），境内滨江沙洲有福兴沙、常兴沙、东兴沙。康熙四十八年，增加青屏沙。乾隆元年（1736），增加天福沙、东盈沙、庆凝沙。是年，有沙田面积 21 078 亩，滩地 14 490 亩。乾隆五十一年（1786），天福沙有耕地 1 387 亩，滩地 953 亩。是年，已涨连在一起的青屏沙、常兴沙、福兴沙、寿兴沙、东盈沙等 5 个沙洲，共有耕地总面积 21 078 亩，滩地 14 490 亩。其中寿兴沙耕地 733 亩，滩地 6 114 亩；福兴沙耕地 2 926 亩，滩地 1 277 亩；常兴沙耕地 1 844 亩，滩地 381 亩；青屏沙耕地 14 188 亩，滩地 5 598 亩；东盈沙仅有滩地 167 亩。［按，清嘉庆年间

(1796—1820），江中大小沙洲逐步并联成南沙、中沙、北沙三大块。境内地域属南沙。南沙南侧有一条夹江，位于张家港到东莱的横套河一线，称老夹。南沙、中沙、北夹之间有两条夹江，南沙与中沙之间的夹江称为南夹，是合兴与锦丰镇的界河——南中心河，即为南夹旧址。] 清咸丰七年（1857），老夹筑坝积涨淤没，南沙首先并岸，成为老沙的一部分。境内土地位于老夹以北，属河相平原，由南沙东部的8个沙洲及部分南夹筑坝淤积而成。光绪二十九年（1903），带子沙与寿兴沙并联。次年，经丈量，有沙田面积15 305亩，滩地46 192亩。民国十二年至十七年（1923—1928），南夹先后筑海坝7条，断流淤积，与带子沙、天福沙、庆凝沙等老沙连成一片。至此，这片土地东起和尚港（老三干河），西至川港，北起南中心河，南至寿兴横套，即是境内行政区域，分布着160多个自然村落。

围垦

垦殖公司

清代至解放前夕，曾有多个垦殖公司参与境内围垦，史料记载有厚德公司和福利垦殖公司。

厚德公司 成立于民国九年（1920），由江阴人薛礼泉购买广业垦殖公司股票及滩照，成立厚德公司。先后报买沙田约3万亩，实际围垦约1万亩。民国十九年退出沙田案，公司告终，部分股东并入鼎丰垦殖公司。

福利垦殖公司 成立于民国十一年（1922），开始时股东有3人，资金20万元。公司在段山南夹筑坝，设工程总局于盘篮沙吴郑庄。经游说，新增股东10多人，资金10万元，报买南夹沙田30万亩，缴滩价15万元，保证金30万元，以后每半年须缴50万元。后因筑坝屡遭挫折，损失约10万元，对民工改发泥工票代工资。坝筑成后，围垦公司主持人数次更迭。民国十九年（1930），由鹿苑钱守门主持公司工作，张渐陆和杨在田参与公司筑坝围垦，并在上海设办事处，筹集资金。至民国三十八年（1949），该公司先后筑坝围圩10多万亩。在境内围成的圩有标卖圩、标卖四圩、汪家圩、于丰圩、文汇圩、卢兴圩、立丰圩、永丰圩、钱家圩、和丰圩、辰字圩、三圩岸、四圩岸、龟背圩、扁担圩、季家圩、叶家圩、清节圩、耕新圩、芦头滩、福利圩、福安圩、老围圩、范家埭、二圩岸、隔漕圩、耕新二圩、九圩、八圩、七圩、安仁圩、严家圩、小圩、福利二圩、安贞圩、放账圩、六圩、正兴六圩、大圩、承买案、征文圩、从额圩，共计12 000多亩。

南夹诸坝

明末清初，境内南为老夹，北至南夹。光绪三十三年（1907）5月，鹿苑钱召诵等倡议筑坝培滩。赴省报案获准后，钱召诵归途落水遇难，筑坝中止。民国五年（1916）、民国十二年，南夹筑坝先后由徐韵琴、王竹楼主持。至民国十八年，由西向东逐年筑一海坝（新海坝）、二海坝、三海坝、四海坝、五海坝、六海坝、七海坝等。每条海坝长1 000~1 500米，土方20万上下。据《张家港市土地志》记载，到1995年，境内实存围垦面积57 000亩。

新海坝（一海坝） 民国十年（1921）农历二月初汛后，厚德公司开工筑坝，坝址在川港东半里许。老沙农民唯恐筑坝后农田出水无路，群起反对，纵火拆坝，持械殴斗。公司不顾民意，坚持筑坝。将合龙时，春汛潮落水急，虽高价购买木船10多艘载重沉于决口，但均被急流冲走，工程停顿，损失工费白银17余万元。民国十一年冬，福利垦殖公司又议筑坝，将工料立标，招人投标。江阴县沙洲助理黄承佐中标，全工价10万元。赵陶怀等聘请徐韵琴为工程主任，王宝山为工程师。坝址选在带子沙合红圩（今光明村）和小盘篮沙耕乐村（今锦丰镇红光村）之间。两岸沙民因筑坝阻塞沙洲水道，竭力反对，迫使坝址向上游迁移500米（时在原江阴县境）。集6 000多民工，于民国十二年正月半开工。2月11日合龙后，大坝被潮水冲破，经多次抢堵，未果。所集38万元及24位股东集资12万元（5 000元/人）付诸东流。3月8日，公司发泥工票代工资，民工凭每票可得田1亩，才踊跃上工。工程竣工，坝长1公里许，称新海坝。为南夹第一条海坝。

二海坝 民国十二年（1923）由福利垦殖公司兴建。坝址在安仁圩（光明村）和小盘篮沙耕乐圩之间，为新海坝旧址。因利用旧坝基础，此坝在南夹诸海坝中最短，长约500米。

三海坝 民国十八年（1929）由福利垦殖公司兴建。坝址在带子沙耕新圩（福利村2组）和盘篮沙盈济圩之间（锦丰镇店岸村3组），坝长约1 500米。

四海坝 民国十四年（1925）由福利垦殖公司兴建。坝址在天福沙和和丰圩（天丰村和丰圩西侧第6、7村民小组）与元宝圩（锦丰镇向阳村第7村民小组）之间，坝长约1500米。此坝建成后曾破过堤，于翌年春修复。

五海坝 民国十五年（1926）由福利垦殖公司兴建。坝址南端在庆凝沙复兴圩（洪联村4组），北端为东兴沙悦来圩（锦丰镇协仁村第22村民小组），坝长1 500米许。

圩塘选介

福利圩 是福利垦殖公司首次围垦的圩塘。南中心河一带的沙田，几乎皆是福利垦殖公司所围。民国十二年（1923）春，在南夹南岸由西向东围垦。面积为1 600亩。

辰字圩 位于南中心河一线，西起老一干河，东至老二干河。1924年，福利公司在围垦第一只圩塘合龙时适逢辰时，故得名。1924—1926年围成的4只圩塘便以"辰"字和序数命名。辰字圩面积389.7亩。

标卖圩 1926年筑五海坝后，福利垦殖公司所筹措资金不足，圩塘围成即标价出售，故称标卖圩。境内有标卖头圩和标卖二圩。标卖头圩面积152亩，标卖二圩面积146亩，标卖四圩面积250亩。

戊字圩 东临锦丰镇双福村，南为洪兴村，西依二干河，北是南中心河。1926年春，福利垦殖公司在南夹筑坝围田，合龙时逢戊时（按，实际并无戊时），故名。耕地面积384亩。

老围圩 民国十二年（1923）围成，是福利垦殖公司在南夹筑坝所围圩中最早的一个。东临老一干河，南连扁担圩，西接川港，北至福利圩。耕地面积517亩。

官田圩 位于星火村西南部。清乾隆年间约1750年前后围成。东连莳菇滩，南为合兴横套，西接油车港，北为太平圩。耕地面积840亩。

定心圩 位于兴南村东北部，农民不愁此圩坍塌江中，显得定心，故得名，清乾隆年间约1750年前后围垦。耕地面积473亩。

承买圩 位于明星村中部。清乾隆年间约1750年前后围垦，由承姓买下此圩，故名。东连官田圩，南为地壕（号）圩，西接八顺六圩，北是洋里圩。耕地面积156亩。

永盛圩 位于寿兴横套南北两侧，西靠一干河。清末成陆。有耕地726亩。

河道

区域河道

二干河 南起无锡，流经江阴，张家港杨舍、东莱、合兴、锦丰等镇，从三兴镇十一圩港出口长江。在张家港境内全长27.2公里，其中本镇境内长4.44公里，河面宽45~48米，底宽20米，汇纳寿兴横套、合兴横套、天福横套、南中心河等水系，受益耕地1.95多万亩。此河是合兴镇乃至张家港市、苏锡常地区的黄金水道。同治十一年（1872）开凿此河，称十一圩港。民国十四年（1925），向南延伸开挖。1951年春，首次拓浚二干河，合兴民工两个月内完成土方近20万立方米。1963年冬，第二次拓浚二干河，两个多月完成土方20.54万立方米。1974年，二干河狭小弯曲处改道，是年冬施工。改道工程以蒋桥盐铁塘为起点，向北经东莱、合兴、锦丰至三兴十一圩港口。合兴出动3 500个民工，于同年12月20日动工，河道底宽20米，坡比1∶25，在30天内完成长755米、土方10.5万立方米，荣获县一等奖。1991年冬疏浚长2 100米（坡比1∶2，完成土方1.75万立方米）。1997年冬，疏浚北起南中心河、南至叶家桥的二干河，长4 025米，完成土方5.6万立方米。

市级河道

一干河 南起杨舍镇东横河，北至锦丰镇店岸注入长江。合兴境内长6 550米，河面宽约35米，底宽10米。汇纳寿兴横套、合兴横套、悦来横套、南中心河等河流，受益耕地1.82多万亩。此河是合兴镇乃至张家港市水系的主要渠道，又是水路交通的主要通道，还是全市居民饮用长江水的主要水源。此河是原常熟县最西部的第一条干河，故名。民国十一年至十三年（1922—1924），二海坝、三海坝相继筑成，南夹断流，境内的带子、天福等沙连片成陆，沧海变桑田。民国十六年，为了便于排灌，将原有的小鲫鱼港开挖成一干河，到福前镇筑坝断流，河道弯曲狭窄。1958年冬，首次疏浚一干河。1969年冬，再次疏浚，北起南中心河，南至寿兴横套。1978年冬，沙洲县委重新规划，许多地段裁弯取直，平地开挖，疏浚老河。南起东横河，往北经东莱、合兴、锦丰等镇，北出长江口。合兴10天完成土方17.79万立方米，获县特等奖。

南中心河 是民国十年至十七年（1921—1928）间，在南夹中筑坝围田留下的一条天然河，位于合兴与锦丰的交界处。西起大新镇老海坝，往东流经境内的福安、福利、天丰、洪联等村及东莱镇境内的三干河。全长10.5公里，河面宽14~16米，底宽2~3米。境内沟通一干河、油车港、二干河等水系，承担7 500多亩土地的灌溉任务。1990年冬，境内开挖疏浚一段长375米的河道，完成土方1.83万立方米。

川港 位于合兴、晨阳和大新三镇交界处，是境内最西的一条纵贯南北的河道。北起悦来横套，南至福前横套，全长6 500米，河面宽12~14米，底宽2~3米，承担境内5 200多亩良田的排灌任务。该河原是常熟县与江阴县的界河，清末开挖，南段称南川港，北段为北川港。北川港与大新境内的水系相连，注入段山峡出长江。1990年冬，开挖827米，完成土方1.98万立方米。1995年冬，开挖1 440米，完成土方1.96万立方米。

寿兴横套 位于合兴镇南，是与东莱的界河。东起二干河，往西流经境内的洪桥村、书院村、永盛村、新一干河、牛市村，至牛市支港出口，全长2 500米。河道弯曲，河面宽10~12米，底宽2~3米，沿途汇纳2条村中心河，境内受益耕地2 800亩。

镇级河道

悦来横套 位于合兴境内偏北部，东起油车港，向西汇入川港，全长3.93公里，河面宽25~26米，底宽4~6米。排灌受益耕地8 200多亩。1972年冬，首次疏浚悦来西横套。1973年冬，疏浚悦来东横套。1978年12月，在老横套北100多米处重新开挖悦来横套。1989年冬，开挖悦来东横套，长1 750米，完成土方2.81万立方米。1990年冬，疏浚悦来西横套，长2 182米，完成土方4.21万立方米。1996年冬，开挖疏浚悦来横套，长3 850米，完成土方12.81万立方米。

合兴横套 位于合兴境内偏南部。东起二干河，向西流至川港，全长5.31公里，河面宽25~26米，底宽4~6米，排灌受益耕地13 400多亩。此套清末民初开凿。因其弯曲狭窄，为了便于灌溉、航运，解放后逐年开挖取直。1955—1956年，疏浚合兴东横套三次。1976年冬，拓浚合兴东横套。1980年冬，开挖合兴西横套。1988年冬、1996年冬，疏浚合兴横套。

天福横套 东起二干河，西至油车港，全长1 600米。1956年冬，首次疏浚。1974年冬，二干河改道拓浚时，在二干河出口处造公路桥控制闸一座。1991年冬，疏浚1 795米，完成土方3.45万立方米。

圩内河道

1983年冬，疏浚圩内河道，完成土方1.31万立方米。1985年，疏浚圩内河道，完成土方3.85万立方米。1986年冬，疏浚圩内河道，完成土方4.36万立方米。1988年冬，疏浚圩内河道，完成土方1.37万立方米。1989年，疏浚圩内河道，完成土方3.55万立方米。1995年，疏浚明星村第8、9村民小组河道，完成土方1.1万立方米。1990—2002年，疏浚村级河道258条，长4.26万米，完成总土方28.76万立方米。

水利设施

水闸

1975年，在合兴横套二干河出口处建洪桥船闸。节制水位5.5米，排水流量每秒15立方米，灌溉受益面积约1.8万亩。可通航80吨以下船只。1980年3月，在悦来镇西一干河入口处悦来横套上建悦来船闸。节制水位5米，排水流量每秒12立方米，灌溉受益面积约1.6万亩。另，1972—1980年，合兴镇境内建有圩口闸18座。

排涝站

1972年，境内开始建排涝站。至2002年，全镇有排涝站18座，全部采用机动装置，主要分布在圩内和干河之间，承担着境内80%的排涝任务。

涵洞

解放前，境内涵洞以木质为主。20世纪60年代开始建石涵洞，用于圩内和干河之间、圩内河坝头等。2002年，有涵洞60余个，承担着境内3万多亩耕地的排灌任务。

行政村

星火村 该村地处青屏沙，大部分土地在16世纪中后期由南夹淤沙扩涨而成，有太平圩、官田圩、新开圩、沉季圩、杨家圩等。

洪桥村 村有丁字河为排灌主要渠道。其属寿兴沙，大部分土地在16世纪末由南夹淤沙聚涨而成，有喻家圩、二百七十亩圩、三垞圩、曹家圩、丁家圩等。

洪兴村 该村地处庆凝沙。境内地势低洼，箱子圩、戊字五圩高程1.8米，是全镇的"锅底"。20世纪70年代后期，疏浚"三张桥"至二干河段的中心河，在二干河出口处建造排灌站1座。

洪联村 该村地处天福沙和庆凝沙，大部分土地是在17世纪以后由南夹淤沙聚涨和筑坝围田而成。主要圩塘有叶胜圩、太平圩、赵家圩、五海坝、标卖四圩、太平二圩、水涝圩等。

洪福村 该村地处天福沙，大部分土地是在17世纪中后期由南夹泥沙淤积形成，有标卖圩、汪家圩、预丰圩、芦头头圩、芦头二圩、万丰圩、钱家圩、庆丰圩、文汇一圩和文汇二圩等。

天丰村 村内十字河东西长1 380米、南北长1 000米，是排灌主渠道。该村属天福沙，大部分土地是在17世纪中后期由南夹中淤沙聚涨而成，有和丰圩、辰字圩、同丰二圩等。

悦来村 有南北走向的中心河穿越悦来横套组成十字河，合悦公路途经村西，水陆交通便利。境内属带子沙，大部分土地是在17世纪由南夹淤沙聚涨形成，有三圩岸、扁担圩、靖江圩、田岸圩等。

福利村 有南北长250米、东西长342米的丁字形河，与油车港、一干河、南中心河相通，是排灌主要通道。村内属带子沙，大部分土地是在17世纪末由南夹淤沙聚涨而成，主要有庚新头圩、庚新二圩、钱家圩、福利圩等。

福安村 一干河、南中心河为排灌主渠道。该村地处带子沙，大部分土地是在17世纪由南夹淤沙沉淀堆积而成，主要有耕辛圩、福利圩、孙家圩、老围圩等。

悦丰村 一干河纵贯南北，沟通村内河道，排灌便捷。全村地处带子沙，大部分土地是在17世纪由南夹淤沙聚涨形成，有二圩、老围圩、范家圩、隔漕圩等。

光明村 村有中心河与悦来横套、川港相通，排灌畅通。该村地处青屏沙，大部分土地在17世纪由南夹淤沙聚涨形成，主要有六圩、七圩、八圩、九圩、安仁圩、严家圩等。

欣隆村 该村地处青屏沙和常兴沙，大部分土地是在17世纪由南夹淤沙聚涨而成，主要有东八圩、六圩等。

勤屏村 南北走向的新、老一干河与东西走向的老悦来横套、村中心河，形成井字形河网，排灌甚为便利。该村地处青屏沙，大部分土地是在16世纪末由南夹淤沙聚涨沉淀而成，主要有放账圩、扁担圩等。

南港村 村有600多米长的中心河，北与合兴横套相通，排灌方便。该村地处福兴沙和常兴沙，大部分土地是在17世纪初由江中淤沙激涨沉淀形成，主要圩塘有前套圩、后套圩、赵家圩、徐关圩等。

牛市村 一干河流经村东，排灌便利。地处常兴沙和福兴沙，大部分土地是17世纪由江中淤沙聚涨形成。

常家村 该村有纵贯南北的一干河和东西走向的合兴横套，排灌便利。其地处东盈沙，大部分土地是在17世纪成陆。

永盛村 该村有东西走向1 100多米长与南北走向950多米长相交的十字河，是排灌的主要通道。该村地处东盈沙，大部分土地是在17世纪成陆的，主要有永盛圩、老圩、二圩、四圩、横号圩等。

兴南村 该村地处青屏沙，大部分土地在16世纪下半叶形成。境内主要有定心圩和七圩等。

明星村 境内有丁字形中心河，南北长1 500米，东西长500米，分别与合兴横套、悦来横套和油车港相通。该村地处青屏沙，在16世纪下半叶成陆，主要有承买圩、八顺圩、老良圩、洋圩、六圩等。

天福村 该村有南北走向1 100多米长与东西走向1 380米长的十字河，是排灌的主渠道。该村地处天福沙，大部分土地是在17世纪形成的，主要有洽丰圩、永丰圩、同丰圩、永兴头圩、太平二圩、太平三圩、茄瓢圩、万丰圩等。

书院村 村内有南北长900米和东西长800米的两条河组成的十字河，为排灌主要通道。该村地处寿兴沙，16世纪末成陆，主要有七圩、九圩、十圩等。

三兴镇志

锦丰镇地方志编纂委员会编，主编葛德本，广陵书社2012年版。

大事记

清代

同治十一年（1872） 十一圩港开掘。

同治十三年（1874） 通州知府孙云锦会同常熟知县勘测，以乾巽同开凿常通港，将朝阳港以东的北沙地区一分为二，南属常熟，北属通州。

光绪十年（1884） 顾馥斋在十二圩港南桥西侧建房40余间，租赁给商贩开店经商，取名南桥镇，隶属南通县。

光绪十五年（1889） 曾朴在靠近南桥镇的常通港南侧建店面房 20 余间，取名三省镇，隶属常熟县。

宣统三年（1911） 通州府在毛竹镇设刘海沙乡自治议事会和董事会。

中华民国

民国七年（1918）

西界港集镇形成。

是年，沙洲地区保圩筹备处成立。自十一圩港至十三圩港沿江筑丁坝护坎。后因资金短缺，保圩工程中断。

民国十四年（1925） 十一圩港向南延伸开凿，穿越中沙、南沙，接通新庄河。

民国十五年（1926） 汤静山在南桥镇和三省镇东畔建新兴镇，有店面房和厂房 146 间。

民国十七年（1928）

9 月，境内实行区、乡制，刘海沙行政局改为刘海沙区，设区署于十二圩港镇。常通港以北设三兴、恤菁、南菁、澄瀛等 4 个乡。

11 月，三干河拓浚完工，省政府派员验收。

民国二十二年（1933） 西界港至朝山港沿江修筑丁坝，完成石方 1 095 立方米。

民国三十五年（1946）

5 月，三省乡与横墩乡、关丝乡合并为北固乡。

10 月 27 日，境内遭暴风雨袭击，北固乡扁担圩受淹农田 100 余亩。

是年，江阴、常熟、南通三县人士组建常阴沙海塘工程委员会，主要办理常阴沙保圩事宜。地址设在世界红十字会常阴沙分会内。

民国三十八年（1949） 7 月 24 日，6 号台风过境，遭暴雨、长江洪水袭击，境内多处江堤被冲毁，92 个村圩受淹，仅小八圩就有 3 人遇难。

中华人民共和国

1950 年 春，境内开始修复江堤。至 1954 年，共筑石护坡 4.15 公里。

1953 年 春，疏浚十二圩港、十三圩港、西界港和新港，共完成土方 7.36 万立方米。

1954 年

春，疏浚横港，东起西界港，西至十三圩港，长约 2.5 公里。

是年，建勤圩、小八圩、西界港口东西各建丁坝 1 条。

1956 年

春，拓浚西界港，完成土方 5 万立方米。

冬，加固十一圩港丁坝，完成石方 589 立方米。

是年，十三圩港修筑石护坡，长 282 米。

1957 年 8 月 9 日，常熟至十一圩公路改造竣工，境内段长约 8 公里。

1958 年

9 月 23 日，时任国家副主席刘少奇视察常熟县途经十一圩时，指示兴建码头、候车（船）室，开设旅社和饭店，方便旅客。翌年，旅社、饭店建成。1960年，码头、候车（船）室建成。

冬，境内3 500多民工参加开挖望虞河，完成土方132万立方米。

1959年

春，境内修筑江堤1.14公里，完成土方6 300立方米。

是年，十二圩港丁坝建成，另加固丁坝4条，完成石方4 634立方米。

1960年 整修六百亩圩和小八圩丁坝，完成石方4 763立方米。

1965年

7月，十一圩港节制闸竣工。

8月7日开始，江苏省民运航空局派遣"运五"型飞机3架，到三兴、兆丰、乐余、锦丰4个公社及常阴沙农场进行棉田喷药治虫。

1966年 8月11日下午2时，境内遭龙卷风袭击，倒塌房屋80余间，损坏66间。

1975年 冬，开凿大寨河，长约5.25公里。开挖三干河，境内段长约7公里。

1976年

5月，三干河节制闸建成。

冬，疏浚常通港中、西段，完成土方26.63万立方米，节制闸同时建成。

是年，雁行头三干河大桥建成。

1977年

春，十三圩港节制闸重建。

9月1日，境内遭8号台风袭击，倒塌房屋450余间，损坏房屋3 000余间。

1978年 12月，境内5 000多民工参加一干河拓浚工程，完成土方25.6万立方米，获一等奖。

1980年

春，横港与三干河交汇处控制闸建成。

是年，十三圩港公路桥重建。

1983年

7月，十一圩港越闸建成。

12月，大寨河、民丰港、常通港西段、鸭坞桥闸潭疏浚工程竣工，完成土方11.78万立方米。

1984年 常江公路竣工，南起常通港，北至江堤，长约4公里。

1985年 10月1日，通沙汽渡试航成功。

1988年 5月3日23—24时，4日凌晨4时30分至8时，境内连遭两次暴风雷雨和冰雹袭击，风力10~11级，损失严重。

1991年 6月30日至7月3日，境内遭遇特大雨涝灾害，1.3万余亩棉田受淹，270多亩鱼塘跑鱼，350多户农家进水，240户房屋倒塌，损坏房屋9 191间。

2002年 十二圩港翻水站建成。

自然环境　成陆

明万历年间（1573—1620），常熟与江阴交界的段山附近江流中，陆续涨起数十块大小沙洲。清嘉庆年间（1796—1820），江中大小沙洲逐步并连成南沙、中沙、北沙三大块。三沙之间有两条夹江，南沙与中沙之间的夹江称南夹，中沙与北沙之间的夹江称北夹，今南、北中心河分别为南、北夹江旧址。北沙包括紫鲚沙、横墩沙、关丝沙、蕉沙、刘海沙、恤菁沙、登瀛沙及以后涨起的文兴沙、鼎兴沙等。北沙大部分属常熟、江阴两县，统称为常阴沙，属通州府（今南通）的部分称刘海沙。常熟、江阴、南通等地的农民在这些沙滩上围圩造田。到光绪年间（1875—1908），常阴沙和刘海沙两沙之西端坍塌甚速，而东端则不断增涨。其时，三兴地区尚是这两沙东端滩地，与东北方江中的登瀛沙尚有隔江分隔。在北沙围圩的部分业主见通州府量田弓大、赋税轻，就向通州府报领，常熟县也向业主发放"滩照"，造成矛盾。同治十三年（1874），经省调停，由通州知府孙云锦会同常熟知县勘测，以乾巽向开挖常通港。此港西起朝阳港，东至十一圩港，沿东滩延伸至恤济港，为常熟和通州的界河，港南归常熟，港北归通州。之后无论接涨突涨，新滩概归本境善堂置作公产，不准土客洲民跨越争买。民国五年（1916）11月，卢国英等地方财绅集议段山北夹坝，并提出涨滩围田后以优惠田价补偿投资，赢得拥护，集资万余元。由汤静山任工程主任，趁冬季潮小之际，招雇民工 2 500 余人，沉破船 10 多艘及装泥草包千余只，经 40 天大坝合龙竣工，共挑土方 16.6 万立方米。坝成后，北夹淤涨迅速，常阴沙与东兴沙并连。民国七年，刘海沙与登瀛沙涨接，三兴境内沙洲全部并连。

蕉沙　位于镇域南部，西起十一圩港，东迄思贤港，南临北中心河，北靠常通港，面积约 11 平方公里，成陆于清代中叶。因该沙洲上植被以野茭白为主，一片翠绿，在微风细雨中摇曳，状如雨打芭蕉，故名蕉沙。同治十年（1871）开始围垦，著名的圩塘有叶家圩、庞家圩、钱家圩、曾家圩等。

刘海沙　位于镇域北部沿江，境内为刘海沙的东端，东临恤菁沙，面积约 3.5 平方公里。同治十三年（1874），顾馥斋经办围成境内刘海沙上第一个圩塘务本庄，到光绪四年（1878）陈四经办围成的东乐圩止，境内属原刘海沙的滩地全部围成，著名的圩塘有福生庄、务本庄、厚生庄、东昇庄、东乐庄等。咸丰年间，海门县顾七斤到常阴沙，依靠南通州团练大臣王藻力占围成田，号称 10 万亩。顾与老沙的曹龙、王关争夺常阴沙西端的滩地，请得官军绿营兵镇压，烧掉民房多处。曹龙、王关事先逃避，躲过一难。后来官厅出来划界，以金鸡港为界，后人称之为"绿营围剿"。鹿苑人钱佑之在今常通港以南围田，钱的庄院即为有名的砚秀庄，与顾争雄，曾告之江苏布政司。同治十三年（1874），因抢围常阴沙，业户见通州府量田弓大、赋税轻，纷纷向通州府报领，常熟县也向业户发放滩照，造成矛盾。后经省调停，以乾巽向开凿常通港为界河。此后人们把常通港以北的沙洲统称为刘海沙。

恤菁沙　位于镇域干部，北濒长江，南临常通港，西连刘海沙，东接登瀛沙，东南一直延伸至乐余辖区内的恤济港，总面积 20 平方公里左右。因该沙洲上江草、芦苇生长茂盛，取名为恤菁沙。于清代中叶开始积涨，至民国十六年（1927）全部成陆围圩成田。三兴集镇大部以及久生、永圩、新港、西界港、菁圩、本和、耕余等村在其境内,面积约14.5平方公里。

登瀛沙 位于镇域东北部,北濒长江,南连恤菁沙,东与文兴沙的文兴案以东界港为界,西与恤菁沙的南菁案以西界港为界。原为江心的一块孤洲,似东海中的瀛洲仙岛,故取名为登瀛沙。与乐余共有,总面积约11平方公里。境内自光绪二十三年(1897)围成登字头圩,至民国十九年(1930)十三圩围成。西界港集镇部分以及登瀛、万亨、永德等村在其境内,面积约4.5平方公里。

围垦

境内沿江沙滩历代均属国有,由官府出卖。清代,沙田围垦属布政司管辖,建有一套报领、上报、审核制度。"芦田"由官府进行课税,每隔5~10年对业户围垦的沙田进行清丈起课。民国时期,国民政府设长江沙田总局,下设若干分局,境内围垦分别由常熟、南通沙田局管理。清道光八年(1828)起,沙田实行承买,由官府收取滩费。民国元年(1912),每亩滩价为:甲等10元,乙等8元,丙等6元。围垦资金、劳力由承买者负责。围垦资金有独资、集资、预收权租(大多为民工工资)三种。私人围垦均以独资为主,如叶宝生、顾辉宗(又名顾老八)和常熟的曾朴等,均为独资。垦殖公司围垦的以集资居多,如鼎丰公司、民业公司等。不少业主靠廉价雇工围垦沙田发家,群众称之为"沙棍"。围垦工程一般包括勘测、筑箍埂、筑大堤及圩内水利、道路等工序。

勘测 一般由经验丰富者目测估算,当沙滩积涨到与平均潮位相适应时即可决定围垦。滩地适合围垦的高程(吴淞零点)在3~4米。

箍埂 箍埂筑在大堤线外侧,以挡潮水。箍埂标准一般顶高5米,顶宽0.8米,断面土方2~3立方米。围圩工程结束后即废弃。

大堤 筑大堤是围圩的主体工程,先挑土垒起堤岸,然后在外坡将泥垒细、泼水、搅拌,俗称"摇钎",再铺草皮。民国二十年(1931)前筑大堤无统一标准。境内为岸一般高6.5~7米,顶宽7米左右,坡度1∶2.5~3。

圩内水利 圩内河道多半是筑岸取土后开成的挂脚沟,距堤岸20米左右,一般面宽8米,下挖深度1~1.5米。圩内引水、排水设置木涵洞。300亩以上的圩塘,中开1~2条横沟,宽深大致与挂脚沟相等。每隔80米左右再开一条纵向的小明沟(即现时的三角沟),一般面宽1.5~2米,底宽0.5~1米,下挖深度1米左右。千亩以上的大圩,利用原有的流槽稍加疏通作为圩内中心河,一般面宽8~10米,底宽4~5米,下挖深度2米以上。

圩内道路 圩内沿横沟一侧筑有简易道路(俗称埭),路面宽1米左右。由流槽改作中心河,旁筑有路宽2~3米不等的大路。

清代,境内围垦成陆面积4.8万亩。民国年间,围垦成陆面积7500亩。围圩成田后,由滩地承买者根据投资额分配土地。大量的土地为少数豪绅富户所有,农民向豪绅富户买、趸或租种土地。每亩田价,清代后期为库平银3两(93.75克);民国元年至民国三十四年(1912—1945)每亩田价30~100元不等。民国三十五年(1946)至解放,物价飞涨,田价不一,不可比算。

境内围圩造田最早的是清同治十年（1871）围成的蕉沙上的叶家二圩，然后是同治十三年围成的刘海沙务本庄。围圩最迟的是民国二十年（1931）围成的登瀛沙十三圩。境内共有自然村（圩）93个。

（当地）解放以后，常阴沙、东兴沙外的滩涂继续向东发展。三兴组织劳力参加围圩工程。工程结束后，按土方数分田，按田亩迁移部分居民。1953年，围建设圩，境内各小乡出劳力2 052人，完成土方7.05万立方米，得田183.7亩。1956年3—5月，围共青圩，完成土方1.06万立方米，得田66亩；围合作三圩，完成土方3.56万立方米，得田216.9亩。1960年，围建设小圩，完成土方8 811立方米，得田38亩，另代管田50亩，共得田88亩。1962年，围三兴小圩（现兆丰境内），完成土方1.57万立方米，得田143亩。此外，1958年、1963年、1967年、1975年先后参加跃进圩、青年圩、文革圩、七五圩的围垦工程。

水系

三兴地处沿江，河、港、沟、渠纵横贯通，交织成网。境内共有大小河道587条，其中区域性河道1条，市级河道3条，镇级河道10条，村中心河28条，生产河545条。

二干河 原是关丝沙与蕉沙之间的一条流槽，清同治十一年（1872）开掘，称十一圩港。南起江阴北漍，向北经塘市、西张、乘航、东莱、合兴、锦丰、三兴，于十一圩港出江，为澄、锡、虞地区的骨干河道。全长27.2公里，境内长约2.1公里。

三干河 原为登瀛案与南菁案之间的界港，南近横港封头坝，北入长江。因与登瀛沙与文兴沙之间的东界港相别，人们习称为西界港。1956年，从封头坝南开掘接通思贤港。1975年冬，在原西界港基础上开掘新三干河，经乐余至东莱的里头桥，全长约15公里。

北中心河 原是鼎丰垦殖公司围垦北夹时的排水沟，民国十六年（1927）开成。西起老海坝，经锦丰、三兴、乐余、兆丰，东至常阴沙农场红旗镇，与七干河相会。是排灌调蓄河道，随东涨围田的扩展而延伸。全长18.15公里。

常通港 为常熟与通州的界港，同治十三年（1874）开掘，西起朝阳港，东至十一圩港，随着东滩延伸到六干河。二干河以西段已坍失和填没，境内全长约4.8公里。

十二圩港 北入长江，南接常通港。1938年，因南桥毁坏用水泥填塞而断头。全长约1.85公里。

十三圩港 北入长江，南接横港，向西再往南与常通港相通。曾为老三干河的河口段，1978年闭横港与常通港之间的老港，开掘新十三圩港，港道始直线（向）南接通常通港，全长3.95公里。

新港 位于恤菁沙成陆最晚的地段，于民国初年开掘的排灌河道，故名新港。北入长江，南至横港，全长3.35公里。

朝山港 原为登瀛沙上的一条流漕，出江口对着江北的狼山。登瀛沙相继围垦成陆后，开掘改造而成。北入长江，向南至万亨村的同裕庄南转向西南后即断头，全长

2.15公里。

横港 又名朝东港。西起十三圩港，东接西界港。1978年西端直线向西经十二圩港至十一圩港东堤，开掘一条2.45公里长的灌溉渠与横港接通，全长约4.8公里。

思贤港 又名私盐港。民国初年时，该地是贩卖私盐的集散地，港道由此得名。北接常通港，南入北中心河，长约1.7公里。

民丰港 北接常通港，南至北中心河。1975年冬，在老港之东约200米处重新开掘，称新民丰港，与十三圩港直线相通，全长约2.1公里。

洞子港 由北向南入北夹（现北中心河），全长0.62公里。

大寨河 1975年冬开掘，东起三干河，西入二干河，全长5.25公里。

十二、十三大河界河 北起常通港，南入北中心河，是1971年在两队（按，即当时三兴人民公社第十二生产大队和第十三生产大队）交界处新开掘的排灌河，全长1.85公里。

集镇

三兴镇 清光绪十年（1884），顾馥斋见围垦民工常在此聚集憩息，便于常通港北岸、十二圩港南桥西侧建房40余间，由商贩租赁开店经商。因靠近南桥，取名南桥镇，隶属南通县。光绪十五年（1889），常熟绅士曾朴在靠近南桥镇的常通港南侧建店面房20余间，取名三省镇（三省，取《论语》中"曾子曰：吾日三省吾身"句），隶属常熟县。民国十五年（1926），汤静山在南桥镇、三省镇之东建房146间，除自创源丰油厂用房外，其余租赁给商贩开店，取名新兴镇。此时，顾馥斋三个儿子已分居立业，为冀兄弟三人日后兴旺发达，遂将南桥镇称为三兴镇。人们把三兴、三省、新兴三镇习惯称之为十二圩港镇。解放初，十二圩港三镇合并定名三兴镇。

西界港镇 民国七年（1918），邬星池、季常发在此分别开设药店、粮行，后沙民商贩陆续迁来，渐成集镇，人们戏称为"邬季镇"。因恤菁、登瀛两沙的界港流经镇中，故称界港镇。后登瀛、文兴两沙的界河掘成，称东界港，界港镇改名为西界港镇。民国二十年（1931），镇上建一座水泥结构桥梁，名裕兴桥，故该镇又名裕兴镇。1952年，镇区面积0.15平方公里，人口200余人。1982年冬，在镇北兴建通沙汽渡码头。

附 衰落集镇

十一圩港镇 位于三兴镇北2公里的二干河口，是长江河口段南北交通的一个重要渡口。解放前，南通、十一圩有两艘大轮船每天航行于上海至泰兴口岸之间的各港口。每年春汛期间，港内渔船桅樯林立，岸上人群熙来攘往，盛极一时。20世纪30年代初，始有茶馆酒店、客栈赌场。至40年代，渐成集镇。解放初，有商铺18户，南通大达轮船公司在此开设轮渡。1956年12月，常熟至十二圩的常十公路延伸至十一圩，（十一圩港镇）成为十苏王干线公路的起点。1958年9月23日，国家副主席刘少奇视察大江南北，途经十一圩，盛赞江滨渡口风光，向常熟县委提议建办旅社、饭店，方便旅客食宿。翌年春，江滨饭店、迎宾旅社建成。1960年改建轮船码头、候船室和汽车站候车室。1963年，设有交通管理站、市场管理检查站、派出所等单位。1980年起，日客流量1 200余人次，节日高峰近2 000人次。个体餐饮、商店、客栈等多达40余家。1985年10月，西界港汽车渡口建成通航后，十一圩港水陆交通客流量逐年减少。

北桥镇 坐落在十二圩港北桥两侧。清光绪二十七年（1901），开设几家小店，有义渡口，每天有渡船开往南通，搭客载货颇为兴旺。民国元年（1912）形成集镇，街道呈丁字形，有大小店铺30余家，江阴利用纱厂驻有收棉处，曾兴旺一时。民国七年，北桥由木桥改建为水泥桥。民国十九年，建北桥小学。后因义渡口迁至十一圩港，加之十二圩港的南桥镇兴起，北桥镇商市从此一蹶不振。

朝山港桥头镇 位于三兴镇万亨村与乐余镇登全村和朝山村交界处的朝山港两侧。清光绪三十年（1904）同裕庄围成时，港东沿是一片滩地，为方便围圩民工往来，居住在同裕庄的地主黄锦富在此架一木桥，名朝山港桥。时西界港集镇尚未形成，登瀛沙以东的文兴沙尚在江中。宣统年间（1909—1911），黄锦富在桥西的小圩里凿坑填土筑地基，建造朝南、朝北的店面房10多间，租赁给商贩开店。因地处朝山港桥塊，当地沙民称之为桥头。民国初年至抗日战争前夕是朝山港桥头的兴旺时期，陆续开设杂货店、茶馆店、酒店、理发店、豆腐店、碾坊等10多家。朝山港通江达海，港里常有船舶停泊、装卸货物。（20世纪30年代后期）随着西界港、东界港、双桥镇三个集镇的兴建，加上日军登陆时，桥头最大的商户徐锦霞父子在逃难途中被日军杀害，桥头逐渐衰落。

行政村

务本村 位于镇区北侧，紧靠镇区。东临十二圩港，西依二干河，南临常通港，北靠十苏王干线公路。该村地址原为刘海沙东端滩地。清光绪年间，刘海沙和常阴沙西端坍塌甚速，而东端则不断积涨，当时刘海沙与东北方江心的登瀛沙尚有隔江分隔。靠近十二圩港的务本庄是境内刘海沙上围垦最早的一个圩塘，成圩于1874年。务本村由刘海沙上围成的务本庄和福生庄两个自然村（圩）组成。区域面积为1.01平方公里，合1 515亩。

厚生村 位于三兴集镇之北，北濒长江。厚生村由刘海沙上围成的厚生庄、东昇圩、东乐圩、长四圩、东余圩等5个自然村（圩）组成。解放前属南通县第五区三兴乡，解放后划归常熟县。区域面积为2.19平方公里，合3 285亩。

久生村 东靠十三圩港，西靠十二圩港，南临常通港，北与永圩村、新安村接壤。久生村由恤菁沙上围成的老救生圩、东救生圩、北救生圩、有余庄、四圩庄等5个自然村（圩）组成。区域面积2.23平方公里，合3 345亩。

永圩村 位于三兴集镇东北，由恤菁沙上围成的前老永圩、后老永圩、向圩庄等3个自然村（圩）组成。区域面积为1.34平方公里，合2 010亩。

新港村 位于三兴集镇之东，北濒长江，由恤菁沙上围成的西三圩、西六圩、西七圩、西八圩、西九圩、六百亩圩、永生圩组成。区域面积2.6平方公里，合3 900亩。

西界港村 由恤菁沙南菁案围成的定心头圩、定心二圩、菁九圩、钱墩圩、南方圩、小方圩、斜角圩等7个自然村（圩）组成。区域面积1.55平方公里，合2 325亩。

菁圩村　东临三干河，西临新港，南与西界港村接壤，北濒长江，由恤菁沙上南菁案中围成的定心三圩、菁四圩、菁五圩、菁六圩、菁七圩、保生圩等组成。区域面积2.08平方公里，合3 120亩。

登瀛村　由登瀛沙上围成的登字头圩（部分）、登字三圩2个自然村（圩）组成。区域面积为1.02平方公里，合1 530亩。

万亨村　由登瀛沙上围成的万亨庄、同裕庄、补口圩、小八圩、十三圩等5个自然村（圩）组成。区域面积2.11平方公里，合3 165亩。

本和村　由恤菁沙上围成的本和庄（西）、合盛圩（西）、新永圩、德丰圩等4个自然村（圩）组成。区域面积1.41平方公里，合2 115亩。

耕余村　由恤菁沙上围成的耕余庄、乐余庄、庆圩庄、三圩庄等4个自然村（圩）组成。区域面积1.83平方公里，合2 745亩。

鼎盛村　由蕉沙上围成的曾家九圩、曾家七圩、鼎盛圩、阜亨圩、小方圩、民新圩等6个自然村（圩）组成。区域面积1.52平方公里，合2 280亩。

常余村　由蕉沙上围成的曾家四圩、曾家五圩、曾家六圩、曾家东小六圩、曾家西小六圩、小方圩、鼎嘉圩等7个自然村（圩）组成。区域面积2.53平方公里，合3 795亩。

民港村　由蕉沙上围成的永盛圩、永丰圩、曾家二圩、曾家三圩、曾家八圩、扁担圩、鼎泰圩、丁陈圩、重阳旗圩等9个自然村（圩）组成。区域面积2.11平方公里，合3 165亩。

乐杨村　由蕉沙上围成的乐善圩、杨家圩、鼎宁圩、朱杨圩、义成圩、挂耳圩、带子圩等7个自然村（圩）组成。区域面积1.22平方公里，合1 830亩。

镇南村　由蕉沙上围成的曾家圩、叶家二圩、叶家三圩、庞家圩（部分）等4个自然村（圩）组成。区域面积1.41平方公里，2 115亩。

钱叶村　由蕉沙上围成的钱家圩、叶家头圩、庞家圩（部分）组成。区域面积1.09平方公里，合1 635亩。

永德村　由登瀛沙上围成的登字头圩（部分）、永安庄、广德庄等3个自然村（圩）组成。区域面积1.23平方公里，合1 845亩。

新安村　由恤菁沙上围成的三圩、四圩、勤圩、新和庄、安圩庄等5个自然村（圩）组成。区域面积1.40平方公里，合2 100亩。

雁行村　由蕉沙上围成的阜亨圩（部分）、民新圩（部分）、曾家九圩（部分）和义成圩等4个自然村（圩）组成。区域面积0.92平方公里，合1 380亩。

水利概述

境内地处沿江圩区，地势低洼，直接受长江潮水影响。解放前，通江河道无节制闸，任潮涨潮落、江水横流。内部河道，不是按农田水利要求耕掘，而是根据各沙滩"立案"范围各自为政，河道串断，南北分隔，水系混乱，宣泄不畅，"小雨水汪汪，大雨白茫茫"。长江堤岸，标准不一，低矮险薄。至解放，从未系统整理，常遭洪水危害。

解放以后，人民政府发动群众进行大规模水利工程建设。（20世纪）50年代初，着重修治创伤，江堤全线修复加固，疏浚严重淤浅的骨干河道，提高排灌能力，1954年安全度过长江洪水期。60年代起，水利建设从治害转向兴利，先后封港建闸。1970年开始，在"农业学大寨"运动中，以建设旱涝保收、高产稳产农田为目标，重点兴办田间工程，大搞平整土地，加强渠系建设，建造圩口闸和圩工泵排涝站，搞好配套和管理，提高水利工程效益。20世纪80年代，水利建设重点转为巩固已建工程，加强经营管理，提高经济效益。1996年8月，针对长江潮位超历史，张家港市提出建设一流江堤要求。1998年末，境内长江江堤达标建设主体工程完成。2002年，完成江堤劈裂灌浆工程、三干河节制闸大修工程、江堤冬修工程、防汛应急工程，开工翻建常通港和十三圩港两座节制闸及朝山港出江涵洞。是年，三兴镇获评市水利建设先进镇。

堤岸建设

境内堤岸分江堤（按：俗称皇岸）、港堤、圩堤三类。民国时期的江堤，堤身矮小、狭窄、千疮百孔，断面不足30平方米，抗洪能力极低。1949年汛期，整个江堤几乎全线崩溃，损失惨重。解放后，境内堤岸建设工程由常熟县人民政府组织实施。1950年春，针对1949年灾后情况，县长韩培信亲赴江边，领导民众以工代赈（每个民工每天大米1.25公斤），培修江堤，加固堤防。各乡乡长都亲自率领民工，挑泥垒土。3月开工，6月完成。1962年起，堤岸建设工程由县（按：即沙洲县）负责实施。1964年4月，县水利局对江堤标准进行全面测量。1965年开始至1974年夏，对堤岸全面进行加高加固。江堤标准达到顶高7.5~8米，顶宽3~4米。据市水利局1986年统计，境内堤防总长16 714米，江堤护坡石方工程5 929米，其中块石干砌灌浆4 725米，干砌混泥土板1 204米；江滩护坎3 000米，其中块石灌浆236米，抛石干砌2 764米。1993年，修筑江堤护坡16 000平方米。1996年，三兴镇政府制订《关于高标准建设沿江江堤的实施办法》，防汛工程根据市提出的"用两年时间把我市的江堤建设成全国一流，能抗击百年一遇的高潮位，加十级台风、暴雨三兄弟一起来的防御体系"，江堤加高加固标准为：顶宽6米，顶高8.95米，坡比1：2.5。2002年，境内江堤总长16 714米，其中主江堤9 819米，外围堤及闸外堤6 895米，全部达到一流江堤建设标准。

护岸工程

护岸俗称保坍。民国十二年（1923），段山南夹筑坝后，常阴沙、东兴沙并岸。江岸自长山脚起向东北延伸，在拦门沙北端折东至境内十三圩港，全长40余公里，呈"凸"字形。在拦门沙一线，受长江水流顶冲，成为坍岸段。随着双山沙和长江北侧的海北港沙、又来沙迅速淤涨，过境水流发生变化，形成东西两个坍岸段。清代至民初，坍江处理以退建长江堤岸为主。民国十二年（1923），始有地方人士发起组织保坍筹备处，按田亩筹集经费，仿照南通天生、芦泾等港保坍办法，采石筑丁坝，以事防御。先自十一圩港至十三圩港筑丁坝，初见成效。民国十四年，南通、江阴、常熟三县联合成立保圩塌会，规定由文兴沙到巫山港为保圩地段，长约 38 公里。到民国三十八年，治理 17 公里，建造丁坝 14 条，属境内的有 6 条。因经费有限，官府不助，工程未能按计划进行。解放后，常熟县水利主管部门把护岸工程列入议程，一面兴建退堤，一面大规模加高加固江堤，护坡护坎，兴建丁坝。自 1923 年至 1962 年，境内共建丁坝 12 条。2002 年尚存 9 条。

治涝工程

沿江（港）节制闸

十一圩港闸 位于三兴、锦丰两镇交界的十一圩港口，建于 1965 年 6 月，距长江口 1.6 公里。1978 年，十一圩港（二干河）辟为澄锡虞引排河道后，（此闸）成为长江南北水上交通的一个主要口门。1983 年，因其功能不能满足灌排和通航要求，在闸左边增建越闸一座。2000 年 12 月，实施加固工程，2001 年 6 月竣工。总投资 251.1 万元。完成工程量土方 2.6 万立方米，混凝土方 0.06 万立方米，用钢筋 18 吨。设计引水流量每秒 120 立方米，排涝流量每秒 53 立方米。受益面积 72.09 平方公里，耕地 10.8 万亩。

三干河闸 位于镇东北的三干河口（原名西界港）。1967 年，距长江口 1.4 公里处建西界港闸。1975 年，拆除老闸，在原闸下游 400 米处重建，改成三干河节制闸，可排除七海坝周围约 5 万余亩低田涝水。1992 年实施改造。2001 年实施加固，总投资 292.07 万元，完成工程量土方 6.1 万立方米，石方 0.7 万立方米，混凝土方 0.02 万立方米。设计引水流量每秒 105 立方米，排涝流量每秒 94.5 立方米。受益面积 66.13 平方公里，耕地 4 万亩。

十三圩港闸 位于十三圩港，距长江口约 1 公里。建于 1966 年。2002 年该闸开工重建，翌年 6 月 10 日竣工。总投资 369.39 万元。设计引水流量每秒 22.5 立方米，排涝流量每秒 29.7 立方米。

常通港闸 又称鸭坞桥闸，1973 年由沙洲钢厂自建，后被冲垮。1984 年 7 月重建，改称常通港节制闸。位于常通港西首，距长江口约 1 公里。2002 年，原址翻建，工程于 8 月 25 日开工，翌年 5 月竣工。设计引水流量每秒 32.5 立方米，排涝流量每秒 32.1 立方米，受益耕地 2.7 万亩。

十一圩港越闸 1979 年春，拓浚二干河南段并接通张家港，辟为澄锡虞排水专用水道。在十一圩港节制闸西侧另辟叉口建闸 1 座，称十一圩港越闸。1981 年起筹建，1983 年 7 月建成。设计排涝流量每秒 34.4 立方米，灌溉流量每秒 106 立方米，为苏州市沿江单孔孔径最大、通航高程最高、唯一采用上卧式闸门的节制闸。闸顶附设汽-13 级交通桥一座。

沿江（港）涵洞

解放前，境内在出江、出港河道口建造木质涵洞，控制灌溉排涝。木质涵洞一般是矩形断面，洞径 0.3×0.6×0.8 米，长度 5~10 米。木涵洞易腐烂，使用周期短，易发生险工隐患。1962 年起，改建混凝土涵。有砌筑涵和混凝土圆涵两种，即方涵和管涵。1980年末，境内建有出江（港）涵洞13座。2002年，境内有出江涵洞5座：朝山港涵洞，十二圩涵洞，新港涵洞，万亨村十一组涵洞，西界港汽渡涵洞。

圩口闸

圩口闸又称排水闸，建于圩区河口，灌排两用，汛期可预降水位，还可防止江水倒灌。2002年，境内有圩口闸8座：务本村圩口闸，新港村圩口闸，本和村圩口闸，大寨河西闸，大寨河东闸，常通港东闸，横港东闸，永德村圩口闸。

排涝站、圩内涵洞

1974年起，在地势低洼的十二、十九、十八及五大队相继建圬工泵排涝站，至1978年，共建成4座，实现排涝机电化，增强抗涝能力。1999—2000年，对鼎盛村、新安村、永德村、新港村等村的4座排涝站进行机改电。

境内围圩成田后，结合圩内沟系建设，每个圩塘都建有1~2个木涵洞，出口在各港道里，用于圩内排灌。1964年起，由县、社、队三级筹款，分批改木涵洞为混凝土涵洞。2002年，境内共有圩内涵洞150座。

志余 轶事传说

刘海沙、常阴沙之由来

常阴沙系民国纪元前百年长成，位于南通县狼山段山对峙之扬子江中。当时通境顾飞熊、江阴金一亭、常熟钱佑之，为互争管辖之权，讼于江苏布政使数十年，执政遂定乾巽为向而中分鸿沟，现名常通港，其南属常，其北属通，江阴殿于西。南通所辖之地，名为刘海，盖取江阴、常熟"金钱"二姓而含刘海戏金钱之意。后因沙位于常熟、江阴之间，以"常阴"二字名之。

盐行头与雁行头

雁行头是十苏王公路上的一个小车站，距三兴集镇约3公里，三干河与常通港在这里汇合。

清宣统年间（1909—1911），这里尚是常阴沙东端的一个无名滩地。南濒滔滔长江，北连蕉沙，东对屹立江心的登瀛沙，西与东兴沙隔江相望。由于常熟、通州的界河——常通港在此入江，因此，"三沙"船民常在此汇聚。当时清政府垄断了食盐的生产销售，层层课税的食盐称"官盐"，盐价昂贵。一帮贩运私盐者串通盐场盐民，偷运未纳税的盐到各地销售，称"私盐"，售价较"官盐"低廉。常阴沙的私盐贩，以杨在田（杨老九）为首，他凭着帮派势力，不断从淮北盐场运私盐到常通港口，再化整为零，由小贩转运东兴沙、老沙、常阴沙销售，人们称这个港滩为"私盐港"。附近有几户农民在港滩堤岸旁各造草房数间，经营代客司秤的盐行并兼营客栈、酒饭业务，形成一个私盐小集市，人们称它为"盐行头"。

民国五年至十二年（1916—1923），南北夹江筑坝断流，"三沙"连成一片。常通港东南端滩地不断向外延伸，"私盐港"成为陆地，常通港也随着向东开掘延伸。为兴修水利，时在原"私盐港"附近，开掘河道南接北中心河，北通常通港，港名仍称"私盐港"。沙上富绅汤静山庄园就在港西曾家九圩里。1915年，他在"私盐港"和常通港汇合处的南侧创办常通小学（后改为静山小学）。1942年8月，创办私立静山中学。抗日战争期间，常熟至十二圩港镇的常十公路（泥路）筑成，在此设"招呼站"，将"盐行头"更名为"雁行头"。后来人们又将"私盐港"更名为"思贤港"，字改音同，易俗为雅。

鸭污桥的传说

（鸭污桥）位于三兴镇西，常通港与十一圩港交汇处的北侧。同治十一年（1872）开掘十一圩港时，港东尚是一片滩地，港道既浅又狭窄，潮退时，沙民可跨越港道通过。同治十三年，顾馥斋、倪光华雇工围福生庄时，为方便民工行走，在港道上架木桥一座。涨潮时，桥面涉水，人们称它为"矮浮桥"。传说当年木桥建成时，恰有一沙民赶着一群鸭子从桥上经过，新桥面上留下星星点点鸭污（鸭屎），民工们戏称该桥变成鸭污桥了。因常阴沙方言"矮浮"与"鸭污"谐音，人们都习惯称之为鸭污桥，遂成地名。现有名而无桥，地名一直沿用至今。

随着刘海沙滩地不断向东延伸，相继围垦成陆，居民迁来日益增多，三兴镇和南兴镇的市容也日趋繁荣，两地的商贩和群众往来频繁。由两镇商户和附近殷实户筹资于民国十四年（1925），在（鸭污桥）原址改建了混凝土桥墩的三级大桥，桥面较高，桥下可通航船只。

解放前，鸭污桥曾兴旺过一时。每年春汛期间，渔船在十一圩外江中捕捞的刀鱼、鲥鱼、河豚、凤尾鱼，苏北吕泗渔场和浙江舟山渔场的渔船，满载着咸春鱼、咸黄鱼，纷纷扬帆来到十一圩港。以鸭污桥为中心，北起十一圩港口，南至庞家桥2公里长的港道里，桅樯如林，渔船衔接；两岸堤上，远近前来购鱼的人、车川流不息，盛绝一时，有渔港风貌。

民国二十八年（1939）秋，一（场）特大潮水冲坍了鸭污桥。其后的20多年里，两岸通行主要靠小舢板摆渡，直到1965年南边的十一圩港节制闸建成，方从闸上通行。

源丰油厂的变迁

源丰油厂原址在现三兴集镇人民桥南侧。民国十五年（1926）由汤静山独资创办，是当时常阴沙境内唯一的半机械化粮油加工厂。该厂的生产设备在当时是比较先进的，有美国迪尔塞50匹立式柴油引擎1台，自动输送原料钢辊石磨1组，轧稻机2台，以及蒸料铁锅炉1座，卧式木制榨床24部，还有直流发电机及全套供电设备。主营豆油豆饼，兼营代农加工稻米和供给全镇商户、居民照明用电。入夜，全镇灯火辉煌，机声隆隆，盛极一时，在开始的一两年内，产销兴旺，业务蒸蒸日上。平时有职工20多人，春秋榨油旺季，有季节工20多人。分日夜班，每昼夜能生产豆饼2 000片左右（每片重约十斤半）。黄豆大多从东北、山东等产地运来，资金周转流畅，原料库存充裕。可惜好景不长，由于经营管理不善，支出庞大，业主又经常抽提流动资金，因此生产资金逐渐捉襟见肘，以致无法周转，遂于1930年冬宣告歇业。

源丰油厂歇业以后的十多年时间里，曾四易其主，勉强维持至1943年冬，又停业。

1944年春，寓居常熟的汤静山鉴于源丰油厂创业维艰，长期停用的机器设备势将锈蚀损坏，请老职工柯兰舫、倪学章到其寓所商讨复业事宜，决定由柯兰舫负责。

柯在全厂老职工的支持下，于当年春季恢复了生产。当时只经营代农加工（豆油）、兑换油饼，后又集合职工等投资，兼营油饼零售业务。由于豆油、油饼质量纯净，毫无掺杂，深得农民信任。因此每年旺季，农民前来加工兑换油饼者，门庭若市，豆车络绎不绝，呈现十分兴隆的景象。

1952年5月，常熟县合作总社接管源丰油厂，改厂名为地方国营三兴油厂。1962年沙洲建县后改名为沙洲县三兴油脂化工厂。

常阴沙育婴堂之始末

常阴沙育婴堂始建于清朝末年的毛竹镇。光绪二十八年（1902），江阴富绅赵佩荆经呈请江苏巡抚核准，颁发执照，划给芙蓉圩沙田1 000亩作经费。赵将"执照"全文刻石碑立于芙蓉圩畔，定名"育婴功德碑"（芙蓉圩在常阴沙西端，属江阴县管辖，该石碑随迁至常阴沙红十字会内）。同时，在毛竹镇建常阴沙育婴堂，又称"赵氏育婴堂"，内设"育婴"和"保婴"两个机构。

育婴：在育婴堂大门外侧，砌一授婴室。贫苦人家生儿育女无力哺育者，在婴儿襁褓上佩挂婴儿出生年、月、日、时辰，趁夜阑人静时丢在授婴室内，育婴堂乳妈闻婴儿啼哭声，即抱入堂内抚育之。男婴在一两天内即被人领去为儿。由于受重男轻女封建思想的影响，送育婴堂者多为女婴，因此，育婴堂经常有数十名女婴。雇乳妈哺育，一般在一周岁时，即被人领去为女或作童养媳，个别有缺陷者，育婴堂抚养终生亦有之。

保婴：婴儿由其生母抚育，育婴堂按月津贴哺育费每人每月大米2~3斗和四季衣服等物。视生母家庭经济情况，津贴3~5年。保婴数多于育婴数。

由于芙蓉圩沙田坍入大江，育婴堂经费来源断绝，常阴沙红十字会改由各镇商户和农村殷实户捐助，按月缴纳。季节性收棉行，则按收购棉花金额的千分之二缴育婴捐。收项较多，施舍甚微，共计保育婴孩300余人，由于营养不良，夭殇较多。解放后于1949年秋停办。

乐余镇志

《乐余镇志》编纂委员会编，主编陆卫东、周克昌，凤凰出版社2012年版。

大事记

清代

道光十四年（1834） 今庙港村西陲东小圩最先围成。

道光二十七年（1847） 今庙港村所属永顺圩围成。

道光二十八年（1848） 今庙港村所属连顺圩围成。

同治九年至十一年（1870—1872） 今乐丰村所属德丰圩和瑞丰圩相继围成。

同治十三年（1874） 通州府在刘海沙和常阴沙之间开凿常通港，该港为常熟县与通州府的界港。

光绪七年至三十四年（1881—1908） 今永乐村所属乐丰庄、东西庆丰圩、协丰圩，乐丰村所属北二圩、北三圩，庙港村所属协福圩、复顺圩，双桥村所属生生庄、大生庄、合盛圩以及闸西村所属登七圩和登九圩相继围成。

宣统元年（1909） 境内常通港以北地域向西向北一带属通州府刘海沙区，常通港以南地域一带隶属苏州府常熟县沙洲区。

中华民国

民国元年（1912） 今双桥村所属原和圩围成。

民国四年（1915） 茅怜时于登十二圩创办境内第一所小学朝山港初级小学。

民国五年（1916）

周案、济生案和文兴案等相继进入围圩高峰期。

是年，双桥镇建成。镇名缘于东西街北侧的河道上架有两座木桥。

民国六年（1917） 殷茅镇建成。商人殷云生和茅再根率先在此开店，取殷、茅二姓为镇名。

民国十六年（1927） 为境内围圩最多的一年，在东兴沙向东至北夹之间共围16个圩塘，主要分布于今扶海村、扶桑村、乐余村和永利村一带。

民国十七年（1928） 4月1日，国民政府江苏省建设厅以经费缺乏为由，不允许开挖四干河，致使成片沙田缺水荒芜。境内受灾农民召开请愿大会，推选代表赴省请愿。

民国二十一年（1932） 春，境内数百名饥民"吃大户"（在旧社会，遇着荒年，饥民自发聚众到地主富豪家吃饭或夺取粮食），与国民党警察发生冲突。

民国二十二年（1933） 张渐陆集资兴建乐余镇。

民国二十三年（1934） 3月，境内常通港以北设置东兴乡、济生乡和登裕乡，属国民政府南通县第五区（刘海沙区），常通港以南设置扶海乡、扶桑乡和思厚乡，属国民政府常熟县第七区，6个乡公所各配正、副乡长。

民国二十四年（1935） 乐余集镇建成，街道呈"T"字形，有市房240多间。

民国三十年（1941） 8月，文兴二圩埭暴发霍乱病，某杨氏兄弟两家14口有7人相继患此病死去。

民国三十二年（1943） 孙协谋在黄案头圩创办民生油米厂。

民国三十四年（1945） 11月，恤济乡、登裕乡和文兴乡复归南通县。

民国三十六年（1947） 5月，南通县将第五区（刘海沙区）调整为一个镇5个乡，其中包括常通港以北的境内东兴乡、南生乡和裕兴乡。

民国三十七年（1948） 9月，南通县人士金氏在双桥镇北登七圩南首创办境内第一所中学私立南通县崇实中学。

民国三十八年（1949） 7月24日，境内遇大潮袭击，临江堤岸全线崩溃，江水淹没大小圩塘28个，淹死2 000余人，1 200余户人家无家可归，4 000余公顷庄稼颗粒无收。人民政府及时组织救灾，安抚群众。

中华人民共和国

1950年

2月，常通港以北刘海沙区所辖之乡全部划归常熟县管辖。

3月，常熟县调整区划，境内的乐余、东兴、团结、双桥、胜利和长沙等6个乡属常熟县常阴区，区政府驻乐余镇；扶海、扶桑和永安等3个乡属常熟县南丰区，区政府驻南丰镇。

4月，常熟县县长韩培信亲临北境视察被潮水损坏的江堤，组织数千民工培修。

1954年　8月25日，遭暴风雨袭击，农田受涝。

1956年　8月21—23日，强降雨致境内低田积水100~165毫米。

1962年

9月5—6日，14号台风过境，连降暴雨36小时，雨量247毫米，境内受灾严重。

是年，沙洲县第一次疏浚五干河，乐余工段为常通港到鼎兴港口，长4公里，完成土方12万立方米。

1964年

冬，沙洲县第一次整治北中心河，乐余工段为老五干河至四号桥，长1公里，完成土方16.9万立方米。

是年，试行"三熟制"，头熟小麦油菜，二熟玉米或籼稻，三熟晚稻。"三熟制"实行到1984年。

1965年　8月7日，江苏省民运航空局派遣3架"运五"型飞机，为乐余、兆丰、三兴和锦丰等4个公社及常阴沙农场的棉田喷药治虫。

1966年　8月11日，凌晨2时，乐余公社遭龙卷风袭击，部分民房受损。

1968年

是年，乐余公社稻飞虱大暴发，单季稻减产2成以上。

是年，全社每公顷皮棉产量达1 065公斤，创历史最高纪录。

1970年　冬，公社出动民工4 000余人参加拓浚七干河工程，乐余工段长1.1公里，完成土方17.8万立方米。

1973年　冬，疏浚四干河，乐余工段长5.1公里，完成土方10.29万立方米。

1974年　8月20日，长江水位猛涨，高达吴淞零点以上6.45米，称"八二○大潮"，为境内历史上最高潮位，围垦成圩不久的公社种子场决堤，场舍倒塌，45公顷田地被淹没。

1975年　是年，公社堤滩管理站设立，公社电力管理站设立。公社组织民工围垦人民圩，完成土方7万立方米，围圩18.7公顷。

1976年　是年冬，沙洲县围垦大寨圩，由乐余公社、兆丰公社和常阴沙农场负责施工。乐余工段长1.26公里，出动民工4 500人，完成总土方24.28万立方米。沙洲县拓浚三干河，乐余工段长2.04公里，完成土方24.85立方米。

1977年　冬，参加杨舍市河拓浚工程，乐余工段长305米，出动民工1 000余人，完成土方8.82万立方米。

1978年　冬，沙洲县拓浚一干河，乐余工段在合兴悦来镇附近，长1.89公里，出动民工4 000余人，完成土方29.07万立方米。

1980年　冬，参加县华妙河拓浚工程，乐余工段长549米，出动民工2 500余人，完成土方7.6万立方米。

围垦

乐余地域属长江江阴以下新河口段逐步形成的河相海相沉积平原。公元15—16世纪，江阴以下长江主泓道北移，靠长江南岸的大小沙洲加速扩张，逐步形成南沙、中沙和北沙。境内西部沙滩率先发育成陆，三沙由西向北、向东逐步扩展并联。

道光十四年（1834），今庙港村西陲东小圩最先围成，至宣统三年（1911），围田约400公顷，占全境总面积的9%。民国时期是境内围圩的鼎盛时期，围田约3 400公顷，占全境总面积的76%。新中国成立后，先后围田675公顷，占全境总面积的15%。自清道光十四年（1834）至1986年，全境共围成123个圩塘和1个灰场。

新中国成立前，由豪绅大户和公益机构参与围垦；新中国成立后，由人民政府组织围垦。

机构

管理机构 清代，围垦由布政使管，建有一套报领、上报和审核制度。民国初期，境内围垦分别由常熟、南通两县沙田分局管理。凡欲围圩者，在沙滩积涨水域择定范围，绘制图册，载明四址，并遵章缴纳滩价，经沙田分局审定后发给滩照，即可围垦。民国二十二年（1933），围垦属江苏省第三沙田局管辖。民国三十年（1941），围垦事宜改属常阴太沙田局管理。民国三十五年（1946），属江苏省沙田局上海分局管理。新中国成立后，国家设立长江流域规划办公室，统一管理长江围垦。地方围垦，由县水利局勘察提出方案，县人民政府报省政府或省水利厅批准，再上报长江流域规划办公室备案。以后，报批手续有所放松，一般由省政府或省水利厅批准即可围垦。

工程机构 民国时期，滩照持有者合股成立垦殖公司，公司设董事会，委托1名经理主事工程，下属的账房总管工程事务和经济往来。境内参与围垦的有鼎丰垦殖公司和厚德垦殖公司。鼎丰垦殖公司成立于民国八年（1919），有资金50万元。初，祝廷华任董事长，后由汤静山和张渐陆主持。至民国三十八年（1949），该公司先后报买北夹滩地1.33万公顷，筑海坝6条，在常通港以南围田约533公顷。厚德垦殖公司成立于民国九年（1920），由江阴薛礼泉创办，于境内北中心河一带围田。民国三十二年（1943）春，张渐陆主持厚德垦殖公司，插手东沙的围垦，围厚德南、厚德西和德南东北三圩。后公司解体，部分股东并入鼎丰垦殖公司。民国时期，境内主持围垦的有黄廷魁、周继贤、汤静山、张渐陆、梁锦钦、顾雪林、顾云千和何忠良等30多人以及南通女子师范学校等。新中国成立后，较大的围垦工程由县人民政府组建临时围垦工程处，工程处负责经费的筹集使用，民工的组织发动，器材物资的购置和运送，工程的质量验收等工作；较小的围垦工程，由所在公社（乡）组建临时围垦工程指挥部具体负责工程事务。

围圩

民国时期，垦殖公司于垦区附近设工务所（俗称"河工局"）组织施工，指派账房坐镇总管，工程人员按图放样，工毕验收。持照豪绅（旧时称"沙棍"）为牟暴利，不待滩涂发育成熟便抢围沙田，因滩嫩堤虚难挡大潮，江堤屡遭江水冲决，出现"倒潭"，以致圩岸弯曲，圩形怪异。新中国成立后，人民政府组织围圩，制订施工细则，注重堤身坚固。境内参与沙洲县组织的围垦工程有万亩圩、青年圩、芦头沙联合头圩、联合二圩和大寨圩等。

附

种子场围垦及修复工程

为扩充耕地，经上级主管部门批准，1973年12月，乐余公社组织万余民工在文兴北三圩、五圩外滩围垦种子场。公社成立工程指挥部，下设工程、后勤、宣传、保卫4个组。26个大队主要干部带领民工按指定地段施工，比进度，比质量。历时3个月，于1974年春，大堤竣工，圩岸总长2 200米，完成土方49.75万立方米，圩内总面积45公顷，开凿鱼池51个，计13.3公顷。

1974年8月20日（农历七月初一）凌晨，遭13号强台风袭击，境北江面风急浪高，潮位高达吴淞零点以上6.45米，为历史罕见。春天刚竣工的种子场大堤因泥土沙重易流失移位而造成多处渗水，情况十分危急。公社党委发动干部群众奋力抢险，终因堤身不实，潮水过急，大堤于凌晨4点20分决口4处，江水汹涌入场，田禾浸泡水中，新造房屋倒塌。8月23日，公社党委召开大队党支部紧急会议，部署落实修复任务。4个口子统一编号，分期实施修复。从8月26日至10月14日，历时50天，全堤修复完成，修复后的堤身高达吴淞零点以上6.5米，其中4号口子长102米，修复难度最大，所用土方达8.1万立方米。为修复大堤，新筑箍埂3条，用土10.6万立方米。大堤修复后又多次加固，至今安然无恙。

围建沙洲灰场

1985年11月14日，南通天生港电厂与沙洲县乐余乡人民政府签订沙洲灰场围堤施工合同（按：灰场用于堆放电厂煤灰）。沙洲灰场位于五干河至六干河地段，占用滩地2.5平方公里，总库容量734万立方米。围堤工程费用由南通天生港电厂支付，施工由乐余乡政府组织实施。工程于1986年1月开工，6月完成围建任务。新老大堤总长9 388米，堤面达黄海标高6.6米，完成总土方75万立方米、总石方1.43万立方米。

围垦乐余镇圩塘形成情况

清代

道光十四年（1834）　东小圩。

道光二十五年至二十七年（1845—1847）　永顺圩。

道光二十八年（1848）　连顺圩。

以上合计围得118.6公顷。

同治年间（1862—1874）　德丰圩、瑞丰圩。

光绪年间（1875—1908）　乐丰庄、东庆丰圩、西庆丰圩、北二圩、北三圩、义丰圩、协丰圩、协福圩、伏顺圩、生生庄、合顺圩、登七圩、登九圩。

宣统年间（1909—1911）　十四圩、全丰圩、济生头圩、济生二圩、登十一圩、登全圩、教育圩。

民国时期

原和庄、乾申圩、聚丰圩、公益圩、公顺头圩、公顺二圩、公顺三圩、登十二圩、文兴头圩、文兴二圩、文兴北三圩、文兴中三圩、文兴南三圩、文兴南四圩、文兴北四圩、文兴北五圩、小沙圩、小圩、公兴头圩、东庆头圩、公兴二圩、公兴三圩、东庆二圩、东庆三圩、公和头圩、公和二圩、公和三圩、鲍家圩、钱家圩、德丰圩、裤裆圩、周案全圩、周案十一圩、周案十二圩（注：周案十一圩、周案十二圩共600亩，故又称六百亩圩。"周案"数圩，由周继贤、张渐陆围成）、济生三圩、济生四圩、济生五圩、济生六圩、黄案头圩、黄案二圩、梁案七圩、梁案八圩、梁案九圩、梁案登诗圩、梁案登乐圩、梁案登射圩、梁案登书圩、梁案登礼圩、梁案登衔圩梁案阜利圩、梁案余成圩、梁案阜贞圩、梁案鼎益圩（"梁案"数圩，由梁锦钦围成）、安丰圩、东盈丰圩、西盈丰圩、十五圩、十七圩、十八圩、东小公司、周案四圩、西小公司、周案三圩、周案全圩、周案五圩、周案七圩、周案八圩、周案九圩、鼎兴头圩、鼎兴二圩、鼎兴三圩、鼎兴四圩、鼎兴五圩、鼎兴六圩、鼎兴七圩、齐心圩、鲍家西圩、苏小圩、培丰圩、女师头圩、女师二圩、女师三圩、女师四圩、女师五圩、女师六圩（注：以上6圩属南通女子师范学校校产）。

新中国成立以后

建设圩（1960年圩成）、东闸圩（1962）、整风圩（1963）文革圩（1967）、种子场（1973）、人民圩（1975）、沙洲灰场（1986）。

围垦管理

资金来源 民国时期为滩照持有者独资或垦殖公司集资。公司资金由工务所账房主持并掌管使用。股东预缴代金，圩子围成，按代金结算分田。是时，每公顷缴围垦费30石（2 400公斤）米。买田户预交田价，租田户预交权租费或茬庄费。围垦主持者从筹集的围垦费中获利。亦有垦殖公司预售新沙田印发泥工票，成圩后统一分田结算。新中国成立后，围垦资金由地方财政筹集，圩田归集体所有。

人员组织 民国时期，垦殖公司账房代表公司总管，把握实权，薪金颇丰，每季20~30担（1 600~2 400公斤）米。工程人员由公司聘请，具有丈量、计算、制图和水文知识，为工程实施的指导者和监督者，称"工程长"，工资按职定级，每季2~10石（160~800公斤）米。围圩一般在农闲的冬、春两季进行，挑泥工多为入境的壮年移民，由工头组织分段承包，按土方计酬。民国二十六年（1937）前，每立方米土工程报酬为90个铜板，民国三十四年（1945）后为8升至1斗（6.4~8公斤）米。新中国成立后，地方政府围圩，土方由各村按田亩分担，义务投工，挑泥工由生产队计工分，另外每工补贴粮食0.5公斤。

土地分配 民国时期，围成的新田，独资围垦者个人拥有，集资围垦者按所投围垦费分田。垦殖公司经理掌握分配权，诸亲好友可分得良田，其他户分挂脚田或边角地，有时甚至数年分不到土地。新中国成立后，县人民政府围垦的沙田属国家所有，每个新圩子都建有临时圩田管理委员会，专事土地分配和处理有关事务；公社（乡）

组织围垦的小圩子归集体所有，由公社（乡）统一安排，动员人多地少的其他圩内的农民迁居垦殖，或辟为专业种植场所。

围垦纠纷　境内沙洲形成后，围垦户因通州府量田弓（丈量器具）大、赋税轻，多向通州府报领滩照，常熟县也向业户发放滩照，因而造成案际之间的围垦纠纷。民国初期，常通港以北刘海沙虽划属通州府，然境内济生六圩仍酿成案际矛盾，业户间数次对簿公堂。新中国成立后，政府组织围垦，各施工单位之间也会因取泥、界址等发生纷争，均由围垦工程指挥部出面调解。

水系

长江水由西北向东南流经乐余镇北部，境内江岸总长8.43公里。江水流入境内的主要河流系沙滩流漕演变而成，长江潮汛影响农田排灌。《重修常昭合志》称："三沙合一后，沿江港浦，势必尽受潮汐封闭，非亟辟通江干河，无以资宣泄灌引也。"新中国成立后，人民政府陆续开通通江干河，建造节制闸，疏浚老河道，开辟新河道，对潮汐的调控能力大大增强。常通港及北中心河横贯东西，三干河、四干河、五干河纵贯南北，舟楫航行方便，镇、村大小河道配套，农田为之受益。

市（县）级河流

北中心河　西起老海坝，东至常阴沙农场。接通三干河、四干河和五干河，境内段流程3.5公里。

三干河　民国十七年（1928）拓浚，北起长江口，南至东莱镇，境内段流程2.04公里。

四干河　北起长江，南至鹿苑镇，境内段流程13.6公里。

五干河　北起长江，南至南丰镇，内接朝东港和常通港，境内段流程2.5公里。

镇（乡）级河流

西界港　北起长江，南至西封头坝，境内段流程1.7公里。1975年冬，沙洲县从西界港的出江口段直线向南开挖新三干河，境内西封头坝以南的西界港段遂成废河。

朝山港　北起长江口，南到今闸西村（登七圩），流程1.91公里。

朝东港　西起十三圩港，东到五干河，境内段流程3.25公里。

常通港　西起七圩港，东至六干河，接通三干河、四干河和五干河，境内段流程3.6公里。

恤济港　北起朝东港，南至乐余集镇，流程约3公里。

私盐港　北起常通港，南至北中心河，流程1.65公里。

老三干河　北起北中心河，南到东莱，境内段流程1.65公里。

老庙港　形成于光绪十二年（1886）。民国十六年（1927）北延，北起北中心河，南至庙港村，流程3.1公里。

大寨河　北起北中心河，南到团结河，流程1.1公里。

东兴港　西起五干河，东至光文村，流程2.2公里。

新胜河　西起朝山港，东至四干河，流程1.5公里。

团结河 西起三干河,东到四干河,流程1.2公里。

老四干河 自鲍家桥向西南至蒋家港,流程2.1公里。

齐光河 西起五干河,东至六干河,是文革圩的内河,流程3.9公里。

村组河道

围圩时,由筑堤取土开凿的挂脚沟、圩内的流槽以及埭与埭之间开凿的河道均为村组河道,圩内河道通过木涵洞接通圩外通江干河或中心河。2002年,全镇村组河道有479条,总长400多公里。

人物

张渐陆(1887—1951),字鸿翔,祖籍南通,家境殷富。其先祖于光绪中叶南渡至刘海沙,在毛竹镇和十二圩港一带广置良田,并在三兴镇东建造住宅,名"乐余庄"。张渐陆幼读孔孟,但文字不深。涉世后,善理财经商,好办实业,看重教育。

宣统年间,张渐陆得嗣母之允,与友刘德风于毛竹镇合伙开设德茂祥花行,为南通大生纱厂收购籽花和花衣,得利颇丰。他广交社会名流,初识大生纱厂董事陈葆初,后结交南通状元张謇。民国十年(1921)前后,应张謇之邀,他入股苏北大丰农垦公司。因土质盐碱不宜种植,再加公司管理不善,不久公司倒闭。张謇无法,以长江滩涂转户抵偿股金,张渐陆因之受损,二张之间遂生芥蒂,后竟为江北保圩之事对簿公堂。

民国十二年(1923),长江段山南夹海坝筑成,南岸沙滩迅速积涨,张渐陆遂全力投入农垦,历任福利、鼎丰、厚德垦殖公司经理和董事,十年经营,遂成巨富。民国十四年(1925),他于境内小沙圩东隅造新宅,沿用东宅名,称东乐余庄,简称乐余庄。该宅初为5间正房,后添大厅和侧厢。民国二十一年(1932),段山东北临江的毛竹镇急坍,商户及附近居民纷纷东迁。是时,常通港以南的新沙地无一集镇,为便民利商,张渐陆遂起建镇之念,他以千亩田产作抵押,得交通银行贷款,又向其连襟和二舅子借款,于新宅西首的恤济港东建市房240余间,街道呈"T"字形。民国二十四年(1935),沿祖题庄名,名该街道为乐余镇。

张渐陆重视教育,乐为乡里育人才。民国八年(1919),经南通县教育局批准创办双桥初等学堂(双桥小学),民国二十四年(1935)又创办乐余小学。

轶事、传说

"六校"与积谷仓

民国八年(1919),张渐陆在南通县刘海沙区(第五区)创办南通县刘海沙第六小学,简称"六校",校长倪诗才,校址在今(乐余镇)境内双桥村小园和庄。

张渐陆建"六校"后不久,张景星在校舍北首建积谷仓一座,故"六校"曾称积谷仓小学。因此处双桥镇以北,后易名双桥镇国民小学。

积谷仓建筑考究,5间平瓦房,板山木柱,桁木粗大,中间一间为办公室,两头各两间为粮仓,粮仓地板高出地面1市尺许。积谷仓事务由张景星负责,委派保管员翻晒粮食。其粮源是按富户田亩征收的谷物。每逢荒年,佃户凭缺粮证到积谷仓领粮,时称"发粮"。日军入侵后,张景星加入汤静山为首的常阴沙红十字会,积谷仓改作双桥镇国民小学校舍。新中国成立后，双桥镇国民小学易名双桥小学。

张渐陆发迹

张渐陆，学名张鸿翔，青年时期就聪明过人，精明强干，治家理财很有一手，曾被当时的沙棍顾老八相中，委托其管理家务资财和经营沙田围垦等事宜。顾老八有钱又有势，里人尊之为顾八爷。此人善机谋，多权变，既包揽词讼，又是理财能手，但性情吝啬，对贫苦亲邻从不肯施舍分文，即使在打官司时也只是在小摊头买一碗面或喝一碗粥以果腹，视钱如命，有"山上滚到山下不脱皮"之称。

张渐陆自投入顾老八门下后，窥探其奥秘，增长了才干，扩大了视野，尤其对围垦沙田情有独钟，颇具雄心壮志。为摆脱替人作嫁的境地，他另辟蹊径，自行创基立业，向嗣母借田数十亩变卖脱手，作为围垦沙田的垫底资本。在"沙场"竞技角逐，不可避免要与多方涉及讼事，他就精研法学。青出于蓝胜于蓝，他曾与顾老八多次对簿公堂，竟屡次击败对手，一跃为围垦沙田的佼佼者。他梦寐以求把滩涂变成陆地，竟更名鸿翔为渐陆。

张渐陆居住地在南通县所属三兴境内西六圩庄，有宅基1处，屋分2幢，俗称"鸳鸯宅"，张渐陆之嗣父张冠英与伯父张冠伦各住一幢。张渐陆发迹后，又在现乐余中学校址新辟一所庄院，命名东六圩庄。后觉"六圩"两字粗俗不雅，改为"乐余"。民国二十四年（1935），张渐陆于乐余庄西首建成市房240余间，街道呈"T"字形，沿庄名将街道起名乐余镇。

清末，如皋籍人士杨子英随父迁至江南，长子杨同济（即杨笛舟）继承父业，从事沙田围垦，终成巨富。杨同济原配无子，领养一子名襄源。原配过世后，杨同济娶张渐陆叔伯妹张秀兰为填房，杨襄源成年后又娶张渐陆长女张洁为妻，故张、杨两家亲上加亲，过从甚密。

蚌壳镇

清光绪三十二年（1906），有顾、徐、张三姓在登瀛沙围建登七圩，圩岸转角处（今闸西村境内）有爿三个女人合开的小卖店，为围垦民工供应生活必需品。是时，登瀛沙以东沙滩继续积涨，登九圩、登全圩和登十一圩相继围圩，民工常聚集在这家小店里为结算挑泥工而争吵不休，小店女主人好言相劝却遭辱骂。话语不堪入耳，戏称女人开店的地方为"蚌壳镇"。

兆丰镇志

《兆丰镇志》编纂委员会编，主编陆卫东，凤凰出版社2013年版。

大事记

中华民国

民国十四年（1925） 袁庆福经办，在南通县第五区（今红星村境内）围济生南七圩和北七圩。

民国十六年至十七年（1927—1928） 陈宝初经办，陶保晋报案在常熟县乐余乡

(今红谊村）围陶案头圩、陶案二圩和陶案三圩。

民国十八年（1929） 张庭相经办，在南通县第五区（今红星村）围义成头圩。杨二胖子（绰号，真名不详）在今庆丰村围流漕圩。

民国十九年（1930） 鼎丰垦殖公司在今庆丰村围祥丰圩。

民国二十年（1931） 龚庭宪在今红星村围义成二圩。顾官如在今红星村围义成小圩。

民国二十一年（1932） 在今建丰村围惠丰圩、惠丰小圩。

民国二十二年（1933） 鼎丰公司在今建丰村围保丰南小圩、北小圩。

民国二十四年至二十五年（1935—1936） 鼎丰公司在今建丰村围梁朝圩、安丰圩。董振兴在今联丰村围北振丰圩。

民国二十六年（1937） 张渐陆、陆宝初在今红联村围陶案五圩。陈宝初在今同丰村围耕本圩，董振兴在今振丰村围振丰圩。鼎丰公司张渐陆在今振丰村围泰丰圩。

民国二十七年（1938） 鼎丰公司分别在今红联村和振丰村围陶案六圩和鸿丰圩。汤舜耕在今同丰村围民立圩。

民国二十八年（1939） 龚国泰在今同丰村围民兴圩。鼎丰公司张渐陆在今振丰村围巨丰圩。

民国二十九年（1940） 陈金波在今同丰村围安波圩。龚国泰在今常丰村围联顺圩、永顺圩。鼎丰公司张渐陆在今联丰村围联丰圩。

民国三十年（1941） 茅祖良在今红联村围茅案二圩。陆宗山在义成二圩创办义成小学。

民国三十一年（1942） 陈宝初在今红卫村围义成三圩，在今常丰村围乐顺圩。

民国三十二年（1943） 陈宝初在今红星村围义成四圩。鼎丰公司张渐陆在今常丰村围洪顺圩，在今联丰村围大吉丰圩。

民国三十四年（1945）

9月，地方绅士熊桂松、刘一清、朱桂德在洞子港边（今兆丰支港）筹建兆丰镇。

是年，龚国泰在今常丰村围瑞丰圩。鼎丰公司张渐陆在今联丰村围小吉丰圩，在今振丰村围庆丰圩。蒋鸿庆在今东红村围大成圩。

民国三十五年（1946）

3月，由澄锡虞中心县委派成国粹（化名徐三友）、钱仁忠（化名徐三根）去青草沙（大明圩）围垦工地发动群众，反对老板拖欠民工工资。其间，秘密发展魏家声、沈汉堂、耿留弟三人为中国共产党党员。

12月，朱琴芳在今红明村围朱案三圩。

是年，龚国泰在兆丰镇东北约100米处筹建龚家仓房。

民国三十六年（1947）

2月，陈石泉、徐义青在今红旗村围集成头圩。龚国泰、张渐陆在今红明村围张案头圩。汤舜耕、张渐陆在今东兴村围联顺圩、协顺圩和联丰圩。

12月，龚国泰、张渐陆在今红明村围张案二圩，在今东林村围新生圩。朱琴芳在今红明村围朱案四圩。

民国三十七年（1948） 兆丰集镇建成。街道是"T"字形，东西长300米，南北长180米，宽5米，土路。

民国三十八年（1949） 7月24日，6号台风过境，大潮汛袭击兆丰，圩堤被毁，农田受淹，死亡千余人。人民政府组织救灾，安抚群众。

中华人民共和国

1949年 红闸村闸西圩建成。

1950年

春，常熟县县长韩培信赴沿江视察，领导人民培修溃决的江堤。兆丰境内3月动工，6月竣工。

是年，张惠生在大成圩创办鼎新小学（后改名为草沙小学）。

1956年 12月，兆丰乡开凿六干河，翌年1月底竣工。

1958年 冬，兆丰工区（按：兆丰人民公社）响应常熟县人民政府号召，组织民工开挖望虞河。

1962年 1月，沙洲县成立，兆丰公社改属沙洲县管辖。

是年，沙洲县水利局组织民工疏浚六干河，并建节制闸1座。

1965年

3月，老六干河疏浚。

春，兆丰支港疏浚。

冬，北中心河疏浚。

1969年

12月，兆丰、南丰、锦丰3个公社组织民工围垦联合二圩，即东风村。围田94.07公顷。是月，五干河疏浚。

是年，大新、德积、兆丰3个公社组织民工围垦联合三圩，即东进村。围田112.33公顷。

1970年 冬，沙洲县组织民工开凿七干河，兆丰工段全长2.99公里。

1971年 5月，七干河水闸建成。

1972年 12月，北中心河和泗兴港疏浚。

1973年 12月，沙洲县组织民工疏浚四干河，兆丰数千劳力参加。

1974年

6月，于东风大队三角圩、七干河畔建立东风镇。

12月，兆丰公社疏浚兆丰支港。全长1 300米，挖土10 589立方米。

1975年 11月，兆丰公社围垦七五圩（今东常村），围田49公顷。

1976年

12月，兆丰公社疏浚常通港和三干河，围垦大寨圩。

是年，兆丰公社开挖东风支港。

1978年

12月，兆丰公社组织劳动力拓浚一干河水利工程。

是年，兆丰公社开挖大庆河，南起兆丰粮管所，北至北中心河。
1983年　5月，按沙洲县委部署，全县撤社建乡，兆丰公社改称兆丰乡。
1992年　12月7日，撤兆丰乡，建立兆丰镇。
2003年　8月，经苏州市人民政府批准，兆丰镇和乐余镇合并，成立新的乐余镇。

自然环境

兆丰地区系江水携带泥沙沉淀，形成沙洲，逐步积涨，延伸、并联，于民国中后期和新中国成立初期经农民筑圩而成。境内有大小圩塘121个，无山多水，地势低而平坦。地面高程3.8米。

境内河道密布，纵横交错。流经境内的区域性河道有六干河、七干河。市级河道有五干河、北中心河、泗兴港、综合河、永南河支港、朝东港、常通港等7条。镇级河道有兆丰支港、海丰港、泗兴支港、东风支港、大庆河、老六干河等6条。有桥梁36座。村级河道分中心河和生产河两类。

由于潮涨潮落，洪水冲刷，形成大小不一、东西或南北走向的天然河流。这些河流有些经开凿疏浚作交通、排灌或界河用，有些小流漕则被填没后作良田耕种。

兆丰一带江面宽阔，长江水面受潮汐影响十分明显。通江干河和圩港水位均由节制闸控制，高度为3.2米。年平均潮位3米，年平均高潮位4.3米。秋季受长江上游洪水影响，公历8月（农历七月）为汛期高峰。1996年8月1日凌晨3时50分，兆丰段长江高潮位达7.22米。

成陆

19世纪初叶，境内还是一片汪洋。至19世纪20年代初，江中才逐渐涨出小沙，最先涨出的是青草沙。据南通市图书馆和南通市博物馆编纂的《南通地区成陆过程初探》一书记载：明中叶以来，段山东南、大江以北的江中沙洲逐渐涨出，最初近南岸的一带有福兴、青屏等沙，万历时稍北出现青草沙（即刘海沙前身），之后陆续出现10多块小沙洲，清雍正十三年（1735），通州划归江南昭文县管辖的万寿沙即其中之一。100余年来，这些小沙逐渐涨接成3个较大的沙洲，即南沙、东兴沙（在今金港镇境内）和常阴沙。民国八年（1919），三沙之间还有夹江分隔，是时，当地人民在夹江西头围筑海坝，封闭夹江，加速淤积，原来的夹江成为北中心河、南中心河和横套南河，于是三洲连成一片。济生南圩是兆丰境内最早围垦的圩塘，民国十四年（1925）围成。其次是义成头圩，民国十八年（1929）围成。以后又逐年筑圩围田。新中国成立前，兆丰境内共围圩86个，得田45 000亩。解放后沙滩仍由西向东延伸，党和政府组织围圩35个，得田13 382亩，合计58 382亩。八三圩是境内最迟围垦的圩塘，时间是1983年。至2002年，兆丰镇共有大小圩塘121个。

围垦

江岸边滩西坍东涨。民国时期，段山南北两夹筑坝后，江心沙洲和岸边滩地发育迅速。鼎丰、福利等垦殖公司的老板纷纷筑田围圩，共86个，得田3 000公顷。新中国成立后，江中所有滩地均属国家所有，围垦由县级政府或乡（公社）、村（大队）集体组织施工。至1985年，共投入劳动力72万个，投资90余万元，完成土方119.32万立方米，围圩35个，围垦面积计1 197公顷，其中耕地面积892公顷。所得农田大部分分给坍江的或人多地少经济困难的公社、大队，一部分补充因开河、筑路所废农田的生产队。

圩田

民国十四年至三十八年（1925—1949）兆丰地区圩田情况

济生南七圩、济生北七圩、义成头圩、义成二圩、义成小圩、义成三圩、义成四圩、义成五圩、集成头圩、集成二圩、闸西圩、陶案头圩、陶案二圩、陶案三圩、陶案四圩、陶案五圩、陶案六圩茅案头圩、茅案二圩、茅案三圩、茅案四圩、茅案五圩、茅案六圩、朱案头圩、朱案二圩、朱案三圩、朱案四圩、张案头圩、张案二圩、安波圩、民兴圩、民立圩、黄案头圩、黄案二圩、民本圩、耕本圩、联顺圩、和顺圩、乐顺圩、洪顺圩、天顺圩、瑞顺圩、小天顺圩、永顺圩、安顺圩、流漕圩、祥丰圩、登丰圩、登八圩、安丰圩、和丰圩、惠丰圩、惠丰小圩、振丰圩、补方圩、保丰圩、保丰北小圩、保丰南小圩、梁潮圩、北振丰圩、舜丰圩、联丰圩、大吉丰圩、小吉丰圩、鸿丰圩、南振丰圩、巨丰圩、万丰圩、泰丰圩、庆丰圩、元丰圩、义丰圩、联顺圩、协顺圩、东北小圩、东南小圩、大明圩、大成圩、富民圩、鸿发圩、骏发圩、协发圩、同昌圩、新生圩、鼎丰小圩、保丰圩（以上共86个）。

1950—1985年兆丰地区圩田情况

解放圩、合丰小圩、东南小圩、西中小圩、西南小圩、新围小圩、大德圩、东小圩、泗兴小圩、六百亩圩、林场圩、农场圩、泗兴圩、新发圩、三兴小圩、新小圩、新闸西圩、六三圩、六四圩、文革圩、福山流漕圩、东沙头圩、东沙二圩、东沙三圩、三角圩、东风头圩、东风二圩、联合头圩、联合二圩、联合三圩、七〇圩、种子圩、七五圩、闸东圩、八三圩（以上共35个）。

水利

堤防工程

1951年春，常阴区成立江港堤春修工程指挥部，对江堤、港堤统一加高加宽，堤顶高7米（吴淞零点起算，下同），堤宽4米。内坡1∶2，外坡1∶3。港堤标准顶高6米，顶宽2.5米，内、外坡均为1∶2。1952年后，因沙滩逐年涨积，圩塘逐年向东扩展，原第一道防线成为第二道防线。

1979年，沿江江堤规格顶高8.5米，顶宽8米，底宽30.5米，内坡1∶2，外坡1∶3。

90年代，沿江堤岸高9.25米，顶宽8米，底宽32.3米，内坡1∶2，外坡1∶3。

2002年，兆丰境内有主江堤6条，长12.7公里；备用堤11条，长23公里；港堤6条，长16公里。

河道工程

区域性河道

五干河 民国二十八年（1939）五干河开挖，由常熟县县长黄昆山委任乐余案首王老二的门生陈善良掌管。规划北起长江口的恤济港，穿越南丰到达鹿苑镇。施工期间，陈善良与王老二意见不一，发生争斗，陈被王一枪打死，五干河工程因此就半途而废，河道断断续续，又狭又小，以后一直无人问津。新中国成立后，五干河才得以重新治理，取直拓宽加深，逐渐发挥了排灌的作用。

五干河是兆丰境内的主要河道，全长6.96公里。南与泗兴港相通，北与朝东港相接，向北流入长江。设计标准，底宽6~16米，边坡1:2.5，河底高层0.5米，过水断面43.1米，左右青坎各3米。1962年，兆丰公社疏浚过一次。1972年，第二次疏浚。1986年和2000年冬，由市水利局负责第三、第四次疏浚。在兆丰境内五干河河道上建有桥梁7座，圩口闸5座。

六干河 位于兆丰境内中部，由南向北流入长江，全长5.87公里。1956年12月中旬开凿，次年1月底竣工，完成土方7.44万立方米，解决新围圩田的泄水。1962年疏浚，完成土方91.25万立方米，并建节制闸1座。1970年，六干河由泗兴港向南延伸，接通永南河，长10.9公里，完成土方9万立方米。2002年12月，由市水利局负责第四次疏浚。河道上有桥梁5座，圩口闸2座。

七干河 位于兆丰镇区东部，原东沙镇境内。南起东沙村，至东滨村出口入江，全长9.8公里，为兆丰境内主要河流之一。1970年，由沙洲县人民政府组织开凿，1971年竣工。解决永南河、西旸塘出口淤塞后3.6万亩农田的泄水。河道上有桥梁3座，堤闸2座。

市级河道

北中心河 位于兆丰镇北侧，乐红公路沿线，通七干河。在兆丰境内长5.7公里，是兆丰镇主要河道之一。民国二十六年（1937），今同丰村境内的黄案二圩围成后，历经20余年陆续开挖而成。分别于1965年、1972—1973年春、1990年、2001年共疏浚4次。河道上建有桥梁5座，圩口闸3座，涵洞11座。

泗兴港 位于港丰公路南侧300米，为兆丰和南丰两镇之界河，西起庆丰村流漕圩西南，东至六干河。始开挖于民国十八年（1929）围垦流漕圩时，至民国三十四年（1945）围垦和丰圩后逐步形成。1954年汛期，因连续下雨，泗兴乡（南丰公社15、18大队）雨涝严重，由当时常熟县水利局组织开坝放水，结果一放而不可收拾，沿港两岸田地被淹，港面最宽处达70米之多。是年10月，几经筑坝方成。1972年冬，在泗兴镇至乐余界地段狭窄处疏浚过一次，长862米，计7421立方米。

常通港 位于兆丰镇北2公里，是兆丰镇北侧第二条西北方向的河道。西自乐余镇双桥镇接出，东至六干河。原为常熟县和南通县的界河，故名常通港。民国十六年（1927），围垦陶案头圩时开挖，至1950年围垦解放圩（今红明村境内）时才逐步开挖而成。分别于1965年、1972年、1976年和1996年共疏浚4次。

朝东港 位于兆丰镇北部，为兆丰与乐余镇之界河，在兆丰境内长3.1公里。西从乐余镇济生村接出，东至六干河。民国十四年（1925）围垦济生南七圩时始挖，至1949年围垦解放圩逐年向东开挖而成。由于河床狭小、弯曲，泥沙淤积严重，每隔一两年就必须疏浚一次。1961年，六干河水闸建成后，才彻底改变了状况。1965年、1972年、1977年共疏浚过3次。

综合河 位于林场村和东红村东侧，北与北中心河相接，南与永南支港相通。在兆丰境内长2.3公里。于1970年冬至1971年春和七干河同时拓浚，全线工程由妙桥公社负责。

永南河支港 位于东红村南部，西和永联村相接，东与北中心河相通，在兆丰境内全长1.1公里。

镇级河道

兆丰支港 原名洞子港，1970年疏浚五干河后改名为兆丰支港。位于兆丰镇街道南侧，东接六干河，西接五干河，全长2.15公里。民国二十五年（1936）围垦北振丰圩时始凿，民国三十四年（1945）围瑞顺圩时凿成。1965年春、1974年冬、1979年冬共疏浚3次。河道上有桥梁4座，涵闸3座。

海丰港 位于兆丰镇西南，在兆丰境内全长1.6公里。民国十八年（1929）围垦流漕圩时开挖，至民国二十九年（1940）围垦登丰圩遂成。1964年、1965年、1974年和1986年共疏浚4次。

泗兴支港 由西向东，经六干河、七干河入长江口，全长3.2公里。1962年围垦泗兴圩时开挖，1963年、1964年续挖而成。1970年和1993年共疏浚2次。河道上有桥梁4座，圩口闸4座。

大庆河 位于兆丰镇区兆丰路西侧，南起兆丰镇西，北至兆丰汽车站，全长1公里。1977年新辟。1993年疏浚1次。河道上有桥梁1座。

东风支港 位于原东沙镇境内，东联村和东风村交界，属七干河支流，全长1.1公里。1976年新辟。1979年疏浚并建闸造桥。河道上有桥梁2座，圩口闸1座，圩工泵排涝站1座。

老六干河 位于红闸村境内，新六干河西侧，全长0.9公里。南起六干河，北至朝东港。20世纪70年代后期曾将河道裁弯取直，重新开挖过。2002年，该河已成生产用河。河道上有桥梁1座，涵洞2座。

村级河道

至2002年末，兆丰境内共有村级河道311条，总长257 800米。

排灌设施

兆丰地区为淤积平原，地势平坦、低洼。新中国成立前，垦田者为牟取更多的利益，围圩时偷工减料，圩岸不实且矮小，天然流漕未加疏浚就作排水渠道，河道弯曲、淤浅，排灌设施不全，水位无法控制，因此，高田易旱，低田易涝，丰收不能得到保障。

新中国成立后，人民政府高度重视水利建设，视水利为农业的命脉。1962年，通江的六干河建造防洪节制闸，有效地控制内河水位。

1974年，沙洲县提出六条"吨粮田"标准，即挡得住、排得出、降得快、灌得进、园田化、配套全。重点兴办田间工程，大搞平整土地，加强渠系建设，发展电灌工程，建造圩口闸和排涝站。强调农田基本建设以河挖方，河路定向，联圩并圩，兴修水利，建设高产稳产良田。兆丰公社根据沙洲县制订的水利规划，要求达到"六化",即河网规划化、沟渠系统化、土地方格化、道路公路化、住房合理化、河堤林带化。

至1980年,兆丰公社新开河道53条,总长39 850米,其中中心河14条,长12 950米,挖土14.5万立方米。开挖生产河39条,长26 890米,挖土31.62万立方米;并圩联圩95个,平整土地9 400亩,挖土194万立方米。筑机耕路31条,长36 980米,取土7.3万立方米。做暗工程面积1 595亩,挖土17.87立方米。建喷灌工程32亩。建造圩工泵排涝站18座,配备电机动力。(至)2002年,全镇共建造圩口闸31座,圩内涵洞76只。

水闸

节制闸

六干河闸 建于1961年,造价24万元。距长江口1 500米。该闸集灌溉、排涝、防洪、航运等多种功能于一体。2003年,该闸拆除重建,新闸在老闸以北500米处。

七干河闸 距长江口550米。建于1970年冬,造价45万元。三孔节制闸,中孔径净宽6米,左右孔径净宽4米。设计最大排流量每秒120立方米,通航高程7米。闸门两侧,一侧为鱼道,一侧为小型水力发电设备。闸顶为公路桥,宽4.5米。水闸南北两端为块石护坡,水泥镶嵌缝口各150米。日船流量40艘左右。

涵洞、圩口闸

1960年以后,木涵洞逐渐被淘汰,由石砌的箱涵和混凝土浇制的圆涵所替代。至2002年,全镇共有各类涵洞71座,受益面积达4.12万亩。

圩口闸建造始于1964年。境内第一座圩口闸为振丰村内的振丰南闸,出口河为泗兴港。20世纪70年代是兆丰建造圩口闸最多的年代,共造了20座。至2002年,全镇共有圩口闸27座。

圩工泵排涝站

为根治旱涝灾害,确保农业高产稳产,1971年,各村先后建造圩泵排涝站。是年,由沙洲县水利局在红谊村建造兆丰境内第一座圩工排涝站,受益面积3 000亩,日雨量200毫米,可在24小时内排出,达到雨停田干。2000年,各村圩工泵进行改造(原机动改为电动)。至2002年,全镇共改造圩工排涝站29座,受益面积43 990亩。

轶闻、传说

龚家仓房

位于兆丰集镇东北约300米,常丰村九组境内。是解放前夕兆丰地区财主龚国泰于民国三十六年(1947)耗资3万银元,历时一年建成的庄园,是中国传统的四合院(也称一颗印)。

庄园坐西向东,占地5.85亩,东西长95米,南北宽70米,四周挖有围河,河宽12米,深2.5米,前面河道的正中建有木桥,宽1.2米,桥中建有凉亭,亭内木门晨启晚闭,以防盗贼。建有砖木结构平房26间,粉墙黛瓦,用料考究,梁柱粗大,材质优良,墙体均为小方砖,画栋雕梁,颇为气派。前面6间为仓储,中间1间为过道，过道中央置一落地木制镜架，镶嵌一面大镜子。向内左右4间为偏房，相对狭窄一些，用作仆人居住。后面一排7间，每间宽3.8米，进深8米。中间3间为客厅，地面铺设大方青砖；左右2间为主卧，室内铺设地板。

1951年，境内开展土地改革运动，龚家仓房归公。

1954—1984年，兆丰小学设于龚家仓房内。1984年秋，随着生源的增长，经兆丰乡政府研究决定，并报上级主管部门批准，龚家仓房全部拆除，由县、乡两级拨款300余万元，在原址先后建造7幢教学楼，成为初具规模的农村中心小学。

尼姑庙

位于兆丰镇瑞雪路西侧，同丰村安波圩内。

尼姑庙原先在大新镇老海坝北市梢西侧。民国二十七年（1938），此庙宇临近坍江边，岌岌可危。是时，兆丰虽未建镇，但已形成集市，买卖兴盛。其时，由黄学义提请刘一清发动社会名流人士以慈悲为怀，捐资筹款，将尼姑庙迁至兆丰集镇供奉。熊桂松捐银元数千，徐孝先捐地5亩，刘一清、黄学义具体办理迁庙事宜。遂建成庙宇正殿3间，侧厢2间，由陈姓尼姑主持庙务，一年四季，香客如织，香火不断。

民国三十六年（1947），朱桂德在尼姑庙侧厢开办私塾班。新中国成立后，庙宇改作装卸站办公用房。

常阴沙、青草沙淹没事件

1949年7月24日（农历六月廿九），正逢七月初一大潮汛，6号台风过境，八九级东北风越刮越紧，空中跑纱云自东北向西南越推越快。傍晚，下起大雨，大风刮得行人站不住脚。深夜10时许，大潮汛提前到来，俗称"三兄弟"的风、雨、潮一起来袭，潮助风势，雨借风威，卷起屋檐高的浪头，咆哮着冲击着兆丰沿江一带的堤岸，顷刻间，40余只圩塘全被江水淹没，2万余亩土地浸泡在水中，水面上漂浮着梁柱房椽、茅草芦芭、树木杂物，以及鸡、羊、猪、牛和人的尸体。据年长者回忆，兆丰地区被淹死的有100余人，常阴沙一带淹死1 000余人。

境内青草沙受灾最为惨重。1949年，青草沙已围成圩塘10余个，移民3 000余人。其时，青草沙四面临江，破圩后，人们无法逃生，年轻人爬上屋顶（茅草屋）随风向西南飘去，草房被冲散后，也难免一死，有些向高处走，爬上"救命墩"，幸免于难。仅青草沙就有20余户全家罹难。退潮后，农民"收圩"（收复被水淹没的圩塘）时，见决口处有一个面积10余亩、六七米深的大潭，人们称之为"龙潭"。修复时，人们把堤岸筑在"龙潭"的南、西、北三面，让"龙潭"东面敞开与江水相通。几年后"龙潭"被潮水夹带的泥沙涨满。1953年，农民在潭的东边筑堤，"龙潭"成了良田。

事有凑巧，也是六月廿九的夜里，新生圩的西北角也被洪水冲成一只"龙潭"，深不可测。老百姓传说潭里的水是舀不干的。10年后，"龙潭"变浅。20世纪60年代，生产队集体在"龙潭"里养殖家鱼。"龙潭"，是大潮的见证。

是年（按，1949年），江南解放，基层地方政权正在建立，常熟县人民政府关心农民，组织赈灾和生产自救，帮助灾民渡过难关。

六月廿九，对常阴沙人来说，是几代人永远抹不掉的阴影。

救命墩

民国三十四年（1945），青草沙的第一只圩塘大成圩（又名定心圩）围成。圩塘四面临江，其东南北均是宽阔的江面，唯独西边与内陆距离稍近。人们考虑，如此地形一旦遇到大潮，江水冲破堤岸，人们就难以逃生。经反复琢磨，采取一个办法，即在大成圩的东北、西南、西北三个拐弯处各筑起一个土墩，土墩高6米，面积有50平方米。直角处加高加宽，外坡用木榔头将泥土夯实，植上草皮。

1949年7月24日（六月廿九），潮水破圩而入，人们纷纷扶老携幼奔向土墩。凡是爬上土墩的都活了下来。后来，人们就称之为"救命墩"。

新中国成立后，江堤年年修复加固，土墩逐渐失去存在的意义。1958年，人民公社化时期，当地农民将土墩泥土填入河塘，使低洼地改造成良田。

济生圩充公案始末

民国十八年（1929），陈宝初和张渐陆为争夺陶案二圩的围垦权，发生一场争斗。

张渐陆动用国军87师，陈宝初则从江阴请来500多名壮汉，双方在陶案头圩的东岸摆开了架势。张渐陆在南，陈宝初在北，相持着准备一场血斗。87师荷枪实弹，江阴人赤手空拳，一直未敢动手。地方绅士郭宵楼见状，寻思着如果双方一旦交手，后果不堪设想，百姓也会遭殃，于是就主动出面调停。张、陈坐下，经郭反复劝解协调，晓以利害，双方言和。事后，陈宝初心中不服，一纸诉状送往省法院控告张渐陆，省法院随即派员调查，封掉张渐陆庄园，并将张所围的济生九圩充公。张吓得赶紧逃到上海藏匿起来。出逃时，未顾及妻儿同走。数日后，张渐陆10岁的儿子溺死在张氏庄园的围河里。张推测是陈所为，对陈宝初恨之入骨，遂去锦丰镇杨在田（又名杨老九）处，告陈欺侮沙上人。此后，雇请山东壮汉暗杀陈宝初，商定杀死陈赏黄金10两，预付3两，事成之后再付7两。陈宝初当时隐居在上海伊田盘路，杀手在陈住所附近暗候了两个月，但始终未见陈氏踪影。

几天后，江苏省沙田局委派常熟测量师周惠生去上海找陈宝初商量围田事宜，陈设宴款待测量师，又请来郭宵楼、杨叔堂作陪。饭罢，四人打了几圈麻将，结束后，周临上汽车时，山东杀手一枪将周惠生击毙在车门边。原来，周与陈长相比较相似，都留有胡须，周氏被误杀，可谓枉死。

此后，陈宝初仍觉不妙，惶惶不可终日，唯恐遭张渐陆毒手。于是，委托郭宵楼、杨叔堂去张渐陆处说和，并把已"充公"的济生九圩还给张氏，此事才算平息。

常阴沙农场志

《常阴沙农场志》编纂委员会编，主编陆锦法，方志出版社2017年版。

自然环境　成陆

常阴沙农场地处长江南岸的常阴沙陆地东端，属长江三角洲河相海相沉积平原，是江中泥沙在江流与海潮的交互作用下，经河口落户，形成沙洲后逐步发育而成。关

于常阴沙成陆的大致情况是:

约公元前1世纪,长江在江阴以下,南北沙嘴发生江口演变和新三角洲的沉积运动,导致长江江水携带的泥沙,一部分沉积于江口前缘,延伸了河口沙嘴,另一部分沉积于河床内,缩狭了原来的喇叭形江口,形成新的三角洲,这个新三角洲主要包括延伸于长江南北沙嘴之间的沿江平原和滨海平原,以及散布于江中的沙洲群。明代,随着泥沙积涨,江中沙洲加速扩张,逐步并联。17世纪70年代至80年代,形成南沙、中沙、北沙三大块。其中,北沙包括段山套北沙、紫鲚沙(又称紫气沙)、横墩沙、关丝沙、蕉沙、刘海沙、登瀛沙、文兴沙及以后又涨出的鼎兴沙等,分属通州、常熟、江阴3个县管辖。常熟、江阴分界于朝阳港,东属常熟,西属江阴,称常阴沙;通州与常熟分界于常通港,南属常熟,北属通州,称刘海沙。后因上述诸沙位于常熟、江阴之间,遂以"常阴"二字命名,故《常昭合志》称:"道光时,江心突涨,江常画界,先后筑圩,故名常阴沙。"

从地域上看,常阴沙地处长江南岸,西起段山(张家港市大新镇境内),东止福山口(常熟市福山镇境内),一个略呈弧形的沿江狭长冲积平原,段山和福山被视为常阴沙西东之界石。

据南通市档案馆和自然博物馆所载档案资料考证,大约在17世纪70—80年代,长江主泓道偏于北岸,长江北岸崩坍严重。此后,由于江中马驮沙与北岸泰兴接壤,水流下泄受南岸黄山挑流,顶冲如皋江岸,故江阴至福山一段江滩淤涨,出现除寿兴沙、常阴沙等沙洲以外的带子沙、盘篮沙等13个沙岛,且不断连接扩大。

至20世纪30年代末40年代初,原张家港市三兴、锦丰镇全部,乐余镇鼎兴港以西部分,兆丰镇北中心河以南,六干河以西部分,南丰镇、泗兴镇以西以南部分已全部成陆,连成一片,并次第围垦成田。与此同时或稍后,福山口以北的联珠沙、东长沙以及青草沙先后露出水面。自1942年以张守一、曹佩瑛为首的民孚围垦公司在东长沙围垦民孚东西两圩开始,至1947年,东长沙共围成10只小圩,是境内最早的陆地。而此时的联珠沙、东长沙及青草沙仍然处于相连不相接的状态。

在常阴沙各沙洲成长发育的过程中,同时存在着一面涨、一面坍的现象。(20世纪)50年代初期和中期,由于"北坍而南涨、西坍而东涨",导致鼎兴港至福山口之间的江面,沙洲次第出水。境内自西北向东南,择其大者有阴沙(建设圩、跃进圩内外)、带子沙(东风圩、卫星圩内外)、芦头沙(原东沙镇境内)、河豚沙(原兆丰、东沙两镇境内),对已经围垦成田的东长沙形成大包围,对青草沙呈连接靠拢的趋势,从而为20世纪50年代末60年代初常阴沙农场的恢复和以后的不断扩建提供了广阔的土地资源,并与背靠江南大陆的福山只以一微流相隔,逐渐连成一片。

围垦

(20世纪)40年代初,在福山口以北,鼎兴港以东的辽阔江面上,沙洲次第露出水面。今泗兴镇外的东长沙、青草沙、联珠沙成鼎足之势,突兀于江中。50年代初,今六干河河口东南,小沙、阴沙、带子沙、高沙、芦头沙、河豚沙以及其他诸多无名沙头组成的沙洲群,对已经围垦成田的东长沙和部分围垦成田的青草沙形成大包围的态势。

境内滩地围垦工程始于40年代初，50年代中期初具规模。50年代末至60年代初，以跃进圩和万亩圩工程为标志，（将围垦）推向高潮。60年代末至70年代初，又有新的发展。80年代初，接近尾声。

自1942在东长沙滩地围垦民孚东圩起，至1980年在带子沙外涨滩地段围垦八〇圩止，历时38年，累计围垦大小36只圩，完成围垦工程总土方610.19万立方米（不含圩内水利工程），总计围垦土地60 283亩。其中，40年代围圩10只，统称长沙圩，土地2 340亩，占围垦总面积的3.88%；1950年至1959年，围圩9只，土地19 289亩，占围垦总面积的32%；1959年后，围圩17只，土地38 654亩，占围垦总面积的64.12%。

1962年，沙洲建县后，逐步从农场划出土地7 198亩。其中，1962年11月，划出农场圩土地1 669亩，分别建立沙洲县苗圃和沙洲县棉花原种场；1963年5月，划出解放圩、新民圩、泗兴圩、新闸西圩全部土地和建设圩部分土地共3 568亩，归兆丰公社；1969年冬至1970年春，大德圩土地与兆丰公社部分土地对调，同时划出卫星圩、青年二圩、文革三圩部分土地，相抵后共划出土地1 271亩，归兆丰公社；1968年11月，从青年圩调出土地660亩筹建沙洲县党校；1978年，国家在文革三圩征用土地30亩，归驻地部队。至1980年，境内共有圩塘30只，土地总面积53 085亩。1996年，经国家土地详查，全场实有土地总面积为56 155.1亩。2004年，常阴沙农场实有圩塘30只，面积56 155.1亩。

围垦　围垦机构

垦殖公司

（20世纪）40年代（中华人民共和国成立前），境内的围垦工程，由地方上的垦殖公司（又称围垦公司）组织实施。这些公司一般为地方上有权有势的头面人物（人们称之为"沙棍"）领衔组成。围垦公司先向当地沙田局提出申请，经沙田局核准后发给准予围垦的滩照，然后聘请若干工程技术人员进行勘测设计，同时招募民工，开始围垦。东长沙的围垦工程，自1942年至1947年，先后由张守一、曹佩瑛为首的民孚公司，以薛礼泉为代表人的厚德公司和以陈石泉为首的建成公司组织实施。

围垦委员会

中华人民共和国成立后，常阴沙沿江滩地围垦由地方人民政府和常阴沙农场组织实施。即由县或县级以上人民政府根据沿江沙滩状况，统筹规划，进行周密的勘测设计，制定切实可行的围垦方案，会同有关区、乡政府组成围垦委员会或围垦指挥部（有的称围垦工程处或围垦大队部），具体负责滩地勘测，经费筹集与使用，民工组织与发动，器材、物资购置与运送，及工程质量验收等工作。一般由分管农业的副县长任总指挥，水利、交通、物资、商业等部门及有关乡镇的负责人一起参加围垦指挥部工作。工程结束后，围垦指挥部撤销。1950年至1960年，除合作头圩、合作二圩由常熟、江阴两县联合组织实施外，其余均由常熟县人民政府组织实施。1962年，由沙洲县组织实施。1963年起，由常阴沙农场根据省农林厅水利围垦规划，报请江苏省农垦局同意后,成立常阴沙农场围垦指挥部,对沿江滩地围垦工程进行勘测设计,组织场内劳动力,代表国家实施滩地围垦。

围垦工程

筑坝

（20世纪）50年代初,联珠沙、青草沙、东长沙虽部分围垦成圩,三块沙头相连不相接,孤立于江中,沙上圩内有农田、居民,成为防汛防台的重点区域。同时,三块沙头都在涨沙地带,潮水含沙量特多,河道易淤,常成内涝。1954年冬,常熟县人民政府组织在联珠沙东北部新围垦成圩的合作头圩东北角与建设圩西南交界处修筑海坝,成为合作头圩与建设圩之间的交通枢纽。工程由南丰区政府负责实施,1955年春,坝成。坝长547米,顶宽6米,顶高7.4米,内外坡比为1∶3,并在内外两侧与滩地等高处筑3米宽的戗台,完成土方6.13万立方米。因该坝坝身大部分处在建设圩西南角与合作头圩东北角的接壤处,故称建设圩海坝。

围圩

勘测 围垦实施前的准备工作。当沙头或江滩积涨发育到一定程度时,围垦部门即行勘测,决定围垦与否。中华人民共和国成立前,一般由经验比较丰富者进行目测估算；中华人民共和国成立后由水利部门用仪器测算。当沙滩积涨到与平均潮位相适应时即可决定围垦。根据沙滩沿江地理环境,滩地适宜围垦的高度一般在吴淞高程3~4米,低则滩嫩难围,高则阻塞水道,造成内涝。

箍埂 滩地围垦,一般都要先筑箍埂（亦称围堰）,这是围垦工程的首道工序。根据滩地积涨的实际情况,具体确定所围垦滩地的位置和范围,并趁冬春时节江潮小汛（未登滩地）之际,根据大堤所需土方,以1∶1~1∶2的比例,先在大堤外50米左右处包围性地筑成一条封闭性简易堤岸（一般堤高为吴淞高程5米,顶宽0.8米,底宽3米）,将江潮阻隔在外,以便取土筑堤。箍埂断面土方2~3立方米。围垦工程结束后,箍埂即废弃。

大堤 大堤一般作外围堤,是围垦的主体工程。堤岸的构筑,必须根据当地的水文及地理状况,提出非常严格的技术和质量要求。（20世纪）40年代前,东长沙的大堤都是先挑土垒成堤岸,然后在外坡将泥垒细,泼上水搅拌,俗称"开堑",再铺上草皮。50年代后,常阴沙的新圩大堤改为边挑土垒高,边垒细夯打结实,然后开堑铺草皮。为增强大堤抗御大潮水的能力,有的外坡须逐层开堑,即在将泥块垒细的同时,泼上水拌实后再用人力、畜力分段踩实,或用拖拉机逐段压实,如此反复,直到大堤结束收顶。大堤标准：堤高为吴淞高程7~8.5米,（顶）宽为4.5~5.0米,堤顶加0.5~1.0米子埝,堤底宽为20~27米,外坡坡度为1∶3（东北迎风方向为1∶4,以增强抗风能力）,内坡坡度为1∶2~1∶2.5,断面土方约96立方米。堤岸泥土来源主要在堤外30~50米处,掘坑取土,兼在堤内开掘挂脚沟取土。大堤正对东北方向的位置、改变转向的转弯处、有流漕通过的位置,一般是大堤的险工地段,须特别注意工程质量。这样,在大堤收顶结束时,或待围垦工程基本结束后,再留下部分民工在堤外加贴1层甚至2层草皮,或垒砌块石乃至水泥板,用水泥灌浆咬缝。大堤筑成后的护坡护堤措施，主要是在堤外近滩种植芦苇，并在大堤外坡种草，以缓解潮水的冲击。构筑大堤，须集中人力、物力，一般在30~40天内，分段同时施工，一气呵成。（表1）

表1 1950—1980年常阴沙农场新围圩堤一览表　　　　　单位：米

圩名	长度	堤高	底宽	顶宽	外坡	内坡
解放圩	1 600.00	7.00	16.50	3.00	1∶3	1∶1.5
大德圩	205.00	7.00	16.50	3.00	1∶3	1∶1.5
建设圩	3 079.00	7.00	16.50	3.00	1∶3	1∶1.5
合作头圩	3 085.00	6.90	16.50	3.00~4.00	1∶3	1∶1.5
合作二圩	2 340.00	6.80	—	3.00	1∶3	1∶2
合作三圩	4 738.00	东：7.40	25.00	4.60	1∶4	1∶2
		西：7.40	21.00	4.00	1∶3	1∶2
生建圩	200.00	6.90	16.50	3.00	1∶3	1∶2
农场圩	1 615.00	7.50	20.00	4.00	1∶3	1∶2
跃进圩	5 600.00	8.00	25.00	5.00	1∶3	1∶2
万亩圩	13 096.00	7.50	21.00	5.00	1∶2.5	1∶2
新闸西圩	700.00	7.50	21.00	5.00	1∶2	1∶2
新闸东圩	800.00	7.50	21.00	5.00	1∶2	1∶2
长江圩	4 872.00	7.50	21.00	5.00	1∶2	1∶2
泗兴圩	3 650.00	7.50	21.00	5.00	1∶2	1∶2
新民圩	1 800.00	7.50	21.00	5.00	1∶2	1∶2
青年圩	3 160.00	7.60	22.00	4.00	1∶3	1∶2
青年二圩	2 813.00	8.00	25.00	5.00	1∶3	1∶2
闸北圩	2 200.00	8.00	25.00	5.00	1∶3	1∶2
三五圩	2 369.00	8.50	27.00	8.00	1∶3	1∶2
补方圩	1 396.00	8.50	27.50	5.00	1∶3	1∶2
文革二圩	2 069.00	8.50	26.50	4.00	1∶3	1∶2
文革三圩	3 718.00	8.50	27.50	5.00	1∶3	1∶2
四五圩	2 344.00	8.50	27.50	5.00	1∶3	1∶2
七五圩	3 506.00	8.50	27.50	5.00	1∶3	1∶2
八〇圩	1 783.00	8.50	27.50	5.00	1∶3	1∶2

说明：堤高为吴淞高程。

圩内水利 （20世纪）40年代围垦的小圩，圩内河道大多是在筑岸取土后开成的挂脚沟，面宽5~8米，下挖深度1.5米，圩内引水，排水设置木涵洞。50年代围垦的新圩，圩内挂脚沟距堤岸20~25米，面宽8米，下挖深度1.5米；圩内引排水河道（或生产用河道）每间隔250~300米开一条，新圩中间再开一条中心沟。河道面宽均为8~10米，下挖深度1.3米；田内每隔100米开挖一条三角沟，面宽2米，下挖深度1米。河道与河道相接处设置木涵洞，用于引水和排水。60年代以后围垦的新圩，圩内水利设施的标准根据国营农场机械化作业的要求而设计。挂脚沟距堤岸30~35米，面宽12~20米，下挖深度1.5米；中心河、生产河、生活用河道均匀分布圩内，呈垂直状纵横交叉并互为沟通，面宽8~10米，下挖深度1.3米；三角沟每间隔100米一条，面宽2.5~3米，下挖深度1.1米。各河道相接处设置木涵洞或水泥管涵洞。新圩每亩折成劳动力水利用工35个左右。

圩内道路 （20世纪）40年代围垦的小圩，圩内留有简易的人行道路，路面宽1米。50年代围垦的新圩，一般筑有中心路，路面宽3米，规划的住宅区筑有人行路，路面宽2米左右，河道上建有简易木桥。筑路建桥的费用每亩在5元左右。60年代后围垦的新圩，住宅路、中心路面宽均为4~5米；挂脚沟、中心河、生产河、生活用河道两岸均留有机耕路，路面宽4~6米。人行路与机耕路同步修筑。河道上分别建有木桥或砖拱桥、水泥板桥。道路、桥梁建设投资在每亩20元左右。

圩塘

1942—1980年，历时38年，先后围垦圩塘36只，其中东长沙10只小圩统称为长沙圩，东风圩和卫星圩合称万亩圩。（表2、表3）

表2　1942—1980年常阴沙农场各圩围垦一览表

2004年行政属地	圩名	围垦年份	主持单位	土方数（立方米）	其中 箍埂	其中 大堤	其中 圩内	围垦费用（当年价·元）
第六管理区、第九管理区	长沙圩	1942—1947	垦殖公司	—	—	—	—	—
乐余红闸	解放圩	1950	常熟县	69 101	4 480	57 600	7 021	—
南丰东胜	大德圩	1951	常熟县	12 965	635	9 840	2 490	—
常西社区	建设圩	1953	常熟县	164 993	8 169	133 824	23 000	52 781
常红社区	合作头圩	1954	常熟县、江阴县	162 551	7 861	129 570	25 120	58 760
常红社区	合作二圩	1955	常熟县、江阴县	231 859	8 073	131 040	92 746	69 600
常南社区	合作三圩	1956	常熟县	359 000	14 214	245 168	99 618	20 936
常红社区	生建圩	1957	常熟县	20 000	620	11 200	8 180	2 610
四一农场	农场圩	1957	常熟县	85 377	4 742	56 525	24 110	21 250
常西、常北	跃进圩	1958	常熟县	786 885	16 565	614 893	155 427	64 390

续表

2004年行政属地	圩名	围垦年份	主持单位	土方数（立方米）	其中			围垦费用（当年价·元）
					籥埂	大堤	圩内	
常南、常北	东风圩	1960	常熟县	1 289 248	29 365	692 246	249 061	116 610
常沙社区	卫星圩						318 576	
常北社区	长江圩	1962	沙洲县	618 815	48 728	387 796	182 291	284 841
常西社区	新闸东圩							
乐余红闸	新闸西圩							
南丰东胜	泗兴圩							
南丰东胜	新民圩							
常兴社区	青年圩	1963	农场	324 758	18 500	186 738	119 520	161 192
常沙社区	青年二圩	1964	农场	336 107	22 335	145 760	168 012	131 038
常西社区	闸北圩	1966	农场	181 726	17 172	92 846	71 708	70 900
常兴社区	三五圩	1966	农场	225 527	13 240	88 942	123 345	81 899
常沙社区	补方圩	1966	农场	48 931	3 908	28 707	16 316	16 164
常沙社区	文革二圩	1966	农场	95 234	5 793	60 913	28 528	33 914
常东社区	文革三圩	1968	农场	345 077	12 544	193 025	139 508	123 914
常东社区	四五圩	1971	农场	277 918	13 413	108 348	156 157	102 789
常兴社区	七五圩	1975	农场	288 157	24 135	196 700	67 322	191 451
常兴社区	八〇圩	1980	农场	177 756	997	176 959	—	124 430

表3　常阴沙所属各圩塘的命名和土地归属一览表

圩名	总面积（亩）	得名原因	土地归属情况（亩）		
			农场	兆丰	棉花原种场
长沙圩	2 340	东长沙10只小圩的总称	2 340	—	—
解放圩	540	中华人民共和国成立后围垦的第一只新圩且中国人民解放军参与了围垦全过程	—	540	—
大德圩	166	取感恩戴德之意	—	166	—
建设圩	1 731	时正掀起生产建设高潮	1 214	517	
合作头圩	2 314	常熟、江阴两县合作围垦且处合作化高潮时期	2 314		
合作二圩	3 153	继合作头圩后围垦的第二只圩	3 153		
合作三圩	2 991	继合作头圩后围垦的第三只圩	2 991		
农场圩	1 669	围垦后划归农场	—		1 669
生建圩	145	位于原生建乡	145		
跃进圩	6 580	处于"大跃进"运动中	6 580		

续表

圩名	总面积（亩）	得名原因	土地归属情况（亩）		
			农场	兆丰	棉花原种场
东风圩	6 008	万亩圩的一部分，取"东风压倒西风"之意	6 008	—	—
卫星圩	6 525	万亩圩的一部分，取"放高产卫星"之意	5 622	903	—
新闸西圩	486	位于六干河西侧	—	486	—
新闸东圩	841	位于六干河东侧	841	—	—
长江圩	2 482	以长江之名命名	2 482	—	—
泗兴圩	1 352	以泗兴港河名命名	—	1 352	—
新民圩	673	以位于大明（民）圩外命名	—	673	—
青年圩	3 223	为安置知识青年而围垦的新圩	3 223	—	—
青年二圩	2 588	安置知青后第二年围垦	2 416	172	—
闸北圩	906	位于农场河闸北	906	—	—
三五圩	1 709	"三五"计划开始实施	1 709	—	—
补方圩	315	为卫星圩补方	315	—	—
文革二圩	896	沙洲县"文化大革命"中围垦的第二只圩	896	—	—
文革三圩	4 824	沙洲县"文化大革命"中围垦的第三只圩	4 606	218	—
四五圩	2 971	"四五"计划开始实施	2 971	—	—
七五圩	2 292	以围垦年代命名	2 292	—	—
八〇圩	563	以围垦年代命名	563	—	—

长沙圩 为东长沙10只小圩的统称。

1942年，民孚公司凭"张燕谷案"的滩照，在东长沙围垦了民孚东西两圩（即定心圩），围成面积500余亩。至7月大汛，因堤身矮小（堤岸高2.33米，顶宽1米，底宽7米），工程质量差被江水淹没。次年春修复。时为保护围垦办事处的安全，在民孚东圩和民孚西圩交界处筑成长33.33米、宽23.33米、高1丈的土墩1座，称为高宅基、救命墩。

1943年春，厚德公司在两只定心圩外，围垦了厚德南圩、厚德西圩和厚德东北圩。

1944—1945年，建成公司先后围垦了建成南圩和建成西圩。

1946—1947年，民孚公司再次围垦了民孚小圩，建成公司围垦了建成小圩和建成补方圩。

至此，东长沙共围垦10只小圩，总面积2 340亩。

解放圩　1950年春，由参加救灾的中国人民解放军（1个连）与常阴区政府在集成二圩、张案圩外合作围垦而成，面积540亩，并在圩内创办农场。1951年3月，常熟县人民政府将这个农场正式命名为常熟县常阴农场。

新圩呈狭长香蕉形状，堤岸高大，与中华人民共和国成立前围垦工程的堤岸形成鲜明对比。因该圩系中华人民共和国成立后围垦的第一只新圩，并由中国人民解放军直接组织并参与了工程全过程，当地农民誉之为解放圩。不久，常熟县人民政府确认了这一名称。

1963年，解放圩划归兆丰公社。

大德圩　1950年冬，为配合常熟县第二劳改队所属政治犯的劳动改造，由常熟县农林科于1951年春在青草沙沿江组织围垦工程，面积166亩，土方任务均由服刑的劳改人员承担。1952年10月，劳改队撤离，土地交常阴棉场，组建青草沙分场，为农场二队。

1969年冬，大德圩划出归兆丰公社。

建设圩　1953年春，为解决常阴区各乡农户在江堤培修中因取土而损坏的农田336亩，中共常阴区委和区政府根据常熟县人民政府关于"凡在江堤整修中损坏的农田，可通过围垦增加新田进行弥补"的精神，以南兴乡为主两次召开老农座谈会，县长亲自参加，商讨新田围垦事宜。

4月26日，成立常阴区农民垦殖代表会，拟定在解放圩外滩围垦新圩，定名为建设圩，意为当时正值社会主义建设高潮时期。同日，抽调有围垦经验的工程员8人进行勘测。

5月6日，围垦工程全线开工，5月13日，南线工程完成。5月21日，工程全部结束后，中共常阴区委召开总结表彰大会，给21位模范、11位工作人员颁奖。其中南兴乡马友才在工程进入紧张阶段时，家中传来儿子的死讯，仍带领民工59人坚持在围垦工地上，完成任务，被评为一等模范。

建设圩围垦从提出规划到工程结束，历时41天（实际围垦施工仅为半个月），共出动民工4 857人（比原计划增加675人），完成箍埂土方8 169立方米，大堤土方133 824立方米、圩内沟路土方23 000立方米。围垦总面积1 731亩。

1963年5月，以六干河为界，划出该圩部分土地归兆丰公社。

合作头圩　始称合作圩。（20世纪）50年代初，江阴县晨阳区（今张家港市）沿江土地塌方严重，人民政府曾集资建造石筏保圩，但效果不是很明显。为此，江阴、常熟两县会商后，按照国家长江蓄洪垦殖委员会拟定的规划，报请主管部门同意，决定联合在联珠沙以北的高沙组织围垦。工程由长江下游工程局勘察设计，常熟县县长谷必成主持。1954年4月20日，围垦委员会成立，确定新圩名称为合作圩，取意为两县合作围垦并开始进入农业合作化高潮时期。同日开工，5月19日竣工。围垦总面积2 314亩，完成土方162 551立方米。参加围垦的有常熟县常阴区南兴、三兴、北固、恤青、裕兴、九圩、双桥、胜利、东兴、乐余、团结、长沙12乡，南丰区扶海、扶桑、兆丰3乡，江阴晨阳区海坝乡，共计16个乡。圩成后安置3个区的坍江户。

继该圩围垦后又分别围垦了两只合作圩，为区别名称，后改名为合作头圩。

合作二圩　为解决常熟、江阴两县沿江坍地及水利工程挖废土地的问题，遵照长江下游局所订围垦计划，由常熟、江阴两县联合围垦。地跨联珠、青草、带子三沙。围垦工程于1955年3月15日破土动工，是年5月15日结束，历时两个月，实际施工日为32.5个晴天。由晨阳、常阴、南丰3区28个乡，组织民工4 341人，共用工日141 006个，完成土方231 859立方米（按：箍埂土方1.22万立方米、大堤土方16.57万立方米、渠道土方2.7万立方米、流漕土方2万立方米、其他土方0.69万立方米）。围垦总面积3 153亩。圩成后，安置东迁户607户2 256人（建小木涵8只，大木涵4只，木桥17座），余下320亩土地由国营农场耕种。

1965年，北中心河穿圩而过，把该圩一分为二。

合作三圩　1956年，东太沙滩脚已涨到3.4~3.6米，与青草沙之间的河道亦渐淤浅。1956年春沙洲区成立围垦委员会，组织14个乡的民工，在合作二圩与东长沙之间的滩地实施围垦。围垦工程从3月24日开工，到5月10日结束，经46天，扣除雨天，实际施工日为32天。完成土方369 000立方米，围垦总面积为2 991亩。该圩是合作化时期围垦的第三只新圩，故名合作三圩。（按，圩成后，筑宅基中心路宽8.8米，交通路宽2~3.5米。圩内建木涵洞6只。）

生建圩、农场圩　生建圩围垦于1957年3月，总面积145亩。因其位置处在原南丰区生建乡，故名。

农场圩围垦于1957年5月。1956年，建设圩海坝东西两侧与高沙之间滩地高且宽阔，中间流漕几乎淤平，可推车行人，围垦条件已经成熟。是年9月，为解决江阴、常熟两县因坍江而少地的群众安置问题，常熟县拟定于1957年春在建设圩海坝的东西两侧分别围垦合作四圩和合作五圩，并向苏州专区专员公署提出申请，获批准后成立沙洲区围垦办事处，首先在建设圩海坝西侧实施围垦，围垦工程于1957年2月实施，同年5月结束，总面积1 669亩，土方85 377立方米。因围垦后的新圩处于第一农场外滩，且土地全部交给第一农场，并建立苗圃，建制为农场四队，故正式定名为农场圩。

1962年11月，农场圩划出，分别建立沙洲县苗圃和沙洲县棉花原种场。

青年圩、青年二圩　青年圩，亦称青年头圩。1963年初，为安置苏州市上山下乡知识青年而围垦，圩成后定名为青年圩。

青年圩是常阴沙农场完全依靠自身力量组织勘察、设计和围垦的第一只新圩。工程于1963年3月提出设计书后，即实施围垦，5月结束，完成土方324 758立方米（其中涵洞、桥梁、道路土方为1 750立方米），总面积3 223亩（按：圩内设置木涵洞3只，便桥2座，道路1 300米）。工程总工日为133 971个，投资161 192元，另补贴民工大米73 683公斤。

1964年，为解决场内人口的迁移，在东风圩外又组织围垦了青年二圩。工程于2月20日开工，6月20日竣工。完成土方336 107立方米，总面积2 588亩，投资131 038元，另补贴民工大米65 515公斤。圩成后安置内迁户189户821人，为境内建立居民点的第一只圩塘，也是规划安置场内迁移户的第一只圩塘。

1970年春，开挖的七干河穿过该圩南侧，该圩位于七干河以南的172亩土地被划入兆丰公社。至此，该圩实际面积为2 416亩。

闸北圩、三五圩、补方圩、文革二圩、文革三圩、四五圩、七五圩、八〇圩
1966年"文化大革命"开始后不久，常阴沙农场实际上已经由沙洲县领导和管理，农场外滩的围垦工程主要是解决场内职工的迁移问题，资金则由农场自筹，这些围垦工程是：

闸北圩，1966年春围垦。总面积906亩，完成土方181 726立方米。因位于新建的农场河水闸之北而命名。

三五圩，1966年春围垦，总面积1 709亩，完成土方225 527立方米。因围垦该圩时，正值国家第三个五年计划的开端，故名。

补方圩，1966年围垦，面积315亩，完成土方48 931立方米。因位于卫星圩外滩，故取将卫星圩补方之意。

文革二圩，1966年冬至1967年春围垦，总面积896亩，完成土方89 234立方米。关于圩名的来历，主要是该圩为"文化大革命"后围垦的第二只圩（文革头圩在乐余镇）。另一说是该圩因于"文化大革命"开始后的第二年围垦而得名。

文革三圩，1968年春围垦，总面积4 824亩，完成工程土方345 077立方米。1970年开凿七干河，境内面积减少到4 606亩，该圩因是"文化大革命"后围垦的第三只圩而得名。

1970年春，在规划七干河与北中心河贯通工程时，将该圩位于七干河以南的218亩土地划入兆丰公社。

四五圩，1971年春围垦，总面积2 971亩，完成土方277 918立方米。围垦时正值国家第四个五年计划开始，故名。

七五圩，1975年春围垦。总面积2 292亩，完成土方288 157立方米。以纪年命名。

八〇圩，是境内围垦的最后一只新圩。1980年1月破土动工，4月7日完成圩内工程。总面积563亩，完成土方177 756立方米，圩内高程为吴淞高程4.1米。以纪年命名。

长江圩、新闸东圩、新闸西圩、新民圩、泗兴圩 这5只圩是沙洲县建县后第一次单独组织实施的长江滩地围垦工程。这项工程早在沙洲县建县前即已酝酿，计划围垦第二只万亩圩，并进行了勘测。后因工程任务艰巨，且又处于国家经济困难时期，粮食低标准给工程带来的困难更大，为此，县委、县政府领导视察工地现场后，决定将围垦面积减少到6 000亩。

工程从1962年1月中旬开工，至4月20日结束。5只新圩实际面积为5 834亩，大堤总长12公里，完成土方618 815立方米。

围垦中，由于工程质量不平衡，部分大堤高度不够，堤坡不平整，堑口不实，草皮不标准，大堤土方15 617立方米、圩内土方48 439立方米未能完成。圩内农田水利工程标准低，配套程度差。大堤设计不合理，外坡1∶2，堤高7.5米，一般高度相差9~12厘米等三个方面的原因，导致围垦后的长江圩江堤当年被江潮冲垮，圩内被淹，积水深度达1米，8~9天才得以排尽，致使1 000多亩大豆颗粒无收。

1963年5月，新闸西圩、新民圩、泗兴圩划出归兆丰公社。

附 围垦纪实

一、围垦跃进圩

1956年9月，常熟、江阴两县准备在建设圩海坝东侧滩地联合实施围垦。1957年下半年，常熟县决定围垦工程由常熟县单独实施。为此，在年底前做好勘察设计和6公里江堤放样的基础上，成立围垦大队部，大队部下设工程、总务、宣教和保卫4个股，另设检查评比、工程验收、纪律检查3个委员会，以乡为单位建立三兴、兆丰、乐余、锦丰、合兴、东莱、南丰7个中队。

1958年2月10日（春节前一星期），工程破土动工，首先由南丰、合兴、锦丰、兆丰、三兴5个乡出动民工8 800人，破除严寒冰冻的恶劣环境，用4天时间，筑成6 153米籥埂（按，土方16 565立方米）。2月19日（正月初二）至3月11日，上述5个乡和东莱、乐余共7个乡民工全体出动，用21天时间，完成5 600米大堤毛岸工程（按，土方614 893立方米）。3月12日，转入开水堑、贴草皮、开挖排水沟、修筑道路等整理工程（按，圩内土方155 427立方米），拖拉机开始抄荒耕耙。最后进行铺砌块石、护坡保坍、堤外植芦等。至4月15日，除部分流漕工段难度较大外，工程基本结束。（按，实际围垦工日350 843个，工效2.28立方米。土地总面积6 580亩。最后进行护坡保滩，铺砌块石，并在堤外植芦。）

围垦跃进圩是常熟县历史上规模最大的农田水利工程。在工程进行中，平均每天出动民工8 500~9 000人，最多时达11 862人。相当于原计划7 000人的169%。工地人山人海，热火朝天，一派激动人心的景象。为了加快工程进度，日夜突击，除白天外，晚上挑灯夜战，各民工中队自带汽油灯470盏，把围垦工地照得灯火通明，灯火中人来人往，挑泥号子声此起彼伏。工地场景使乘坐长航客轮航班乘客误以为苏南突然冒出个新兴城市。因此，跃进圩的围垦工程，曾受到各方的关心和注意，在国内引起广泛影响。围垦大队部举办的《工地战斗报》共出版25期，对民工的思想教育起到了积极作用。工程宣传股还组织民工利用休息时间读书扫盲，参加扫盲学习的青壮年民工达2 899人。常熟县电影队、县锡剧团到工地放映和演出。北京新闻电影制片厂和上海科学电影制片厂曾专程到工地摄制影片。崇明县乡社干部、无锡市机械和纺织系统的干部职工、中央和南京等地的高级知识分子及常熟县中小学师生等各界3 000余人曾专门组织到工地进行参观、访问。跃进圩的围垦，为常阴农场的恢复和扩建提供了大面积的土地资源。

二、围垦万亩圩

万亩圩是东风圩和卫星圩的统称。因其围垦工程分别地处跃进圩和长沙圩外，故根据滩地相近不相连的情况而划分为两圩。又因两圩围垦总面积超过1万亩，故取土地面积达万亩之意而合称为万亩圩。

东风圩，取毛泽东诗词"不是东风压倒西风，就是西风压倒东风"句中的"东风压倒西风"之意命名。位于红旗镇东部偏南，分别为今常南社区辖原五工区全部和常北社区辖原四工区全部，土地总面积6 008亩。

卫星圩，取正处于"大跃进"后期的"放高产卫星"之意命名。位于红旗镇南部今常沙社区辖原八工区全部和原九工区、原七工区及原十七工区各部分土地，土地总面积6 525亩。1970年开凿的七干河穿过卫星圩与北中心河贯通，其中903亩于1970年随北中心河的贯通而划归兆丰公社。

万亩圩围垦工程于1959年底筹备，1960年1月2日正式动工。常熟县副县长吴鹤主持成立万亩圩围垦指挥部，东莱、合兴、三兴、锦丰、乐余、兆丰、南丰、妙桥、谢桥、福山等公社动员民工8 450人。先筑成长10.5公里的箍埂，后筑起长13.1公里的大堤，至5月15日工程全部结束。打箍埂、筑江堤共用工日494 033个，完成土方971 750立方米。

5月16日至7月20日，以131 978个工日完成圩内土地的初步平整任务；筑成面宽为8米的马路20条，全长23 679米；开挖疏通19条面宽为8米的圩沟（条田沟），全长4 940米。把圩内土地规格化，分成72方，每方200亩左右。工程历时7个月，总面积12 533亩，完成土方317 498立方米。

万亩圩围垦工程的规模之宏大，场面之壮观，是围垦史上不多见的，其中的感人场面和感人事迹，不胜枚举，现略述其二于下：

（一）大流漕断流。这是工程最艰巨的一处场面。当时，卫星圩东边有一条长3 000多米、宽300米的大流漕，漕口直对福山口江面，涨落潮时，其流速特快，冲力特大，如不及时把它堵住，即使大堤全部完成，潮水一来，万亩滩田在旦夕之间仍将变为泽国，整修围垦工程将前功尽弃。开始三天，200多名民工夜以继日，用大量的泥土，在流漕口筑成一条30米宽、300米长的堤坝，晚上，潮水一来，将堤坝冲得干干净净，一丈多高的浪潮，通过4米深的缺口冲进大堤，圩内一片汪洋。以福山营青年民工王金标为首的青年突击队乘早晨退潮的机会，冒着刺骨江水，跳进流漕，用泥块夹芦排筑坝的方式填塞漕口，其他民工同时作战，第二次封住了流漕，可是，晚上的潮水一来，堤坝又被冲得不见了踪影。面对这种情况，由30多人组成的青年突击队员于第二天一早再次跳进流漕，在其他民工的配合下，重新把泥块夹芦排填塞进漕口。正当堤坝将要合龙的时候，江潮又一次将堤坝冲毁。第三次封堵失败后，有人提出让堤岸沿流漕拐弯，缩进2 000米，到流漕浅口再堵的建议。可这样一来，围垦面积就要缩小几百亩，场领导和大多数民工都不同意。通过分析，发现芦苇用得太多、堤坝容易吸水等原因，影响了堤坝的牢固程度。指挥部的负责同志和农场主要领导常中民来到现场，同民工共同商量办法，吸取前两次教训，重新组织力量，将芦苇捆成大木排样子，作为堤坝的茎心，带住流漕底内的沙土，再利用退潮间隙，组织2 500名民工向上投土，终于在大潮来临之前堵住了流漕缺口。圩成后，一位熟悉常阴沙几十年围垦工程的老农林老老专程从5公里外赶到农场，目睹这一奇迹后感慨地说："从乐余镇往东，新中国成立前围了38只圩，加起来也不满一万亩，真是不可思议。"万亩圩围垦成功的事实，不得不令人叹服。

（二）当年围垦、当年种植、当年收益。首先是平整土地，困难重重。大堤围成了，但面对茫茫滩地，一个尖锐的问题摆在面前，这就是如何平整好土地，实现当年种植。常阴沙有谚:"一年豆,二年花,三年种稻要算会当家。"老农说,滩地高低不平,泥质松软,况有流漕九曲十八弯,高似狼山低似海,水潭好比活络板,进滩如进鬼门关。又称,蒿草多得割不尽,芦根犹如铁索与钢筋,荒滩里头长水稻,好比狼窝里面养羊群。开始,常熟县委打破常规,集中调派500多头耕牛,但蒿草铺地,芦根成网,老弱病牛拉不动,年轻力大的耕牛也只能拉断绳子耕坏犁。县委又从白茆及吴县陆墓(按,即今苏州市相城区陆慕)抽调9台拖拉机,与农场刚刚建立起来的拖拉机队(有3台东方红拖拉机)协调配合,克服困难,这才完成了圩内土地的平整任务。与此同时,培养和锻炼出了农场第一代拖拉机手,特别是女拖拉机手尹玉兰和黄丕兰,当时分别为22岁和19岁,被誉为"征服荒滩的女闯将"。其次是耕而后种,困难更大。圩田基本成型后,县委统一指挥,民工密切分工,立即投入水稻播种。由常熟董浜、白茆等25个公社负责寄植秧苗,县水利部门支援9条抽水机船,财贸部门保证生活和生产物资的供应,邮电部门突击架设电话网。无锡、太仓、吴县、昆山等县突击运调大批秧苗,种上5 576亩水稻、1 512亩大豆、3 669亩红萝卜和1 000多亩杂粮。经精心管理后,秋季收获稻谷100多万公斤、红萝卜150多万公斤、大豆3万多公斤、杂粮18.5万公斤。

1962年1月25日,《新华日报》专门为万亩圩的围垦壮举发表署名为叶齐红的文章《大办农业为了谁?》,现摘录如下:

大办农业为了谁?

有人说,这还用问,当然是为了全国六亿五千万人民,为了社会主义建设。

可是答得出不算,还得做得到。要像常阴沙农场那样,处处从全局出发,事事为国家着想。他们在"革自然的命,向江滩要粮"的口号下,与洪水搏斗,围垦了万亩荒滩,当年就种上了庄稼;他们千方百计,高度地利用土地面积,在短短的两年多内,全场按国家计划生产了二百多种农副产品,向国家上交了三百二十二万斤粮食、三百零八万斤棉花、三万多斤烟叶和一千二百多头猪,价值二百多万元。不久前的大片荒滩,终于被他们改变成了国家的一个新的粮棉生产基地,他们是大办农业的一支新队伍,他们是懂得大办农业为了谁的。

第三编 报刊围垦资料

常熟日日报（1916—1922）

【按】《常熟日日报》前身为《常熟日报》，1916年10月1日改组。社长顾思诚，主编吴瑞书，后有周化龙、吴公雄、归子迈等继任，归子迈任期最长。社址设在常熟城内北市心。初为8开，次年扩为4开，旋即扩为对开，1928年9月又缩成4开。至1930年7月时，已出版近5 000期，为当时邑内报龄较长者，停刊时间不详。发行主任张美叔总揽发行业务，日销量达千份，明显高于邑内其他各报。该报面向教育界，以教育消息及言论为主要内容，有"常熟教育报"之称。

记事·紧要新闻：沙田局归并官产处

清理沙田与清理官产虽事务不同，其办法及性质大略相同，本可合并，南京总局已奉有部令，归合一处，所有清理沙田事宜，均由官产处兼办。本邑常太官产沙田事务所于昨日亦奉到南京训令，归并一处并委县知事为清理官产沙田坐办，以节经费。又颁发钤记一个。今已遵照办理且出示晓谕矣。兹将训令录下：本处兼办清理江苏沙田事宜，先经派员分赴各分局，接收清楚，并遵部电，缩小范围。规定沙田归并办法，即以原设之清理各县官产事务所合组或改组办理，其官产先经归县清理，与向未设置员所各县酌量情形，分别仍并归县办，或选派专员会县办理，或另组官产沙田合设之事务所，以兹樽节，而利进行。所有常熟县属沙田，应即归并该所清理，改名为常熟太仓官产沙田事务所。所有原办及接收事项，应会同该两县知事，按照官产沙田定章分别循办，切实进行，先将接收改组日期具报查考。除汇报并会同江苏财政厅，令委各该县知事为清理官产沙田坐办外，仰即遵照此令，并经先后奉到委任状，换给钤记一颗，文曰：清理常熟太仓官产沙田事务所之钤记，云云。

（1916年10月13日第2版）

记事·紧要新闻：沙田局分设事务所

沙洲田亩，按奉老额，项下呈验契据，另给印照，应缴照册费迟限外滞纳金每亩规定银洋一角二分，新围项下应缴补价，银洋正田每亩五元，塌田每亩三元。其有额外溢围及未缴过地价者，现将滩价、田价合并追补，正田每亩收洋十元，塌田每亩六元。倘溢围在一成以外，专案呈请议罚。现本邑沙洲市各处人民遵章办理者甚少，驻办陆琦因会商县知事，拟于沙洲市择定地点，分设事务所，督收款项，于十二月内一律开收，一面发饬该处圩书分投传催，一面并出示督催。今闻已磋商就绪，出示通告，不日实行矣。

（1916年12月6日第2版）

市乡通信·沙洲市：沙田纠葛

本市卢国泰与丁三甲因清理沙田纠葛，迄今久无结束。今沙田分局查有保人方正华可以传令催交，遂来市将方正华传到城中，即欲将方收押，嗣以诉讼。章程尝有保证金之规定，当饬方备银二百元存局释回，即经方立具现款缴局，今始回复自由云。

（1916年12月17日第4版）

市乡通信·沙洲市：抢筑带子沙

本市带子沙滩地，报领共有三案。前由清理沙田局刘专办丈见一千四百余亩，迭经批准，就各案原报地址照价支给在案。现清理官产分所陆专办率同随员复履该滩复勘，闻总数减去原数十分之二三，今闻各小户以官厅此种办法殊不足以昭公允，已集议自行围筑，以图抵制，抢筑之事将见实行矣。

（1916年12月26日第3版）

市乡通信·沙洲市：分事务所收入寥寥

沙田局自本月九日设分事务所于东兴沙西港镇以来，投缴者寥若晨星，局中人枯坐无事，较去岁收纳大有一落千丈之慨。现一般沙民对于此项督收，莫不忧形于色，盖本市已屡遭潮灾，家无担石，何堪再负此重任耶。

（1916年12月30日第3版）

市乡通信·沙洲市：江潮淹没圩堤

数日前北风狂起，江潮陡涨，濒江新圩居民日夜看守，日前盘篮沙北夹沿江两圩为大潮冲破，民间房屋淹没者甚多，幸未淹毙居民，然而田中棉、豆等已损失不小矣。

（1918年7月30日第3版）

市乡通信·沙洲市：更委圩书

庆凝沙圩书鲍耀坤病故，由公民丁玉清等保举鲍茂昌接充，经叶知事训令芦课征收员李传筠查明取结，复夺去后。兹据李查明，人尚谨慎，办公熟悉，并取具认保，各结前来，应准给予，著充云。

（1919年2月8日第2版）

本邑要闻：委员查禁抢筑沙滩

本县公民张玉书、钱浩琛等，以现有沙荣、郑华甫等在海坝范围之内抢筑滩地，特电请省署究办，当由省署令县查明，从严究办，一面严申禁令等情，曾志去年本报。县署奉令，后以海坝涨滩，迭奉省长训令，在该海坝工程未经清丈解决以前，凡属海坝范围以内滩地，不准人民擅自围筑，节（疑为"即"）经迭次示禁在案，兹奉前因，除再严申禁令外，特委员王泰前赴该处查明果否确实，呈复到署，以凭核办云。

（1919年2月18日第2版）

市乡通信·沙洲市：海坝合龙后之涨势

海坝与东兴沙相去约计二十里之遥，自前年筑成后，渐见涨起，虽经通、如反对开挖，仍不能挫其涨势，去岁一年中，已涨至夹漕西、马路北，对过自眼【雁】鸿镇稍西，能步行至长【常】阴沙，其涨势可谓神速矣。

（1919年3月5日第3版）

本邑要闻：段山夹筑圩开渠

江常段山涨滩，分局自省委高增秩为局长后，业于二十五日在澄之大庙港设立分局，并拟具筑坝开渠办法三条，呈准财部省署，积极进行。昨日咨由本县布告居民，并谕饬该处地保、圩长等一体知悉，切勿轻信谣言，致干法办。县署布告及谕饬分录如左：

布告

案准江常段山涨滩，分局咨开案奉江苏沙田总局令开江常段山夹坝新涨滩地一案，前奉财政部令饬即时开丈，照章处分，当经令委。该员前往测量估勘，规画进行。去后，嗣据呈，拟办法，切实可行，合就刊发关防，今委该员为江常段山涨滩分局专办员，仰即驰往组织分局，查照原拟办法，切速进行，等因奉此。敝专办遵于二月二十五日来澄，在大庙巷设立分局，业经报告，成立在案。查原拟段山夹新涨沙滩办法，系根据于省署所颁之民国七年九十月间江南水利局实测盘篮沙北夹原图，其图以南北两老圩为界，合坝东坝西计之，约计草滩、沙滩暨未出水者四万（按，原文此处可能漏字）千亩有奇。而目下地势，高阜可开工，领垦者仅得面积九千亩之谱。不筑堤以围之，则江水有倒灌之虞；不开渠以通之，则滩田有旱干之患；不设洞以便之，则水利有闭塞之忧。敝专办先充查办委员，再四筹思，未敢草率用事，酌拟办法，呈由沙田总局转呈财部、省长公署核准如下：

（一）筑堤两道，以为捍御潮汐之用：（甲）东堤北自穿心港起，至麒麟港止；（乙）西堤北自向阳圩起，南至三圩西北角止。

（二）开干河四道，以备灌溉之用：（甲）自穿心港起，南流至麒麟港止；（乙）自朝阳港起，南流至福兴港止；（乙）自麒麟港起，西流至夹坝北首通济港止；（丁）自通济港起，西流至向阳圩西堤北首止。

（三）设山洞四处，以便水利蓄泄之用：（甲）设于东堤北首之穿心港；（乙）设于东堤南首之麒麟港；（丙）设于夹坝北首之通济港；（丁）设于西堤北首之金鸡港。

以上办法，纯系从人民方面着想，现蒙财政部、省长公署批准照办，自应积极进行，以期早日蕆事，福国利民，为此咨请查照，烦即布告各界人民等一体知照。悉其从前报买缴价，领有部照者，如果查明卷宗相符，应俟公家围筑工竣，敝专办自当呈请沙田总局转呈财政部、省长公署，酌定分别办法，以昭公允。目下正在估工，原恐人民等独力难成，故先由公家设法垫款，克期举办，以为人民等谋生计，各界人民等幸毋轻信谣言，横生阻力，以致自取罪咎，追悔莫及，是所至盼，等因过县。准此，除谕圩保遵办外，合行布告，仰该沙农、佃人等一体知悉：尔等须知此次筑坝开渠，乃为该沙利益起见，现正包估工程，不日开办，其从前报买缴价，领有部照者，如查明卷宗相符，俟围筑工竣，由专办呈请酌定办法，以昭公允。倘有无知愚民轻信谣言，横生阻力，一经觉察，定干提案严惩，毋自取咎。该圩保等亦不得徇情，庇护同干咎戾。其各遵照，切切。特此布告。

谕饬

案准江常段山涨滩，分局咨开，本月十日敝局发有谕单，饬盘篮沙、常阴沙，遵照查段山夹坝新涨滩地一案，前奉财政部训令，收归国有，照章处分，等因。已由江苏沙田总局刊发关防，委任本专办筹设江常段山涨滩，分局于二月二十五日报告成立在案，本专办受事以来，纯从人民方面着想，拟具开渠筑圩等办法，呈由沙田总局转奉财政部、省长公署批准照办，自应积极进行，以期早日蕆事，福国利民，现正包估工程，不日开办。诚恐无知之徒造谣生事，则影响于沙民之治安者非浅，为此谕饬，仰该地保、圩长等务须转相谆诫，毋任捏造浮言。如有地方棍徒不安本分，蜚短流长，意图破坏者，准该地保、圩长等扭送来局，以凭究办。倘该地保、圩长等漫不经心，以致有妨碍工程等意外情事发生，定惟尔地保、圩长等是问，懔之切切，此谕等语，相应咨请查照，并希加谕，以昭慎重，等由过县。准此。除布告周知外，合再谕饬，仰该地保、圩长等立即遵照，如有地痞、棍徒捏造浮言，妨碍工程，意图破坏，准即确切指呈，以凭究办。倘敢扶同徇隐，察出并干，惩处不贷，毋稍故违。

(1919年3月19日第2版)

本邑要闻：重请迅拨段山坝滩

本邑公民钱禄爵昨由电请北京徐大总统，迅照前发有电拨段山坝滩为言子经常费，电云：

北京徐大总统钧鉴：卅电请复祀孔典礼，蒙谕仍行四拜询，足肃天下观瞻，为万世法。惟前清拨段山坝滩，为言子经常费，恳迅照公民宥电，指令苏省长核办转行。江苏常熟公民钱禄爵叩。码。

(1919年3月23日第2版)

市乡通信·沙洲市：开港已动工

本市各港自去岁秋涨以后即淤塞不通，兼之前半月阴雨连绵，田中菜麦尽淹入水。近日天已放晴，各处农民咸从事开港，以便出水云。

(1919年3月23日第2版)

本邑要闻：县委范警佐禁围沙滩

江、常段山涨滩，委员叶树维于本月十七日亲在沙洲市涨滩地点自夹坝向东复勘至界港、麒麟港，两处见有乡民私自围筑，计田不过五六亩之数，将近竣工，殊于公家办法有碍，特请县公署酌派警务人员赶速前往，剀切晓谕，并勒令铲除，以杜效尤。县署以江、常段山涨滩一案，迭奉省令，饬禁私自围筑，违即从严究办，迭经示禁在案，准函。前因当令委县警所警佐范良佐迅即前赴界港、麒麟港两处，查明乡民私自围筑情形，剀切晓谕利害，并勒令铲除，如果抗违，即行带署讯办，仍仰将办理情形呈复到署，以凭核转云。

(1919年3月23日第2版)

本邑短简：沙田局委员叶树维等昨晚赴沙公干

沙田局委员叶树维、县委警佐范廷宸，率同差遣巡长朱振、警士八人，于昨晚雇舟赴沙公干。

(1919年3月23日第3版)

【按】《常熟日日报》"本邑短简"栏目原文无标题，标题为编者所加。后文不再重复说明。

市乡通信·沙洲市：疏通水道

东兴沙夹漕附近之同丰圩，田本低洼，向由北夹出水，因海坝成立后港道淤塞，每逢天雨，该圩遂成泽国。去岁年底，首由该圩居民田富明、石玉希、季喜生、陈凤官等请求助理员杨同时，假道于立丰圩，由南夹泄水，继因南夹坍势甚烈，各户咸愿出资（共一千六百元）作为填石拒坍之用，以公济公，计甚得也。近闻该款已经集齐，交于杨助理员，将乘春潮鸥涨之前动工云。

(1919年3月26日第3、4版)

本邑要闻：呈请停围蕉沙滩地

县署昨据厚生垦殖公司呈称：窃敝公司公推周绅坦，具名报领蕉沙，常兴港济（按，此处原文疑有缺失）以东，塔前小学案下脚，暨生案毗连下脚沙滩六千亩，业经全数缴滩价，奉部给照执业在案。本案范围以内，有草滩五六百亩可以围筑圩岸，招佃承垦。乃有沙棍周纪昌，以九圩、十一圩下脚王定奎案藉口出为阻挠，近更违抗省令，雇工千余人前来抢围。查王定奎案业经钧署查系无案可稽，批示在案。九圩、十一圩在常兴港以西，敝案在常兴港以东，假令有之，亦与本案无关。况据称王定奎案只有一千二百亩，无论如何，起点在九圩、十一圩，亦决不到恤济港以东。敝公司遵令停围，原系静候查明，即有正当之解决。讵料该沙棍等纠众横行，扰乱地方秩序，若不呈请勒令停围，按名拘究，则是敝公司尊重省令，坐受损失。彼不法之徒，反等为所欲为，尚复成何事体。为此迫不得已，具呈钧鉴，迅即饬警，勒令停围。一面拘提沙棍周纪昌等到案严惩，以重物权而维垦务，不胜屏营待命之至等情。现经郝代知事批示，业经饬警勒令停工具复核夺矣。仰即知照云。

（1920年4月6日第2、3版）

本邑要闻：饬警停围蕉沙滩地

县公署昨训令塘桥警察分所长云：案奉江苏沙田总局邮电内开：案据刘世珩等艳电称常熟境内常阴沙南兴港东西及东兴、盘篮沙各处沙民，不遵钧示停止抢筑，实属藐玩已极，拟恳电饬常熟县知事，迅将南兴港东西地段及盘篮沙麒麟港以西抢筑为首工头先行拿办，并派警常川（？）驻沙实力禁阻，以重法令而保物权等因。据此，查段山盘篮沙北夹涨滩现在委员清理老案，自应示禁抢围，迭经本总局出示布告，并据刘世珩、周坦等来电，均经电达贵知事查照严禁，何以该沙民迄未遵办？贵知事是否照案禁阻，亦无只字具复。案关抢筑，此风一开，清理从何着手？兹再电请派警严行禁谕，如敢不遵禁谕，即应择尤提县惩办，以儆其余，仍将办理情形迅速具复为荷等因。奉此查段山盘篮沙北夹涨滩前奉沙田总局邮电，据刘世珩等电请禁止沙民杨祖江等私行抢筑，业经令饬该分所长查警在案，奉电前因，合再令仰该分所长，克日带同巡警驰往查明抢筑情形，严行禁止具复核转。如再抗不遵合（疑为"令"），停止工作，准即择尤解县，以凭（疑为"惩"）严处勿稍延误云云。

（1920年4月6日第3版）

本邑要闻：呈报调查架报滩地情形

沙洲市助理员曹森培、农会长姜志扬日前呈复县署文云：

窃奉训令内开：案奉苏常道尹公署训令内开：案奉省长指令，公民祝廷华等呈沙田局长违背定章，架报滩地，贿卖圩长，驳削民膏，请咨部饬查由。奉令仰苏常道尹查复等因，奉此合行抄录原呈，仰该县知事查照查复等因到县，合行令仰该助理员即便查明祝廷华等所控沙田局将梁、周案内之部照四出兜售，当地人民必有闻知，有无经手及承买之人，可以出为指证。仰即分别查明，据实具复，以便转呈等因。奉此。森培正着手调查间，旋于本年二月农会长又接奉训令，内陈各节略同前由。奉此，遵即会同助理员严密查访，并托亲友辗转探问，嗣经查悉我江、常界内沙民，因梁、周二绅攫买坝滩，恨之切骨，相戒不买伊滩。间有被兜售者，劝购三股，亦属少数，惟通界沙民购者较多。然周坦一案，计报缴滩六千亩，其出售之法系由大户笼购。沙洲方面，闻有张、汤、倪、刘等诸人向购二千余亩，其转移手续，是否凭部照，抑另立笔据，无证知悉。惟梁敦仕一案，计报缴滩一万亩，确如祝廷华等原呈所云，每照计滩五十亩，但分为乙、丙两等，其售价系合乙、丙统扯，每亩多者洋二十四元，少者洋十九元，核与原呈每亩二十元之说不相悬殊，料经售者不免上下其手，故价格未能一律。至于经手之人，则询诸买户，访诸舆论，均谓通界沙民，实兜售最多。承买之人，则与森培等睹面者，仅有通界施显之、常界柯永桢、葛如海数人而已。其经人告述者，则不一而足。

(1920年4月28日第3版)

本邑短简：杨知事接奉省令禁止沙民拆屋行为

杨知事接奉省令：沙民反对广业垦殖公司，会营出示禁止，如有拆屋行为，即行依办惩办。

(1920年11月21日第2版)

要闻：段滩先尽土著报领·李晋等之呈请

本邑公民李晋等，前为召买段山新涨沙滩，请求饬照章向派员会县布告，只准土著报领，勿任外绅攫夺，并绝沙棍婪吞。呈请王省长去后，昨得批示云：呈悉。此案已令行沙田局，在未正式解决以前不准擅自处分。后据呈复，尚无开放之事。据呈前情，候再令行沙田局，用备查核云云。

(1921年2月19日第2版)

评论：筑坝费与护滩费之疑点

段山坝案，缠讼终年，至是而始告解决。三公司贴补沙民筑坝费银五万五千元，沙民代表季融五已承认矣。惟解决条件中有护滩费，而无贴还筑坝费名目，记者不能无疑。筑坝费为沙民汗血之金钱，今广业、阜成、厚生三公司既愿贴还，则代表当秉公分配，乃季君巧立护滩名目，语意含混，一似现在出力诉讼者始可论功行赏，从前出资筑坝者俱无分矣。季君为沙民代表，究为全沙人之代表，抑少数诉讼团之代表，局外人诚难推测也。(作者署名"轻")

(1921年5月19日第2版)

本邑短简：段山北夹坝案三公司允准价偿沙民护滩费

段山北夹坝案，由沙民代表季融五与三公司在苏商议解决办法，三公司允准价偿沙民护滩费洋五万五千元，惟闻所订条件中只有护滩费五万五千元，并无筑坝费名目。

(1921年5月19日第2版)

市乡通讯：各圩乡接到谕饬

（沙洲市）昨日本市各圩书接到县公署谕单，为谕饬事，案准清理常江靖沙田分局专办员吴公函，内开：案查清理北夹段滩老案，于民国八年，经潘前委员将各案已围各圩田亩分别勘丈。嗣由陈、秦两委员复勘清理，绘造图册呈报。复经沙田总局原定案位，绘具详图，呈奉财政部、省长核准，令饬实施，划钉各在。案查北夹一带报领，各案自潘前委员清理丈勘，复迄今已将两载，难保无擅自围筑情事。现奉省、局严令，饬催续行清理，克日到沙，实施划钉。应请贵公署分饬北夹一带各圩书，迅将潘前委勘丈以后各案有无绘图田亩，按圩详查，编造址形、户名、亩分，清册限三日内就近呈送北夹清丈处，并随时引导，以凭勘丈，而资结束。案关清理要公，如各沙圩书有玩延徇隐、抗传不到情事，即请提案严传，实纫公谊等因。准此，合行谕饬，谕到该圩书等即遵照，迅将潘前委员勘丈以后各案，有无续围田亩，按行详查，编造址形、户名、亩分，限三日内就近呈送北夹清丈处，并随时引导，以凭勘丈。该圩书万勿延误干咎，切切此谕。

（1921年5月19日第2版）

本邑要闻：三大员来常后之昨讯
昨游虞山揽胜·今日赴沙公干·邵绅设席公宴

省委勘滩委员，苏常道尹王可耕、淮扬道尹王曜斋、沙田局总办屠文溥三大员，已于十九号晚轮来常，以新新旅社为临时行辕，书记、随从人等计十余人。县署先期委员布置房间十间。昨晨由朱知事及驻常沙田局副办陈孕寰，陪同苏常道王道尹、屠总办，乘舆出北郭，游四大寺，随从一律乘马，道经言子墓、仲雍墓，抚诵碑碣。移时，登舆到兴福禅院暂驻。屠总办以事折回寓所午饭，朱知事等复陪同道尹到拂水三峰，从西山而下，时已下午四时，往图书馆参观书画。王淮扬道尹因拜客并未游山。昨晚邵、俞、杨、邹四绅在山景园公宴三大员，由朱知事作陪聊尽地主之谊。今日三大员往福山，换坐领江船到沙会勘云。

（1921年5月21日第2版）

潮灾声中之催租布告

县署因据公款公产处之呈请，于昨日出示布告云：为布告事，案准经理县公产公款委员呈称：切敝处经理公产各项沙田，现值开限收租之际，诚恐各佃观望及圩催侵顶情弊，应请给予布告，赶速依限完纳。至被灾各田，敝处派员详细复勘，分别轻重核减租籽。为亟备文呈请给予布告等情到县。据此，除饬役催追外，为此布告：仰该沙佃催人等一体知悉，尔等应完本届各项田租，一俟司账到沙征收，务各依限清偿，其被灾各田听候勘明，分别轻重核减租籽，毋得藉口观望，致受追呼，其各凛遵。切切此布。

（1921年10月7日第3版）

本邑新闻：关丝沙案告结束·钱禄爵等专电徐总统

关丝沙案业由沙田局吴专办、县委王泰，照案划钉公产界址。邑人钱禄爵等于前月二十日号特电闻徐总统云：北京徐总统钧鉴：元电蒙饬部咨省，行知常熟县在案，因（字看不清）赠与行为切结，会同族众呈县层递，申详复部，以答宸廑。常熟沙田分局专办吴实蕃、县委王泰，已将钱禄书关丝沙老案，新围田一百四十亩，照案划清遵即捐归唐忠臣专祠，钉立公产界址，俾充经费。谨先电闻，江苏常熟县公民钱禄爵、钱之英叩。

（1922年2月6日第2版）

本邑短简：段山南夹不日围筑

段山南夹之围筑，不日将成事实。

（1922年3月2日第2版）

本邑短简：邵劝学所长明日赴南通

邵劝学所长明日赴南通，与通、如、江三县协议价领南夹，以充教育经费事宜。

（1922年3月2日第2版）

本邑新闻：划钉段山北夹案之省令·省令县署遵办具报

县署昨奉省长训令云：案据财政厅暨沙田局会衔呈称，切职虽奉钧署令开，案准江苏省议□（疑为"会"）咨开：钱议员名琛等十人，提出质问划钉段山夹案，饬以于吊销执照，查究贿串一事，均未实行案一件，相应按照省议会暂行法第十九条之规定，抄具原书，咨请查照，依限答复等因，并附质问书一件到署。准此。查此案前准财政部咨，当经抄同本署第一四八七四号指令，转令该厅长会同沙田局遵照办理，具报在案，何以迄未据报，准咨前因，除现将未据复到情形咨复，并令县答复外，合行抄同质问书，令仰该厅长即便遵照，限文到五日内现行会同沙田局查照答复，以凭转咨。一面仍遵原令从速办理具报，切切勿延，等因奉此。职准厅咨奉前因，遵查此案职厅前奉财政部训令查复，当经调卷录令呈复，并奉钧署训令前由，并经咨会职局接洽办理，职局前于本年七月间，呈奉钧署第一四八七四号指令，暨财政部第三六零二号、第三六八二号指令前由，迭经令饬常江靖沙田分局吴专办员实蕃遵照办理各在案，兹奉前因，查杨亿价等单买段山北夹滩一案，是否前专办员及清理委员贿串所为，事属隔任，迭经查饬，察无佐据，至执照一层，前奉财政部咨行省长，由该管县知事勒限吊销在案，拟恳省长再行令饬该管县知事催令吊销，俾资结束等情。据此，查此案前准省议会咨送质问书到署，当经令厅会局查照答复，并令行该县查照具复以凭转咨在案，据呈前情，除指令并先行咨复省议会外，合行令仰该知事即便遵照办理，俾资结束，仍将办理情形具报勿延。

（1922年3月2日第3版）

本邑新闻：饬查关丝沙草滩地案·钱爵禄等代电军、民两长·以关丝沙草滩地捐入唐忠臣祠

县署昨奉督军、省长公署训令云：据该县公民钱爵禄、钱之英代电呈称，冯代总统督军任内，公民因明忠臣叶县令唐公天恩专祠被人侵占，电请军、省两署训令常熟县知事张镜寰勘钉规复。碑文曰：奉副总统冯、省长齐饬县知事张勘定唐专祠界在案，专祠东首旁屋一间，于上年杨知事梦龄任内业经建复，而西首北面基址虽已立界，经费支绌，尚未建筑。十年阴历八月，电请徐总统暨王省长，将公民向所一手经理堂兄钱禄书关丝沙老案新围田一百四十亩，会同侄孙之英捐归唐忠祠充费，并于元日续电总统，已蒙饬部咨省行县，谕饬公民赠与行为，平属不行，有无完全权限等因，遵即以沙田分局钱禄书老案新围田一百四十亩，业经专办吴实蕃、县委王泰，已将此项照数划清界址，应即钉立专祠界石，文曰：钱禄书关丝沙老案新围田一百四十亩，已请徐大总统饬部立案，捐归唐专祠公产，此项界碑，朱知事莅沙分江、常界时曾经呈阅，又于一月二十日电徐总统，应具赠与行为切结，会同族众呈县层递申详复部，以答宸廑。伏思规复唐忠专祠，实由冯督军发起保存，今既筹有经费，应向钧署鉴明原委，以备结束。想尊处阐扬忠荩，保存古迹，与总统、省长定表同情，（？）敢渎陈，并恳给示唐忠专祠，以存纪念，如蒙谕见，请将钧示发交常熟县，转饬只领勒石，以垂久远等情。据此，查此案省署前据该民等迭次电函陈情，暨准内务部咨查，节经令县详查复夺在案，现尚未据复到，据电前情，合行令仰该知事即便遵照迭令，迅予详切查明，具复核办，以凭转咨，此令。

（1922年3月6日第2版）

本邑新闻：段山南夹筑坝内幕·浚治长江会之计划·留心水利者宜注意

苏省之设长江下游治江会，内、财两部及全国水利局业经会核照准，此种问题甚关重要。而目前之注意奔走者，并不在将来整理之计划，而实在段山南夹之筑坝。筑坝果成，利莫大焉。兹述其缘由及近情，以为关心水利者告。去岁六月间，财政严厅长因军费奇绌，呈由军、民两长，令沙田局屠总办将本省境内有可以丈放之沙滩估计呈报。沙田局遵即呈报，江阴、常熟两县境，盘篮、带子两沙之间，即所谓段山南夹者，估计有沙田约十四万亩。军、民两长即批准照放。未几南通张啬庵氏以为水利攸关，遂于南通召集最有关系之江阴等九县农、商各会，公推代表，开会议决，设立长江下游治江会，经费即拟取价于滩价近，案已批准，一般热心于此者，曾经几度在南通磋商，得有端倪，第一先于段山南夹筑一与水争田之坝，以冀滩之范围日益扩大；第二姑放宽亩数，照三十万亩招人承领，总计约可得洋一百八十万元，九十万归军费，余九十万元，以三十万津贴江、常两县，三十万津贴通、如，三十万留作治江经费。督军方面，已由季某接洽就绪，只待南通一允，即可安然筑坝。本月八日陈某即为此事代表南通到宁，须得津贴六十万元方可允许。但治江会之设立，本为游沙丛聚，江流梗塞，故旨在急筹疏浚，兴水利而固航权，则此等坝工是否不与主旨抵触，却一问题，且南通会议时，议决先行测量暨筹工程之次第办法，则此等坝工是否已经

测量定为先办，亦一问题。故其他各县有关系者，闻此消息，咸异常注意焉。

又函云，张南通近据通、常、江、如四县劝学所之请，准将段山南夹新沙（约三十万亩），俟治江会规划后，归四县劝学所购充教育基金，以全公益云。

(1922年3月14日第2版)

本邑新闻：呼吁南夹筑坝之电文·县水利会分电本省各水利团体

昨日本邑水利研究会为南夹筑坝有碍水利，通电长江水道讨论会、扬子江下游浚江会、江浙水利联合会、南京水利协会，文称澄、锡上游来水东下，专恃常熟沿江诸港分泻，段山南夹筑坝断流，诸港尽塞，水患必及下游各县。敝会一致议决力阻筑坝进行，敬请贵会鼎力援助，以维下游水利，详函续陈。常熟县水利研究会。霰。

(1922年3月18日第2版)

评论：南夹筑坝问题

南夹筑坝，关系长江下流水利。我邑西北滨江，长江水势影响我邑利害尤巨。南通倚有势力，常用高压之手段为江北方面谋利益，前之铲坝事，邑中受其苦痛已不少，想尚有能忆之者。然而前者不过损失我之权利，今兹则蒙其害而无已，岂但我邑之水利问题，实全邑之利害问题。邑中人士勿专视此为水利研究会事，幸共起而争之。（作者署名"曼"）

(1922年3月22日第2版)

本邑新闻：县水利会反对南夹筑坝·致函张季直痛陈不可

昨日水利研究会，为南夹筑坝，下游各县均有大害，特致函张季直。其函云：

啬公先生大鉴，敬启者：段山南夹筑坝之说，风闻将成事实，不先开辟江、常水道，遽事绝流封港，下游水患，何可胜言。虞邑人民正在彷徨无措哀号呼吁间，适见报载执事复钱君基厚电文，进行程序，规划井然，敝邑同人，感佩伟划，如庆更生，寻绎尊电意旨。第一步为测量长江下游水势，测竣而后筑楗，楗固而后辟河于江、常之间，河成而后闭南夹，斯为水利、民生双方兼顾，而其施行之秩序，实万万无可更易。执事综持浚江大计，规划宏远，其必不随众规取沙田近利，而使下游蒙受巨害，其意已昭然明白。依尊定计划，则南夹之闭，必在楗定流顺、江、常间河道深通之后。以常邑所闻，乃有即日集股筑围闭夹之说，且有大力主持，实与尊定计划显相背戾。似此但谋沙利，不顾水害，为少数人攫金钱，而使多数人之田产、生命付诸洪流。岂惟敝邑人民万难忍受，且使执事浚治下游先规水利之计划付之泡幻，可胜骇惧。敬请执事迅赐咨会督军、省长，申明浚江办法，关系重要。在此项计划未经实施，河道未经开辟以前，有以闭夹围田之说，呈请核办者，概予驳斥。一面循照原定步骤，速予施行。常熟幸甚，下游各县幸甚。不胜迫切待命之至，谨请崇安。

(1922年3月22日第2版)

本邑新闻：布告围筑南夹·邑人作何表示

县署昨布告云：

本年三月二十四日奉督军齐、省长王漾日电令内开，江、常段山南夹滩地，已由沙田总局呈准统规福利公司承领，该公司克日兴工筑坝。已令镇江杨师长，苏州赵厅长、傅统带，随时保护，务迅会同弹压，一面出示晓谕沙民人等毋滋误会。该公司开工期迫，除指令续发外，先此电令照办等因到县奉此，除即令委警佐会同弹压外，合亟布告，为此仰该沙人民等一体知照，毋得误会切切，特此布告。

（1922年3月26日第2版）

本邑新闻：邑绅电吁暂缓兴筑南夹

县署昨奉军、民两长电令，保护南夹筑坝。邑绅昨日公电督军、省长，请暂缓兴筑。文称：

县奉电令段山南夹筑坝案，经呈准饬县晓谕弹压，查闭关绝流，沙线势必向东引长，常邑沿江港浦尽被拦塞，内水不泄，横流泛滥，全县有陆沉之惧，人民惶急。吁恳钧署审慎利害，先辟泄水河道，再定计划，请饬沙田局转饬公司暂缓兴筑，以安民心，不胜迫切待命之至。常熟士绅邵松年、俞钟颖、宗舜年、赵宽、徐兆玮、丁祖荫、瞿启甲、陆琦、丁学恭、王庆芝等叩。有。

（1922年3月26日第2版）

评论：吾民其鱼之劫

南夹筑坝之说风传已久，不事开辟疏浚，遽行绝流封港，其害何可胜言。有识者类能道之，乃阴谋家不问水利，只要我利，不顾民生，只求我生，合组福利公司，承领围筑。而军、民两长竟为之饬县保护，会同水陆军警弹压，只求一家笑，不管一路哭，民意云何，水利云何，吾民其鱼之劫，可立而待也。（作者署名"觉后"）

（1922年3月26日第2版）

本邑短简：朱知事昨训令沙田委员王泰

朱知事昨训令沙田委员王泰，迅遵沙田局个日代电，会同局委，克日照案划钉清楚。

（1922年3月26日第3版）

本邑新闻：示禁抢围沙滩

县署昨出布告云：本年三月二十四日，奉江苏沙田局个日代电内开，案据阜成公司电称，刘一案行将丈竣，界限已清；梁案正在兴工围岸，日望派员莅沙，分清界限，已杜纠纷。近有托名老案纷纷抢筑，私自抵制，恐酿事端，任意放弃，地权全失，伏乞贵局电令常熟县严行禁止抢围，一面迅派清丈委员前往划界，俾资管业，无任迫切等情。据此，除□委赶速划钉案界外，请烦严禁抢围，俾免纷扰，实为至盼等因到县。奉此，除令催县令委会同划钉外，合亟布告严禁，为此仰该沙民人等一体知悉，须知各案滩地应俟委员会同划钉，不得私自抢围，致滋纠葛，倘敢故违，滋生事端，定行严究不贷，其各遵照，毋违切切，特此布告。

（1922年3月26日第3版）

广告：常江靖沙田分局迁址

常江靖沙田分局现已迁至引线街。此启。

（1922年3月27日第1版）

【按】原文无标题，本标题为编者所加。

本邑新闻：请禁段山南夹之大文章

县署前据水利研究会议决禁止段山南夹筑坝，请县转呈核示饬遵等情，已志本报，兹录其县署呈省道暨水利局等文如下：

呈为据常熟水利研究会议决请求禁止段山夹筑坝等情，请核示只遵事，切据职县水利研究会主任丁祖荫，呈称窃敝会于三月八日临时会议，议决新庄乡朱鸣球、鹿苑乡钱华琛、塘桥乡顾箴言等，提议请求官厅禁止段山南夹筑坝一案，经会员详细讨论，全体赞成，并推定起草员悉心研究，咸谓本邑段山南夹如再筑坝断流，壅塞西北诸港，水患必及全县，试略陈之。我邑西北新庄、鹿苑、慈妙、福山等乡皆北滨长江，在昔所恃为水利者，西自江阴界相近之乌沙港起，迤东有新庄港、黄泗浦（新庄、鹿苑乡界）、三丈浦、奚浦（慈妙、福山乡界），以至福山港，一与长江相衔接。当水溢之年，太湖巨浸泛滥，自江阴、无锡东下之水，入我西乡，次第经严塘、让塘诸塘南口，多数北泻入江，余水虽仍东南行，势力早被杀减，不致有漫决圩堤之患，此西北诸港之有功于宣泄也。当旱干之岁，高区赤地数十里，专赖江口潮汐，按时入港，分布内河各塘，农田得资水利，此西北诸港之有益于灌溉也。洎明清之际，江流急湍，改道北趋，沿江南岸，流缓淤积，日久成沙，其始也如众星罗列，其继也如行云凑合，二百数十年来，竟陆续涨成三大沙。试先言三沙形势：譬犹一篆书"公"字，偏向南，盖其左撇即南沙，其中央三角形即中沙，其右捺即北沙，三角形左右两空隙即南夹与北沙，三角尖以上一大空，即两流会合之段山夹也。更进言三沙位置：南沙毗连江南岸，中界一衣带水，名曰套河，二十年前已架桥通行，其西端起江阴界段山附近，故西半属江阴境，其东端止黄泗浦口外，故新庄乡口岸悉数掩蔽；中沙距南岸较远，其西端尖角起江、常交界处，故西半沙与南沙北背相对望，中间横贯者即南夹江，平均约宽二里，其东端圆形，达西洋泾口外，故东半沙与鹿苑乡、慈妙乡沿江岸遥相对望，是处夹面宽约四五里不等。北沙遥在江心，北部已属南通境，其西端起点与南沙起点相并，故在江、常境以内，南、北两沙相对望，中间横贯者即北夹江，是夹向本通流，自民国六年被沙民建筑海坝后，今已淤成平陆，两沙联合矣。夫自三沙障阻外口，我邑之水利已不利，而尚无害。自沙民在北夹筑坝，我邑之水利更不利，而仍无大害。若段山南夹再筑一坝，是真扼我喉，而封我口，将来之祸尚堪设想乎？请申论之，向谓新庄乡江岸已悉被南沙掩蔽，则该乡之乌沙、新庄、黄泗浦三塘，应早已壅塞。（续）

（1922年3月28日第2、3版）

【按】续文缺失。

本邑新闻：函请举派扬子江讨论会代表

县署昨接长江下游治江会筹备处函云：

径启者：长江下游治江会，业由扬子江水道讨论委员会知照，已会同部局呈奉大总统指令照准，亟应就省治开会筹议办法，切实进行。各县地方理宜预备，即请邀集农、商、水利、教育等各公团，先从本邑开会，共举代表，以三人至五人为限，或素娴测量，或熟悉水利，及明了本地经济情形者，必有一人，方足应会议时之讨论，至希从速公推，俟省长、两局会同商定议期，大约旬日外，即通告在省开会云。

（1922年3月28日第3版）

本邑新闻：解释南夹筑坝之大文章
季融五具函邵息老·以教育实业经费竭蹶为辞

南夹筑坝，业奉军、民两长令知保护在案，邑绅邵松年等前日电省请暂缓兴筑，业志本报，乃季融五昨函邵绅，对于南夹筑坝曲尽解释，而以地方教育实业经费竭蹶为辞，大有木已成舟无可挽回之势，亟录之，以供众览：

顷阅《常熟报》，见先生与佑老等致督军、省长电文，主张先辟水道，而后闭夹绝流，此案交涉数月，屡濒于破裂，是以报告之书迟迟未上，遂令先生与佑老等，一见军、民两署保护筑坝之电，顿起恐慌，查此事直至本月二十二日，始行定案。案定以后，通闻草成《敬告水利研究会及教育界诸公》一文，邮寄王铁珊君，印成单张，随报附送，计此函达览时，前文当邀鉴及，江、常水利费三十万，督军、省长以该处水利纯粹属地方性质，故仅允借拨，将来仍由公司成田后陆续归还，通与官厅交涉此三十万颇费经营，其始官厅方面，根据南通张三先生之言，仅允十万，争之再四，亦只允二十万，结果居然能得三十万，且又与组织公司诸君磋商，搭入二十万公股。交涉至此，实已费尽心力。通事前未曾报告，征求邑人同意，专擅之罪，诚不可逭，然筑室道谋，决无成理，往还商榷，亦误事机，但求经费能着，而且足以敷用，清夜扪心，可以对祖宗丘墓之乡，则亦不复计乡人之责难矣。南夹淤塞，直接受害者为西北乡，此外则皆间接，"东乡受害""全县陆沉"云云，皆含有文章张大其词、冀骇听闻之臭味，非尽事实也。通与词笙、震寰，皆西北乡人，利害关系，较城人为尤切，倘使无圆满之防患计划，亦断不敢昧良弋利，兴此大工，更彻底言之，对于毗连南夹各干河，苟无治本办法，即此南夹之三十万亩，虽尽出水，皆石田也，出全力以经营之，彼担任二百十万巨资之股东，岂尽病狂丧心耶？至于先辟泄水河道而后闭夹绝流，此论诚高，然当知先辟水道，非有现款数万金不办，省库既不名一钱，地方复一贫如洗，无点石成金之术，此款何从而来？公司担任，即谚所谓"树上开花"，然责公司于成田后认缴此款，则势顺而人乐从；责公司先为地方辟水道而后筑坝，则投资者皆裹足矣。此非事理之至明者乎？况乎闭夹绝流，沙线向东引长，亦非旦夕间事。水道之规划，至少须有三大干河，由内地贯南夹，越盘篮沙，更贯北夹，越常阴沙，而北入大江，此数大干河者，先西后东，有一定之程序，滩陆续涨，则水道陆续辟，此须逐年逐段规划，非今年今月今日一辟之后可以一劳永逸也。

故先辟水道之说，似是而实非。通区区之愚，以为先生等今后之任务，在责成水利研究会悉心规划，无使此十万现金有□（疑为"一"）文之掷虚牝，责成公款公产处妥善保管，无使此二十万公股有涓滴之饱私囊。若斤斤于反对筑坝，目的不达，则徒损威信；目的达，则坐弃此已经定案之三十万。既无款以浚治西北各河，而又不能禁南夹之天然就淤，不出十年，沿江港浦尽被拦塞，内水不泄，横流泛滥，必至如先生等原电所云，不幸此言竟中，彼时众矢之集，集于何人，先生等请再三思之。若通与钱、杨两君，则固有词以自谢于乡人矣。愚者千虑，容有一得，狂夫之言，圣人择焉。先生至公至明，凤无成见，故敢披沥尽言，佑老及子岱、君阁、芝孙、良士、少奎、圭如、瑞峰等诸先生不另渎。幸先生以此函质之，以为何如。再有请者，地方教育实业，苦经费竭蹶久矣，通募集公债买股票之计划，容或可行，然此种大规模之事业，非驽劣如通辈所能举，前已为韶九、琴生等言之，非先生与佑老、芝公等登高而呼，此事断无希望，此百世不朽之盛业，亦千载难得之机缘，先生其有意乎？敢为八十万同胞，九顿首以请。季通上。

（1922年3月31日第2、3版）

本邑新闻：反对南夹筑坝之锡讯

锡邑省议员钱基厚等，前因段山南夹之围筑，特通电力争，嗣闻都署又有派兵压围之消息，昨复由该邑省议员华彦铨等电呈南京军署，请求尊重民意。电文如下：

南夹之议，主筑者固云治江，争阻者亦为水利，而张南通一语破的，曰必先测量而后治江，是筑不筑必先以实测为前提。善哉言乎，足以平今日之争矣！乃近闻主筑者置治江不论，一意孤行，在外倡言，云已得军署同意，即日派兵压围，是先假南通以号于人者。今又引督军以自重，以南通动督军，即以督军惑南通，成则已享其利，败则归咎于人，存心叵测，惟利是图。凤钦督军素重民治，莅任之始，即以不干预民政宣言于众，而况乎筑夹关系治江利害甚大。龙军驻屯，犹知为民争之，其不假人以强力也明甚。惟杯弓市虎，曾母投梭，应请明白宣布，以释众疑，幸甚。

（1922年4月1日第2、3版）

评论：评《季融五为段山南夹事敬告水利研究会及教育界》

昨日《常熟报》有《季融五为段山南夹事敬告水利研究会及教育界诸公》一页，

取而读之，洋洋洒洒之大文章也，然总括全部意义，无非对于反对南夹筑坝之县水利研究会，及一部分之教育界，痛加教训而已。措词既异常强硬，又恐人之不为所惧，处处捐出官厅招牌，如"因为和官厅磋商久久没有结果"，又如"请张四先生函致王省长，令行沙田总局，截止报买"，又如"张四先生马上备了公函，并抄附我们俩的原信，教我面呈省长"，又如"这封信去后，省公署十分注意"，均是使人注意之点，以为惟季某与张四先生之交谊有如此，与官厅之联络有如此，冀以吓倒县水利会、教育界。而于水利上之问题，尤多强词夺理之处，一方面承认南夹筑坝之有害，一方面则力主筑坝，明见其害而蹈之，非利令智昏而何？最欺人者，谓"人之筑坝，我们还有理由可向筑坝的人要一笔靠得住的保险费，天然淤塞了，只好向海龙王去要账"，试问保险费胡从而来，非即所报领之滩价乎？则天然淤塞后，滩亦不能飞去，滩价同犹在也，何云"去向海龙王要账"？总之南夹筑坝问题，关系全邑水利，无论东乡、南乡、西乡、北乡之人，皆可得而讨论，未必能以一篇文章骂退也。（作者署名"育才"）

（1922 年 4 月 2 日第 2 版）

本邑新闻：季融五主张筑坝之揭隐

南夹筑坝之为害，夫人尽知，岂特邑人，邻县如无锡人、江阴人，均有函电禁阻之表示，乃吾邑季融五独昌言南夹筑坝之不可缓办，昨日随报附送，洋洋洒洒，竟有过人之智。然看他的文，中有"我们组织公司，去做这件事情，当然是大家为了有些利益，才肯去合力经营"，又"现在世界，还有什么法律，况且官官相卫，久成习惯，又有大力量的财政部、督军、省长做他的后援，你又怎样奈何他"，就知季融五完全为私利，欲攫得发起人之优先股，法律现在还讲不到，何况水利、民意，况且得军、民两长之核准，我们又怎样奈何他。不过个中隐幕，我们不得不揭出以示邑人，彼等恐少数人攫得利益，引起多数人之反对，故而笼络有力者在发起之列，并广招普通股，利诱次要之人，除去事业进行之阻滞，又鉴于前辈筑坝计划之迭次中止搁浅，因之事前绝不声张、征求同意，事后急急开工，恐误时机。季融五所说"我们不得已的苦衷"即在此。最可笑者，南夹筑坝之害（水灾还要重大），彼等亦承认不错，而偏要力主兴筑，其用心概可想见，倘将来果见有害，彼等又可非一篇长文章，痛骂当局之漠不关心，及邑人之乏地方观念，诿过于人，设遭其鱼之劫，陆沉之痛，彼等或眼见弗着，即不幸及身，可兴出谷迁乔之思，于个人只有利而无害也。

（1922 年 4 月 2 日第 2 版）

本邑新闻：关于请禁南夹筑坝之复词·太湖水利局指令 张謇复函·均无南夹当然兴筑之主张

县水利研究会前日呈请禁止段山南夹筑坝，经县转呈请示，已志本报。昨奉太湖水利工程局指令，呈悉：禁止南夹筑坝，权在省长，本局主张，无论筑坝兴否，总以无碍江南水利为断，既据分呈，应候军、省两署核办，仰即知照。又县水利研究会前日函张南通，痛陈筑坝之不可，昨得复函云：

来函均悉，水利关系至为重要，自应共同研究，以策安全。现治江会既经中央核准，当亟就省城开会，讨论办法。业已函知贵县及各县，请其从速预备矣。此复。即颂台绥。张謇启。

（1922年4月2日第2版）

本邑新闻：段山南夹筑坝消息·初十左右开工

沙洲市通讯云：段山南夹筑坝，反对者固以全县水利关系甚重，必须规划尽善，然后进行筑坝，以免宣泄不通之患。而主张者，宣言水利规划已经妥善，急切进行，以免中间波折。兹已预定兴工计划，选此潮汛缩小之时即日动工。一切建筑物料，夫役人等，各色齐全。专俟初十，边小汛底，立时动工云。

（1922年4月3日第2版）

本邑新闻：反对南夹筑坝之复电

县署昨奉省长卅代电，令转邵绅松年等云。有代电悉：查此案前据沙田局呈称，业经江、常绅团会议，赞成开放南槽，妥筹水利办法，对于南夹两岸泄水河道，早经计及。并据该局转据江、常士绅季融五、郑立三等书面答复，关于该处水利规划，当由江、常两县水利研究会征集住居南夹两岸人士意见，联合统筹等语各在案。仰各知照。

（1922年4月4日第2版）

评论：投资南夹之危险

南夹筑坝，自经军、民两长饬县保护后，而投资者蜂起，莫非思于围筑成田后分一杯羹？讵知南夹老案报领者已有六万余亩，此次围筑果成事实，将来夹内成田亦不过六万之数，照例先尽老案享受。至云围筑后，可绵亘至福山一带，是系沙棍弋利之徒，故张其辞，为招徕投资之一种广告术。投资诸君，设不为全邑利害计，亦当慎重考虑，奈何利令智昏，掷汗血之金钱，购虚空之滩地，而为沙棍所利用耶？（作者署名"育才"）

（1922年4月5日第2版）

本邑新闻：反对南夹筑坝之县农会电

南夹筑坝，全系季融五等私图，邑人之有识者莫不反对。县农会长殷振亚，昨电督军、省长，反对筑夹，请求严饬，暂停兴筑。其文云：

南京督军、省长鉴：段山南夹筑坝，危害全县水利，乃棍徒射利，奔走沪、通，假冒绅团会议，主张开放；公然组织公司，报案承领，钧署不察，竟行保护。现闻筑坝，指日施工，民心愤激，合亟电请严饬暂停兴筑，以弭事变。常熟县农会会长殷振亚叩。歌。

(1922年4月6日第2版)

评论：为反对南夹筑坝者进一解

　　段山南夹筑坝问题，论者已多，其关系，其利害，故昭昭尽人皆知，可不复论。而论舆情，我邑舆论至不一致，甲派以为非者，乙派或极言其是，独此次对于南夹问题，一致主张不可。地方公团，如水利研究会、教育会、农会，以至市乡董事，士绅如邵松年、张鸿等，报纸如本报以及其他各报，或电省力争，或陈除利害，全社会竟无一人有为之左袒者，舆论如是之一致，可称前所未有。而为利欲熏心之少数人，非但置利害于不顾，且置舆论于不顾。盖彼老奸巨猾之政客，原来行事自有其老秘诀，所谓"内部妥洽，不畏外敌"。观前次省署复电，有云"江、常绅团会议，赞成开放"等语，可知其中关节实早已打通，所谓"内部妥洽"矣。然而亦视地方之能力何如耳，若群起力争，坚持到底，想亦必不至一无效果，若任感情用事，不能坚决到底，或中途变节，则前此之电报等皆多事耳。（作者署名"曼"）

(1922年4月7日第2版)

本邑新闻：反对南夹筑坝之公电

　　南夹筑坝，关系地方利害甚巨，少数人锐意孤行，置水利于不顾，邑中群起反对，业志各报。昨日水利研究会，因闻动工在即，特电南京王省长，饬令暂止进行。其文如下：

　　南京省长钧鉴：南夹害巨，由县转呈，未蒙复闻，日内即开浚，阖邑骇惧，恳切商督座，暂止进行，先规水利，常熟县水利研究会叩。江。

　　又县教育会电云：

　　南京齐督军、王省长钧鉴：段山南夹筑坝，全县水利尽失，附税无着，学款难筹，不独农民恐慌，抑且学界惶急，吁请电停工作，先行规划水道，不胜惶急待命之至。常熟县教育会叩。鱼。

　　又海虞市乡董反对南夹筑坝，昨日分电军、民两长，令饬停止兴筑。文云：

　　段山南夹筑坝，遏阻常邑西乡水道，内水不出，一遇淫霖，势必泛溢东流，海虞、白茆等乡，地形洼下，首受其害。去岁水灾，疮痍未复，今又复绝流封港，酿成浑水之祸，将使低区数十万人民田产，岁岁受灾。督军、省长勤恤民瘼，谅不忍视同秦越。顷得读省长复本邑邵绅等电，据沙田局呈称，业经江、常绅团会议赞成，又据当由江、常两县水利研究会征集住居南夹两岸人士意见，联合统筹。然常邑水利研究会已呈请禁止筑坝，邵绅松年等亦电请暂缓兴筑，全县舆论一致反对，不知沙田局所称绅团会议是何团体？何人兴议？沙线引长，江流迁变，利害关系，岂仅在南夹两岸，是真利令智昏，饰词朦蔽，徇沙棍一面之请，钳合邑人民之口，黑幕重重，益滋疑骇，势迫情急，不得不仰首呼吁。伏冀督军、省长迅饬沙田局，令知该公司停止兴筑，一面将此案提出治江会，征集各方意见，慎重讨论，以安人心。幸甚！

（1922年4月7日第2版）

本邑新闻：反对筑坝之再接再厉

段山南夹筑坝，西乡水流，宣泄无从，必至倒灌，邑中公团暨士绅等纷电力争，业已迭志各报。昨日士绅邵松年、俞钟颖等，及县市乡联合会，因省署复电有绅团会议妥治等，显系为人蒙蔽，特再电力争。其文如下：

南京王省长钧鉴：县转卅一电复内开，开放南漕案，据沙田局呈经江、常绅团会议赞成等因，莫名骇诧。查筑夹大妨水利，本邑城绅、市乡董等迭次电争，公共团体如水利研究会、农会等，同电反对，不知沙田局赞成绅团，绅者何人？团者是何团体？应请速饬沙田局明白声复，以释众疑。再此事关系全邑利害，断非南夹两岸最少数人士意见所能解决，迫恳钧座饬停开筑，令县召集绅团，详切讨论，免滋危害，不胜迫切待命之至。常熟邵松年、俞钟颖、宗舜年、赵宽、徐兆玮、丁学恭、瞿启甲、丁祖荫、蒋凤梧、陆琦、王庆芝等叩。鱼。

南京齐督军、王省长钧鉴：闻南夹筑坝，群情惶骇，因坝成则泥沙积，泥沙积则港汊塞，旱无灌溉，涝难泄泻，全县田亩必同归于尽。本邑绅士如邵松年、俞钟颖、徐兆玮、丁祖荫等，法团如水利研究会、农会、教育会、董事会等，均详述利害，迭电请禁。乃奉有绅团会议，并顾及水利之复示，是否不顾公益，专图私利之沙棍，可以冒称绅士，而钧座亦误为绅士乎？抑二三沙棍，结合党羽，可以冒称绅团，而钧座亦误为绅团乎？全邑水利，是否不必详细规划，明白公布，以顾及二字登载书面，即认为绝无后患乎？怀疑莫释，忧虑愈深，农民纷纷谋赴工次，以身殉坝。本会闻见所及，不得不急电呼吁，请即训令停筑，否则绝大利害，不待终朝，迫切待命，无任主从，常熟县市乡联合会公叩。庚。

（1922年4月8日第2版）

评论：我对于治江会代表之意见

长江下游治江会代表，依照简章规定，每县三人至五人，今已尽行推定，且逾额矣：

县教育会　王采南

县农会　邵治衡　徐粹庵

县商会　季融五

县水利研究会　张隐南　蒋凤梧

人数逾额，列席时候，是否全体有与议权及表决权，虽属一问题，然亦无大关系，惟此次会议，南夹为主要问题，县商会推出之代表季融五，即为进行筑坝中之第一人，其主张开筑，不为全县规划，固无待言，会议一事，而即以其事之主动人物充□员，是否适当？故现在代表逾额一人，在理当由季融五让出，此我对于治江会代表之意见一也。

此次下游治江会，在南京召集开会，大半为解决南夹事项。南夹关系我邑利害甚巨，他县代表不过就事论事而已。我邑推出之代表，五人（以季融五让出计）中若犹意见纷歧，不能一致，则他县对于实在情形，或未能真知灼见，其失败必也。昨日会议时，王君采南主张联合各团代表，先在本邑会议一次，颇具见地，兹事体大，必须先行接洽为要。总之此次各代表之责任非常重大，全邑利害，在此一举，各代表其各审慎也可。（作者署名"曼"）

(1922年4月8日第2版)

评论：告县商会·以改推代表为是

筑夹问题，危害全邑水利，利害甚明，众人皆知。县商会为邑中之重要法团，为全邑水利计，为商人自身之利害计，商会亦当代表商界为全邑力争，现县商会对于筑夹问题，坐视邑人士之函电纷驰，默不一言，反以非正式的推出季融五为治江会代表，季非商会分子，而又为筑夹之主动人物，商界人才济济，岂欲必借重于融五？水利关系全邑利害，商界岂能漠视？手续上固然错误，实际上亦有所不当。昨日各法团代表在图书馆会议，或主张季代表于讨论南夹案时暂行退席，以避嫌疑，或主改推合法代表。然而当知此次治江会议实为解决南夹问题而召集，即此案为会议之主体，对于此案而使退席，则其所得列席者亦无几时。与其推此非商界、不以全邑水利为计之代表，为人訾议，不如直捷爽快，改推合法之人。商界不乏人才，不乏明达者，且朱会长于会议时亦以改推为是，则时日已迫，速行改推，不必再有犹豫矣。（作者署名"曼"）

(1922年4月9日第2版)

本邑新闻：邑人反对筑坝·愤激

段山南夹筑坝，西北诸港完全封蔽，旱无灌溉，涝难泄泻，于邑中水利有莫大关系，经各公团、各士绅纷电请饬停止兴筑，而季融五等依旧进行，闻将即日开工，邑中人士得此消息，异常愤激。兹将各方情形，分别录下：

法团及士绅公电

昨日水利研究会、县农会、县教育会、市乡董事公会、市乡联合会、纳税人公会、县公款公产处，暨沙洲市公民何永清等，又纷电力争，其文如下：

南京督军、省长钧鉴：由县转呈本会公决，请禁南夹筑坝一案，顷奉钧令，此案已据沙田局呈称，业与江、常等县绅团会议，赞成开放南漕，筹水利等项经费，兼筹并顾，即南夹两岸水利事项，亦应由两县水利研究会征集住居南夹两岸人士意见，联合妥筹等语。是该研究会所虑各节早经计及，应俟定案后，由该会等联合统筹规划等因。奉此。查南夹筑坝，沙线向东引长，直至福山、浒浦，常邑沿江诸港尽被拦塞，全邑水道无从宣泄，岂仅仅南夹两岸水利所可包举；事关全邑危害，亦岂仅仅住居南夹两岸人士所能解决。且该局所称绅团会议赞成开放一节，江邑不可知，常邑绅士，如邵松年、俞钟颖等，暨各市乡董，迭电反对，公团如县农会、市乡农会、县教育会等，一致电请停工，先规水利。钧署一稽电牍，当恍然于该局之误徇私人，伪造民意，应请迅饬停止开浚，令县召集合法公团、公正士绅，先行规划河道之如何开辟，经费之如何筹集，呈准后再行核办，以顺舆情而维水利，不胜迫切待命之至。常熟水利研究会。庚。

治江会会长公鉴：敬启者：南夹筑坝，断港绝流，沙线引长，诸口尽塞，西下之水，宣泄无门，全县将有陆沉之惧。迭由本县士绅，各市乡董，水利研究会、市乡农会、县教育会、市乡联合会呈电力争，停止开浚，先规水利。省署复电指令，乃谓据沙田局呈称，业经绅团会议，赞成开放南漕，并应由水利研究会征集住居南夹两岸人士意见，联合统筹等语，不胜骇诧。查本县绅士迭电反对，不识所指会议之绅为何人；本县公团一致请禁，不识会议所指之团为何种团体，事关全邑利害，亦岂能凭南夹两岸最少数人士意见为解决，显系该局溺徇私人，冒称绅团，伪造民意，以遂弋利垄断之私图。阖邑人民，同深愤激。幸知贵会长宣言，抱有先测量而后辟河，先辟河而后再闭夹之计划。若一听私人妄作，不规水利，遽事封港，非特一邑之危害，祸不胜言，即按之贵会确定之计划，亦大相刺谬，将何以言治江，将何以言谋水利。贵会为下邑计，为全局计，为贵会自身计，应请将此意见提交会议，力主公论，以维水利，以全信用，敝会等不胜迫切待命之至。水利研究会、县农会、常熟县教育会、市乡董事公会、市乡联合会、纳税人公会、县公款公产处同启。

南京督军、省长钧鉴：现闻少数人朦请围筑南夹，各港立淤成平陆，一遇淫雨，全市尽成泽国。计所涨之滩仅十余万亩，受灾田亩达数十万，利害相形，（督）军（省）长明烛万里，不辩自明，公民等利害切肤，环叩电令停筑，以免事变。沙洲公民何永清、丁古愚等一百四十三人公叩。庚。

治江代表之会议

南夹筑坝，已由本邑公正士绅及各公团函电反对。今日水利研究会及农、商、教各团体在图书馆联席会议，议决各代表赴治江会议，对于南夹筑坝问题，一致主张先筹集经费，规划水道，然后筑坝，否则绝对不能承认。又因商会推举之代表季通系发起筑坝之重要分子，将来列席会议，诸多窒碍，由水利、农、教三会函请商会通知季代表，俟开议南夹筑坝一案，请季代表暂时退席，以避嫌疑，并说商会中人才济济，应否采取公议另选代表，尤为圆满，当由朱商会长承认回去召集商董开会讨论，或另推合法代表。旋由各团体函请督军、省长延见本邑各代表，采取关系南夹之陈述。又函治江会，请提议禁止南夹筑坝案。又函县公署，请函公款公产处拨银一千二百元，为治江开办费（此系上届治江会议决，由九县在水利费项下暂行拨借），各代表会议时，均激昂慷慨，非达目的不止。

沙民反对之激昂

南夹筑坝，即于沙洲全市农田亦有不利，故沙洲人民讨论此举反对甚烈，如何永清等电请南京督军、省长饬令停止兴筑，其电文已见本报。而据沙洲市通讯云，该公司已经租定房屋，经理聘定姚某，工程师派定汤静山，大部分沙民因此系生死关头，不得不拼命力争。前日傍晚时，有男妇老少约数百人拥至福利公司，声言南夹筑坝必欲致我等死命，大家情愿死在此地，一片喊声，群情愤激，几至动蛮。公司中人诳言现在并不筑坝，将来筑坝，亦必先行开通河道。结果沙民宣言，如果动工，我等必将所筑之坝尽行□（疑为"掘"）去，情愿与公司决斗，以身殉之云云。

投资者之缩脚

围筑南夹，初以大利所在，投资认股者颇形踊跃，于阴历初十日止，闻已只有五万余额未经有人认领。嗣经邑中各公团、各士绅竭力反对，函电纷驰，认股者见势不佳，惟恐枉掷，遂将已认未缴之数纷纷退出。其已缴者，千方百计，思欲转售，迄今退出者，本邑已有数百股。有徐某认领之三十股，情愿减价售与人，而无受主，咸异常焦灼云。

（1922年4月9日第2、3版）

评论：投资南夹者悔不及矣

不能自谋生利方法，建设独立之大企业，而见有利可图者，不加审度，即贸然趋之，争相投资，俗所谓想吃天鹅肉，其情性可怜，其事亦至为危险。

南夹筑坝，每亩缴价连种种杂费不过七八元，将来可值七八十元，以为其利十倍，于是不惜汗血之金钱，或转辗乞假于人，认股投资，惟恐不及。殊不思人之于利，其欲无厌，其事苟可靠，其利真十倍，固先有长手臂在前，奔走经营，决不至使汝辈安受其利。不察事理，妄想发财，迨至今日，事势迫急，而欲将认股转卸，人又安肯开眼吃老鼠药！投资南夹者，悔不及矣。（作者署名"曼"）

（1922年4月10日第3版）

广告：福利公司股票减价出售

前买有福利公司股票，今愿减价出售，有意买此股票者，请至寺前街裕兴楼洽可也。

（1922年4月10日第1版）

评论：讨季融五

南夹筑坝之为害，已尽人皆知，而季融五欲以一手掩尽天下目之手段，欺绐邑人，前日一篇《敬告常熟父老书》，完全强词夺理，强辩饰非，不啻一篇卖常熟之供状，而季犹且一面以强理淆惑邑人观听，一面且悍然实行抢筑，将来一遇大水，宣泄为难，即幸而不至完全陆沉，低洼之区，室庐在浸，遑论田畴，则季氏之肉，其足食乎？

季之言曰：南夹筑坝，尚可收回保险费，若天然淤塞，费只好向海龙王去算。此欺人之谈。试问吾常熟人何以要此保险费？就水利论，南夹即使将来要到天然淤塞之一步，则吾人早先竭力开浚他港，使水先有出路。现在南夹尚不至天然淤塞，不图浚治，反事封筑，此种理由，未免牵强。

季又言彼系西乡人，关系较他处人为切，然而全县水灾何分东西，季虽西乡人，现在西乡舆论，如何永清等一百数十人之公电，南夹筑坝，究竟利乎、否乎？且南夹关系，在全邑不在一隅，季谓西乡关系较切，尤为荒谬。

嗟嗟！前年老夹筑坝，吾邑水利已受一大打击，现在南夹又将筑坝，试问区区保险费，是否足偿内地数十万亩受灾之损失？区区涨滩十余万亩，是否足以偿内地数百万亩以后永无膏腴之田？彼少数人之主张筑坝，完全利令智昏，只图私利，不顾大患，吾常熟人苟神经尚未麻木，断不能轻轻放过也。

季之理论之不充足既如此，南夹筑坝之为害之事实又若彼，在季自身，已为全邑人之公敌。不谓县商会又以非正式推之为治江会代表，夫县商会为公团之一，其对于南夹筑坝之意见，当不至于与各公团歧异，奈何复以南夹筑坝之主动人物为代表，使之出席治江会议乎？今朱商会长既有改推之宣言，记者极愿朱商会长实践斯言，从速改推。尤愿各公团代表，将来设或季仍为代表出席会议，当一致决绝，不承认为代表，则兹事虽不能遏萌于前，犹能补牢于后。庶常熟不至有其鱼之叹乎！

(1922年4月1日第2版)

本邑新闻：筑夹案之风潮

南夹筑坝，封港断流，危害全邑，经地方公团水利研究会、县农会、县教育会等，暨士绅邵松年、俞钟颖、丁祖荫等，迭电反对，业已迭志本报。兹再将昨日各方面之情形录后。

市乡农会之公电

昨日何市等乡农会长公电云：

南京督军、省长钧鉴：沙棍组织福利公司，朦请钧座批准围筑段山南夹，全县人民同深骇诧。业由各公团函电请求，迅饬停工有案。查南夹坝成则江口封闭，外水固不得入内，内流亦不得出。再如上年大水，西流东奔，仅恃白茆一境为之泄泻，汪洋沉浸，害不胜言。且南夹坝成，则潮流直冲通州，反射南岸，则常邑浒浦、吴周泾等乡坍岸，不一年可数里，田没岸坍，则短收国课，妨害民生。故东乡人民，闻此消息，皆万分惶急。不识沙棍如何朦报沙田局，沙田局如何偏徇朦请核准。黑幕自有重重，烦言难免啧啧。钧署为国计、为民计，应迅令财政厅、实业厅、沙田局、苏常道尹饬县速令停工，一面将福利公司撤消，以纾民害，以维水利。若有谎言，请先派员切实查勘，不胜迫切待命之至。常熟县何市、徐市、吴市、东张乡农会叩。佳。

福利公司依旧进行

南夹筑坝，虽经邑人士竭力反对，而公司中依旧进行，完全置全邑利害及舆论于不顾。现南夹两岸稻草及筑坝工料已堆积如山。初议原历十一日动工，后有某主张须待过十三日潮汛，十四日动工。现购稻柴芦苇，计洋二千元，麻袋一万只，并赁汽油灯数百盏。限一星期竣工，预算坝费计八万元，由当地土豪四出召集挑夫，诱以重利

(定每工五百文），如年轻妇女之有力者，亦得在内工作云。

风潮之扩大

新庄乡通讯云：前日港上乡民因闻得南夹筑坝，将于十一日实行动工，以为该坝如果筑成，西乡各港汊完全封闭，水无进路，亦无出路，倘遇淫雨，水即涌积田中，无从宣泄，若至旱年，小河尽涸，坐以待毙，切身利益之攸有，莫不异常恐慌，街头巷议，妇孺均痛骂季某之丧心病狂，利令智昏。十一日近午，忽传坝已开工，群情惶急，男妇老幼，蜂拥前往，将实行以身殉坝，其势凶凶（汹汹）。镇上见者，咸谓此次必出事端。拥至南夹，幸见该坝尚未兴工。公司中人见势不佳，早已逃避一空。众怒不可遏，而无可向谁理论，在该处大骂而返。

治江会之要讯

长江下流治江会，本由南通张啬公意见，迅行召集开会，以解决南夹事项。原定开会地点在南京中正街总商会，开会期间为四月十二日。前夜县署接到电报，开会地点因由数县要求改在上海总商会，开会期间不动。昨已由县署转知各代表。

商会治江会代表原推季通，各团体以季本为进行筑坝之主动分子，反对出席。前日在图书馆会议，朱商会长已允改推。昨日商会中不知何故，忽又变计，遣人至锡请示张会长而后决定，但开会时间已迫，何尚濡迟乃尔，未识有何作用否。

福利公司之黑幕

福利公司，即妄想围筑南夹滩地所组织之公司也。组织公司，系大规模营业，而该公司所发出之简章，或用油印，或竟潦草抄写，简章措辞乃又各各不同，此不可靠者一也。南夹即或围筑成立，全数成田，充极其量，不过十万亩，而伪言三十万亩。况南夹中尚有老案，公司尚有所谓优先股，寻常所投之资，不知是否有田，更不知至何年月日可以围田，此种黑幕，形同骗局，以故现在已经投资之人莫不懊丧。昨日有某者，特向介绍入股之金某交涉。本报昨日且有来一告白，情愿将福利公司之股票减价出售。其信用之丧失，于此亦可见矣。

（1922年4月10日第2、3版）

评论：福利公司之根本问题·事实与法律上皆不能成立

一月以来，闻有福利公司者，领筑段山南夹，兜售股票，诱人入股，此说哄传一邑，愚者不察，群相竞逐，纷纷投资，冀获大利，而邑人士鉴于全邑水利之将受危害，反对南夹筑坝之声亦日益盛。记者今勿论筑坝之利害如何，但就福利公司名义，加以事实与法律上之研究，与热心投资南夹者一商榷焉。

沙田之有利，尽人知之矣。然沙田之利，惟沙人能享之，局外者欲尝一脔而不可得，前年南夹（按，此处当指北夹）筑坝，主其事者，邑人庞某、杨某亦与其列，乃不久而群焉脱离矣。今之南夹，何异于北夹。福利公司诱人入股，不过欲借他人之金钱为彼运动之费用，挑筑之资本耳。且此事关系各县水利甚大，欲消弭反对之力，辄以红股相赠,彼红股者,不出一钱,而可得优先之权利者也。坝而能成,则彼怀有红股者得以择肥而噬。加以已经报领之老案,其数亦不在少,入股者有何法与彼等争?吾恐唾余而亦不可得矣。况今者坝尚未筑,江流变迁无定,三四月间之潮汛,洪波漫漶,筑而不成,亦未可知。彼主张筑坝者,亦出于冒险之举耳,局外者岂可盲从乎?

以上所言,系就事实上论也。若论法律,则所谓福利公司者完全不能成立。盖公司属于商行为之一种,成立以前,必经过一定之手续,今福利公司发起为何人?住所在何地?曾否在官厅立案注册?彼等围筑之沙滩尚在虚无缥缈之中,营业之目的未定,安可发行股票?况名曰公司,必经公开而后乃有效力。若秘密买卖,将来即不能受法律上之保护,投资者亦徒受愚而已。况南夹筑坝有妨水利,证以公司条例第八条所载,公司有违背法令、妨害法安……行为,该管官厅得以职权或因检察官之请求解散之,益以筑堤决水,刑律具有专条。福利公司之秘密组织,所防即在于是。然或一经告发,即失其立足地,届时入股者,复向何人告诉乎?

尤有进者,今日福利公司内幕中人辄告人曰:此时也,督军、省长与闻此事,南通方面亦已通过,挟其雷霆万钧之力,俾小民不敢与抗,其实皆诳辞也。彼等所与为狼狈者,一沙田局耳,沙田局亦为利所饵耳。民气大张,阴谋斯戢,愿邑人勿为势力所动,而自取其害也。(作者署名"嘻嘻")

(1922年4月11日第2版)

本邑新闻:昨日县商会之紧急会议
撤回季融五之治江会代表·公推朱海文函县转报

县商会前由张会长函推季融五为治江会代表后,邑人以季是发起南夹筑坝之一人,群起反对,由水利、教、农三公团会函该会,请季停止列席,当由朱副会长通告各会董,特开临时会解决。昨日下午二时,会董到者,卜芝良、杨次安、潘天慧、朱海文等十余人。朱副会长主席报告开会理由毕,列席会董金谓前推季某代表会董等并未知悉,碍难承认,公决另推,全体起立赞成。次即推定朱副会长海文为治江会代表,即日起函县转报,并复知水利、教、农三公团查照。并闻季融五代表之县署通知书尚未送发,现据商会公推朱某代表后,即将季某之通知书撤回云。又议欢迎张一麐等之商会代表,原由朱会长担任,顷朱即日首途,欢迎代表一席,公推杨次安、卜芝良担任。所有应摊欢迎费用,当由该会负担云。

(1922年4月11日第2版)

本邑新闻:沙洲市民请求开通水道

蕉沙农民陈怀刚等,昨为闭塞水道,妨害农业,生计告绝,请县救济呈称:窃民等向住蕉沙三十段、三十一段长丰二圩、长兴六圩、长兴八圩、永盛圩、永安圩、永得圩、永寿圩、并外小圩、及永丰圩、永禄圩、挂耳头圩、挂耳二圩等处十二圩,其田一千三百亩零,其水道向由洞子港流入南漕,民等二百十余户,惟赖洞子港宣泄灌溉，以利农事而保生活。嗣于民国七年南漕（按，当为"北漕"）筑坝，致原有水道尽行淤塞，今则洞子港南漕已为鼎丰垦殖之区。民等各圩田亩，江潮无入，天晴则点水无着，天雨则沟渠盈溢。一过淫雨，必成泽国，田禾不为枯槁，必为溺毙，且须用乏水，居室堪虞。自去秋以来，无日无时不在焦愁中。当其筑坝之始，议决凡被塞水道由筑坝领滩者负担开通，绝不妨害原有农业，言之凿凿，人所共知。闻广业改鼎丰，而水道规划亦在预算之列。民等之西，因归港北通，大江向东，亦就原港相通。独民等十二圩，南被闭塞，又无成港，北通田低户贫，至今尚无规划。民等迭推代表，再四向鼎丰公司要求疏通，仅以无费为诿。民等喜（原文如此）皆罹水灾，日食尚难，领滩者若不亟亟践议开通，民等生计势必坐以灭亡。此项水道，必须买地生凿，需费甚巨，切恐民等本有水路，旱涝无虞，惟固筑坝而致闭塞。坝既筑矣，滩已领矣，其厚利亦已操矣，妨碍民等生计，日坐愁城。兹邑春水已涨，转瞬夏令，旱则枯槁，雨则汪洋，既无宣泄，又无灌溉，妨害农业，莫此为甚。为此联名环求县长电鉴，迅赐指令赶紧开通，以维农业而救生计云云。

（1922年4月11日第3版）

本邑新闻：请禁南夹筑坝之省令·显系凭着季通等一面之词

县署前据县水利研究会议决，请求禁止段山南夹筑坝等情，转呈请示，昨奉督军、省长指令云：据悉，查此案已据沙田局呈称，业与江、常等绅团会议，赞成开放南漕，妥筹水利等项经费。对于放领水利两事，兼筹并顾，即南夹两岸水利事项，亦据该局转据江、常两县绅民季通、郑立之等书面答复，应由两县水利研究会征集住居南夹两岸人士意见，联合统筹等语，是该研究会所虑各节早经计及，应俟定案后，由该会等联合统筹规划可也。仰即转令知照云云。

（1922年4月11日第3版）

评论：县商会另推代表

昨日县商会临时会议，公决撤回季代表，另推朱副会长为治江会代表。夫该团体为商业团体，推举代表自以熟悉本邑经济情形者为相宜，季融五只一自命为新文化运动家耳，于本邑商情不甚了解。且其主张绝对与邑人士背道而驰，乌足以言代表？今幸该会会董多系达者，毅然另推贤能列席，得使县商会之声誉复隆，不至代季而受舆论之制裁，是可贺也。（作者署名"觉后"）

（1922年4月11日第3版）

评论：对付福利公司之办法·舍法律外无解决办法

记者昨论福利公司根本问题，而涉及法律点，以该公司未经法定手续，于法当然不能成立。吾邑人既视福利公司，并与全邑水利有莫大之危害，函电纷驰，声言反对，然而沙田局之复电如是，督军、省长之指令如是，一若吾常熟人只□（按，报纸破损，缺一字）季通，惟季通可卖吾常熟。言贵先入，技可通天，空言抗争，终归无补。不知此事非行政问题，乃法律问题。福利公司违法成立，当然受法律上之制裁，吾邑各公团宜罗列事实，向高检厅起诉，请求依法救济，并于诉讼未解决前禁止先自筑坝，以妨水利，较诸今日一函、明日一电或稍有效力乎。

福利公司名为公司，而实则秘密进行，按诸公司条例，完全相反。且公司条例第八条所载，公司有违背法令、妨害治安之行为，得请求官厅解散之，亦即如昨所述矣。至论其事实，筑坝截流，意图侵害他人所有田圃及其他利用之地，合于新刑律一百九十二条至一百九十五条决水罪，当处极刑。如退一步言，谓其情节不同决水，则妨碍他人灌溉田亩之水利，亦当以一百九十七条之罪名处断。法界尚有一线光明，当不至偏徇情面，而陷吾人于无可告诉之地也。

或者曰，此事之成，由一二奸人，贪缘沙田局，朦蔽督军、省长，批准立案，今已无可挽回。不知司法独立，官厅命令不能变更法律，凡违背法律之举动，官厅虽纵护之，亦当受行政上之处分。今日坝尚未成，天不绝吾民，或尚有挽回之希望。愿各公团及人民毋自馁其气也。（作者署名"嘻嘻"）

(1922年4月12日第2版)

本邑短简：南夹筑坝展期

南夹筑坝，本定昨日兴工，刻又展期，明后日施工。

(1922年4月12日第2版)

本邑短简：狄柔为筑坝案致函季融五

邑人狄柔昨为筑坝案致函季融五，忠告一切（函见明日本报）。

(1922年4月12日第2版)

本邑新闻：反对筑夹案风潮扩大·引起邻县巨绅士之愤激动·本邑各公团将提起刑诉

季融五等假借民意，朦请省座，承领筑坝，业经本邑水利、农、教各公团及沙洲市民纷电上峰吁请禁筑各等情，迭志本报。昨日苏州、吴江、昆山诸绅张一麐等来常游玩，聆悉南夹筑坝内幕，以此事实果成，苏府各县感受其害，深为愤激动。昨亦纷电军、民两长及治江会严行禁筑。又邑人邓世德，以南夹筑坝，强占其所有地，电省呼吁，兹将电文汇录于下：

苏绅张一麐等致军、民两长电

南夹筑坝，沙线引长，长江下游各港口尽被拦阻，内水无从宣泄，沿江濒湖各县均受其害。福利公司朦呈钧座，专图私利，不顾地方群情愤激，若不严行禁筑，势将激成巨变。迫切电陈无任待命。张一麐、钱崇固、费树蔚、蒋中觉、韩云骏、陶惟坻、丁鹏、王颂文、方毓贤、方还。真。

苏绅张一麐等致治江会电

南夹筑坝,与贵会治江政策大相刺谬,事关各县利害,请力持公论,以弭巨患。(列名者同上)真。

邑人邓世德致军、民两长电

沙棍假托民意,私立公司,在段山南夹筑坝,断绝江流,妨害水利,舆论大哗,经全邑法团电呈禁止。近悉坝基复定在民所有地上,并强欲破圩挖取田土填筑,豪夺民产,蛮横已极。务恳钧座电令制止,以重水利而保民权。常熟公民邓世德叩。蒸。

东唐市正副董事公电

南京督军、省长钧鉴:南夹筑坝,常邑水灾,岁无底止。沙田局虚捏绅团同意,有意朦呈,舆情愤激。务恳钧座迅电停筑,以保常邑数十万生命财产。常熟东唐市正董事张同文、副董事赵允德、张祖诚等叩。灰。

东唐市农会长、董事公电

长江下流治江会公鉴:南夹筑坝,与常邑水利有绝大危害。迩年低区迭遭水灾,民命已属不堪,如再筑南夹,则绝流封港,必致酿成泽水之祸,将使低区数十万人民田产尽付漂流。沙田局徇二三沙痞之请托,朦呈已得绅团同意。兹闻开工在即,舆情惶骇,除电恳督军、省长迅电停工外,务乞贵会一致主张,设法挽救,以副众望。常熟县东唐市农会长龚峻德、李振声、陈云庆、邵宝颐,董事张同文、赵允德、张祖诚等叩。灰。

各公团将提起刑诉

顷闻本邑各法团拟从决水侵害及欺诈取材两问题,对于福利公司向法庭提起刑诉,水利研究会拟推张君隐南,教育会拟推曹君养纯为代表云。

假托绅团朦呈之人物

假托江、常绅团名义,致函沙田总局,赞成开放南漕,首列名者,为邑人季融五、江阴郑立三等十余人。邑人连署者,犹有杨同时、钱名琛、徐韵琴、钱昌裔等四人云。

(1922年4月12日第2、3版)

本邑新闻:围筑南夹之沙田局函

县署昨奉沙田局函称:案查本局奉令筹放南漕,集议情形,并转呈江、常绅民拟议办法一案,呈奉督军、省长第四二三五号指令内开,呈及附件均悉。据广业与江、常等县绅团会议,赞成开放南漕,妥筹水利等项,需款数目,并另呈由福利公司自备工本,筑坝报领涨滩三十万亩,按照丙等定价田滩,并缴每亩银六元,共计银一百八十万元,分期缴纳等情。对于水利放领兼筹并顾办法,尚属可行。惟治江问题,关涉国家,可照原呈所拟办理外,其他江、常水利经费,系属地方性质,不能在缴价项下提拨。但水利事亟，为两全计，公家可于缴价项下先借三十万元，拨作规划水利之用。以后每年九月由省派委到沙查看，就围成田亩实数，每亩增收水利费一元，为归还借拨之款，以收足三十万元为度。如此方准照该福利公司报领是项涨滩三十万亩，先缴保证银十万元，按照原呈分期缴款，不论何期不得违误。倘有违误情事，应推该福利公司全体是问。至分别补助借拨各地之水利经费，亦应先将保存方法，及办理各项水利工程计划，如何规定，藉杜弊端，合亟令仰该总办迅将上开各节妥定切实办法，呈候核夺。并将与南漕毗连已报给照各案预先截清，绘列图册，划订定案，免滋纠葛，切切此令、附件等因，奉此。除函知江、常各绅遵照，并遵饬妥定各节办法，呈复暨分行外，相应抄录原呈函达贵县，请烦查照，并希出示保护坝工云。

（1922年4月12日第3版）

本邑新闻：南夹筑坝延期之原委·无非为钱

本报昨得沙洲要讯，谓南夹筑坝现下仍未施工，闻因工程主任汤静山必欲候十万元之水利费（开套河用）先解到后始肯开工云。

（1922年4月13日第2版）

本邑新闻：季通等致沙田局原函·朦报地方协议情形

本报觅得季通、郑立三、杨同时、钱名琛、祝廷华、吴增元、郑祖煦、钱昌裔等致函沙田总局文，照录如下：

蛰盦总办台鉴：敬启者：客腊大旗莅通，备承示教。所议开放叚山南夹滩地一节，既奉督军、省长会令妥筹，议定如何兼顾，水利如何丈放田亩，拟具两无窒碍切实办法，绘图贴说，呈候核示开办，俾得早结悬案，瀛发利源等因。通等因上年腊底未能议定，复于今正邀到江、常两县同人会集南通，从长讨论。叚山筑坝，系前洋工程师奈格等促江流趋归一路之原议，为保坍根本办法。假如放领滩地三十万亩，均以定章丙等田滩并缴计算，共应收银一百八十万元。江南老岸四五十里蓄泄，以及对岸盘篮、东兴两沙必为另辟港套，以御旱潦，计非三十万元不办。此项水利经费，议定归江、常两县公款公产处经理，如何规划之处，应由两县水利研究会征集住居南夹两岸人士意见，联合统筹，至执行举办，则归两县水利工程局，均于坝工成立即日筹备办理，两县绝对公开，并当妥议具体办法，绘图贴说，呈请两县公署分详立案。此外治江捷经费另行提补银六十万元，则于通、如水利亦可兼顾，合计地方水利各工经费至少须得九十万元，方谓并顾兼权，国计、民生，两有裨益。同人等再三磋议，以为如此办理，地方并未过存奢望。牵掣官厅，官厅亦应曲予周旋，顾全地方，此即推诚相与，应请钧局揆度下情，转呈核办。至报案开放只准由一公司承办，不得分案掺报，既杜将来争讼，对于收款一项，同以有所责成，此即通等公私兼顾之至意，并无弥毫成见。除将组织公司另文呈请钧局核办外，所有地方协议情形，理合具函奉达，鉴核施行云。

（1922年4月13日第2版）

本邑新闻：请求会衔布告开浚界港

慈沙业户代表汤舜卿、刘德风，南通刘海沙业户代表张鸿翔、宗浏等，阜成、厚生两垦殖公司，道生沙田公司，昨为合力开浚界港，请县会衔布告，呈称：

窃民等世居常通港附近各圩，积水向由常通港经常境长兴港注入南漕，经通境十三圩港注入北江。迩来常境蕉沙下脚新滩阜涨，阜成、厚生两公司报领滩地，渐次围垦，常通港、长兴港均被淤涨壅塞，各圩积水不克宣泄，民等会议至再，常境各圩及各公司非谋辟常通港，向北入江，别无宣泄之途。业经常、通各业户推举舜卿、德风为代表，通境业户集议办法，已得双方赞同，一致进行。窃思常通港为常、通分治之县界，合力开浚，既为两邑公共之水利，又为分清彼此之疆界，恐有不肖之徒挟持私见藉端反抗等情，各业户、各公司，水利前途贻误实非浅鲜，为此除抄粘办法，呈请南通县咨请会衔出示布告外，合亟具文粘呈办法，泄水各圩草图一纸，呈报县长鉴核。恳乞俯准立案，会衔布告，以利进行而维农业，无任待命之至。

（1922年4月13日第3版）

本邑新闻：南夹筑坝案之邑人电吁·曹涵学等元电军、民两长

邑人曹涵学、邓世德、张珠树等，昨为南夹筑坝案，电吁南京督军、省长迅予撤销原案，电令禁筑。文称：

常熟地滨江海，为内地太湖及无锡、宜兴、吴江、吴县北来诸水宣泄尾闾，载在志乘，利害重大。比有沙棍季通等起□（按，报纸破损，缺一字，疑似"意"）造滩牟利，倡组含有某国色彩之福利公司，封闭段山南夹，恐人民反对，串同沙田局屠总办，率以报效军饷九十万元为饵，朦请立案保护，藉便私图，甚至狐假虎威，强占人民田地，预备取土筑坝。果成事实，则沙线日渐东引，沿江福山等港水道尽塞，宣泄无路，一遇阴雨，五邑泛滥，损失靡极，仅国税一项，年出百万，已属得不偿失，遑言民害。况江湖河海淤涨之地，凡阻遏水道者，现行有效之户部则例，早悬严禁。而清理沙田章程，丈放滩地规定，复以泥涂生草者为限，不准望影生科。今若辈利令智昏，辄敢弁髦法令，出此殃民蠹国之行为，而犹以"福利"二字欺人，讵不自耻。方今共和时代，当以法治为前提，设不以法相绳，恐人尽效尤，何以立国？钧座公忠清亮，有口皆碑，务肯下恤亿万生灵，根据法律，迅予撤销原案，电令禁止，功德无量。倘若辈依然晓渎，应请公司中富有财产者，先期具结保障各邑未来水灾之损害。至季通出身寒素，既家无担石，即钱名琛等亦财产无几，均不足负此重大责任也。涵学等为地方利害起见，迫切呼号，俯仰无惭。伏祈垂亮援救。常熟公民曹涵学、邓世德、张珠树叩。元。

（1922年4月14日第2版）

本邑新闻：沙田局呈军、民两长文·南夹筑坝之绍介

临清关监督、江苏沙田局、屠总办、汪会办，为录呈江、常绅民公函，已志昨

报，暨报领南漕原呈各一件，照录地址草图一纸，呈督军、省长。文云：

呈为奉令筹放南漕集议情形，并录呈江常绅民拟议办法，仰祈鉴核事，切奉钧署会同督军、省长训令，第一〇九三三号内开：查丈放沙田一案，前据该总办等呈称，除南汇老芦外，其南漕一项，在江阴、常熟县境盘篮、带子两沙之间，约地十四万亩，应俟冬令水涸，与通、如、江、常绅团集议磋商，先筹水利，再行规划进行等语。当经指令遵办在案，现在已入冬令，正沙田水涸，堪以筹丈之时，亟应由该局查照前呈，速与各该县绅团妥筹议定，如何兼顾水利，如何丈放田亩，拟具两无窒碍切实办法，绘图贴说，呈候核示开办，俾得早结悬案浚发利源，合亟令仰该局迅即遵照办理具报察夺，此令等因。奉此。遵于本年一月，召集江阴郑立三，常熟季通、杨同时等驰赴南通会议。总办抵通后，谒商张绅謇庵。张绅以丈放沙田之款，业经九县会议，列入浚江经费，斯时仍应召集九县会议，列入浚江经费。斯时仍应召集九县会议之言，是张绅之意，似非绝对谓南漕不可开放，第因滩价须作浚江经费。如皋沙绅健庵意见亦同。总办又咨询江、常郑绅、季绅等开放南漕，于两县水利有无妨碍，应如何筹划，佥称容缓时日熟商答复。兹据该绅等书面答复前来，赞成开放南漕，拟议筹记水利等项，需款数目，并另呈情愿组织公司，自筹工本，筑坝报领南漕涨滩三十万亩，恳请按照丙等定价，滩价款并缴每亩银六元，共计银一百八十万元，自坝工合龙之日起，以两月为一期，分三期缴纳等语。查官厅如能自筹巨款筑坝，俟三五年后滩地完全出水，盖可多得滩价。惟目今部、省财政，均属支绌，坝费既筹拨水利等，需数十万元，何从筹措？兹事体大，究因如何办理之处，未敢擅夺。除候并分呈外，理合照录江、常绅团公函，暨报领南漕原呈草图，具文呈请鉴核示遵云。

(1922年4月14日第2、3版)

本邑新闻：段山南北夹形势之说明

（甲）南北两夹，东西距离、长短相等，以福山口为断。（乙）北夹较南夹稍阔（北扯三里，南扯二里）。（丙）北夹老坝，在江界金鸡港迤西数里（名通津港，有〇〇标志），就沙田局图载新老各案，仅得滩六万五千四百四十八亩八分六厘六毫。且刘二、三两案，及周、陶两案，罩过东兴沙、蕉沙之头已达福山口外大海。今南夹筑坝，指定在江、常分界之川港缩短数通，东引至福山口，扩张计算，不过三十余里，则夹阔二里，以每方里核田五百四十亩计之，将来夹内涨滩不满三万亩矣。（丁）筑坝后，夹口江流断绝，诚易涨塞成田，但福山以东均是大海，潮流迅急，谓能必涨而收三十万亩之成效也，殊滋疑问（果于南夹涨田三十万亩，吾愿斫头以谢）。（戊）再从段山西举，东至福山口外计算，亦不及五十里，每一里长加夹面二里之阔，核田一千零八十亩，统计五万四千亩。即云出东兴沙夹口较阔，但以十倍计算，为数亦属无几，盖距福山口外不及十里也。况更有刘二、三两案及周、陶两案占定位置，不能任意展阔乎？如欲从福山口外再向东引，接连铁横沙，无论大海茫茫，潮流满急，难成事实。万一不幸罹此灾祸，非特常熟一县水利尽失，民叹其鱼，并恐波及邻邑也。（己）南夹筑成，涨出滩地供江阴、南通人去年偷缴之地及老案尚恐不足，则新公司资本家之权利均在汪洋巨浸之中，不过发起人收取股银有益无损已耳。就右各点，请大家详细研究，实地调查，自知奸弊（南北夹大势，请调查学区图及俞元福《常昭合境图》，可得端倪）（图因印刷不便缓日另送）。再，上述各图所载方里尚较实在面积为强，总之计论涨地多寡，以北段作为模范，虽不中亦不远矣。（作者署名"申投稿"）

（1922年4月14日第3版）

本邑新闻：报领南夹水滩之呈批·季通等十四人组织福利公司

江、常绅民季通、郑立三、钱名琛、祝廷华、杨同时、吴增元、钱昌裔、陈寿章、郑祖煦、徐韵琴、刘子鹤、冯延云、刘楚园、赵陶怀等，围筑南漕，呈沙田总局文云：

呈为报领江、常段山南夹水滩，恳请准予核放，俾即施工缴价，以维国计，而裕民生事。窃照江阴、常熟两境县内，西自段山起，东至福山口夹漕一案，并迤东滩地，约计绵长三四十里，中间宽阔二三里至十余里不等，即所谓段山南夹者。其间滩势，或隐或见，清季即有筑坝培涨之议，嗣以南北两岸水利关系，时议时辍，迄未成就。现在水势日益游缓，加以江流歧出，两岸冲塌尤甚，钧局迭奉江苏督军、省长会合妥筹办法，并经一再会集南通磋议，所有坝身关系老案，各港水利，以及治江筑埂等费，均经秉公筹配，期于国计、民生两有裨益。通等因地点属江、常两县境内，情愿出为召集股价，同中国人均可投资，定名福利公司，报领段山南夹，西自段山港起，东至福山港出口，直接至文兴沙迤东，已报给各老案，足额下脚水滩三十万亩。惟该处仍未断流，仍应助以坝工，一切费用浩繁，应请钧局俯念民力维艰，概照定章丙等核准缴价。至段山港出口，直接文兴沙迤东，已报给照老案，应先逐案清出列册，发交公司遵守，以便将来各不相犯。通等查原拟亩分，仅就南夹现形计算，所以只有十四万亩，如果坝成以后，应就福山港至文兴沙面积合计，除已报给照各案足额外，当可增涨一倍，是以召集巨资，报领三十万亩。又以库款公款待用孔殷，为田滩并缴之筹备，共计丙等水滩三十万亩，每亩田滩价银六元，合计银一百八十万元。拟于呈奉钧局核准定案，即先措缴保证银十万元，一面自备工本，施工筑坝。合龙之日起，以四月二十日为断，即行分批按二个月一期，分三期如数缴纳。第一期六月二十日缴银三十万元，第二期八月二十日缴银三十万元，第三期十月二十日缴银一百二十万元，均由通等完全负责。所有保证银在第三期内划算，依次先领印收，款齐一疋清领执照，并请批令免予第二公司及个人零星挠报，以资统一，而免分歧，是否有当，理合给具草图缮文，呈请钧局鉴核，转报财政部、江苏督军、江苏省长，迅予批示遵行。再节届春风，工程刻不容缓，如果准予先行定筑，乞即呈明江苏督军、省长，迅赐令行江阴、常熟两县，一体保护施工，并派军警弹压，以期工程迅速续缴解款，不致稍有窒碍，尤为要叩（通"扣"）。所有报领段山南夹水滩缘由，理合呈请钧局迅示遵办，实为公便云。总局当即批示：呈图均悉。该绅等因南漕地点在江、常境内，情愿招股，组织报领，自段山港起，东至福山港出口，接至文兴沙迤东，已报各老案，足额下脚涨滩三十万亩，请求按照丙等定价田滩价款，并缴每亩银六元。先缴保证金十万元，自备工本筑坝。自坝工合龙之日起，按两个月为一期，分三期着应缴田滩价款一百八十万，先缴齐一爰领照等情。查事关开放南漕，仰候转呈财政部暨江苏督军、省长核示，再行饬遵云。

（1922年4月15日第2、3版）

批评：南夹问题未可乐观

南夹筑坝问题，虽经治江会议决，咨省令饬先行测量，暂缓筑坝，然福利公司依然存在秘密施工，招股投资，日不暇给。彼主张筑坝之沙棍，虽经此一度打击，而雄心未死，疏通军、民两长，缓令停筑，利诱反对分子，软化主张，为鬼为蜮，奔走不遑。所谓南夹问题，于今未可乐观。深望邑人士勿虎头而蛇尾，勿有初而鲜终。仍续坚持公义，继续奋斗。果尔，亡羊补牢，未为晚也。（作者署名"育才"）

（1922年4月16日第2版）

本邑短简：齐督军、王省长昨日会衔代电到县

齐督军、王省长，昨日会衔代电到县，略称江、常绅团会商南夹问题如何情形，尽可径呈沙田局核示，县署将转函邵绅知照。

（1922年4月16日第2版）

本邑新闻：请禁非法的福利公司·该公司并未注册咨部给照·曹等根据公司条例请县禁止

南夹筑坝，虽经治江会议决，咨请省署，令饬暂缓兴筑，而季融五等之福利公司并未经官厅注册，呈由道省咨部，备核给照，违法创设。难免有少数人受其愚弄，入彀投资，故邑人曹养纯、徐矞青、曾玉如、杨育才等昨呈县署，请求传案罚办，勒令停工。略谓窃查创立公司通例，应于成立后十五日内呈请该管地方官署（例如县知事公署）注册，详由道尹转呈省长咨请农商部备核给照，方生效力。若不依法注册，或于未经注册前即准备开业，执行业务之股东并董事发起监察人等，均应受五元以上五百元以下罚金之制裁，早经公司条例第五条、第一百条、第一百一条、第一百二条、第一百二一条，暨公司注册规则第一、二两条，分别规定，以资遵守。近闻沙棍季通等组合福利公司，并不遵照法定程序来县请求注册，历级咨报部、省核准给照，即召集徒党准备开业，在段山南夹规划筑坝。弁髦法令，貌玩已极，若不呈请禁止开业，一面传案罚办，恐效尤纷起，不足贯彻法治之精神，为此具呈请求县长公鉴，迅予派警前往段山南夹地处，禁止兴工筑坝。一面传案罚办，责令于未经注册报部核准给照前不准违例开业，以彰法治而弭恶风。

（1922年4月16日第2版）

本邑新闻：电省请令解散福利公司·农、商、水利、教育四公团公电

本邑农、商四工团，昨电军、民两长，请电饬解散福利公司。文云：

南夹筑坝，危害各县水利，经治江会议决，咨省先行测勘，停止筑坝，惟闻该公司正在招工，应请电县严饬解散，以定人心。常熟县农会、教育会、商会、水利研究会同叩。删。

（1922年4月16日第2版）

本邑新闻：农、商、学、水四公团致张謇老函·福利公司秘密开工

南夹案，虽由治江会议决缓筑，而省令尚需时日，非法之福利公司秘密开工。昨日本县农会、商会、教育会、水利研究会公函张南通。文云：

謇老尊右：敬启者，治江成立，群情欣忭，江南沉灾，庶其有豸，仰佩芪筹，曷其有极，代表回里，备述议决南夹缓筑，先行测量，全赖吾公毅力主持，得免危害，全邑人民，生死肉骨，感荷靡涯。所有议决案，想已咨达省长，惟昨闻南夹已秘密开工，倘少延迟，恐多周折，务望台端力持正义，严速移咨省长电令停筑。俟测量告竣，规划完备后，再行由治江会进行。事关合邑生命财产，治江会全体威信，想必乐于赞助也。

（1922年4月16日第2版）

本邑新闻：电劾沙田局长之锡讯·擅自处分南夹

段山南夹，关系苏属各县水利，邑人士函电纷驰，反对筑夹，也已迭志本报。兹得锡讯，该邑省议员华彦铨等，又因江苏沙田局长屠文溥未经部令核准，即擅自处分段山南夹，置下游各县水利于不顾，故特于昨日分电公府、国务院、财政部各机关弹劾。其文如下：

江苏沙田局长屠文溥未经部令核准，擅自处分段山南夹，得贿巨万，举省反对，民怨沸腾，应请立予撤任严办，并简苏贤继任，以慰民望。

（1922年4月16日第2、3版）

本邑短简：县署委笪警佐前往沙洲会同弹压

南夹秘密开工，县署竟委笪警佐前往沙洲会同弹压。

（1922年4月18日第2版）

本邑短简：驻沙巡官张鹏呈报县署

驻沙巡官张鹏呈报县署，据福利公司总工程局函请，莅局保护坝工。

（1922年4月18日第2版）

本邑新闻：关于筑夹案之又一代电

邑绅邵松年、俞钟颖、宗舜年、赵宽、徐兆玮、张鸿、丁学恭、瞿启甲、丁祖荫、蒋凤梧、陆琦、王庆芝等，昨日又代电南京王省长，略称奉元电内开，南夹案据沙田局所称绅团意见，可请沙田局明白核示等因。查此案本邑正绅公团事前无一与闻，事后无一不反对，殆不外绅团外二三人弋取私利，不顾地方危害之私图，其意见至如瞭，乃该局不审利害并不征取地方意见，遽尔朦呈请筑，钧座既经核准于前，自能查究虚实于后，应仍请切实饬究。该局何以专徇私人，不顾公义，将来内水迅滥，年谷不登，国家赋税，必至无出，民生损害，尤当赔偿，该局能否完全负责之处一并明白声复，以释众疑而平众愤。再治江会主张缓筑南夹，业经议决，而该公司日夜开工抢筑，置若罔闻，并请迅电江、常两县严令解散，以安人心，迫切待命。

（1922年4月18日第2版）

本邑新闻：请禁福利公司之县令·转请核示饬遵

曹养纯等前日具呈县署，请求传福利公司发起人罚办并勒令停工一节，已志本报。兹悉县批云：

呈悉，查福利公司承领段山南夹滩地，兴工筑坝，系沙田总局呈准督军、省长令饬办理，据呈前情，应候转请核示饬遵云。

（1922年4月18日第2版）

本邑新闻：反对段山筑坝之别讯·如皋沙元炳等非常愤激

长江下游治江会急待解决之最大问题，即为段山筑坝。前日在申开大会时，江、常通知各县代表，各就利害关系辩论良久，结果以多数公决，急电省长，暂缓筑坝。乃顷闻南夹已于三月十八日秘密开工，如皋代表沙元炳、张相等闻信极为惶惧，特联名致电有关系各方面，表示反对。一方面召集如皋旅沪同乡会各界开紧急会议，筹商对付办法，其函电分录如下。

致长江下游治江会电

会长先生钧鉴：南夹筑坝，危害甚巨。本月十二日曾经大会议决，咨请省长令行停筑。顷报载南漕定于阴历三月十八日开工，实深惶骇，本会公文是否缮发，应请照议决案速电省长迅令停筑，以救民命，并盼示复。如皋代表沙元炳、张相、胡兆沂、方家珍、汤景楂、丛遂昌、俞铭德、黄文浚。铣。

致如皋旅沪同乡会各界函

飞启者：如皋对岸之段山，近由江、常两县筑坝，南漕江水北流，损害如皋江岸，坍失田亩不可数计，事属如皋生死关头，拟于阴历三月二十日午后二时，假贵州路逢吉里上海各路商界总联合会，召集如皋旅沪同乡会筹商办法。凡我同人，届时准临，无任盼祷。

如皋各公团代表黄文浚、丛遒昌、方家珍、汤景槎、张相、俞铭德、胡兆沂同启。

（1922年4月18日第2、3版）

评论：敬告南夹两岸沙民及主持筑坝的人

自从段山南夹筑坝的风声传到我们的耳鼓，我们就为沙洲市沿南江两岸的居民抱着无穷的杞忧。盖自该坝筑成以后，不要论别的地方，就我们沙洲一市而论，由南江（按，当为"南夹"）而出水的田亩，不止几千万亩，这几千万亩的田，将来一遇着淫雨为灾，像去年的复辙，泄水无门，将奈之何。若辈醉心于滚沙滩无心肝的，固置吾民于死活不顾，只要求得大利所在，所以始而以甘言相诱骗，什么水利费咧，教育基本金咧，都是欺骗小孩子的话。坝成以后，就没有什么人来理直这笔事了，那么你们到那里去取水利费？到了那时要去阻止他，也无从阻止了。

主持筑坝的人，实在是利令智昏，不顾人的死活，只知道厚他的产业，遗给子孙，什么水利不水利，我知道他们的宗旨，原来不过是"欺骗"两个字罢了，坝成之后，沙民要来要求开通水道呢，再向他们筹费，仍归是羊毛出在羊身上，我们那有这笔浮余的钱来替你们开通水道呢？损人利己，全无人道，笑骂由他，厚利还是我得之，我不啻为当今主持筑坝的人写照哩。

总而言之，要筑坝，先开通水道，沙民的宗旨要牢抱，勿以若辈拥有兵士，而就馁你们的志，我沙洲沿江居民听听！

但顾利己，损人的事体勿顾，须知道为子孙留一点阴德，这虽是迷信的话，但也非虚语，主持筑坝的人听听！（作者署名"沙洲分子"）

（1922年4月19日第2版）

本邑新闻：南夹筑坝电讨屠总办·分电国务院、财政部、水利局

本邑学、农、商、水四公团，昨为筑夹案，又分电北京国务院、财政部、全国水利局。文曰：

常熟滨江，南夹筑坝关系下游各邑水利至巨。乃沙田局长屠文溥，不请示财部，不询问绅团，勾串未注册之公司，悍然封夹，徇利违法，障水殃民，应即迅予撤惩，并严重制止。常熟县农会、教育会、商会、水利研究会同叩。筱。

（1922年4月19日第2版）

本邑新闻：南夹筑坝案近讯·沙民纷纷电省呼吁

南夹案，业于十九日上午十时许秘密兴工。军警三四百人，荷枪弹压。农民之强壮者，皆荷铁叉钉耙，欲与汤工程师为难。汤见势不佳，即将警笛乱鸣，兵士蜂拥而至，汤得出险。惟闻沙民有一二人被枪伤。现悉筑夹之作工者，计有万人，工程已竣者，计全坝五分之一，顷在积极进行中。沙民非常愤激，昨分三起，效电军、民两长吁恳，汇录如下：

（一）沙民陶德昭、黄元吉等电：南夹潜日兴工，梗日绝流，农田旱潦受害者，迫叩电令停筑。

（二）沙民徐文澄、陈正道等电：封闭南夹，断绝生机，军警强压，誓将身殉，迫切电闻。

（三）沙民唐汉英、陈亮孙等电：军队枪伤沙民，舆情愤激，吁恳电令停工查办。

又沙洲市通讯云：

南夹筑坝，需用稻草芦柴甚夥，以致近日南夹江中装柴之船络绎不绝。十六日，有九船满装芦柴行经朝日头港，忽起狂风，由东北而来，其时正在落潮之际，风兴潮急，九船顿失驾驭之力，尽遭覆没。幸有该处停泊之舟急出援救，然已两人失踪。后由福利公司雇人打捞，闻至今仍无着落云。

(1922年4月20日第2版)

本邑新闻：关于南夹案之零拾

邑绅顷接崇明、如皋张、李二君来函云：已面谒军、民两长，先将保护军警撤销矣。昨日又接北京财政部来函云：南夹筑坝案，已批驳不准云云。

段山南夹筑坝处有兵士殴伤泥夫而毙命，闻福利公司有一千元谢罪之说。沙民对于南夹筑坝愤激异常，除前昨电吁军、民两长外，原历念四日在合兴街三官殿开公民大会，闻到者千余人，议事结果容探录。

(1922年4月21日第2版)

本邑短简：鼎丰公司照议办理水道淤塞

沙洲市农民陈怀刚所住各圩田亩，前因筑坝，水道淤塞，曾经议决由领滩者负担开通。今呈经县令，鼎丰公司照议办理，以维农业。

(1922年4月22日第2版)

本邑新闻：县水利会召集临时会

县水利会昨日通函各研究员，略称：

兹定于四月二十六日（夏历三月三十日）下午准二时开临时大会，讨论南夹等重要问题，并治江会代表报告经过情形。务希准时早临，幸勿缺席是荷。

(1922年4月22日第2版)

本邑新闻：关丝沙滩地案将告结束

海虞市公民钱禄爵，昨为遵具赠予行为切结，请县分别转呈。文称：

窃禄爵之堂兄钱禄书，前年报领常熟县关丝沙东胜、北新两圩下脚新围田一百四十亩，正于上年夏历八月由公民等电请捐归明代唐忠臣天恩专祠充费，即奉徐大总统饬部注册，续于十一月续发元电，复蒙饬部咨省行县立案划界，并查询公民等有无完全赠予权等因。早经沙田分局吴专办实藩、钧委王泰，将钱禄书关丝老案新围田一百四十亩，按照原报四址如数划钉在案。禄爵会同侄孙即禄书之孙之英，又于本年一月将办理本案情形先行电向总统报告结束。现查此项沙田前经召佃围筑，以两熟秋租、一熟夏租抵作围岸经费。先经陈明国务院、省公署在案，并蒙钧署谕饬该沙严圩书，奉复有案。上年捐归唐忠臣祠时，曾由族长启承会同族众，以事关唐祠保护古迹之经常费，共乐赞成，公议允洽，早经奉明总统、省长在案，是公民等于本案沙田之有赠与全权已为全族所公认，自不至再生疑义。今奉前因，合具同样赠予切结四纸，除以一纸奉呈钧署备核外，余请分别转呈大总统、内务部、省公署，以重公案，而资结束，为此具词呈送，仰祈县长鉴核施行，实沾公益，再前奉总统饬部抄单并发，想系唐忠臣祠善后事宜，并恳给示宣布，俾便只遵，合并声明云。

（1922年4月22日第2版）

本邑短简：庆凝沙缺口工竣

庆凝沙圩书杨惠生奉谕填筑缺口工竣，昨呈请县委验收。

（1922年4月23日第2版）

本邑短简：带子沙以南农民抗福利公司筑坝

带子沙以南一带农民，近日集农民数百人，吃议头面抗福利公司之筑坝，福利公司近已调兵南局预防。

（1922年4月24日第2版）

本邑新闻：南夹放领滩地之质问书·锡邑省议员钱基厚等提出·本邑七位省议员竟无一连署·咨请王省长五日内答复

本报昨得南京快邮，悉锡人钱议员基厚等十二人提出对于《段山南夹放领滩地质问书》，业于四月十九日咨请省长答复。书云：

为质问事，段山南夹放领滩地，本员等以其有关长江水利，迭电省长，请饬沙田局万勿放领。运置未复，现经治江会议决缓筑，足见公论尚在。惟治江会之设，据部文宣布，原以游沙丛聚，筹疏浚之计，今有人壅沙自利，而省长兼任会长充耳不闻，已乖名贤。乃前见报载，更为会电军警一体保护，本员等迭电吁陈，熟视无观，岂真形同聋聩，抑或别有原因？此应质问者一。查清理沙田局章程，凡水影光滩，不得放领。本省沙田局历年所放，十有六七系水影光滩。去年常会经吴议员廷良等提出质问有案，段山南夹滩地，据报载沙田局原估，亦仅十四万亩，证以从前情形，恐已多水影光滩，而承领者更虚张其数。而三十万亩，藉非水影光滩，更何以有此沙田局贸然放领，省长有监督之责，亦不予驳诘。而沙田局呈部反以已奉省批为言，纵容属僚，显违定章，此应质问者二。查沙田缴价，系属国家收入，历来均由沙田局呈准财部办理。此次南夹放领，忽变更定章，本员等详细调查，财部于四月一日接据局呈，旋于四日复据代电称，谓已省奉省批，并不候部议复，视中央若弁髦，置舆论于不顾。江苏非自主省份，局长系部派人员，何所恃而无恐，是否省长故纵？此应质问者三。谨依省会暂行法第十九条之规定，提出质问，请径咨省长，于五日内详为答复。

（1922年4月25日第2版）

小言：我欲问

前数日邑中因筑夹事，群起力争，激昂慷慨，朝也电报，暮也快邮，见者莫不曰：人心不死，公理犹存。曾无几时，消息传来，某日南夹开工矣，某日南夹合龙矣，最初提案反对筑夹之某等，于此反嗫不一声。前后相形，乃竟大异，感情转移之速，一至于此。我欲问。

封锁南夹，我邑受害最巨，尽人知之，乃提出质问书者，不出我邑之省议员，而出于无锡等处省议员，对于全邑利害所系之水利，犹漠不关心焉若是，他无所论矣。所谓人民代表者何？我欲问。（作者署名"育才"）

（1922年4月25日第3版）

本邑短简：季融五等昨代电呈报姜小郎等纠众毁局殴人

季融五等昨代电呈报姜小郎等纠众毁局殴人，不服军警弹压，请县严缉重办。

（1922年4月26日第2版）

本邑新闻：昨日县水利会开会纪略

昨日下午二时，水利研究会在事务所开临时大会，到会者黄寿、石清镇、丁祖荫、屈嗣奎、张鸿、周禹谟、朱璞、薛翔凤、周球、曹钧培、缪曾湛、蒋寿鹏、蒋凤梧、夏钧、徐宗鉴、顾思诚、庞鸿渊、陈光煜、汪翼照、赵宽、宗舜年、房锺福、曹涵学、邵福澍、王鸿飞、范玉凤、徐方徕、李伟等廿八人。由丁祖荫主席声明开会理由，并请本会出席治江会代表蒋韶九、张隐南二君报告经过情形。蒋韶九即将治江会开会情形详细陈述，大略谓南夹筑坝问题，江阴县代表颇有偏袒论调，余如如皋、靖江、常熟等各代表均持反对态度，且甚激烈。后经该会议决，咨请省长暂缓筑坝，先行测量规划。嗣得确息，该会已经将议决案电请省长。丁主任又谓南夹应何如办理，请众讨论。蒋韶九起言：南夹业已实行开筑，本会在未筑时早经表示反对，及今主张放任，本属未便，若何办理，应俟省署咨复治江会后再议进行。续由曹涵学主张，用实力对付，一面派员演说，一面集资铲坝。各会员均激昂异常，一致表示赞成。主席以主张铲坝付表决，全体起立赞成。王鸿飞主张先行急电督省，若无办法，再议铲坝事宜，众皆赞成。当场由主席推出王鸿飞、张鸿二君为起稿员。暂告休息。嗣又继续开议，通过电稿，并推荐蒋韶九、宗子旦、王采南三君为本会代表赴宁晋谒督军、省长，请求电令停筑南夹。议毕散会。兹将电文录志于下：

南京督军、省长、省议会鉴：南夹筑坝，全县危害，迭由本邑各法团一再电请，及治江会公决电咨，停止筑坝，先行测量，官厅并不照案执行，以致福利公司进行愈急，群情异常愤激，以为官不足恃，纷纷集议自行铲阻。如果官厅再无明令停筑，势必酿成巨变。事机危迫，急候电令。常熟县水利研究会、教育会、农会、商会公叩。

（1922年4月27日第2版）

本邑新闻：南夹筑坝之怪兆·海龙王呼冤·癞团鼋撼坝

昨日本报接沙洲市通讯，其事颇奇，志之如下：自十九日小汛底动工，适值天明气清，水波不兴，一班办事人员暨苦力工人，均得意洋洋，怡然自乐，豫料可计十日而告竣事。若告竣事，不难一跃而为富翁矣。日以继夜，夜以继日，一昼夜可筑二十丈。测计该处江面不过二华里，须时十日，定可完工。不啻路拾遗金，捐官买马，由己享受。辛苦十日，荣华万代，将来幸福无穷。讵知于（二十七日）晨，西风暴吼，江浪掀天，抵下午六时，潮水怒涨，新坝俱浮，立即坍去六十余丈。且据苦力工人云：于前夜三鼓时，在汽油灯相映之下，见江心中流立一披发之绿鬼，长啸一声而灭，其声哀号，状若狗哭。一时工人目击者咸胆慄心惊，不肯向前，荷泥抛江矣。迨至东方既白，乃再动土挑筑。孰知妖由人兴，怪中生怪，白昼又见坝旁（南岸）突遇巨鼋一只，大与城内李王宫之七星坛相似，浮氽水面，历一小时之久始没。况南夹之水，疾流如矢，非同北夹可比。余（访员）探得个中当事人某君云"转瞬旬日，挥霍万金，迩来又将潮汛转复涨，基本金已用尽，难能调度"云云。推揣其语，实出于灰心。由是以观，南夹之筑成与否，恐难获美满之效果也。

（1922年4月27日第2、3版）

本邑新闻：申请禁筑南夹之又一电

段山南夹筑坝，不日合龙。前日县水利会议决自由铲阻，当即由水利研究会、商会、教育会、农会特电督军、省长、议会，请求电令停筑已志昨报。昨日水利研究会等又电南通张啬老。文云：

南夹筑坝，危害全邑，治江会议决暂缓筑坝，先行测量，电咨在案。事隔多日，省署并未照案执行，而福利公司进行愈急，不日合龙。群情异常愤激，纷纷集议自由铲阻。如果不发明令，恐酿巨变，迫请贵会援案迅电省长克日执行，无任盼切。常熟县水利研究会、教育会、农会、商会同叩。

（1922年4月28日第2版）

本邑新闻：疏浚港道请县给示

沙洲市公民吴正义、陆步元、曹印年、江仕林等，昨为疏浚港道，振兴水利，以资灌溉，而护农田，请县给示呈称：窃民等居关丝沙北新、复修、东胜等圩，焦沙夹漕、正丰拱复等圩，横墩沙扁担等圩，耕种为业。各圩水利向恃穿心港为宣泄之要道，南注北夹江，北达常通港，而直入大江。自北坝成后，新滩骤涨，此港日就淤塞失水，北三、四圩尚可贯注，靠南十数圩前无从蓄泄。上年春秋之间，潮雨为灾，十数圩田亩尽延淹没，灾荒倍剧，盖由于该港之不得宣泄也。今新滩尽成，水利渐兴，而民等各圩仍无动机。况又将届夏令，正棉禾播种之时，转瞬潮雨时行，欲求将来收成之丰稔，全恃乎水利之振兴。民等不得已，乃即邀集各圩业民公开会议，先行疏浚穿心港，以备旱潦之患。无如频年荒歉，民间财力有所不逮，然水利关系，上年可为殷鉴。为减轻负担计，议决凡有资者出资，无资者出力，核实按亩摊派，以期一举两得。工竣时宣示公众，以昭慎信。即经各圩农民赞同允洽，推举民等六人为代表，一面先事规划，实施疏浚。潮雨大汛，转瞬时行，工程不近及待，诚恐无知愚民及不法棍徒，有藉端阻挠诈扰情事，故特拟具办法，绘附草图，联名具呈，环请县长鉴核，迅予给示布告，藉资护持，以兴水利而裕民生，不胜感祷待命云云。

（1922年4月28日第2、3版）

评论：南夹坝停工·将要向海龙王算账了

前天季融五曾说"向海龙王去算账"，不料如今将实验了，记者不禁为投资筑坝的大资本家呼一声冤枉。

段山南夹奉省令而筑坝。起初开工的时候，大有一日千里之慨，不一周而就宣告成功了。谁知为山九仞，功亏一篑，泥夫为了增加工资起风潮，停止了半日一夜，因此就延期合龙。而小汛期过，大汛初起，水势加急，竟有失败的现象。设使在这大汛中全部的坝都被冲刷，那末从前的损失，只好向海龙王去算账了。

记者自从得了海坝处的恶耗，就推想着投资筑坝的人，倘若该坝万一不得合龙，将来必定有一番大争执，势必至不经官厅断断不能解决。这是何故？公司办事的人，甲有甲的主张，乙有乙的主张，甲不用乙的主张，乙不用甲的主张，于是冰炭不相容，意见分歧，杂乱无章。而主张其事的将来为众怒所归，于是乎就有法律上的交涉咧。（作者署名"觉后"）

（1922年4月29日第2版）

本邑新闻：段山夹筑坝近讯·现暂中止以俟小汛

段山南夹坝，于前月二十日（指阴历）午后兴工挑筑，预计于二十五六日内合龙，故日夜赶挑不辍。后经阴雨之故，大起风浪，以致冲坍不少。后复因泥夫要求增加工资而惹起风潮，于念五日午后停工半日一夜。主办者焦灼异常，只得承认增加工资。经此停顿，合龙之期不能如初愿。近值大汛之际，江水汹涌，势难挑筑。该公司再三会议，藉省支用，一俟大汛一过即行继续挑筑。余（访员）昨赴该地参观该夹，南北双方并进，南深北浅，故北坝长而南坝短，江中更筑一岸，以防水之冲坍。自停工之后，该岸日潮冲坍，此汛过后，不知能否筑成，尚在不可知之数。而该公司近来正在装运黄石封该坝之两端，以防江潮之冲坍云。

（1922年4月29日第3版）

本邑新闻：各公团致本邑省议员函

昨日水利研究会等公团致函本邑省议员。公函云：

怀玉、治衡、幼苹（按，应为佑平）、巽行先生执事，省会召集，大旆云集白门，崇论宏议，福我桑梓，无任企盼。南夹问题，迄未解决，邑中各团体及治江会迭次电咨官厅，迄无办法，阖邑人士害感切肤，集议阻止筑坝，先行测量，欲以达各团体及治江会公决之宗旨。惟念台从品高望重，为吾邑八十万人民之代表，决无坐视沈溺，袖手旁观之理。昨见报载无锡、如皋省议员提出质问书，要求省长答复，以锡、皋两县身受间接之害者尚能大声疾呼，代乡人之哀吁，吾邑直接受害，远过二县，加以执事等热心公谊，绝不漠然无为，不一援手，务望公等迅即提出质问书，以警官邪。并望面谒军、民两长，痛陈利害，如可挽救，当以馨香奉祝。宁为之而无效，勿可为而不为，此实八十万人民所九顿首以请者也。昨闻南坝将近合龙，忽遭冲刷数十丈，如能乘机进行，或达缓筑之目的。天时人事，间不容发，急起力图，无任迫切。待命之至，专颂大安。

（1922年4月29日第3版）

本邑新闻：南夹筑坝功亏一篑·依旧未合龙·汽油灯回常

南夹筑坝，自经潮汛后，迄未合龙。虽有黄石沙船捍御，亦无效力。现下非但不合龙，且已成之局又被冲坍十余丈，波及北夹，亦有冲损。主其事者，刻已力竭囊空（已用去十五万元），只好作罢。城内租赁汽油灯之人夫，前昨已一律回城。但留水利者，绝不能乐观云。

（1922年5月1日第2版）

本邑新闻：围筑南夹军队枪伤沙民·督军、省长曾令查明实情

县署昨训令主任警佐文云：本年四月三十日，奉督军、省长训令开，案据沙洲公民唐汉英、陈亮孙等效电称，军队枪伤沙民二人，舆情愤激，吁请电令停工查办等语，究竟是何实情，该唐汉英等住居何处，被伤者何人，加害者何队，除分令江阴县知事外，合亟令仰该知事速即查明核办具报，此令等因到县奉此。查此案未据具报，亦未据该公民等来呈。究竟是何情形，合亟彻查，为此令仰该警遵照，立即就近查明实情，并将被伤者何人，加害者何队，及唐汉英住居何处，刻日详细具复，以便核实转报，毋延云。

（1922年5月2日第2版）

评论：天时与人事

孟子曾云：天时不如地利，地利不如人和。苏子瞻亦云：人定可以胜天。是由天任运之说，古人早已否定之，不待至近世而始见其不可靠，然而以现在不定之人事转不如不可靠之天时，我人对之所起之感想如何？

段山南夹筑坝，沙线引长，西北诸要港尽为封决，不得宣泄，竭全邑各法团、各士绅之力，纷电固争，重以舆论一致之反对，结果不过使得季通不得列席于治江会，于实际，筑坝则依旧进，官厅亦未有片纸只字停止之命令。设非旧历二十七日起风雨时作，海潮向夹内灌，则今日固早已合龙，主其事者皆面团团作富家翁矣。会议何用，电报何用？

我邑水利，至今仍有一线希望者，不在人事，而在天时；彼野心家所以失败于南夹者，不在人事，而在天时。呜呼！天时至不可靠，而今之人事更不可靠也如是。

（作者署名"曼"）

（1922年5月3日第2版）

本邑新闻：南夹筑坝近讯·办事员暨夫役尽已遣散·中段冲去十之六七

南夹坝自前日停工之后，办事员与泥夫均各遣散。余（访员）前日往该地参观，该坝中段已冲去十之六七，经此大汛，潮水势必至冲去大半，目下该夹之中段水深二丈有余，而泛起者尽为泥沙，将来即欲继续，工作亦甚困难云。

（1922年5月3日第2版）

本邑短简：杨育才等赴沙洲市游行演讲

杨育才、范冠东、周启新等四五人，为南夹问题，于前星期驰赴沙洲市各沙，以及新庄、鹿苑、塘桥等处，游行演讲，昨晚回城。

（1922年5月5日第2版）

本邑新闻：令查沿江地方水利情形·关系地方永久利害

县署奉省长公署训令云：为训令事，案准扬子江水道讨论委员会咨送工程师柏满视察扬子江自汉口以迄上海情形报告书，业经开会议决，先行发交扬子江技术委员会审查，一面分行沿江各省征集意见等因，并附柏满报告书到署。查阅报告书，内载有拟通行长江流域，各省官厅请其备具节略，载明各该地关于长江各种问题，详细陈述，交由柏满等考量等语。查外国工程师，无论其学术如何，而沿江各地对于长江各种关系，非素所审。倘非由地方机关熟悉情形者指导明白，端难得其详细，即将来视察结果，亦必难期其适合。然外人素崇资望信任，柏满甚深我沿江各地方机关，如不于此时告明利害关系，令其计及，将来一经勘定，外人必多恧恚，扬子江技术委员会必不敢稍持异议。斯中央不得不凭其报告，作为计划根据，直至凭藉以定。如沿江各地方尚欲加以修正，恐难有济。本省长为注重地方利害起见，准咨前因，除咨复并分令南北水利局，滨江各县外，特行抄同咨复原稿，令仰该知事悉心研究，凡关于所属滨江各县地方，暨各河湖持长江为宣蓄门户，及沿江各圩岸受江水涨落、流向冲刷、沙洲淤塞之危害者，切实调查，分别县名、地名、现状暨危害情形，附陈希望浚治之意见，详细列表，限文到一个月后，呈候汇核办理。事关地方永久利害，各该县知事，身任地方官吏，为地方谋利防害，责无旁贷。此条特令之件，毋得视为具文云云。

(1922年5月5日第2版)

本邑新闻：围筑南夹之内幕零拾·福利公司内部分裂·投资者呼冤不置

南夹于前月杪合龙未成后，主持者已心灰意懒，更加邑人反对之声浪益高，遽萌消极之意，只想此番工程经费内弄得几千块钱就够了，坝之合龙与否，亦所不计。现下坝之缺口渐渐广大，据记者目测已有四十余丈，而水深较前更甚，当初只有五六尺深，顷已达到二丈余。倘若必要合龙，工程上不减第一度（开工后）之所需。闻得福利公司费用顷已达到十七万元，其实所费不过七八万元（泥夫工作三万元，稻草、芦苇、石子、麻袋、大船等原料费二万元，南、北两局费以及其他费约三万元），其余九万元悉被中间人及局内经理、司事回扣吞蚀。例如破船一只，买价三十元，而报销一百念元；汽油灯每盏二元，而报销四元。经济权全在江阴人之掌握中，顷闻公司内部各自分裂，意见枘凿。一部分人以回扣已着，所入足资敷衍，不愿再事进行，且有倒戈之举。前日某等在茶肆大演讲筑夹之危害，而某君（公司中人）亦点首称是。顷公司领袖已赴沪协商善后。前日（初七）继续开工，两局办事人及泥夫均不及开工时之踊跃。下午东北风大作，潮汛虽小，而水势仍急。倘昨日再不能合龙，主持人拟于下半年易地挑筑，但这番十余万工程费用尽付江流。虽然，在主持筑坝者及公司办事人员仍无损害，有所得过于有所失，或有一无所失而坐获巨金。最呼冤者，乃一般投资福利公司之财翁耳。

(1922年5月6日第2版)

本邑新闻：游行演讲之南夹问题

杨育才、范冠东、周启新等，于前星期雇舟赴沙洲市各沙，以及塘桥、鹿苑、新庄一带，游行演讲南夹筑坝之利害。舟泊塘桥镇，唤车到新庄港，冒雨步行到老沙之二圩港、合兴街。翌日又唤车驰赴玉兰镇（按，即悦来镇），渡江经盘篮沙而至常阴沙之南兴镇。次日又折回，到东兴沙、西港，渡江而到鹿苑口，在鹿苑镇憩焉。次日又从鹿苑到新庄港，经乘航桥而到塘桥，前昨回船返常。此行凡十余处，足迹所至，就乡茶肆，演讲常熟河流大势，痛述南夹筑坝之危害及原因，并以人身血脉之循环，譬喻全县水道之蓄泄，旁引曲证，一般乡民如梦乍醒。听讲人数，各处均在百人以上，而以合兴街、南兴镇、鹿苑三处为最多（均在三百人以上）。各处民意反对筑坝之激昂，亦以上三处为最。杨等每到一处，演讲完毕，当场散发印刷品数百份，并在车上沿途散发，尽力宣传，人多叹服云。

(1922年5月6日第2版)

评论：投资南夹之我见

南夹筑坝，自经军、民两长饬县保护后，投资者蜂起，莫非思于围筑成田后分一杯羹。讵知事与愿违，天不助人，南夹开工以来迄未合龙，而福利公司之损失已达十余万金。倘或天与人归，努力加工，即日合龙，差为投资者庆幸。不然，十余万金全属投资者之血本，一日掷诸虚牝，能不心痛？然此十余万金多半散在沙洲，按去年沙洲潮灾之惨状，本年沙民之乞食情形，今得此十余万金，如同膏雨甘露，则诸君之投资南夹，何异于赈济灾黎？现南夹休矣，诸君快作如是想，庶不致心劳而日拙也。（作者署名"觉后"）

（1922年5月7日第2版）

本邑新闻：水利会代表赴省呼吁筑夹·王省长说心上对不起常熟·督军派副官延见、五号亲见

水利研究会为南夹筑坝危及全县问题，已迭电军、民两长，前月并推代表蒋凤梧、王鸿飞到宁晋谒两长，陈述利害。兹悉蒋、王两代表，于四日上午晋谒王省长。省长备述此案成立主因，在军署需饷，闻得沙田局报告，有如此巨款，何乐不筹，并闻有绅团协议妥洽，必无危害，军署即拟稿照准，循例送签会衔。后来接到许多函电反对，觉得心上很对不起常熟人民。但案既成立，且碍于军署筹饷，断难推翻，实则军署受季、郑之欺，致使省署左右为难。但无论如何，省署对于水道完全负责，今二公来，正可从长商议，必得一解决办法，归告父老云云。旋谒政务厅长，厅长云此事真相，具知底蕴，但咎不在省署，省署明知之而不能置一词。常熟团体函电总说缓筑，省署对于"缓筑"二字颇难答复，因福利公司定案，除缴保证金十万元外，需合龙后缴款。军署需款，急望合龙，缓筑如何说得到。今要商量办法，可于规划水利上注意。两代表即云：规划水利，省署有无办法？厅长云：常熟人既不根本反对筑坝，自是明白体要，二公之来，可破隔阂，推诚商量，必得一切实办法，已电报沙田局总办，及福利公司主要人物，来宁会议。代表即请省署迅派干员，会同沙田局、常熟县知事，报呈（呈附后）候批。下午见督军，督军派副官接见，说到南夹问题，代表等略述大概。副官即说，本署已接到地方函电多起，督军深以顾及水利为必要，当即同省长商量办法，以副地方之期望；明日十时半，请再来署，督军欲亲自会见代表。余俟后详。

蒋、王两代表折呈省长文：

谨折呈者，段山南夹筑坝一案，常熟县各法团以筑坝有害全县水利，公推代表等面谒钧座陈述意见，荷蒙延见，并对于规划水利认为必要，官厅当负完全责任，足证省长重视农田水利，无任感佩。兹拟呈请迅派干员，会同沙田局、常熟县知事，召集全邑各法团详细规划水道，俾重水利而安人心，伏候示遵。

（1922年5月7日第2版）

本邑新闻：巡回演讲员来沙

巡回演讲员杨君育才、范君冠东等，于日前（原历四月初四日）来寿兴沙聚南镇（亦名二圩港）鸿园茶社演讲。首由杨君，次范君，皆以南夹筑坝与水利之关系为题，杨君喻以人与血之关键，范君释以"公益"二字，洋洋洒洒，不下千言，痛陈利害，的而且当。听者三百余人，莫不挥泪奋臂而欲战。后由周君发警告工头和泥夫单数十纸。历二时许，始雇车往合兴镇云。

（1922年5月7日第3版）

本邑新闻：代表呼吁筑夹之省批·候委员来常召集各法团规划

本邑水利研究会，前推王、蒋二代表，赴省谒见军、民两长，并递折呈，请派员会同局、县，召集全邑各法团规划水道等情，业志本报。兹王、蒋二代表昨已回里，而省长对于二代表折呈之批令，谓据呈已悉，候委员会同沙田局派员前往，会县召集全邑各法团，会议具复核夺。顷悉省署委邑人庞树森，沙田局委汤某云。

（1922年5月9日第2版）

本邑新闻：南夹坝有继续兴筑之说·某某等另组志成会·召集一百股计五万元·日内招工继续挑筑

段山南夹坝，前汛底未能合龙，福利公司以亏本浩大，各股东均无志兴筑。近数日来，有某某等重行组织志成会，于前日再三开会讨论对于继续兴工之种种办法，一意达到合龙之目的。余（访员）闻某君来述，该会已组成，召集一百股，每股五百元，合计五万元。会中司事人员略加裁汰，以节省公费，闻于日内即行召集居民挑筑云云。

（1922年5月11日第2版）

本邑新闻：江、常水利经费有着·围筑南漕案缴价内先借三十万元·将来就围成田亩每亩增收水利费一元·所借之款由公款公产处具领保存

江苏沙田局呈复督军、省长：

遵令妥拟开放南漕案内补助借拨各地方水利经费，保存及工程计划各办法，请鉴核文称：案奉钧署会同省长、督军第四二三五号指令，职局呈奉令筹放南漕集议情形，并录呈江、常绅民拟议办法，请鉴核由。内开：呈及附件均悉，据称业与江、常等县绅团会议，赞成开放南漕，妥筹水利等项需款数目，并另呈由福利公司自备工本，筑坝报领三十万亩，按照丙等定价田滩，并缴每亩银六元，共计银一百八十万元，分期缴纳等情，对于水利放领，并筹兼顾办法，尚属所行。惟治江问题关涉国家，所照原呈所拟办理外，其他江、常水利经费系属地方性质，不能在缴价项下提拨，但水利事亟为两全起见，公家所放缴价项下先借三十万元，拨作规划水利之用。以后每年九月由省派委到家，察看就围成田亩实数。每亩增收水利费一元，为归还借

拨之款，以收足三十万元为度，如此另准照办。该福利公司报领是项涨滩三十万亩，先缴保证金银十万元，按照原呈分期缴款，不论何期，不得违误，如有违误情事，应惟该福利公司全体是问。至分别补助借拨各地方水利经费，亦应先将保存办法及办理各项水利工程计划，如何规定，藉杜弊端。合亟会令该总办迅将上开各节妥定切实办法，呈候核夺。并将与南漕毗连已报领给照各案预先截清，绘列图册，划定案位，免滋纠葛。切切此令。附件存，等因奉此。仰见帅座、钧长，于地方利害并筹情形慎重之至，莫名钦服。除录令函知江、常各绅知照外，总会办窃查季绅通等，原议筹配江、常水利三十万元，治江楗费六十万元，既蒙核准，治江一项，照原呈所拟水利一项，公家先从缴价项下借垫，一俟滩费缴楚之日，即由职局按照总数九十万元呈解省长公署、钧署。其余借拨江、常水利之三十万元，拟请发交江阴、常熟两县知事会同两公款公产处经董具领保管，并乞省长、钧长分令该管知事，转饬江、常两县水利研究会悉心规划，于两县老沙水道，亟应如何疏辟，以资宣蓄，妥速统筹尽利，绘图贴说，呈县通详立案，由两县水利局查照执行。庶于季绅等，原议相符，且以本地之人计划本地之事，必能熟悉情形，提置得宜。亟于治江楗费六十万元，应请俟长江下游治江局成立，拨交查存。其通、如方面，应如何筑楗保圩之处，事属治江职权范围，未便悬拟。至通漕老案田滩，遵即饬常、江、靖分局，俟北夹新老各案划钉告竣，即继续清理，以杜纠葛而清界限。所有遵令拟议各办法是否有当，除分呈外，理合具文呈请鉴核示遵云云。督军、省长当即指令照准。兹闻沙田局昨函本邑朱知事，并录原呈，请转行知照云。

（1922年5月11日第2、3版）

本邑新闻：南夹坝工之包办消息

南夹筑坝，耗银十五万，因水势湍急，未能合龙。是坝共长三百十丈，未合坝之处尚余三十丈。兹据确息，此项未竣工程，现由沙洲陈其常、孙雪亭、杨某及某某等四人包办，订明坝费十万元，竣工期如本届不能合龙，则展至冬十月终。倘过期犹不能成功，一切损失统由陈等担任，公司方面无庸顾问云。

（1922年5月14日第2版）

本邑短简：沙洲志成会筹费艰难

顷悉沙洲志成会因筹费艰难，南夹继续兴工，或不果挑筑云。

（1922年5月15日第2版）

本邑新闻：南夹继续兴工之又一讯·五月五日在第十一校会议·坝成后划出二万亩作坝费

南夹由志成会继续兴工，已志各报。昨得沙洲市教育会来函云：
《常熟日日报》转水利研究会、县农会、县教育会、各市乡董事公鉴：敬启者：南夹海坝，已由诸公反对，纷电相争，不遗余力。苍生戴德，实非浅鲜。前因潮势增大，海坝龙门实难收口，一班出钱者常立江边，而兴功亏一篑之叹。低乡人民，正颂诸公反对之功，而歌潮臣冲坍之德。不料本市市董杨同时、学委朱守贞，于五月五日在第十一校集众开会，讨论继续兴工。当时窗外乡民，环而观者，不下数百人。

朱守贞先登台报告筑坝利益，略云："海坝苟成，一则可以保坍，二则尚有三十余万元之水利费。坝成之后，立即开浚河港，不费乡民分文，其利可胜言哉。"噫！海坝一成，断流塞港，涝则宣泄无门，旱则灌溉无源，将来不是桑田变沧海，定必赤地千里矣。朱学委以巧言绐人，其心必险矣。后由杨同时登台，略云："此次继续兴工，与福利公司脱离关系，由我等及坍海边人，贫者出力，富者出钱，集力聚款，一而兴筑之。坝成之后，划出二万亩田以作坝费。"一班贪利之徒，陡然利心大动，到签名簿上，张写五百，李写一千，现在已集至四万余金。一切材料及汽油灯，已于今日下午运到坝上，不日将兴工矣。望前日反对诸公心莫冷淡，亦当继续反对，以杜后患。

（1922年5月15日第2、3版）

本邑新闻：呈复查勘修筑穿心港情形

沙洲市董事曹钧培，昨呈复县署文称：

切奉令查吴正义等呈请开穿心港一案。奉令之下，当即驰赴该沙查看港形，并邀集新老各圩业佃详询问答称：此次开复穿心港一事，于前新圩推定代表吴正义、曹印年、陆显龙等六人，老田十三圩推定代表万鸿书、王得义等十三人，公同集议，所拟办法九条，当时一致赞同，并无异议，即请原代表赴县呈请给示布告，以便兴工，并推定陆显龙经理开港一切事宜等语。查水利关系农田甚巨，不容姑缓，所定办法，甚为周妥，原呈所谓有力者出资，无资者出力，按亩摊派办法，尤为公允，众亦甚和惬。奉令前因，合将查勘情形，并抄呈办法，据实呈复，伏乞县长鉴核，迅予布告，以便兴工而利农田，实为公便云云。

（1922年5月16日第2版）

本邑新闻：公民请禁筑夹之又一令

县署昨饬知公民孙敦行等云：案奉省长公署指令，本知事呈据该县民孙敦行等，呈为南夹筑坝应以水利为前提，妥议办理一案，请核示饬遵由内开，查此案近称该县各公团代表蒋凤梧等来省而陈，并据折呈，请派干员会同沙田局暨知事召集公团规划水道等语，已批准照办，函商督军会令委干员前往办理矣。仰即转饬知照，此令等因。奉此。查此案前据该公民等具呈到署，业经据情转请核是在案。兹奉前因，合行饬仰该公民等知照云。

（1922年5月16日第3版）

筑夹泥夫肇衅之片面词

县署昨准江阴县公署咨称，本年五月三日，奉督军、省长训令内开，据季通、郑立三电称，叚山南夹工次，泥夫姜孜郎、姜荣郎、王木匠、姜文彬、凌正瞎子等，胆敢聚众肇衅，毁局纵火，并殴伤议员杨同时，以及在事员、司人等。虽有军警弹压，而该泥夫等恃众逞凶，目无法纪，几致激成巨变，应请令江阴、常熟两县会同严缉。务获重办□（按，字迹不清）情。据此，除批示并分令常熟县外，合亟令仰该知事会同常熟县知事速即查明核办，此令等因。奉此。查此案前系季融五、郑立三电陈到署，当经令饬高警佐查明情形，（字看不出）将首要缉获送究在案。兹奉前因，除再令催该警佐查缉外，相应咨请贵县查照云。

(1922年5月17日第2版)

本邑新闻：筑夹的人心死乎

叚山南夹自筑后，因水冲去，未能合龙，由志成会接办，筹议经费。本定于十五日兴工，一时经费无着，又宣告停止。今该会东贷西借，于十八日又召集泥夫继续挑筑，以觇其水势，呈否能成，定行止之方针。一般帮办人员，于前日（十七日）纷纷向该会而去。兴工一日，用去四千余元，目睹水势汹涌，不能挑筑，因此作罢云。

(1922年5月20日第2版)

评论：解决南夹案之要点

南夹筑坝问题，纷扰已有月余，迄未有解决。经全邑各法团、各士绅之竭声呼吁，近始得军、民两长及沙田总局之注意，派员来常，会县召集绅团会议规划。全县人民所抱打消筑夹之计划，兹不过达到其第一步而已。

省委之来有日矣，将来如何召集会议，如何规划水利，兹事体大，事前不能不加以考虑。彼主张筑夹者，亦尝自谓经过绅团会议解决，而实际上则出少数沙棍之协定而已。今既系真正之绅团会议，当须公团妥为筹划。南夹利害，关系全邑，不仅一区或一市乡也。倘一误再误，则解决无期望矣。（作者署名"觉后"）

(1922年5月23日第2版)

本邑新闻：派员来常集议南夹问题·军、民两长会委汤健中、庞树森·沙田总局令委常江靖分局陈副办

县署奉督军、省长训令云：案据常熟县各法团代表蒋凤梧等折呈，称叚山南夹筑坝一案，常熟县各法团，以筑坝有害全邑水利，公举代表面谒钧座陈述意见，荷蒙延见，并示对于规划水利认为必要，官厅当负完全责任，足征重视农田水利，无任感佩。兹据呈请迅派干员，会同沙田局、常熟县知事，召集全邑各法团详细规划水道，俾重水利而安人心等情，到省公署。据此，查放领南漕一案，对于江、常、通、如各县水利，均经兼顾并筹，本无所用疑虑，现根据该代表等请求，意欲详细规划水道，

事为防患未然起见，除由省署批准委员会同沙田局派员前往，令县召集全邑各法团会议具复核夺，并令委汤健中、庞树森前往会同遵办暨令局遵照外，合亟会令遵照。一俟省局委员到县，仰即会同召集该县各法团会议具复核夺云云。兹闻沙田局令委常江靖分局副办陈孕寰来常云。

（1922年5月23日第2版）

本邑新闻：沙民请究钉界索费

沙洲市农民顾五等，昨为无故钉界索费取销，请县迅速核办，以保产权而安民业。文称窃民等西瞿城圩东北盘头正塌田五十五亩九分，是由民国六年夹坝成立后切在岸外，九年度仍照原有亩分修复成田，各自执业，去岁清丈挑钉十余亩，民等以为事出无故，两次呈请沙田分局取销划界，究竟如何办理，未奉只字明谕。今春赴案声明，并请饬局取销，后批该民等如果照原田修复，并无丝毫溢出，何至清丈时挑钉十余亩，所呈殊难凭信等情。窃思该田有串可稽，有契可凭，前年委费每亩五元、六元，去岁丈费每亩二角、三角不等，均照五十四亩九分缴纳该局清丈，自应遵照原有亩分，果有溢出，则理所应钉，民等不得擅取。若无溢出，则产权所在，民等何甘放弃。讵丈量，周渭僧从中索费，蓄志已久，始不明言藉钉田为挟制，继则堂皇论缴费以取消。三日之前，面谓该田费银未缴，因此钉界田若不允钉，即着地保开名呈报，作为阻公论。试问该田既无溢出，有何理由钉界？系缘费银未缴，则此费银又属何项？总之钉界其名，索费其实，彼之衷情，始由今日口中吐露耳。民等坦切余生，连年荒歉，一家衣食，时恐不足，何堪丈量生奸法从事，渔夺侵年，为此呈诉。伏乞县长电鉴恩准，饬局取消划界，迅办丈量索费之周渭僧，以保产权而警舞弊，不胜感激之至云。

（1922年5月30日第2版）

评论：为今日会议南夹水利诸公进一言

南夹问题，今日由县会同省委召集各公团正式会议。纷扰数月，有无满意解决，即在今日之会议。记者对于水利经费之取价问题，尚有一言为请公告。

水利经费，固期多多益善，然争得之数虽多，而无的实保障，终成一种宕账，一个虚数，则是奚为。昨日各法团所决定"如有不足，以该公司所领部照作抵"，办法虽是，但此项手续旷日持久，须俟该公司筑成南夹，再俟军署方面之九十万分期缴清，然后可领部照，计时非有二三年不可。试问此二三年中，是否可保必无旱潦之患？不无疑虑。他如今日会议之结束，官厅是否完全负责，公司方面是否完全承认，均有考虑之必要，诸公其注意焉。（作者署名"觉后"）

（1922年6月4日第2版）

本邑新闻：省委会县召集各公团会议·南夹水利问题

省委汤建中、庞树森，沙田局委陈孕寰，前昨到常后，即晚三委进署，谒晤朱知事，略谈片刻，订期今日集议。昨晨朱知事赴寓答拜，而汤、庞、陈三委昨日雇舟遨游西湖小石洞等处。县署昨日函邀水利、教育、农、商各法团，订于今日上午十时在署会议南夹水利问题云。

（1922年6月4日第2版）

本邑新闻：昨日之水利会议·推定丁、黄二代表·邀各公团联席会议

昨日下午二时，水利研究会在图书馆开临时会，到者丁祖荫等三十余人，丁主任主席。首由蒋代表凤梧报告赴省请愿经过情形，次由水利工程局测量主任赵远报告勘察南夹成坝后情形，疏浚沿江诸港，需费四五十万元。当即议决增筹水利经费问题，本邑应得四十万。至云水利费保障方法，以现金为前提，如无现金，应取部照，以备抵押。次即公推丁芝孙、黄谦斋二君为代表，出席今日县署会议。旋即散会，由水利、教育、农、商四公团代表开联席会议，到者王鸿飞、曹涵学、丁祖荫、黄炳元、朱言洪、殷振亚、张洵等七人，议决：（一）福利公司应缴本邑水利经费，以四十万为标准。（二）前项水利费以迳收现金为原则，如有不足，与该公司与水利研究会订立契约，以该公司所领部照价银额面数如数作抵，由委员会县呈请督、省两署暨沙田局先行备案。（三）南夹筑坝之后，两岸积涨，中间应留之漕沙田泻水套河，其容量须经水利研究会与该公司协定，经费统由该公司自募之。

（1922年6月4日第2版）

本邑新闻：县教育会之职员会

昨日上午十时，县教育会开职员会，到者王鸿飞、曹涵学、郑沂、金鹤清、陈熙诚、杨祥麐、杨玉凤、邵福澍、归钟俊、归钟麟、蒋兆文、王斌等十余人。首由王会长报告本会最近之经过状况，次议省委来常召集各公团规划南夹水利案。议决推定王、曹两会长出席会议，对于增筹水利经费问题，议决福利公司原定之江、常水利费三十万元，应以江、常占有之地段长短为分配经费之准则，其余增筹之费应归常熟独得，至经费之着落，应有的实保障。又次议社民公社联合会来函征求赎路储金意见案，议推蒋志为、金敏君、杨育才、归子迈四人为赎路储金会代表。又次议组织暑期讲习会案，议决函询王会员饮鹤，接洽吴县、吴江、昆山各教育会，能否联合举办，如不能，则由本会单独举办。末由归子迈提议南夹水利费应酌拨充作教育基金案，议由原提案人缮具议案提付行政会议讨论。旋即散会。

（1922年6月4日第2版）

本邑新闻：福利公司实收股本之确讯

投资南夹者，昨据某君确实报告，只认有三十七万，嗣因南夹未成，公司方面只

收到三十万元零，除缴解军署保证金十三万元（或云十万元）外，其他统于前月筑夹案内用掉了。

（1922年6月6日第2版）

常熟青年日报

【按】《常熟青年日报》（1945年9月1日—1949年4月22日），发行人安蔚南，社长崔中明，总编辑蒋振民，经理房耀祖。本报继承《新常熟日报》，于民国三十四年（1945）9月1日改名为"常熟青年日报"，每逢节日、纪念日休刊。整理说明：

1. 以下有关围垦的报道或文章，均以时间先后为序逐一胪列。
2. 凡新闻标题由若干句子构成者，中间均以"·"相区分。原标题字体、字号不同者，均予以统一。文中另有小标题者，为与正文相区别，另外标出。
3. 原文中误植文字及异体字等，适当予以校勘、纠正，并附简要说明或按语；凡字迹漫漶不能确释者，以"□"表示。

七区公民呈请当局刘海沙划本县管辖

（本报讯）与本县七区（沿江之十二圩港一带）毗连之刘海沙，前由江北南通县跨江而治，对于该沙区之治安、水利、建设、保圩各项工作，南通及本县均藉词相互推诿，致当地情形殊不正常，影响该地民生至巨。按其地位及人事情形，实应归本县（按，原文缺"县"字，径补）治理，兹因七区公民代表刘公泽、陈君一、汤静山等，分呈本县各当局，转请省方将该沙区划归本县管辖云。

（1945年9月29日第2版）

各县沙湖田放领一律无效

县政府昨奉省令，略以查各县沙湖田之管理，本府正拟统筹办法，在该项办法未颁行前，所有该县沙湖田，暂由县府妥为调查，登记保管。本年地上之收益，已另指用途，各不得擅自代卖；已代卖者，限文到三日内，将采伐面积、收获量及变卖情形，取县证明，连同价款呈缴本府核办，其放领者一律无效，并责令发还承领人价款，倘有透延朦报舞弊情事，一经查觉，即予严惩，仰即遵照，具报为要。

（1945年12月2日第1版）

伪组织丈放沙湖田依法一律无效·省颁发紧急处置办法

县府昨奉调令，略以各县沙湖田处理办法，业经本府令饬田赋粮食管理处拟具本省沙湖田紧急处理办法，提经省务会议议决办法三项，除分令外，合行抄发该项办法，令仰切实遵照办理，具报为要。兹志该办法如下：（一）二十六年八月以前承领之沙湖田，领有执业照证，经声请登记呈验证件后，准许继续执业。（二）二十六年八月以后，由伪组织丈放沙湖田一律无效，连同未及丈放之沙湖田，俟重行依法丈放。（三）未及丈放及由伪组织丈放之沙湖田，本年度地上产物，应令当地县政府招商收割备作公用，县政府不得擅行处分。

(1945年12月13日第1版)

群策群力共谋建设·县建设委昨成立·聘庞甸材、俞九思等担任委员·开浚沙洲通江干河由会筹办

建设事业，千头万绪，值此复员伊始，关于公路桥梁之兴修，河道圩堤之修筑，市政工程之复兴，均属刻不容缓，本县复员委员会一届委员大会时，经委员赵远、夏素民等提，为筹划复兴本县建设事业，策划全县建设事宜，业经复员会录案咨请县府组织。兹悉，此项建设委员会，已由县府分聘热心提倡建设事业，富有建设事业学识经验之邑人庞甸材、俞九思、夏素民、桑君维、陈君一（按，"陈君"后当缺"一"字，径改）、陶选衡、周景恩等七人为委员，兹聘请县党部书记赵明炯、县府建设科赵楚天、财务科长黄序卿任当然委员，于昨日上午举行成立大会，并接开首次会议，各委员均亲自出席，讨论决定修正章程，添聘青年团主任崔中明为委员，并定下月十五日举行第二次会议，附设会址于县府，今后本县建设事业，有该会之筹划进行，当可得助良多。关于上次复员会二届会议俞委员所提之开浚沙洲通江干河，蔡委员德恭介绍之开浚马嘶乡北部漕田下脚、东塘、横套河，均将由该会计划办理云。

(1945年12月16日第2版)

《伪自治会半年记》之三·日伪时期刘海沙归常熟管辖

（前略）本县第七区常阴沙，原系长江中沙积孤岛，为虞、通、澄三县交界之地，嗣以南夹筑坝，沙滩日积月累，遂与东兴沙涨连一气，故就该区面积计算，吾邑实占十分之六七，通、澄两县占十分之三四而已，讵事变后，南通天生港之日宣抚班平田班长，竟于五月一日在该区鸿阵乡锦丰镇另行组织"自治会"，与本邑形成对峙，因恐治权上发生冲突，经半月交涉，结果仍将该地归由本邑管辖。（后略）（作者署名"莫羊"）

(1945年12月18日第2版)

【按】标题为编者另起。

县政会议通过要案·重划第七区区界

县政府于昨日举行县政会议，讨论各案如下：（前略）（九）民政科提：四、七二区滩地急涨，区界扩大，应如何区分，请公同规划案。议决：以南横套为界区。（后略）

(1945年12月28日第1版)

南通县属刘海沙改隶常熟县商榷书

刘海沙位于距江阴县东郭七十里（《画月录》改作"江阴县东八十里"）大江中，始一小沙渚，次第与横墩、关丝、蕉、登瀛、文兴各沙连，其共名曰常阴沙，其隶南通州之别名曰（《画月录》无"曰"）刘海沙。太平天国军踞江南时，海门厅人顾姓倚清南通州团练大臣王藻力，占围成田。其后常熟县人钱姓起与之角，讼诸江苏布政使司，卒以常通港为鸿沟，南隶常熟，北隶南通。分隶之始，本非准诸道里形便，徒以解两家之难，弭其纷争而已。民国六年（《画月录》改作"民国五年"），段山夹（《画月录》改作"段山北夹"）筑坝后，刘海沙与常境中沙区之盘篮（按，即耿谲《水利书》之"蓬莱沙"）、水关、福兴诸沙连。十一年，段山南夹坝成，刘海沙又与常境南沙区之青屏、长兴、福兴、寿兴、带子、天福、庆凝诸沙连，且与江阴、无锡、常熟诸县治通车辙焉。故号称沙洲者，疆域益广（《画月录》改作"益拓"），民居益众，物产益丰，风潮之灾，舟楫覆溺之患益减。始倡筑坝者，虽其志无过规取涨滩利益，而惠及各沙平民者至大，其功固不可没。

刘海沙改隶常熟之说，起（"起"，《画月录》改作"始"）民国十四五年，其以公牒陈诸官府者始念二三年，倡之者常熟沙洲人，难之者南通江以北人，依违其间者刘海沙人。时省厅执政适为江以北人，囿于乡土之见，耻江北之见绌于江南也，阴右南通，其事卒格不行。丁丑战起，日寇据大江南北，"忠义救国军"、省保安队、挺进军、新四军、伪军、寇军（此处《画月录》改作"凡抗日军、寇军、伪军"）至在沙洲，迭为消长，莫不重视刘海沙，亦莫不以刘海沙并入常熟沙洲行政区，或另设沙洲县统辖之。盖今日之刘海沙（此处《画月录》有"已"字）全在大江南岸，为京沪铁路以北之突出处，不啻为江阴、无锡、常熟（此处《画月录》改作"江阴、常熟、无锡"）三邑之北门锁钥，兵家形要之区，固不得割隶邈隔江海之南通县矣。

此就军兴言之。若平时民刑各政有不可不改隶者。刘海沙东西长约四十里，南北狭仅一二里，广无过十里。常熟西北各水道皆贯境入江，每值疏浚河流，或开（"开"，《画月录》改作"凿"）新渠，则以所隶异县，动遭扞拒，讦讼调停，经年累月，要工迟误，农田必受其害，此征之第一、二、三干河往事可知也。今第四、五干河以下游未获捷径，流量不畅。使无县境隔阂，何致累年不决，坐视数十万亩良田岁有旱涝之忧？此其一。第五干河以下游不畅，去年改由四兴港入江（此处《画月录》改作"第五干河以下经刘海沙不得径辟，改由四兴港"），而四兴港东南向海，潮水挟沙倒灌，淤积特甚，全河已受其病，此断不可久恃者（"第五干河……不可久恃者"一段，《画月录》改作夹注）。

盗匪大抵以沿江为窟穴，乘风张帆，往来飘忽。刘海沙以极狭至长之区，多养兵则饷糈无所出，寡设防则宵小莫之惮。故掳人勒赎，挨户洗劫之案，层出不穷。浸假及于常境之乐余镇、盐行头、南兴镇一带，居民惴惴焉昼耕作而夜避寇，露宿芦苇墟墓间。其（《画月录》无"其"字）风霜之所侵，大寒大热，不得发汗而死者众矣。常境固不得越界代为之谋，有发觉者往往以县境之隔，不得以时名捕。且刘海沙数月以来所招之保卫团，大抵杂伪军之至不肖者，其为盗匪□□，甚至戕官洗劫以去者屡矣（"所招之保卫团"后几句，《画月录》改作"叛服不常，间阎震惊，腾诸报章，布在耳目"），常境官吏太息扼腕而无如何。此无他，南通县（《画月录》改作"南通县治"）与刘海沙邈隔江海，声气不接，吏治良窳，措施得失，其监司令长莫得而猝悉，其弊害乃至不可胜言矣！此其二。

自常熟至十二圩港公路告成，刘海沙居民诣（原文误作"请"，径改）常熟县治熟一羊胛时可达。乃狱讼赋税，文书期会，必冒不测之风涛，凌大江而趋南通，其潮汛不时则不得行，风势（《画月录》改作"风向"）不利则不得行，谚所谓"隔江千里远"者是也。舍坦途而蹈险阻，弃捷径而就濡迟，人情之所甚恶，事理之所不解。况变故之际，刘海沙幅员之小，人口之寡，亦须以自治区名义负担各种捐借款项，其数量每与他自治区相等，而人民恒有举鼎绝膑之虞，其憔悴呻吟之状，有非南通官吏所尽知者。此其三。

（上节"人情之所甚恶，事理之所不解"句后，《画月录》另起一节，文曰："刘海沙壤地褊小，户口裁抵三五小乡，而南通县划为第五区，设区政府焉。其员额经费，视他行政区竟不得稍杀，而军警扉屡之供亿，亦且等量齐观，故恒有举鼎绝膑之虞，苟与常境合，其人民必猝弛重负而获息肩焉，其欢欣慰藉可知也。此其四。"）

沙洲东涨西塌，物理则然。不佞有知识以来，刘海沙西端毗连江阴境之西兴、长安、毛竹各镇，次第塌没入江，膏腴之田沦于洪波（《画月录》改作"江波"）者，何啻千万余亩（《画月录》作"十余万亩"）？庐舍坟墓，岁有废徙。居民自富而贫，自贫而流亡者，何啻万家？往岁杨在田君发愤仿（"仿"，《画月录》改作"于"）南通天生港一带筑榄保塌，工艰用广，区区刘海沙沿（"沿"，《画月录》改作"缘"）江之田弗能胜经费，将援唇齿之义，要常境协款，然以县境隔阂，感情不属，亦如水道之动遭扞拒然。故倡办数载，虽著成效，而材料不继，大功终毁（《画月录》改作"隳"）。循此以往，老海坝、店岸、南兴、锦丰、十一、十二圩诸镇必相继入江。有识之士，莫不忧之。苟辖境一（《画月录》改"一"为"统一"），事权不挠，斯必（"取多用弘"，《画月录》改作"取精用宏"）功无不举。故刘海沙改隶与否，真（"真"，《画月录》作"直"）为沙洲存亡之系。此其四（"四"，《画月录》改作"五"）。

然则南通有难之者，何也？曰：常通港以北待涨各沙案，多绅富私产或慈善教育公产，一旦改隶常熟，彼恐损及产权，故必多方挠之。窃为借箸筹之，则见为不足虑也。何也？盖沙田召买，由部省处理，不论何人，但遵章缴价，即可取得产权。有犯其权，即干刑章，初不问其为土著与否。况常通港以南常境（《画月录》无"常境"二字）各沙案，大都为南通、海门两县有力者所囊括，土著沙民未能与之争长为雄也；则常通港以北沙案，更何虞主客之异势而被侵占乎？此就私产言之。若他县之慈善教育公产在常境者，如吴县之育婴、养老、普济三堂，江阴之礼贤、征存两校，历年已久，未闻其田产以隔境而受侵害。刘海沙改隶后，南通之慈善教育公产亦犹是耳，故谓不足虑也。

然则刘海沙改隶之举，宜为本沙居民所同愿（"同"原文作异体"仝"，径改。该句《画月录》改作"宜为居民们愿"），而依违其间，不与常境居民同起呼吁者何也？

曰：是有故。寻昔刘海沙丈放滩田，皆以五印步弓积计。积南通州官印五枚而成尺，每弓约当裁尺五尺二寸（"积南通州……当裁尺五尺二寸"一句，《画月录》改作夹注）。其田广轮，视常境增十四五，又其沿（"沿"，《画月录》改作"缘"）堤内外塌田，多以取土培修堤身而不课正供，其田赋轻于常境远甚。此自前清宽政，一旦改隶，虑将废其弓尺（该句《画月录》改作"虑易其弓尺"），出其闲田，增其赋额，此人情之所甚恶，故虽知改隶之善，而不欲其遽行。不知土地清丈，论值课赋，政府方标为主义，斠若划一，则地相沿旧制，非久必废，刘海沙即不改隶，岂能独异而幸免？况常熟沙田弓尺赋则，亦分数等，本非一律。刘海沙果改隶也，政府土地办法未实施前，固宜一仍旧贯，勿事纷更，此常熟县政府及法团必能为之保任者，是尤不足虑也。

然则刘海沙居民可以兴矣！而有不必然者，盖人之贤不肖相去绝远，群情之向背，往往为少数人所劫持，故虽是非利害之说皎然陈于前，而不蒙省察，彼徇私害公之人，不以地方百年大计为念，吾又何从袪其鄙吝而偕之大道耶？是则改隶之说，必有人奔走呼号撑拒（原文作"距"，径改）之，可意知也。南通地方官吏，必徇其部民之请助之张目焉，又可意知也。昔周六官，体国经野，辨方正位，设官分职，以为民极。极者，中也。凡民之不得其中者，政府宜为之制，是在黄中通理之省厅当事明辨而主张之，勿为浮辞驾说所惑蔽。刘海沙贤达之士，亦当排除客气，依于理智而有所表示焉，斯地方之幸也。

（1946年1月29日第1、2版）

【按】本文作者系曹仲道，后被收入曹氏自选笔记集《画月录》（未刊），曹氏对原文作了一定的修改，为尽量体现作者撰文思路及其背景，凡在《画月录》中有修正者，这里均作了必要的校勘和说明。

曹仲道（1894—1993），名弘，字仲道。常熟县西北乡合兴（今张家港市锦丰镇合兴街道）人。学者，社会活动家。早年就读于江苏陆军小学堂。20世纪20年代曾任沙洲市自治公所第二届议事会议长、常熟县代县长。20世纪40年代任常熟县《重修常昭合志》修撰委员会秘书长。著有《画月录》《午生诗稿》《易经注释》《沙洲方言考》等。

督疏四、七两区干河·县派工程主任·七区长请借浚河工款

本县四、七两区，地滨长江，河道纵横，频年在敌伪霸占期间，疏浚河道工程，从未兴办，益以围垦沙田，更使原有沿江河道，渐加淤塞，地方光复以后，县复员会即建议疏浚四、七两区干河，当地民众，因事关切身利益，亦莫不自愿出工，在四、七两区区政当局策划下，筹备工作即将竣事。县府为协助浚河工程，顷已函聘刘公泽、褚荣年为第七、四两区征工疏浚干河工程总事务所正副主任，曹佩□、朱炳钊为第一干河分事务所正副主任，朱振亚、曹（原文作"冒"，当为"曹"之讹，径改）叔坚为第三干河分事务所正副主任，曹仲道、江济衷为第四干河分事务所正副主任，综理各干河兴浚事宜，关于各该河道贯通四、七两区者，由两区合力进行，（按，此

处原文如此，当缺"四区负责"四字）四成，七区负责六成，兹已决定日内兴工。七区方面并呈县转请此间农民银行借贷，法币二百万元，以资应用，至于七区普浚全区市乡河道，由刘区长主持办理云。

（1946年2月15日第1版）

福利垦殖股份有限公司召集股东会启事

查本公司于民国二十六年春依法举行股东大会，改选董监事，嗣因抗战军兴，我苏沦陷，八年来在敌伪淫威之下，本公司权益遭受巨大损害。现抗战胜利，日月重光，亟应商谋权益之恢复，且各董监事任期早经届满，兹定于三月下午（按，原文如此）二时在上海天津路口三八号四楼召集股东会，特此登报通告函知，务祈各股东准时出席是幸。

董事：荣德生　吴汀鹭　唐瑛

监察人：吴耕阳等仝（"同"之异体）启

（1946年2月23日第2版）

澄、虞交界水道被堵·农民铲除土坝·驻军处理慎重未肇巨祸

江阴段山夹，为常熟一干河以西，江阴朝东圩港以东，各水道吐纳咽喉，夹漕阔约六七十丈，足资宣泄，近有江阴少数沙民，艳羡涨堆利益，集资筑一封头坝，希图培涨两旁滩地，讵料坝成后，各关系港道，适值秧田须水甚急之时，两邑有关农民，大起恐慌，不期而集者五千余人，手持锄耙，于本月四日上午齐往铲除封头坝。时段山驻有国军，幸处理慎重，未肇巨祸。结果开通三缺口，潮水大至，农民始散归，仍恐不肖之徒再行堵塞，已纷请七区区长呈县转省及江阴县政府迅予防止矣。

（1946年5月9日第1版）

常熟私立中山学校董会启事

本校甫经创办，经费未充，前以募集基金，蒙福利垦殖公司代表人钱宇门、刘柱公集合该公司官产、坍粮、泥票等户，议定捐租充公办法捐赠沙田租息，以一千亩为额，每亩每年由现业户在租息内提捐米五升，赠与学校，充经常费用，订立捐赠合约，业经报县转厅备案，特再遵照厅令登报声明。

（1946年5月30日第2版）

【按】该资料反映了沙田围垦与教育、慈善等社会公益事业间的密切关联。事实上，沙田经营收入乃当时地方办学（书院和私立学校）经费的一个重要经济来源。

大沙棍黄竹楼判徒刑二年半·"黄义士"的下场头

第七区沙棍黄竹楼，人称"沙田大王"，平生因争夺沙田，专与人讼，捉放不知若干次。敌伪时代，将争不到之沙田部照捐与伪"青少年团"，故一时称为"黄义

士"也。抗战以还，被人检举"汉奸"，经县府将黄拘解，苏高院经数度审讯之后，业已判决：黄竹楼帮助通谋敌国，图谋反抗本国，处有期徒刑二年六月，褫夺公权二年。

（1946年6月21日第1版）

县府派员查勘段山夹纠纷

饬会同澄县调查虞澄交界七圩港附近之段山夹海槿已由江阴县民筑就，唯该槿深入虞境，影响本邑农田水利不少，曾数度发生纠纷。刻县府为彻（"彻"原文误作"撤"，径改）查该事，已饬建设科杨技佐会同江阴县府查勘，呈报核夺。

（1946年6月30日第1版）

段山夹筑坝纠纷已解决·准先开河道后筑坝

本县中心河流之出口处段山夹位在虞澄边界，该口且系七区境中南北干河总口，前被江阴晨阳区建设委员会填塞后，前任七区区长刘公泽拟呈请安前县长，先行将浚大（"大"，一作"渡"，参见以下8月21日第3版新闻）泾港坝，后因已失去时间性，未及实行，引起两县交讧。业经省府派复地工程处黄段长，合同本县技佐杨建勋、江阴县派该地区区长，前往察勘段山夹实况。昨县建设科严科长据告，此案业已解决，省令（"令"原文误作"全"，径改）本邑先开河道然后筑坝。

（1946年7月12日第1版）

段山夹筑坝纠纷·省县派员会勘·决在渡泾港开河代替·请永不筑坝以利农田

江阴县与本县七区交界之段山夹，江阴方面筑坝后，影响七区农田，业经县府建设科派技佐杨建勋会同江阴县府及省府代表实地查勘，决定在渡泾港开河代替。此间参议会并请澄县永不筑坝，免妨害本县七区农田水利。

（1946年8月21日第3版）

昨省府例会通过常阴沙归虞管辖

苏省府于三日午后三时召开五十四次例会，主席王省主席，议决要案如下：（一）南通、常熟、江阴三县共管之常阴沙，暂归常熟县管辖。（后略）

（1946年9月5日第3版）

常阴沙划治本邑·县长作首次巡视·朱议长、各科处长、记者等均随行·即设立区署税捐分处推行政令

濒临长江、形势险要之常阴沙地区，原由南通跨江而治，一部分地区，由江阴及本县两县各就附近管辖。省府近鉴于常阴沙地势险要，南通跨江而治，颇多不便，依地形言，该地毗连本邑，划归本邑管辖最为适当，前经省府五十四次例会通过，划归本县接

管，昨日省府电令，饬即赶办接管事宜，并速派队驻防，整编保甲，以维治安，潘县长奉电后，已定今日赴常阴沙视察，与当地现南通县第五（"五"原文误作"四"，据实径改）区区长洽商交接事宜，并便道视察沙洲区署，塘桥区署一般状况，召集乡镇保甲长及民众训话，县临时参议会议长朱化离，县保安大队长胡明义，自治税捐征收处主任周玉麟，《新生报》社长石民佣，暨县府民政科长姚世源，建设科长严骅，合作物品供销处主任沈国华，各报记者等均将随行。兹定于今日上午七时出发，当晚返县，据悉，县府于接管常阴沙后，可能成立一个区署税捐处，并拟在该处成立税捐分处。

(1946 年 9 月 5 日第 3 版)

常阴沙接管手续两日间尚未办妥·潘县长一行仍滞留乡间未返·旧南通第五（"五"原文误作"四"，径改）区区长态度欠明了

南通之常阴沙划归本县管辖案，日前潘县长接奉省令前往接收具报后，……当时即拟前往常阴沙商洽接管，嗣以常阴沙自卫队有戒备状态，对于本邑前往接管，似有拒绝企图。县长据悉后，即专差前往邀请南通第（"五"原误作"四"，径改）区区长，前来接洽，等候很久，迄未见该区长到达，以致常阴沙方面实情如何，一时颇难明了。县长因时已垂暮，预定当日到达常阴沙之计划，不得不临时予以变更，改定昨日前往常阴沙，办理接管。省令皇皇，南通常阴沙人士，当不致有违令拒绝情事，接管工作，能顺利告成。当晚县长等下榻区署，定昨日由常（原文缺"常"，径改）阴沙返回后，即搭轮返城，惟昨至本报发稿时止，县长等仍未返城。

(1946 年 9 月 5 日第 3 版)

常阴沙地方人士反对归常熟管辖·组织委员会电请省府撤销原议

自常阴沙区经省府会议通过后，（南）通县县府及该县沙区人民，因传统封建思想颇深，均一致反对，即召集会议，组织反对常阴沙划归常熟委员会，电请省府请求撤销原议，于本县潘县长等一行抵达港时，该区民众闻悉，即实施戒严，旋由潘县乡派员往请该区区长赵以拔谈话，称病未到，由区署许指导员至西港，声明尚未接奉命令，并称该区治安情形良好，保甲之编组，亦极健全，对于潘县长往视察，愿以邻县长官身份，欢迎莅临指导，潘县长尝晓以此次至常阴沙区，系奉李司令电令，办理统一军事管理事宜，……旋由保安队长胡明义先至该区连络。次日，潘县长于北固乡出席各界民众欢迎会后，即赴该区视察，由当地士绅宗子敬、陈祖年、金宗炳、施惠农等引导视察一过。（后略）

(1946 年 9 月 5 日第 3 版)

南通五区人民发表宣言·刘海沙之真民意·否认反抗 常熟接管政权团体组织·境与常熟接连遥属南通自觉不宜

自省府例会通过常阴沙划归常熟管辖后，本县潘县长即奉李默庵司令电令，先就军事部分统一管理。本月十三日，潘县长即赴常阴沙区视察，及抵沙洲区后，通县第

五区常阴沙区一部分刘海沙曾召开紧急会议，组织"南通县第五区人民代表反抗常熟县接管政权团体"，反对常熟县接收，并终日戒备，似有拒绝往视察情势。昨据具名"南通县刘海沙人民"发表《刘海沙人民否认南通县第五区人民代表反抗常熟县接管政权团体组织之宣言》，原文谓：

窃吾南通五区一地，昔于江心突涨时，因系向南通方面土地主管机关呈报围筑成田故，遂属南通县管辖，及后因长江水势关系，坍北涨南，遂与常熟县接连，此因历史关系之遥属南通，遂渐觉不宜。近乃阅报载，省府已决定将五区划归常熟县接管，此实为适应时代需要之当然措置，不意顷闻赵区长于九月十三日召集全区各乡镇长等，终日紧急会议，组织南通县第五区人民代表反抗常熟县接管政权团体，并拟具文向省府请求收回成命云云。人民等闻讯之下，实深骇异，特此郑重声明如下：

（一）反对接管，全非民义

对于所谓南通县第五区人民代表之产生，根本不合法，其原因有五：

（1）对于所谓该项代表中之各乡镇长，均系县府或区署命令作用，并非由人民选举产生，故不足以代表人民意见。

（2）对于所谓该项代表中之农会理事，因农会之本身，尚未正式成立，所谓理事之产生，大部尚属疑问。

（3）如五区划属常熟，则各原有上项之区乡镇代表等本身地位，自有绝对之利害关系，故对于讨论此项划交问题，代表人民之重任，当在回避之列。

（4）对于所谓该项代表中之士绅，多数均有汉奸嫌疑，如前伪区长之爪牙施惠农，曾办伪教育（即前沙洲职业中学），挪移保坍田亩公款等，业经省府调查在案；如宗子敬，曾任伪海门特工站长；陈祖平、黄书佩等，曾任伪沙洲自治事业促进委员会员，收刮民脂民膏。

（5）即有少数公正人士被召参加，均系强□附和，碍于情面，不便发言。

（二）划归常熟三点益处

对于五区划归常熟之意见：

五区与南通有长江隔阻，县府对于区署行政主管人员督饬不便，弊端丛生，对于治安问题更难兼。

五区地幅狭小，单独设区，经费浩大，人民不胜负担。

五区人民语言风俗与江北根本不同，致县府对于地方行政设施往往不能体察民情。

综上三点，如将五区划归常熟县管辖，其弊端则均能避免。

际此建国时期，政府力求加强行政效率，对于省市县界之划分，例均根据各该地方之军事行政经济等之情况决定，实不能拘泥历史关系，而永不改进。据上各情，人民等特此声明，拥护省府将沙区划旧常熟县管辖，否认由区署成立之所谓南通县第五区人民代表反抗常熟县接管政权之组织，特此宣言（南通县刘海沙人民共启）。

(1946年9月23日第2版)

常阴沙少数人士执意不愿归邑治·陈石泉等
电呈绥署省府力争·竟称不惜流血抗命

（本报特讯）通县常阴沙（即刘海沙）自省府例会通过划归本县管辖后，弟绥靖区李司令即电本县潘县长先就统一军事着手进行。本月十四日曾赴常阴沙区视察，昨并有当地人士发表拥护省府议案，将常阴沙区划归常熟之宣言。兹悉，通县第五区具名民众代表陈石泉、刘海鸥等电呈第一绥靖区李司令暨省府王主席，申明全区人民，决倾其生命财产，誓死力争，不愿常阴沙划归常熟，并称倘以武力接收，势必演成常通史上空前未有之流血惨案。兹探志原电如下：

兹阅报载江、常、通三县共管之常阴沙，现有匪伪政府征兵征粮，扰乱治安，为使事权统一防治便利起见，已由省政府决定划归常熟管理，民众当以本区自去年复员以后，行政机构早经设立，保甲自卫组织严密，江防巩固，治安确立，并无匪伪扰乱情事，纵有少数绑架抢劫，其活动根据地不在通境，而在常熟四新（"新"一作"兴"）港一带（有常熟《新生报》为证），叠经专员县长莅区视察，认为全县最完整之区域，实无划并常熟必要。况本区隶属南通管辖，历时已有百数十年，居民均南通境迁移而来，在历史、风俗、言语、习惯、文化各方面，均与常熟不同。惊闻划并消息，群情沸腾，除推举代表纷向南通县政府第五（"五"，原文误作"四"，径改）区专员公署及各机关转电省政府钧府收回成命，免生纷扰外，复由地方人士代表晋省请愿。乃常熟潘县长竟于删日率领随员及武装士兵百余人到达本区，声称奉钧长命令，接收江防，重编保甲，全沙人民当即向其表示反对，请其先行肃清本县境内匪徒，从缓接收邻县防地。区署及驻本区之保安团虽无任何表示，终以未得要领不欢而散。查常熟蓄意并吞本区，历有年所，前曾一度朦请划并，终以本区民众据理力争，经行政院判决交由省政府第二零四次省务会议议决，仍归南通管辖，案牍俱在，此次忽又划并，吾通人士固必力争，而全沙人民更将倾其生命财产抵死不让。倘以武力接收，势必演成通熟历史上空前未有之流血惨案。即以地方而论，以今甫经稳定之区域，遽受如此之变化，则奸匪伺隙，伏莽丛生，又将造成不可收拾之险象。除另电省政府第一绥靖区司令部，速电常熟潘县长勿再来沙静候解决外，特再电恳钧长转电省政府收回成命，并电令潘县长勿再来沙，临电不胜迫切待命之至。南通县第五区民众代表陈石泉、刘海鸥、王书佩、宗子敬、陈祖平同叩。申铣，亥。

（1946年9月24日第3版）

王逆昆山沙田县府派员查勘·沙区拟修新圩圩岸

沙洲区署以沙区南丰乡迤东外口顶海新圩，因夏秋之间江潮怒涨，风浪激荡，堤岸往往冲毁，抢救工程之急等于救焚，目前虽受相当损失，但秋收可望桑榆之收。该区有王逆昆山沙田三十五亩，去秋该逆亩曾被冲破，修复工程费用已由前区长刘公泽呈准安前任县长（原文作"俱"，当为"县长"之误，径改。安，此指安蔚南）核准，在三十四年度该逆田租收入项下拨给。兹七区再拟兴修以保该区沙田之秋收，县府顷决定派员下乡查勘。

(1946年9月27日第3版)

通、常争辖刘海沙·省令暂归虞治·王主席电令南通各界遵照

（本报南通通讯）本县第五区移转管辖问题，各界曾据理力争，并电省府，请循民情，收回成命，以免纠纷，现县府已奉到复电，仍暂时划归常熟管辖，并非永久如此，盼共体时艰，以全省治安为重。原电云：

杨县长转钱议长、张主任暨各公团：

申急电诵悉，查常阴沙（"常阴沙"，原文讹作"常阴益滋沙"，径改），孤悬江中，辖由数县，以致奸匪利用环境，在该处征粮征兵，迭经汤司令官商请划归常熟专管，当由府会决议，暂时划归常熟管辖，以一事权，而利防治，俟匪平后，再定隶属。既属军事需要办理，并非永久如此。目前自无更改余地，仍希共体时艰，以求全省治安为要，是所厚望。主席王懋功，三十五，申巧，府民一印。

杨县长转教育会、暨民众代表：

申寒、删两电均悉，查此案，前据该县钱议长、张主任及各法团电告，当以常阴沙迭经汤司令官商请划归常熟管辖，且该沙确有奸匪，设立县政府，征粮征兵，搞乱治安，业由府会通过施行，候匪平后再定隶属，目前无更改余地。电复在案，除责令常熟县长会同驻军清除匪氛，编查保甲外，至希共体时艰，以全省治安为重是要！主席王懋功（三十五），申皓，府民一印。

(1946年9月29日第1版)

狂风暴雨成浩劫·滨江灾情最严重·沙田二万亩尽成泽国·希有关当局速予救济

本月二十五日，终日东北风大吼，入晚即告大雨，倾盆如注，通宵达旦，低洼之区，尽成泽国。本邑四、七两区，地滨大江，沿江田亩，皆历年淤（"淤"，原文误作"游"，径改）泥围筑而成，经此次大风暴雨狂，又值大汛，致长江洪流愈形暴发，海潮澎湃，不亚于海宁大潮。今岁初筑圩堤，土质未固，首先被突破而告溃决，滚滚洪流，益形猖獗，犹如疾风卷残叶之劲势，无法抢救，大堤冲毁竟达七处，田亩被淹计二万亩强，往日一片沃土，今则展眼一片汪洋，损失之巨，目下尚难统计。且该田亩种植黄豆者占百分之九十强，现届成熟之期，再是功亏一篑，实无限痛心。且今年汗血所得，已付滚滚狂流，今冬生活如何解决，殊深杞忧，盼有关当局速即设法救济，以解滨江难胞之厄运。

(1946年9月29日第2版)

省当局电饬县府克即接收常阴沙·南通人士曾再请省府收回成命

常阴沙（即刘海沙）划归本县暂行接收问题，省当局已电饬县府克即会同军事机关办理接收手续，并饬劝导常阴沙人民，勿具偏见。县已定日内下乡，办理接收手

续，其区政人士，为适应环境起见，不拟多加调动。又据南通讯，县临参会，对刘海沙移转管辖及田赋赋率，关系本县至巨，前曾先后电呈当局呼吁，兹因王省主席莅通视察，特推钱议长、陈副议长、王参议员书佩、罗参议员玉衡等，面谒王主席，陈述一切，对于刘海沙行政上之移转管辖，收回成命；对于赋税率，请求依照第二次大会议决，每亩暂按二角至六角征收，除当面陈述一切外，并面递节略二件。原文如下：

谨按：南通第五区刘海沙，自有沙以来即属南通辖境，其居民十之七八为南通县人，十之一二为如皋、海门人，故其语言风俗习惯完全与南通相同。中则沦陷期间，一度被敌伪划归常熟管辖。自国家胜利、政府复员后，即恢复建制，确立治安，并无匪患，乃此次以第一绥靖司令为一时军事关系，令暂由常熟负责江防警备，省民政厅因议并将行政区域亦将划归常熟管辖，县人闻讯，群起力争，曾先后分别电乞收回成命在案。所幸现奉司令复电，谓已撤销常熟警备江防办法等因，则省厅将此行政区域暂时改辖常熟之议，当亦同在应行变更无须实现之列，敢乞俯赐收回成命，并饬民政厅撤销改辖常熟提议，以安民心，而息争端。

（1946年10月6日第3版）

常阴沙问题·江阴亦力争·详绘地形呈省核示

（本报江阴通讯）本县迭奉省令，将本县管辖之常阴沙划归常熟县政府管理，县府以赋粮等项，正在清查详确，编造册册（案，"册册"疑为"册籍"之误，姑仍旧）以便移交各情，业于九月二十日电复，并令知晨阳区遵照转饬该辖区乡镇长遵办。兹据该区长龙赋（"赋"，疑为"斌"之讹，姑仍旧）复称，查常阴沙系（与）本区海坝乡壤土连接，治安确立，事权统一，行政方面，海坝乡从未落后，此次预借田赋，各圩业户，尚未结果，忽而划归常熟县管辖，事实上何以办理结束，且并无（原文如此，疑有缺字）常阴沙镇长。原有常阴沙，大部分变为沧海，留在之一隅，为海坝乡之西段（其事段为盘篮沙）。查省府原文谓：南通、江阴、常熟三县，管辖之常阴沙孤悬江中，成为三不管地带，现有匪伪政府在该处征粮征兵，扰乱治安等因。明明是半海沙（即永安沙）为三不管地带，现有匪伪县府仕该地征粮征兵，事实符合。本区之常阴沙，既非孤悬江中，又无匪伪征粮征兵，为安全地区，向归本县管辖，事权统一，更与三不管名义不符。本年四五月间，奉令查勘半海沙三不管地区情形，两县据情呈复，并奉县府指令，仰将实地查勘情形，详实具复，以凭核转等因。所谓三不管者，半海沙也，奉令前因，理合据实，备文呈复，仰祈鉴核，迅赐转呈，以明实在，务免本管辖之海坝乡之常阴沙区划归常熟县管辖，县府据报业已备文附地形图，呈送省府。

（1946年10月7日第3版）

常阴沙暂归邑治系根据治安需要·王省主席昨对记者发表谈话

关于常阴沙划归本邑接管，记者昨日乘便叩询王主席，承发表谈话，略谓：常阴沙划归常熟接管，纯系确保江南江北治安，并统一军事指挥便利起见，故暂时划归常熟县统治，一俟地方治安宁静后，仍划归南通，此乃省府会议之决定，惟将来论其民情及地方风俗，究竟确定划归何县，需待届时再行考虑定夺。对南通县之误认接管，实系错误所致，本人（王主席自称）前次经过南通，亦曾将上述情形向该县人民解释过云云。又，县政府昨获南通县党部十四、十五两区分部，及青年团第七分队，第五教育会暨各乡农会等十三单位首长，并第五区各界民众代表宗子敬等致电，南通临参会转本邑县府转请省府收回成命，其原文如后：

窃我南通县第五区刘海沙，系南通县之一个自治区，有史以来即为通人所开垦，隶属南通，业已百数十年矣。民风纯朴，治安良好，与县城交通虽有长江之隔，但不过二十余华里，小汽船四十分钟可达，即帆船往还，不过一二小时，南距常熟八十里，西距江阴一公里，陆行虽可通达，终以距离遥远，颇感不便。沦陷期间，常熟汉奸屈重光凭借敌寇淫威，强制割吾沙并为常熟县，残杀同胞，任意宰割，因此通、常毗连，二区人民更形冰炭。迨日敌投降，国土光复，乃得恢复建制，重为南通县。一年以来，无论保甲、教育、治安、建设等项，均已纳入正轨。方庆天日重光，还我旧土，复员告成，从此永脱熟人桎梏，乃闻省府有将本区改辖常熟之议，消息传来，合区震惊。本区爱辖于南通，因有其悠久之历史，即以风俗、人情而定，亦不容离通而并常熟。就交通治安言，亦以南通为便，遑论通、常人民感情恶劣，无法合作，全区三万五千余民众，业经一致主张，仍隶南通，吁请政府收回成命，免起纠纷，并发表宣言，详叙经过，以示坚决。除分电外，谨检附宣言一份，电乞钧长准予转呈江苏省政府收回成命，临电不胜迫切待命之至等语。

查本案前经本会电请省府暨第一绥靖司令部收回成命各在案，兹准前由为特转代电陈贵政府，敬希在本案未解决前从缓接收，以免纷扰，临电不胜企祷之至。南通县临时参议会议长钱笑吾。

(1946年10月9日第2版)

潘县长今日赴澄洽商接管常阴沙·郭大队长偕党政人员今赴沙·反对归并本邑者原系汉奸犯

锡（按，据10月23日第2版报道，"锡"后缺"虞"字，姑仍旧）、澄联防指挥部定本月十七日在江阴召开联席会议，商讨常阴沙暂归常熟管辖问题，本县潘县长定今日下午专车赴苏转澄出席会议。缘联防部据报，常阴沙赵区长及当地少数人士有反对接管行动，自应予以制止，以利防务。又，本县接管常阴沙，今日由伞兵队大队长率部偕同县府民政科长姚世源，县党部赵书记长等赴常阴沙办理接管手续。又，据传南通常阴沙当地绝对主张不愿划归常熟之有力分子，近被控告为汉奸，法院已出拘票传讯。

(1946年10月16日第3版)

常阴沙暂划归邑治·孔司令来虞主持·前日潘县长赴沙

潘县长于赴澄出席锡、虞、澄联防指挥部会议后,即偕联防部孔司令来常,转赴常阴沙,主持办理常阴沙暂归常熟统一军事管理各事宜,预定于明后日返城。

(1946年10月23日第3版)

低田被水淹·呈请察勘·恳免田赋苏农困

沙洲区北固乡境内西扁担圩,位处江滨,向多灾患。前年圩岸坍毁后,经乡民重行围筑,原有面积四百余亩,因受江水之冲激,存者仅近三百,而又多零星疏散者。本年九月廿五日夜间,复因风暴之摧残,为淫雨冲洗日久之圩堤,悉皆坍毁,田亩三百,尽成泽国,耕耘者之生活皆系于此,而今遇此浩劫,往后耕种,深为可虞,乃由江鸿滨代表该处全体民众,具呈北固乡乡公所,恳请转呈县府,派员勘察实际情形,并申请豁免田赋,以济饱尝浩劫之灾黎。

(1946年10月27日第3版)

沙洲区海塘应迅即兴修·苏工程师报诸施工

(十二圩港通讯)沙洲区西北部部分关丝乡一带,滨临大江,迭遭□(缺字疑为"江",姑仍旧)潮冲坍,田地变成泽国,沿江农民受害匪浅,红十字会理事陆肇强等,曾续请旅沪同乡组设海塘工程委员会,呈请苏宁分署拨款兴筑海塘工程。经令派工程师苏世俊于廿六日已详细视察,经灾民等请求早日施工,以保土地,而救民命,若再坐视,不惟南兴镇有虞,即锦丰镇、十二圩港以东亦难久存。苏工程师决遵灾民请求,克日计划报请施工。

(1946年10月30日第3版)

未放领沙滩洲地一律收归公有·薪芦租益由地产局接收

关于沙田、湖田、洲地,以及官产官基,本省为数额颇巨,令饬各县对于抗战期间,或为敌伪放领,或为地方强豪侵占,亟应彻底清理,以重政府权益,并经省府订定全省公有地产管理章程及清理办法,由本省公有地产管理局执行,凡未经合法放领之沙滩洲地,一律收归公有。本年薪芦租益,由该管地产区分局查明接管征收标则,由县长调查举办,切实协助,年终即以此为县长办理地政财政考成之一。县府奉令后,饬各区署长迅速查填具报。

(1946年11月2日第3版)

段山夹两岸征收水利费

沙洲区四大干河,在沦陷期间未有疏浚,致今失却水利作用,战前该河由南北两夹各沙案负责疏浚,其疏浚费按照田亩数征收,每亩征收成田水利费三元(合市价食米四斗)。沙洲区署区长曹叔仪据此并谋修浚干河、恢复农田水利计,顷专案呈县府，请县查案征收段山南北两夹各沙案成田水利费，以便疏浚该四大干河。县府拟转呈省方核示，然后复令该区饬照。

（1947年1月15日第3版）

段山夹坝存废问题·澄、琴两县将会勘·县派员与沙洲区长前往

省府据澄、琴受益农民李士兴等二十五人呈，江阴天然段山水夹为两县边境、出水要道，所有腹地河流赖以宣泄者，有朝东圩港等七条。受益农田达数万亩。春三月江阴朱廷良等为谋培涨私人滩地，乃藉保坝为名，在该夹要隘断水建坝，致水道淤塞，稻田为之干涸，双方遂起纠纷。该处农民乃自动集合五千余人，将该坝发掘，同时呈省请予制止修筑。朱廷良（"良"原误作"言"，径改）等又凭借恶势力，仍意图卷土重筑，李士兴等以重建之后，则关于澄、琴数万亩农田，势必成为荒地，千万生灵，何能解其倒悬？况际此民生困苦之秋，断不容有私利之企图，而置群众于不顾，乃再给具图说，分呈蒋主席、行政院、省府，永（"永"原误作"水"，径改）久制止堵筑段山坝，以利农田而免激（"激"原误作"澈"，径改）变。省府据呈顷令本县与江阴县府，及杨子江江苏区堵口复堤工程处、江阴段卫务所，派员会同查明，呈复核夺。本县奉令后，以有关七区农田水利，前已电请制止筑堤有案，兹又派员会同沙洲区区长前往会勘。

（1947年2月4日第1版）

向银行借款千万元·浚修沙洲区干河·征收农田受益捐归还

本县沙洲区，地滨长江，所有沙田之灌溉，皆依靠各干河（原作"港"，当为"河"之误，径改），然该区（"区"原误作"项"，径改）二、三、四、五干河，年久失修，淤塞日甚，宣泄灌溉，均感不便，致农田水利影响至巨。该区区长曹叔仪有鉴于此，特召集各乡长暨镇民代表会议，决定值此春季农隙，积极筹备，不日即将开工。惟浚河经费无着，而戽水筑坝、设局开办等费，动辄需款，如不预为筹集，将无以应付。兹特将上项困难情形，函呈县府，请协助向农民银行或县银行息借法币一千万元，以两个月为期，一俟沾益工程田亩受益费收有成效，即行设法归还，而该项浚河之费用，依照民国二十四年间前（"前"原误作"瞿"，径改）县长之规定，塘桥乡分担四成，沙洲区六成，至受益田亩带征之受益费，遵照国府公布，每亩一千元，昨已获县府核准，其借款亦正在向农行、县银行积极商谈中。

（1947年2月6日第1版）

澄、虞会勘段山夹坝

省府前据澄、琴交界处居民李士兴等二十五人呈请，为便利农田灌溉计，制止堵筑段山夹坝后，乃令县府与江阴县政府江堤工程处会同派员前往查勘，县府奉令，兹已决定沙洲区区长曹叔仪于三月一日代表县府，会同工程处前往查勘，以凭核报办

理。闻昨日县府已发出通知，届时争持已久之段山夹坝存废问题当可解决。

（1947年2月12日第3版）

省府严令制止圩长强征中资·如仍操纵需索依法惩处

省府据本邑沙洲区福盈乡乡长沈民佑于本年一月五日呈，以该区不动产买卖，向圩长在场出笔抽资百分之十中资，故来对圩长一席莫不视为利薮，一有调动，即千方百计钻营，积弊之深，莫此为甚。区署有鉴于此，曾于第二次乡长会议决定，不动产买卖，中资值百抽十，以百分之五为圩长酬劳，百分之一为中间笔资，百分之四为乡行政费，风声所播，乡民称便，但其后旋因少数圩长横加阻挠，致上项规定无形打消，长此以往，乡镇经费实不堪设想，为特呈请省府取消圩长名义，改归乡公所接管。省府据呈，以不动产之移转，依照《契税条例》十六条之规定，应出乡镇公所监证，抽取百分之一监证费，而该区圩长竟敢居间操纵人民不动产买卖，抽取说合费，非法立名目，索取百分之十中资，擅增人民负担。而该区长不惟不加制止，反于乡镇会议时决定买卖中资值百抽十，其分配办法均属违法已极，乃特通令本邑县府迅即查明，严加制止，一面并应布告晓谕，嗣后凡属不动产移转，一律由该管乡镇公所依法办理监证手续，不得以任何非法名目操纵需索。如有故违，则予依法严惩。县府奉令后，已饬福盈乡遵办，一面并出布告晓谕人民知照。

（1947年2月23日第1版）

【按】以上资料反映了沙洲围垦中的一个重要环节——沙田买卖及其中介成本，以及"圩长"在其中所起作用和特权（抽取10%中资）等，对了解沙田转让各环节具有一定的参考价值。

疏浚沙洲四干河·定常通港为出口·每亩加收挑泥费二成

（沙洲通讯）沙洲区海桑乡二十日召开修浚四干河会议，曹区长亲临指导，重要议案如下：

一、四干河应否开浚案。议决：必须修浚。

二、工程暨局用等费如何筹措案。议决：每亩加挑泥费二成，作为上项费用。

三、四干河出口（"口"后原有"告"字，当为衍文，径删）以何处为便利案。议决：开掘常通港口。

四、修浚四干河主持人选应公推抑由区署指派案。议决：由区署指派之。

（1947年2月24日第3版）

段山夹纠纷解决·省令澄、虞暂缓筑坝

常熟、江阴交界处段山夹，前因断流筑坝关系，南北两岸发生纠纷，争执至今，久悬未决，双方并一再具呈省府，各执一词，请予解决。省府据呈后，前曾令本邑县

府会同江阴县府暨扬子江水利委员会江苏区堵口复堤工程处，派员前往，详细查勘具复，同时县府亦已定三月一日派建设科科长阮季康，沙洲区区长曹叔仪，会同江阴县府技士李鹤龄前往查勘。兹悉，县府又奉省令，据扬子江水利委员会堵口复堤工程处呈：

  以段山夹筑坝纠纷，该处前曾奉省建设厅令派第四工程段会同虞、澄两县查勘具报在案，其后建厅又令该处研究具复。该处奉令后，经详予研究，以该段地形江流均无最近精图可资参考，无凭着手。但按之浚浦局二十年以前所制江图，江道历年变迁，段山夹淤浅逐渐增加，至该处居民断流筑坝，战前即为南北两岸争执要案，久悬未决。现在争端重起，情词各执，如徒目力前往查勘，限于一隅，既不足以为解决纠纷之论据，即难杜双方之反复之争。窃以为在扬子江未有整个治理计划之前，为免除影响江流计，段山夹似应暂缓筑坝。省府据呈，以既久悬未决，为避除纠纷，乃令江阴县府转饬晨阳区乡民张福（按，"福"原文作"祸"，当系"福"之讹，径改）熙等暂缓筑同时并令本县转饬知照。昨县府已饬沙洲区署转饬李士兴等知照。

（1947年2月26日第1版）

刘海沙的由来

  关于刘海沙的命名，有两种传说。其一：当初有金姓、顾姓、钱姓三家争夺这块滩地的围筑权，结果姓顾的手段高强，全盘攫取，其他两家惨遭失败了。顾姓胜利之余，就用"刘海"二字做地名，明明含有"戏金钱"的侮弄之意。其二：顾七斤是南通的一个船户，偶然被大风吹翻了船，跌落江中，遇有一只大蛤蟆，把他驮着送到这沙滩上，得以不死，并且因祸得福，他就做了这里的哥伦布，所以用刘海仙人的故事，来纪念这奇遇的。

  这传说以后者较为可靠，笔者曾在顾氏家祠里看见顾七斤泥塑的偶像，脚下正踏着一只三足蟾哩！陈涉篝火狐鸣，刘邦斩蛇起义，顾七斤的噱头真不错啊！（作者署名"赵后安"）

（1947年3月7日第4版）

沙洲修浚干河·函聘正副主任

  沙洲区第四干河，为系（原文如此，疑有衍文，姑仍旧）县水道之一，上接鹿苑三丈浦，下达扬子江出口，羊肠曲折不下有四千余丈，年久失修，淤塞不堪，两旁圩田计近两万亩之数，年遇雨灾，宣泄不畅，时遭荒歉，农村经济大受打击，去春刘前区长任内，关怀沙区水利至切，曾规划兴修，终以天雨连绵，忍痛垫负损失，即告中止。今春曹区长继续规划兴修沙区水道，先行征求民意，函聘熊桂松为正主任，江济衷、陈宝善为副主任，积极筹备，并于本月四日下午一时假东港镇徐宅召集各沾益圩代表商讨重要议案，出席代表周建清、施志明等五十余人，区署建设督导员陆海珍，前任区长刘剑白及有关乡长雇征吏等皆列席，当经决议：

  ①各圩受益田亩，直出本河之水道者为急沾，负担整差；或半出本河之水道者

为缓沾，负担半差。

②本河上游为鹿苑，兴修工程应共同负担，沙洲六成，塘桥四成，县府早有成案。今年修浚，仍应援例照派。一面备文请求区署，迅予转县办理；一面由乡代表向县参议会呼吁，函县令饬塘桥区署，迅予履行，如彼方不承认，我方即堵坝断流，以示最重抗议。

③本干河下游出口，决以常通港为出口。

④泥方以营造尺计算，每方工价核米六升。

⑤各圩田亩细册，限会后两日造就送到。

⑥各圩洞坝修筑，由各代表负责，并派人看管之。

⑦开办经费，先由各圩代表按照每百亩田向各大业户筹集米三斗，依次类推，在两日内筹缴，以便开办应用。

至关系议决案第二点，昨日江济衷、陈宝善、许君益、朱爱吾等代表多人，至城向县府及参议会呼吁，要求迅予转饬塘桥区署，依照沙六塘四之成例共同开浚云。

(1947年3月8日第1版)

海塘外民田贫瘠田赋税·本年度起减低赋额·参议会
通过函县照廿五年课则核实更正

参议会昨日讨论提案，由田粮部分通过自三十六年度起，海塘外民田瘠田赋额，依照廿（"廿"原作"卅"，当系"廿"之误，径改）五年以前原定课则，课征田赋，并函请县府核实更正，以苏民困。

盖本邑田亩，高下悬殊，无论水旱，必有歉收之虞，故历来察看收成，自前清以来，每年酌减成数。海塘外民田，泰半瘠（按，应作"瘠"）田滩地，沿江一带向无圩坝围筑，潮涨冲刷，悉任自然之变迁。溯自清乾隆二十年建筑海塘，备御潮灾，观在塘外民田一斗九升粮者，悉减作五升地。同治四年后，原五升则滩实征二升五合七勺，此既往之事实也。

兹查三十五年度照原有赋额四成征收，对于此项，塘外民田，例如东四场二十都九图，每亩征实为七升八合三勺零。若以十日（原文如此，"十日"，疑为"一亩"之讹，姑仍旧）计算，前者每亩征实勺一斗九升四合，后者为一斗九升五合七勺，相差之数，固不具论，原来五斗地征实几及二斗，即白米一斗之谓也。此等随潮汛起落民田，民力殊难负担，应该自三十六年度起依照廿五年以前原定课则课征田赋。当经一致通过，函县核实更正。

又，昨日地政由粮部分通过各案如次：甲、（一）为吾邑沙田应有教育文化等团体及贫穷小户围筑，以期发展社会安定民生案。议决函县设法收卖未出水河田滩照，为地方公益团体益金。并呈请主管官厅，是后放领滩照，以尽先以自耕农及地方公益团体承领。（后略）

(1947年3月10日第2版)

【按】以上材料反映了抗战前后沙田升科及赋额等方面的政策变动，对了解当时沙田业主、佃户和政府等各方之间的利益关系，以及晚清以来公私各方从事沙田围垦的经济动因，有一定的参考价值。

七区疏河图表送县

沙洲区参议员刘公溥，为第七区各干河因滨江之故极易淤塞，故为蓄清拒浑，以利农田而息劳费计，于大会时提出议决通过函县府办理。昨日县府乃令饬沙洲区署将七区干河应建水闸调查清楚，绘具计划图表，送交县府转呈省府核示。

（1947年4月2日第1版）

福利公司诉愿驳回

福利垦殖公司前为不服县府遵照财厅所令查封保管已围田滩处分，提起诉愿，现经省府诉愿审议委员会议决，原诉愿驳回，并作成决定书，昨已送达县府，转送诉愿人盖章，缴省府备查。

（1947年4月16日第2版）

沙洲区积极进行筹款兴修海塘·成立修塘经济委员会

沙洲区北固乡西部，地滨长江，迭遭江潮冲坍，大好桑田，变成沧海，民众迁徙流离，不胜其苦。世界红十字会常熟分会理事陆肇强、何培林、黄彝鼎等有鉴（原作"见"，径改）于此，曾于去年春呼吁旅沪同乡陈石泉、冯有真等，组设江常通海塘工程委员会，呈请善救总署苏宁分署拨款兴筑海塘，以保坍削，而苏分署虽经核定物资，并派员查勘，但迄今未见施工。地方民众以现值春潮高涨，若再迁延，则沙洲西部有全部陆沉之虞，是以一再集议，先行抢险，只因工艰费巨，未获结果。前日杨公柏回家扫墓，杨君本海塘工程委员会委员，对于海塘工程，素具热心，更见于沿江民众流离失所，不忍坐视，遂召集沿江民众曹佩珩、黄东镛等四十余人开座谈会，决定先设海塘工程经济委员会，负责筹费，复于本月十四日开经济委员会成立大会，会员全体出席，议决要案如下：

一致推定杨公柏为经委会正主任，陆肇强、张品珍、章奇周为副主任。

由正副主任商同海塘工程委员会常务主席陈石泉，遴选德高望重者为本会名誉会员。

抢险工程开办费，暂定食米一千二百石，由章寄周、薛礼记、杨公柏、王铭山、陈育贤等分别认定一千石，由杨公柏负责向旅沪同乡陈石泉、倪遂吾等筹垫二百石，统限于五月底分期缴讫。

（四）全部工程用费，决俟工程师精密估计确定后，除请政府拨助外，余由受益田亩负担。

（五）本会办公地点，暂借十二圩港红十字会。

现悉该会对于上项工作已积极进行，沿江民众以海塘工程开工有望，莫不欢欣鼓舞云。

（1947年4月18日第2版）

围筑沙田提拨教育基金

参议会第一届临时大会，除讨论筹集教育文化经费外，重要议决计有……（二）陈议员君一提，拟每年在新围沙田内酌提百分之五亩捐充教育文化基金案。议决：自本年份起，每年于围筑沙田开始时，由县查明可围实在亩分，责令经围负责人按亩酌提百分之五充作基金。（后略）

（1947年4月21日第2版）

河工重叠负担·乡农呈县制止

沙洲区乐余乡袁、陶两案自耕农代表陆丕隆、章振镛等八人，以历年修浚第四干河每亩仅派工数寸，而此次河工办事处竟指派每亩二尺四寸，另加河工费每亩一升五盒，如此情形，实指派不公，重叠负担。昨乃具呈县府恳请予以制止，以免骚扰云。

（1947年4月27日第2版）

段山夹成田水利费·省令组保管机构·将征收情形随时核报

省民政、财政、建设三厅前据本邑县府呈请修竣干河，征收段山南北夹各沙案成田水利费一案，三厅以征收成田水利费早在民国十二年业已举办，此次根据旧案办理自无不可，惟每亩征收折合米四斗并须随缴陈欠，为数颇有可观，昨乃指令县府，仰即会同地方团体及公正士绅组织机构妥为保管，计议用途，并将征收情形及工程计划随时核报。

（1947年4月29日第2版）

开河太阔业户未同意·河工处被控勒收·省政府令县查复·沙案复杂之一斑

省府据沙洲区袁、陶案业户代表陆丕隆呈称，袁、陶两案沙田，北附常通港，东接大江，泄水甚便，虽有淤塞，辄自动开浚。讵料今春开浚第四干河办事处开浚河工时，未得袁、陶案业户之同意，指派业户每亩负担常通港二尺四寸，又费每亩米一升四合半，不计田亩之多寡，不顾害益之深浅，不审港道之由来，故民等曾将以上各节环陈沙洲区署，当承曹区长采纳民意，允减为每亩一尺，其他费用豁免。（在乐余镇张乡长宅）民等已遵从区长之命如数开浚，讵料该曹区长忽变更口吻，游移两端，而河工处则于四月廿三日发出多数泥工票，向袁、陶两案收取工资。民等以该港已遵区长之命开浚，乃河工处却又违背事实，重叠收取工资，且该两案本身泄水容量只须开一丈八尺，今开三丈七尺，加阔一尺九尺，多开一倍以上，既无利益，复任意指派，不公孰甚？又该河工处开办时，所筑之阻水坝，迄逾两月，始获开豁。际此亢旱，稻田需水，该河工处故意延迟开坝，致农民失却播种稻种之时效，受损惨重，群情惶恐，难以言喻，为迫具情恳请制止勒收，以免骚扰，而安民生云云。省府据呈后，昨令此间县府详查具报核夺云。

(1947年5月24日第1版)

沙洲西港恢复电灯·三县组保坍会·张参议员提两项议案

（前略）又张参议员（按，即张道明）提请参议会公决者，因本县沙洲西北区境逼近江滨，坍削日甚，居民流散者难以数计。胜利初，江、常、通三县拟联合组织保坍会，惟因经费无着，未能顺利进行，应即由参议会咨请县府函转江、通两县，将该会改成一健全之机构，妥筹经费，进行工作，以保障人民权利云。

(1947年5月28日第1版)

常阴沙、青草沙今归还建制·统一管理机构明令撤销

本县与南通、江阴管辖之常阴沙，前以治安需要，经省府会议决定，暂行划归本县管理，以一事权，一俟匪平，再定隶属。兹省府据报，常阴沙及附近青草沙与如皋永安沙保甲户籍业已编查完竣，民众自卫武力亦经编组，潜匪肃清，治安恢复常态。昨乃通令三县，自本年六月一日起归还建制，各隶原隶，所有前因统一管辖设立之临时机构，着即撤销云。

(1947年6月4日第1版)

争管常阴沙·将采（"采"原作"才"，径改）投票制

常阴沙之划归本县治理一事，参会昨由（"由"疑即"有"之讹，姑仍旧）议决。为请呈省确定南通第五区（即常阴沙）归本县管辖案，议决：呈请省府确定南通第五区归本县管辖，如通方争持，准由该区举行民众投票决定之。

(1947年6月9日第1版)

新围沙田应赶办升科

（前略）又，省田粮处据报本县沙洲区续围沙田，亟应依照成例升科办粮一案，昨核示云：该县沙洲区续围沙田，办理成田升科，应先查明，如已缴价给照，即按该项土地全年收益数量及邻田科则妥拟升科等则赋率，提送县参议会审议，通过后检同纪录及全年收益数量悉报候表定，以便于本年度新赋开征前入册承粮，遵办具报云。

(1947年6月14日第2版)

通、虞两县垦定界址

省府据南通县府及本县临参会（案，此处恐有误，"临参会"已在三个月前结束，由新选举产生的县参议会取代）报告，本县济生沙案六、七两圩延不遵办情形，

及义成案内围筑之三、四两圩亦被霸占不交，请派员会县查勘，以维公产等情，经查义成案六、七两圩滩地被济生案侵占一案，早经行政处断，归本县教育局收回管业，复经最早法院判决定案，自应照案执行，以重教产，至三、四两圩之地，既属义成原案范围，该袭（"袭"，疑为"龙"之讹，仍旧）国泰等何能强占不交，顷乃决定派督导员陈邦俊、省立南通中学校长彭大铨会往查勘，同时并令本县亦派员前往，钉定界址绘图贴说、报候核夺云。

（1947年6月29日第1版）

新沙征收教育亩捐·省府指令碍难照准·认为不独加重人民负担且无法令根据

县参议会为充实教育经费，乃经议决，每年在新围沙田内酌提百分之五亩捐充教育基金，函经查照办理，县府准函，经转呈省府核示（"示"后原文有"去"，当系衍文，径删）后，昨省府指令云：沙滩田荒地，一经合法放领之后，其所有权即已移转于承领人，其承领人之围筑垦殖，于法为行使所有权，为其应得之利益，此项新围田地，除照章完税外，如再征收教育文化基金亩捐，不独加重人民负担，且无法令根据，所请百分之五亩捐一节，碍难照准。再查本府前经呈准行政院，凡属江海新涨沙滩，准由当地教育行政机关优先价领，并经通令沿江海各县市政府遵照办理在案，昨令知照，并令转知参议会。

（1947年7月15日第2版）

水利会今会议

沙区组织成田水利委员会，于曹前区长召集地方士绅暨攸关人员，因人数不足流会。兹定今日召开会议，讨论是会之组织及各项细则收支概算要案云。

（1947年8月2日第1版）

暴徒毁屋烧物·鹿苑镇长报县·德元居民如惊弓之鸟

本月十日晨，鹿苑镇五保四甲德元圩突然自西方拥到暴徒百余人，均肩负竹竿，蜂涌至该圩居民张士芳住屋邻近之田中，肆意将田中之青苗摧毁，并于其抢筑草棚十五六所，当时尚有暴徒三人各携短枪，保护行事，因之圩内居民纷纷向东逃避，不敢抗拒，由圩长王良保驰至驻在附近之青年军处报告。青年军熊排长据报，即率士兵前往，拘获暴徒六人，带至队部内讯问。讵料当夜一时许，又有暴徒至该圩范官培家，纵火烧毁范家之房屋，时范家仅有范官培父亲一人在家，殆发觉惊起，无力抢救，所有房屋及家中什物尽付之一炬。事发后次日，该处居民报告鹿苑镇长徐景明。徐镇长派常备班长汪连庚前往调查，至德元圩则当地居民恐暴徒再度来袭，均避居他处。其后经找到四甲甲长刘士明，询问确系实情，徐镇长昨乃具呈县府报告，请求指示办理。

（1947年8月17日第1版）

【按】上述报道为当时普遍存在的沙田产权纠纷案，具有一定的代表性。据后续报道可知，整个事件涉及两位围垦闻人——张渐陆和黄竹楼之间的利益纠葛。

德元圩，又名"丁丑圩"，西连丙子圩（杨仁可围垦），1937年（丁丑年）张渐陆厚德公司围垦，时属沙洲区南丰乡，今隶塘桥镇牛桥村。（参见《鹿苑地名志》，塘桥镇人民政府2005年内刊）

欠发浚河工资·激起泥工公愤·县令饬鹿苑镇长解决

沙洲区人士熊桂松、江济衷等为修浚水利，以利农耕计，乃发起修浚第四干河，并组织工程处负责进行。兹悉，该工程自动工兴修以来，现已全部完毕，但最近该工程分办事处主任江济衷，以癸酉、南圩、中圩等四圩业户对修浚费田，延不缴纳，致泥夫工资至今三月未发，泥夫因见江济衷对工资毫无发放音信，遂疑江济衷将工款挪用，群起向江责难。江济衷为表白起见，乃率领泥夫等至居住于鹿苑镇之癸酉、中圩等四圩业户代表朱士清家索取工资。不料朱士清非惟不出工款，反破口大骂，并手持镰刀向泥工等恐吓，欲思行凶，泥工等见状不服，激起公愤，幸江济衷出而阻止，未生他患，仅将朱家所蓄牛一头牵去，后江济衷遂将经过情形报告区署。区署据报，除命江济衷将牛好好饲养外，昨呈报县府，并请令饬鹿苑镇长钱纪常转知各业户速行缴清工资，以杜纠纷而免后患云。

（1947年8月6日第1版）

沙田升科不容再缓

又讯：沙回升科，自民国念五年以来，迄今十载，从未办理，现沙洲办事处以在兹十年间，已有新围沙田二大（按，原文如此）四三一亩未曾升科，然升科实为确立民间产权，无异田亩登记，且对库收亦不无裨（"裨"原误作"稗"，径改）益，故办理升科，实不容或缓，但是否由县处主办，法无明文规定，昨具呈请示云。

（1947年8月27日第1版）

小消息

沙洲区请减低漕田芦地草滩赋额·省令田粮处详查具报。

（1947年9月11日第2版）

测量海塘·函县保护

本县、江阴、南通三县所辖之常阴沙田畴，为防御海水溃决，原有海塘建筑，惟因年久失修，业已陆续坍溃，为保障农产及福利民生计，本该前特会同江阴、南通两县致函农林部农田水利处，请即派员赴沙测量。昨该工程处复函到县，谓已派该处第八工程队队长贡树梅前往实地测量，并请本县予以协助及保护云。

（1947年9月26日第1版）

【按】此处"海塘",专指西自段山口、东至七圩港一带的江堤(岸),位于常熟、江阴、南通共辖之常阴沙沿江地带,形成时间较晚(当在段山南北两夹筑坝成陆之后),相对于常熟东部沿江原属"江南海塘"的一段江堤,在形成时间、范围及管理模式等方面均有区别。

公有款产管理委(员)会议决沙田租息收糙米·检举隐匿沙田提成充奖

公有款产管理委员会于昨日上午九时假县府会议室开第二次会议,出席张县长等各委员,讨论议决事项。一、沙田收租分处经费,原议在征起租息内提百分之十,不敷应用,拟增为百分之十五案,议决通过。二、本年度沙田租息应按规照规定征收实物案,议决一律征收糙米,并函吴县、江阴两县公产管理机构一致办理。三、沙田收租分处应否刊发图记案,议决应予刊发。四、检举隐匿沙田如何给奖案,议决就征起租息(不分新陈租)提奖百分之二十。五、公学产沙田租约案,议决通过,并酌收租约纸张及丈量费。

(1947年10月5日第1版)

沙洲区成田水利费保管会决定标准·每年每亩征收一市斗

沙洲区奉县组织沙案成田水利费保管委员会,业于二十七日成立,推定该区区长丁君彦为主任,朱振亚为副主任,并聘定委员三十九人,旋即召开委员会议,议决事项:

(一)三十六年度以前沙案所围新田欠缴之水利费,应分期征收,而三十六年度至三十九年度之水利费,以每年每亩一市斗为准,四年一次收清。

(二)自三十七年起各沙案经围新田,呈请县府给示时,应援例先将成田水利费每亩四市斗如数征清后,方予给示兴工,呈报备案。

又,沙洲区第四干河,该区人士前为该河河床淤塞,水涨时有泛滥之危,乃经呈准组织委员会征工开浚。兹悉:有乡人盛放天者,昨又呈县府,以该河下游出口处新涨沙滩渐积渐高,自中段东港镇以至北横套,绵亘约一千八百余丈之长,际此秋潮涌涨之时,仍有泛溢田亩之危,虽经该区署设法修治,但区署以前次修河时经费尚未收到,置诸不理,故特呈县请饬知沙洲区丁君彦设法于下游出口处或开水洞,或筑水闸,以资调节而维民生。

(1947年10月30日第2版)

沙田没入江心计八万余亩·工程队抵常阴沙修海塘·民众呈县实地指示进行

沙洲区常阴沙地方为常熟、南通、江阴三县共辖区,以滨江关系,历年来长江水势之冲刷,自民初迄今被冲毁田亩约计有八万余亩,近年来则日益加深,如毛竹镇、子午桥、长安、西兴诸镇,均先后没入江心,沦为泽国,损失重大,长此以往,全沙恐成泽国,人民尽成鱼鳖。顷该地方人士陈石泉、吴宗汉等,有鉴于斯,前曾呈请农林部委派水利工程队至沙测量及计划动工建筑事宜，业由贡树海队长率领到沙展开工作，已经匝月。昨常阴沙民众黄绪纯等为兹事体大，故昨分呈常熟、江阴二县命驾当地察勘坍势，并指示进行方针。

（1947年12月1日第1版）

二干河计划修浚

县府以本邑沙洲区之二干河及梅李区耿泾干河，对农田水利灌溉至为重要，顷决定利用农隙征工开浚，迨本年时不致遭受灾之影响。此项计划，正由建设科详拟中，一俟核定后即行施工。

（1947年12月1日第2版）

【按】原标题为"耿泾河道计划修浚"，本标题为编者另起。

沙田升科办法·省府会议通过

本县沙田，自民国二十六年沦陷以后，其新围者至今未办升科，人民财产无从确定。沙洲区人士前呈县处请速办沙田升科，以确定财权。县处据呈后，乃经订定《常熟县沙田升科办法》，呈省核示。兹悉该办法业经省府于二十六日一四七次会议通过，本县将待命令到达后办。

（1947年12月29日第1版）

阻挠播种沙田·区长查无其事

沙洲区福利垦殖公司常务董事唐瑛，前向县呈控南丰乡副乡长姚金龙曾率自卫队员赴该公司新围沙田内，喝令各佃户停止播种，似有其他企图，请求依法究办，当经县府指饬沙洲区丁君彦查复。昨丁区长将调查经过情形呈报，略以该项沙田，在本年春熟时，已由该公司关系人张际青赠与本县在乡军人会管理，并由会长钱逸民在南丰设立办事处，专负是项沙田垦殖之责，致该公司另一部分人士有所误会，至南丰副乡长姚金龙率领自卫队阻挠，则并无此事云。

（1947年12月29日第2版）

【按】上述赠与"在乡军人会"之沙田，涉及多方面利益，因意见不一，产生了矛盾和纠纷，并诉诸县府，相关消息有连续报道。

沙区保坍工程刻不容缓·测量将竣筑楗难成·三县会勘
农民含泪建议募款速即兴筑

本县江阴南通毗连之沙区，沿江滩岸，因年久失修，近年来逐渐坍陷，日甚一日，良田美舍，霎时尽没江中，附近居民，顿告失所，长此以往，民生堪虞。前时江阴县府为商讨保圩，以免该地居民流离失所计，乃函本邑及南通县府，订期于本月二十四日会同员查勘。

(1948年1月1日第2版)

在寒风中发抖

县府方面准函后，遂（遂，原文作"逐"，径改）令派技士李玉笙前往。李玉笙于二十三日赴沙。江阴方面已派指导员周毓瑞至沙，惟南通因路途遥远，未克派员前往。李、周二人因于二十四日会同江、常、通海塘工程委员会负责人陆肇强开始查勘，沿江考察，详询附近居民均衣着破旧不能蔽体，面黄肌瘦，在寒风中发抖，惨状实不忍睹，由此可见，保圩工程实不容再予忽视。兹李玉笙已于昨日返城，将查勘经过及当地人士贡献之筹集保圩工程经费办法四点签呈张县长核示。

(1948年1月1日第2版)

二十余里石榷将坍

兹录其原呈如下：

（上略）查该沙系江常通三县共辖之地，自江阴之段山嘴模范圩起至通属七圩港止，计长二十余公里。南通地区江堤，石长早年筑有石榷，本可保圩，因多年失修，亦有坍陷模样。江属、常属部分坍陷最烈（"烈"原作"劣"，径改），若不设法保圩，势将更凶，良田美土将尽没江中，该地居民多系贫苦无告之农民，住于江边之草屋，据彼等谈，近年来彼等之良田美宅多没江中，现住之草屋明年又将沉没矣！言时已双泪满面，令人顿起怜悯之感，该地保圩实急不容缓。工程方面，现已有农林部农田水利工程第八工程队队长工（"工"疑为"王"之讹，姑仍旧）澍海率队驻沙，于三十六年十月十日开始测量，预计三十七年一月二十日测量完竣。测量完成后，筑榷工程应立即开始。经费方面，已拟有就受益田亩分四等募捐，惟工程浩大，附近贫农实难于负担，此巨额费用，当此残冬时期，更不易收集。

(1948年1月1日第2版)

征捐拨款·请贷经费·当地农民建议

该地人士贡献筹集经费之办法四种：（一）征收沙洲区棉花捐（税率百分之二）。（二）拨成田水利费半数充保圩费用。（三）东部新涨沙田提两成作保圩费。（四）向地方富绅劝募捐款。在此等捐款未征收前，由政府向中央农民银行接洽，以上项捐款作抵，每县贷农田水利费四十亿元，分两年偿还。查是项办法在政府经济窘迫之下尚属可行，尤以贷款更属急不容缓之举云云。

(1948年1月1日第2版)

兴修沙洲坍岸·决定五项步骤

本县、江阴、南通三县毗连地区沙洲，江阴段山嘴模范圩起至通属七圩港间滩岸，近年因年久失修，塌陷江中，近年来逐渐坍陷，日甚一日，良田美土，尽成汪洋，居民苦不堪言。前乃经县府派技士李玉笙曾会同江阴县府查勘得实，并有当地人士贡献筹集兴修坍岸经费办法四种，由李玉笙签呈张县长，请查核实施。张县长据呈后，经详予考虑，昨日决定五项步骤：一、原则上仍交由该区人民自组之江阴、南通、常熟三县海塘工程委员会主办。二、收费部分，由县政府代为拟定办法，令切实遵办，按照具报；三、工程技术，包工办理，并应严加督饬，于伏阴前完成重要部分。四、收费范围，令饬该海塘工程会先行核议呈报。五、合作计划及图说具报。

(1948年1月8日第2版)

常阴沙保坍工程·请动用成田水利费兴修

常阴沙江、常、通三县沙区海塘，前因年久失修，日渐倾坍，良田美土，尽没江中，居民损失不赀，惨苦万状。该区人士为商讨保坍事宜计，乃经组织江、常、通三县海塘工程委员会，负责筹划进行，关于保坍经费决定由受益田亩负担。惟现经估计，全部保坍费用约需三百亿元，居民不能负担此项巨额费用。该工程委员会主席委员陈石泉，昨乃呈县府及参议会，以沙区成田水利费，行经省厅核准开征，现已收起一万二千石，若在该项成田水利费下拨付半数，则虽不能全部完成，亦可稍得以挹注，同时此案已由工程委员会及沙区民众代表联席会议通过准拨，以作开办保坍费用，若有不敷，则再另行筹集，故请速饬区署照拨半数。兹悉县府据呈后，据第四科负责人语记者，此事恐不可能，因倾坍海塘系三县共管，而沙区成田水利费则为一县所有，别有用途，且保坍经费前三县县长会议决定由受益田亩负担，早有定案，自宜根据决定，惟最后决定当俟张县长批示，故现已签呈张县长核示云。

(1948年1月22日第1版)

成田水利费请拨用不准

江、常、通三县海塘工程委员会呈县请拨沙区成田水利费半数，充作海塘保坍经费，兹悉，县府据呈后，昨批示云：查该会前经邀请三县县长及地方民众代表决定征收保坍经费，并经呈请本府转函江阴、南通二县会衔布告在案，所请拨用成田水利费一节，应毋庸议。

(1948年1月23日第1版)

段山夹·地管局复丈

上海区国有土地管理局，以本县段山夹沙田各案，自民国十八年大丈以后久无清厘，二十载以还，中经沦陷，其中凭藉敌伪势力私占田亩，或已经丈定境界而仍向外溢占垦殖者颇多，该局为复丈明白，以资查核（"核"，原文误作"挤"，径改）起见，特派科员徐本立及测丈组组长孙钧华等，来常赴段山夹等地复丈。

(1948年1月24日第1版)

省府会议修正沙田升科办法·昨发还到县令饬遵办

本县江滨已垦成熟沙田，县田粮处前往订定沙田升科办法呈省核示去后，兹悉，业经提交省府第一四七委员会决议修正通过，现该项修正办法业已发还到县，着令遵照办理并布告周知。县田粮处奉令后，现已开始筹办，一俟筹办就绪，即行开始申报及丈量编查等事。兹志修正后之沙田升科办法于下：一、本县为办理沙田升科，特参照江苏省各县办理无粮田地补粮升科办法订定本办法。二、本办法所称沙田以报领有案执有证明文件及国有土地管理机关掣给之升科通知单者为限。三、凡已垦成熟沙田均应填具申请书检同证件送县田粮处升科承租，但罩报未垦滩地不得申请升科，以杜纠纷。四、升科业户如有原领沙田已经售出一部分，余存亩数与部照不符，或买主但凭承买契据申报者，除呈验执照契据外，并须有该管乡镇保长或邻近地主二人以上出具保结负责证明。五、应行升科沙田不分公私产权，应一律申报以便编查。六、县田粮处接到业户升科申请书查对证件后派员前往丈量，编列地号（划地形、划定都图，依次编号），编具详图并组织科则委员会查明各图土地肥瘠及其收益，审定科则编造升科清册，报请省田粮处派员复查。前顶升科清册及申请书，参照无粮田地补粮升科办法规定检定式样附后，申请书由县处印发，以资划一，得照价收回工本费。七、升科沙田定案后填发升科证明书，并规定证明书为三联式，第一联存根，第二联缴核，第三联证明书。此项证明书请由省田粮处印制加盖处印发县填用。八、本县沙田升科开始日期由县田粮处公告周知，限三个月办理完竣。第一个月申报，第二个月丈量编查审定科则及造册呈省，第三个月复查给证。九、各沙田业户如果逾限不报或短报偷漏等情事，一经查出或被他人举发，以隐粮议处，依照江苏省各县市办理无粮田地补粮升科办法第六条、第七条及具书（按，具，原文误作"但"，迳改）之规定办理。十、办理升科人员对于业户应行升科田亩，如有勾串隐饰或其他舞弊情事，一经查出从严惩办。

(1948年1月25日第1版)

收成田水利费·省派技士调查

沙洲区署前经呈准省厅，向各业户征收自民国二十七年至三十六年止之成田水利费，每亩征收实米四斗，分四年缴清，经令各催征吏向各业户征收去后，兹悉，有沙洲区段山北夹江滨农民郭堞寒等具呈建厅，以成田水利费系段山南夹之事，与他案无关，至北夹征收成田水利费，则民国十七年即经反对，并未实行，且各河道均由农民自动开浚，按受益田亩分担，历述理由，呈请豁免以苏民困。兹悉，建厅据呈后，以沙区各案成田水利费业经指令本县应会同地方团体、公正士绅组织机构妥为保管，计议用途，并将征收情形及工程计划报核，但迄今未据呈复，故现决定派该厅技士万筱泉来县实地详查，令此间县府会同办理云。

(1948年2月28日第1版)

缴成田水利费·始得保证权益

沙洲区署以奉准征收各沙案成田水利费,业已令饬各有关催征吏征收,兹以值此春融农隙,正各沙案围筑沙田,呈请给示保护之时。现查得二十三年四月周前县长衡所发围田布告一纸,略以案准吴昆江常沙田局公函,为据领案人许谦呈请围筑滩地约一百亩,遵缴成田水利费三百元,俟围工筑峻丈足亩分再行照数续缴,于此可见,请领布告者必先缴足水利费。昨沙区乃呈请援例缴纳,如有已给布告而未缴费者,请迅予转饬追缴。

(1948年3月4日第2版)

沙区保坍工程·春熟前决开工·柯氏昆仲发起捐献沙田

本县沙洲区滨临大江,坍势剧烈,海塘工程委员会主席陈石泉、吴宗汉、杨公柏等,深知沙区民众被坍迁移流离,痛苦备尝,不忍坐视不救,特于前日耑(按,"耑",系"专"之异体)程返沙,于本月二十三日假座十二圩港镇红十字会召集坍区民众,讨论保坍进行办法。到会民众代表一百六十余人,陈石泉主席,先由陆肇强、张锡祺、张锡祥报告筹备经过及工程计划暨测量用费收支账略,次由陈石泉、吴宗汉、杨公柏相继说明沙区保坍之重要,及进行之方案毕,即开始讨论提案,当即决定:(一)审定组织系统。(二)推定陆肇强、何培林、黄鼎彝、陈育贤为总务组正副主任,杨公柏、张品珍、顾宝珍、吴璞山为经济委员会正副主任,陈祖平等为工程组正副主任。(三)决定借红十字会为办公地点,各组即日开始集中办公。(四)推定程宗棣代表主席常川驻会办公。(五)推定汤静山、陈飚初为监察委员会正副主席委员。(六)择江常险要地段先筑石楗两座。(七)规定征收亩捐步骤,凡田在二百亩以上者,应首先一次缴足,二百亩以下者先缴三分之二。(八)工程开办费除收亩捐外,不足之数,由陈石泉、吴宗汉、杨公柏负责设法贷款,并由汤静山垫米二百石,陈飚初垫二百五十石,杨公柏垫二百石,吴、郑合(按,原文中"合"字重复出现两次)垫二百石,钱、曹、陈合垫一百二十石,陈石泉、吴宗汉、倪遂吾等合垫二百石,黄彝鼎垫十六石,朱天生垫十石,统限于农历二月底缴足。(九)凡抗缴业户决定办法:甲、由监察委员会主席委员会会同经济委员会分别登门劝缴。乙、由本会呈请行政机关硬性催缴。丙、由沿江被坍民众组织跪求团向缴租各户跪求请缴。丁、准由各佃户将应缴租款缴由本会充作保坍用费,由本会给以收据,各佃得持本会收据以抵租款,业户不得藉词取佃等决议。最动人听闻者,在讨论经费时由柯氏昆仲发起捐献沙田以充保坍之用,博得全场掌声,惜阳春白雪,附和者寡,未免逊色,但陈主席石泉等已抱定只许成功、不许失败之志,已决定于春熟前开工云。

(1948年3月29日第2版)

三县修建险塘·呈省请拨美贷

南通县五区,在江南与江、常接壤,土地肥沃,出产丰富,惟沿江地带海塘坍陷颇剧。江阴、南通、本县为防患未然计，特联合组织江阴、常熟、南通海塘工程委员会，计划修筑险塘，经估计全部工程费共计合白米九万二千市石。惟因经费过巨，民众不胜负担，乃请求善救苏宁分署拨给物资应用，嗣因总署结束未果，但该处海塘危险万分，不容延误，乃于昨日再度具呈县府，请求转请省建设厅准在救济美元项下，尽量提拨该会，充用沙区海塘工程费用。

（1948 年 4 月 27 日第 1 版）

围沙田占官河·乡长报县制止

妙桥西旸泾，泥沙沉积日多，河道淤塞不通。前日间该乡特组织开浚筹备会，准备开浚，后因经费枯竭，中途停顿。讵有鹿苑乡耕农赵世增在该泾港口西面围田一百余方丈，妙桥乡镇民代表主席邓虎生暨该乡全部保长以该耕农侵占官塘、损害公益，特联名呈请县府予以制止。

（1948 年 4 月 27 日第 2 版）

【按】1922 年段山南夹筑坝对沙洲向东扩张成陆影响深广，不仅使原南夹培滩成田，盘篮沙、东兴沙先后与江南大陆相连，而且包括南丰镇（原属东兴沙）以东、鹿苑东北、西旸至福山口一带原有的大片水域，因泥沙淤积、沙洲出水而陆续成陆，并围筑成田，直至 1970 年之后才逐渐结束。

今日举行会议·讨论保圩工程·张县长决亲自下乡主持

沙洲区地滨长江，其沿江各圩，因受潮水猛冲，年有损毁，以至良田村舍，有遭浸入江水，其损失之惨重不可数量。兹经该区热心人士决定组织保圩工程委员会，因所需经费浩大，业经向县拨借积谷一百石，以充兴修费用，□会定今日举行会议，商讨一切进行事宜。张县长以该项工程浩大，且与本县经济建设有极大关系，故决定亲自赴乡主持（此处原有"告"字，当系误植，径删），共策进行。

（1948 年 5 月 10 日第 1 版）

三县会勘塘工·筹筑保圩工程·昨在十二圩开会商讨

沙洲区保圩工程，于昨日举行首次兴筑会议，本邑张县长、安议长、朱科长，南通县长陈赓尧、议长陈冠英、建设科冯科长，江阴建设科胡科长等，于下午二时先后到达沙洲区西港，稍事休息后，于三时许出发至七圩港，视察海塘工程，有鉴沿江民众寒苦，田庐沉没，尽付东流，深表感慨惋惜。五时许到刘海沙（"沙"原作"鸥"，当系"沙"之讹，径改），由该地士绅汤静山设宴洗尘，于晚间十时许假十二圩港红十字会举行会议，对兴筑工程及经算（"算"，当为"费"字之讹，姑仍旧）之计算，均有详细之决定，张县长等定今日返城。

（1948 年 5 月 12 日第 2 版）

沙洲区保坍工程会议·议决要案六项·三县县长均出席

沙洲区保坍工程兴筑会议前日于十二圩举行，出席有南通、江阴、本县三县长暨各县议长等数十余人，于是日下午三时许开会，当即议决全部提案：一、沙洲海塘工程应请划入江南海塘范围，由建设厅统筹办理案。议决：通过。二、在本沙各收花行厂，收花时拟每元附征海塘费二分，以资补助海塘工程案。当由南通县提供意见，以该县系统收统支，将来恐有问题，暂且减为一分，甚至完全豁免，并应规定时期。议决：缓议。三、拟在本沙东部东涨滩内围筑新田时，每亩缴纳海塘费五斗，以资补助案。议决：任凭乐于捐助者为原则。四、海塘完成以后，在海塘范围以内，设有新涨滩地发现，拟请准由海塘会优先报领，以充裕海塘基金案。议决：通过。五、海塘内未能垦种之坍遗田亩，拟植芦苇，以资护塘，其所收利益，按照南通县境前例，折半归公，以充海塘经费案。议决：通过。六、请求建厅拨助剩余救济物资，早经呈请江、常、通三县县政府及县参议会，转呈在案，今后应否再推代表赴省厅接洽，以期早日实现案。议决：南通派陈中理，江阴派陈桂清，常熟派吴宗汉，会同晋省接洽。大会延至五时许散会。

（1948年5月13日第2版）

常阴沙保坍·请美援未准

又讯：江阴、常熟、南通三县海塘工程委员会呈省建厅请求提拨美援办理常阴沙区保坍工程一案，顷据省建厅核示到县，以□□□对美援□各有规定，依原计划不能挪用分毫，并有外人组织之监理委员会从旁监督。至所请续修江南海塘工程经费七十万美元，专办松、太、宝、常四县海塘预算，尚感不敷，所请碍难照准，除分令并转饬知照。

（1948年5月16日第1版）

沙洲保坍工程·成立专业机构·施工计划呈省检核

江阴、常熟、南通三县海塘工程委员会办理常阴沙保坍工程一案，前经省府核准就带征积谷项下拨借办公费五千石，业已通知在案，省建厅为使该项工程责成专一，迅速推进起见，顷令本县等应即成立工程机构专负施工全责，经费部分应由各该县负责派员监督，从严稽核，并饬将详细施工计划及工程办理情形呈核。

（1948年5月25日第1版）

沙田赠与纠纷·地院调查再讯

沙洲区人张渐陆、杨振寰（按，即杨震寰，字同时），前将福利公司之沙田三百亩捐与本邑在乡军人会，近有陈俊卿、熊桂松、谭石屏主张产权，向地院民庭提起确认产权并排除侵害之诉，并谓在乡军人会主持人钱逸民离乡日久，不明真相，致受张际青等欺蒙，现距收麦期近，深恐引起纠纷，前经呈县府处理，迄无办法等情。昨晨地院张推事升座审讯，原告陈俊卿、熊桂松、谭石屏，被告钱逸民及代理律师俞炳宸，原告代理律师陈震等均到庭，被告张际青、曹叔仪未到。经张推事分别审讯一过，结果：候调查县府案卷后再行传讯，候传再讯。

（1948年5月28日第1版）

沙保坍工程即日开工·县准贷给积谷二千石

通、虞、澄三县沙区保坍工程，自经由三县组织海塘工程委员会负责筹划办理以来，以长江水位高涨，沙区滩岸坍陷颇多，同时入夏以来愈形剧烈，最近农林部农田水利工程处已派工程师石家瑚至沙主办。海塘工程委员会为保复坍岸计，已决定即日开工，惟以工程巨大，需款孔亟，近乃呈县请拨借前已呈请求借用之积谷五千石及农贷积谷二千石，共计七千石。兹悉，县府方面昨日业已决定，先行拨借农贷积谷二千石，着即备具收据及保证书来县具领，至积谷五千石，则俟呈准省厅及函参会允借后拨发。

（1948年6月4日第1版）

积谷会昨开会议·通过拨谷办平粜·沙洲请借浚河谷未邀准

（前略）五、准县府函以沙洲区署呈请拨借积谷，充作浚河经费请讨论案。议决：查本案核与积谷管理办法第五条不符，歉难照办，函县转知沙洲区署照办。（后略）

（1948年6月27日第1版）

江、常、通海塘工程借谷·归还办法已决定·以江边田亩分四等收捐

江、常、通海塘工程委员会为修建三县海塘，曾呈县拨借积谷二千石兴修。兹悉，近该会拟具归还办法四点：一、其征收范围以由江边向里一千六百丈为限，分为四级，每级四百丈，距江最近之四百丈为甲级，每亩米四斗。二、第二之四百丈为乙级，每亩米三斗。三、第三为丙级，每亩米二斗。四、第四为丁级，每亩米一斗，呈县昨函参会核议。

（1948年6月29日第2版）

常阴沙海塘工程·另编送工程计划·呈请中央拨美援修筑

县属常阴沙海塘，县参议会六次大会时，曾通过拟列入江南海塘范围内，经去函省请示后，昨复函来常称：查本期江南海塘程计划，早经各方决定，未能更改，所请列入范围一节，碍难照准，但为顾及事实需要，是项工程可依照前准之江、常、通三县海塘工程委员会自行编送详细中英文工程计划书，呈由建厅转请中央，另拨美援办理。

（1948年8月8日第1版）

抢夺沙田纠纷·移地检处侦讯·昨县军法室开庭

关于鹿苑德元圩被暴徒抢盖房屋及纵火劫物情事,自经缉获匪长林等六人,解送县府审讯,县府于昨日再传原告及关系人来县询问,同时鹿苑镇亦续获纵火犯张宝书、戴金书、吴长金、吴金郎四人,于昨日送达县府,县府乃一并开庭审讯,庭询一过,原告及关系人张士芳、范官培、刘士明、汪连庚、黄友郎饬回,黄竹楼交保,张宝书等四人收押。同时,县府军法室以据黄竹楼、黄友郎等供称,德元圩田系由彼等向财政厅报买围筑,而据张士芳、刘士明等供称,系向厚德公司张渐陆购买耕种。查该项田亩产权,在未经明确判决前姑不置论,惟张士芳等耕种有年,黄友郎等纵确保所有权,欲收回自种,亦应("应"原误作"因",径改)遵循法律途径("径"原作"往",径改),以求解决,乃竟纠众擅自入田搭盖房屋,摧残农作,甚至纵火劫物,究属非法,而张宝书、戴金书等四人在逃,王大保、卜高松唆使抢田,尤属不法,黄竹楼亦有教唆嫌疑,移请地检处侦查办理。

(1948年8月24日第2版)

成田水利费开始征收·十一月内缴足

常熟、江阴、南通三县鉴于交毗点沙田,每逢潮汛,圩岸惨遭冲毁,农民损失不赀,乃会同三县组织通江海塘工程委员会,由各县库暂垫巨款,兴建圩岸,保护农田,农民得益后乃即归还,其归还办法系按亩分等摊派缴纳,订定甲乙丙丁四项缴纳标准:甲、为距(江)口最近之四百丈,每亩缴米四斗。乙、第二之四百丈,每亩缴米三斗。丙、第三之四百丈每亩二斗。丁、第四之四百丈每亩一斗。该项工程,业经该会建筑兴工,全面展开工作,迄今为时已达一月。顷悉,该会为需款孔亟,爰经该会议决,决定自九月二十日起,按亩全面开征白米,统限于十一月内一律缴足以应工程需款。昨该会诚恐农民有存观望之意识,故昨电请本县县府,转饬该区就近警所协助办理。

(1948年9月19日第2版)

第一届七次参议大会今上午举行开幕·参议员昨起到秘书处收到提案甚多

(前略)二八、为常阴沙保坍工程经费困难,拟就沙区田亩,请县政府代收保坍受益捐,每亩谷二升,俾早日完工案。(后略)

(1948年9月24日第2版)

昨参议大会第二日·继续质询情绪热烈·地方建设工作
应由县府策动·组建设委员会协助推进

(前略)赵(按,即赵楚天,县参议员)同时并询问沙区保坍工程现进行如何,朱(按,即朱堤,时任县府第四科即建设科科长)答:沙区保坍工程,县府曾派蔡技士前往察勘,至该工程依照农林部第八测量队计划,须筑十三道水榫,需费十万石，当地人士因费用浩大，决定分期实施，现老海坝部分水榭已建筑完成。赵提出意见，须要详细工程状况，如不知，应派专人前往监督兴工，朱科长当（即）表示接受。(后略)

(1948年9月26日第2版)

统筹疏浚河道·巩固海塘工程·建设部分共通过十三案

（前略）七、石民佣提疏浚沙洲三干河以利交通国防农田水利案。议决：函县审核沙洲区第三工河工程计划书办理。……（合并讨论议决）十二、江、常、通海塘工程会拟在河阳山接洽采运石块请核议案。议决：准予采运。(后略)

(1948年9月27日第2版)

沙田纠纷昨日公审·被告等仍押

南丰镇丙子圩沙田纠纷，原告张渐陆控诉黄竹楼唆使匪长林等强行占地搭屋，拔毁青苗，抢夺木材、家禽等，前由鹿苑镇自卫队将被告匪长林等八名一并拘获，层移地检处押候侦查。被告王文良因路过被捕，□已予不起诉处分，交保在外。其余被告等一并起诉。昨日地院刑庭首次公审，由孙院长亲自审问，沈崇葵律师出庭辩护，当将在押被告匪长林、钱一方、许其昌、萧金林、黄银仙等七名签提到庭，并饬传被告黄竹楼及应讯人王文良到庭，孙院长当将被告等逐一审讯，对承种田亩及期间等盘问颇详。结果：因有调查必要，庭谕被告等仍一并还押，应讯人王文良、黄竹楼交原保，改期再审。

(1948年9月28日第2版)

鹿苑德元圩·派驻常备班

鹿苑五保德元圩居民侯春荣等十二人，以最近常遭歹徒骚扰，焚烧房屋，居民惶惶，昨呈县请派驻常备班一班驻防，以策安全。

(1948年9月29日第2版)

南丰乡崇法圩水灾请免租赋

沙洲区南丰农会昨呈县称：该乡（"乡"原误作"县"，迳改）第八保崇法、华丰两圩，位于五干河与四（案，"四"今作"泗"）兴港之间，水流急湍（"湍"原误作"喘"，迳改），驳石及施桩多已坍废，讵于上月间突然潮水高涨，将崇法圩之堤岸冲毁，顿时农作被淹，房屋家畜亦蒙受其害，一片泽国，请县府设法救济并免去本年租赋。

(1948年10月9日第2版)

沙洲纪行（一）
被开垦的处女地

（本报记者念苏）沙洲区，就是一般人惯称的"沙上"。这一块地方，在人们的印象中，是广袤的面积，□（疑为"肥"字）沃的土地；有白银似的棉花，有黄金似的大豆，以及粒粒珍珠的白米和小麦，正是农产富饶的所在。所以提起沙洲，马上会联想到生产这许多东西的沙田，沙洲之于沙田，其实如美国之于黄金一样。

沙洲区的拓荒和开辟，屈指算来，还不过几十年的历史，而成为我们常熟生产大量农产品的新兴农业区，却是一二十年来的事，在那时以前，整个的沙洲区，还是江流一片，波涛汹涌之处，后来由于长江水道及水位关系，渐渐冲积为平原大陆，于是筑圩围岸，开垦拓荒，产生今天拥有十几万亩面积的沙洲区，这正是所谓的"沧海桑田"了。

由沧海到桑田，主要固然是自然界的演变，但由平沙浅草到海滩，一直变成满地葱绿的沃野农田，却是全凭了人力，这中间真不知流满了千千万万开垦拓荒者底血汗！

若干年来，我们时常听到抢筑沙田的许多传奇故事；几百几千人的大械斗，拼着性命争夺这未来的农业宝库，以及费尽心血耗尽人力围筑圩岸，与无情的洪流相搏斗的艰险情景，那些可歌可泣的拓荒者底陈迹，使人对于沙洲区产生一种不寻常的感觉。

特别是近十年来，由于开垦沙田的惊人成绩，沙田面积的日益广袤，农产物生产量的日益充沛，使一般人对于沙洲区——这被开垦的处女地，不得不加以"刮目相看"了。

从下面所摘引的一些数字，我们可以了解沙洲区在我们整个常熟所处的地位之重要，也从而发现为什么人们要对沙洲区充满艳羡的目光，而对之"刮目相看"了。

整个沙洲区农田面积，根据不完全的统计，新老沙共二十八万亩，加上新围的沙田，总共有三十余万亩。其中棉田占五成左右，豆、稻各二成半，这是指大熟。小熟多数种小麦、大麦，年产数量棉花十五万包，黄豆六七万担，米十余万石，小麦、大麦年产共廿万余担。以上数字是指丰年而论（"论"原误作"证"，径改），如果年成荒歉，自然要打些折扣。

由于农产增多，地方富庶，所以沙洲区的商业，年来日趋繁盛。各大乡镇，商业繁盛，街道宽广，市容整齐，为本邑其他市乡所不及。至于教育文化、地方建设等项，也随之而有迅速的进展，各方面具有新兴蓬勃的气象。

这一次本报崔社长赴沙访友，记者亦与偕行，逗留二日又半。曾遍历西港、乐余、十二圩港、锦丰、东港、南丰等各处市镇，虽然走马看花，各方面有较深入之了解，但经过巡礼一番，毕竟非"道听途说"可比。也许仅够把沙洲区的全貌，画出一个大概的轮廓来。

(1948年10月14日第1版)

江潮冲毁田亩·请求豁免田赋

北固乡东西扁担圩于今年五月间遭飓风侵袭，七月江水暴涨，又受江潮冲激，致有沿江沙田三百七十五亩尽坍入江中，昨日该处催征吏曹鸿清、严家福、业主王多贤、曹友生等联名具呈请将项坍毁田亩田赋豁免，又该圩尚存田三百卅亩，受江潮威胁，仍处继续被冲坍之境，若再筑新堤，则实无力负担，亦请援照江阴海坝乡沿江田亩先例，准予缓征。

（1948年10月15日第1版）

沙田纠纷讼案·黄竹楼昨收押

南丰镇丙子圩沙田纠纷，被告黄竹楼因唆使区长林等强行占地，拔毁青苗，妨害秩序一案，前经地院交保，昨日二次公审，原告张吉芳、被告黄竹楼均到庭。结果：庭谕黄竹楼收押，原告饬回。

（1948年10月15日第2版）

沙洲纪行（二）

西港——沙洲的政治枢纽

（本报记者念荪）记者等于六日上午九时半，搭小汽车离城赴沙洲区。时秋日晴朗，天高气爽，真是出外旅行的好天气。车出北门，过兴福一带，山麓风光，尽收眼底，经大义桥、港口、恬庄、塘桥、鹿苑等地，路旁田陇间，稻实累累，晴日普照，金黄耀目，始信老农所谓"秋收遍地皆黄金"，实非虚誉。过鹿苑后，田间俱为棉、豆，盖已进入沙洲地区矣。瞩目四野，圩岸纵横，村舍罗列有序，视野为之一新，几忘车行颠簸之苦。十时三刻，即抵西港。

西港，现名永安乡，地处沙洲中心，为区署所在，沙洲田粮办事处即警局派出所，均设于此。青年军来邑后，此间分驻营部，以警卫江防，乃沙洲区的政治枢纽。

崔社长偕记者抵达西港后，即往访丁区长君彦，适丁区长为兵役事赴城，未能晤面，旋往晤老友吕仲康君，并于吕处邂逅刘参议员公溥，暨刘剑白先生，获悉当地情形甚详。公溥先生早岁卒业日本帝大，为留日界前辈，平生致力教育事业，抗战前为服务桑梓，长西港小学数年，近来息影家园，以躬耕自娱，甫接謦咳，觉其吐属温雅，学问渊博，令人心折！刘剑白先生，战前曾任本邑行政局长，沦陷后参加抗战工作，号召全沙人士，颇建殊勋，胜利后首任沙洲区长，对地方复员建设工作尽力颇多。至吕仲康先生，亦系抗战忠贞之士，家室毁于日寇，曾随本报发行人安蔚南先生致力于地下工作，为人老成干练，近年悉心农事，复□其余绪，经营懋迁，已复振家业矣。

以下是根据诸位先生所告，关于西港的一般情形。

西港市镇的建立，已达六十余年，地属老沙与新沙交接区域。镇上商业，在十多年前，颇为繁盛，现因新沙南丰乐余等镇崛起，故渐形减色，大街为由南到北、由西到东的十字街，店铺约有百多家，市梢有一家榨油碾米厂，近来新谷登场，终日机声隆隆，日可碾米三五十担。

西港田亩，全乡共二万亩，棉田与稻豆各占半数，到新棉上市，除当地小花行外，无锡庆丰纱厂设有办花处，所以近来的早市，更增加了热闹。

西港小学，设于河东，密迩市廛，而环境幽静。该校创自清光绪末叶，迄今将达五十年，为沙洲区历史最悠久之小学，造就人材，何啻千万人，上海中央日报社长冯有真氏，幼年亦读书是校。现设十二教室，学生六百余人，为沙洲各乡小学之冠。

晚间由仲康先生招待晚餐，二位刘先生及西港小学徐稼农君亦在座，饱啖西港有名的红烧羊肉，及五香红烧鸡。红烧羊肉，切工一等，可与北平的涮羊肉媲美，而五香红烧鸡，其鲜嫩味美，亦不亚于山景园之煨鸡，特此介绍，老饕者盍往一尝？

（1948年10月16日第1版）

沙洲纪行（三）
新兴气象的乐余

（本报记者念荪）七日上午九时，记者等离西港前往乐余镇，两地相距约九里许，人力车仅半小时即达。由南街而入，街衢修广，两旁店肆，鳞次栉比，市容齐整可观，商家规模颇大，有如城中相仿，大小花行有二三十家，均为苏锡各纱厂之办花处。缘此间棉产最丰，去岁各花行秤见总量，为花衣两万余包。今秋以棉田收成不过去年之五六成，惟本邑东乡产棉区受灾歉收，苏、锡各地厂家，因原棉匮乏，故均纷纷来此收购，规定现价为一百五十元，惟实际则超出此价，日没收数约两百包左右，须金圆三四万元。市面因此得臻繁荣。

记者循市巡行一周，时已上午十时，市集未散，商店交易正忙，而各色车辆，由独轮车、黄包车至脚踏车，熙攘往来，恰像城内寺前街模样，市面繁荣与兴盛之象，于此亦可窥其外貌。

乐余镇建立不过十年，由于产棉中心，故商市繁盛为全沙各地之冠，其市街闻系当地人士张渐陆氏一手创办。

乐余现在乡长为张乙凤先生，年仅廿许，为本邑乡长中年事最轻者，少年英俊，甚得地方爱戴。记者等抵达乐余后，特往拜访，晤谈甚欢，旋至乐余小学参观，该校创办年数不久，现有学生四百余人，因限于校舍，只设六教室，殊不敷用，正拟添筑，以当地财力之富，自属咄嗟可办。

乐余镇西街设有农业推广所，今春曾在乐普发美棉，惟农家习于守旧，且对美棉种植方法多所未谙，故已种者成绩殊劣，而当地种者亦甚寥寥，盖目前尚在传习试验阶段。能对美棉种植最得法者，千不得一。传泗兴港有一盛凤翔者，渠种美棉四亩六分，因对农事有所研究，播种得法，故有惊人成绩。大抵美棉因枝干丰隆，大于本棉，播种时行列宜疏，周围须相隔两尺有半，方能吸收养分。又，美棉多生卷叶虫，故须以TT粉遍浇，以杀除虫害。盛君于棉高三尺时灌以TT粉，每亩三磅许和水五十磅，一次浇灌，现枝叶苍翠，花铃饱结，每株竟有七八十个铃子，估计将来可收四包一亩，获利之丰，诚非本棉可望其背项者。希望今后棉业推广所对美棉种植方法善为教导，以提高农民对美棉之信仰，则与沙洲美棉前途，将大有希望也。

（1948年10月19日第1版）

沙洲纪行（四）
沙洲门户十二圩港

（本报记者念苏）十二圩港，这是沙洲区的门户，江防的要塞！

翻开地图来看与江北南通的天生港遥遥对峙，中间隔了一片大江，相距不过二三十里，顺风挂片帆，半小时即抵彼岸，而与如皋的永安沙相距不远，前几天永安沙发生匪警（现已收复），威胁了整个沙洲，这使人们对于十二圩港——这沙洲的门户，也格外引起了深深的关切。

记者于七日上午十一时离乐，与崔社长分道，雇人力车出西街循圩岸大道前进，一里许转入公路，直赴十二圩港。车行一刻许，过静山中学，遥望校舍屏列，绿窗粉壁，掩映于桐叶杨枝间，大操场上，学生正迈步其间。记者思念髫龄失学，被摒于门墙之外，对此沙洲最高学府，心头别有一番憧憬焉！

十二时抵十二圩港，当往乡公所访问。承乡长亦因兵役赴城，由副乡长袁福基先生接见，略谈片刻。十二圩港与常阴沙接壤，河东即为通界，常界在河西，亦为仅二十年来新建□□。镇上花行开秤者，亦有数家，商号规模最大者为源丰榨油厂，装有六十匹马力引擎，每日出货数批，为全沙之冠。

当地教育，亦甚发达，除完全小学一所外，乡间遍设保校四所，入学儿童将近千人，占全乡学龄儿童之大半。至文化事业，有□华印刷所一家，实为沙洲唯一之印刷业也。

十二圩港因系江防重地，故西港青年军营部驻重兵于此。当记者驱车离此赴锦丰镇时，过市梢驻军营房，门岗屹立，军容甚整，不禁对此捍卫沙洲门户之英勇男儿行钦敬之注目礼焉！

沙洲纪行（五）
繁荣的南丰镇

（本报记者念苏）八日上午九时，偕西港张君，同赴南丰镇，连日晴霁，秋阳骄人，室居大有暑意，惟车行旷野，金风拂拂，吹体生凉，中途风力益增。过东港后，沿四干河而东，旁岸芦荻，风吹瑟瑟，诵"西风从北方吹来听芦荻萧萧"一句，顿觉草黄叶落，宇宙易色，益增萧条零落之感。

在途与张君闲谈，藉解岑寂。获悉南丰建镇历史，该地兴起，未及十年，属新沙地界，方向与乐余、雁行并列，而该镇与乐余相仿，为沙洲人杨在田、任可父子所开辟者。

记者抵南丰后，往晤乡公所主任干事季君，据谈：南丰因系新兴，人口仅万有二千，少于其他各乡，田亩数量有三万两千亩，居全沙各乡之首。今春外口又在围筑圩岸，预期明岁可增一二千亩，近来人口与日俱增，多系自老沙迁来者。

市街有新老之分，全长一里有奇。新街房屋都系近年构筑，商业方面以粮食花行最多，今年苏、锡各厂纷设办花处，在此开秤者已近十家，市面呈繁荣之象。

因建筑新屋，大兴土木，故木行亦应时而起。去年木行已有三家，范围最大者，为"复昌木号"（按，木行主人为张燮生，人称"张先生"，鹿苑人，著名水利专家张光斗先生之兄）。当记者入街之际，遥望该号新建楼宇高耸市廛，屋后千株矗立，栅场圆筒遍地。河内木排相接，规模之大，可以觇见矣。

南丰之东十里许，又有兆丰镇，亦为今年新建者。记者因时间局促，未暇前往观光。他如合兴、东莱、五节桥等处，以及沿江一带圩田，均未能一一遍历，周游全沙之愿，当俟诸异日。

(1948年10月18日第1版)

沙洲纪行（六）
人文·政教·风俗·习尚

（本报记者念苏）关于沙洲区人文、政教、风俗、习尚等等，现综合在各地的所见所闻，作一简单之报道，以为介绍。

沙洲区的崛起，不过数十岁月，至近一二十年来，而土地、人口、农产日渐推广，生产既富，文物乃盛，蔚切本邑西北乡"首善之区"。

当地人物，名闻全国，驰誉世界者，除立法委员张道行博士外，又有国大代表上海中央日报社、上海中央通讯社社长暨中宣部驻沪专员冯有真先生，氏为沙洲东港人（按，此处有误，冯当为西港人），幼年曾读书西港小学，旋负笈于外，及留学国外过来，服务于文化新闻事业，以才识卓拔，乃为当局所器重，历任新闻、宣传、党政等要职。胜利后出任现职，主持舆论，宣扬国策，国际驰誉，砧坛知名，对桑梓新闻事业，甚多提掖。去岁荣归故里，本邑报界曾举行盛大欢迎。其他如黄欣周先生等，读书好学之风，年来颇为昌盛，农家子弟，小学毕业而入中学者，比比皆是，不但中农，即仅种十亩、八亩者，亦不惜栽培子弟，故各级就学学生人数，以人口比例，为各地之首，已浸假而与城区不相上下矣。沙洲小学，胜利以来添设颇多，保校十之八九，中心十之五六，多为私立者，中学除静山而外，去年又增设大南中学，共有学生八九百人，学风整肃，成绩甚为优良。

当地习俗与本邑各地大致无异，略带苏北风俗习惯，语音亦杂有苏北口气，一入沙洲，"唔哩""戬笃"之土音，已为"我们""他们"所替代矣。

江南素以文弱见称，而沙洲虽属常境，但因开垦拓荒者富有大无畏精神，藉此养成冒险进取之气质，爽直豪迈，朝气蓬勃，谑者谓为"沙浮土轻，民风刁悍"，其实不然！

至于生活的勤俭刻苦，更为本邑各地所不及，尤其是农家妇女，操作至勤，值此农忙时节，农妇们宵旰勤劳，从事农作。记者巡礼沙洲，跋涉陇际，田亩间妇女捉花拔豆，自朝至暮无稍息。这种劳动生产的妇女，在今天加以表彰，都市的摩登妇女，视之当有愧色。

(1948年10月19日第1版)

沙洲纪行（七）
一点感想

（本报记者念荪）二天来，遍历西港、乐余、十二圩港、锦丰、东港、南丰等地，因限于时间，未暇观光全沙，但总算对沙洲主要乡镇，作了一番巡礼，兹就观感所及，附记如下，作为本文的结尾。

沙洲区的开发，实在应该归功于当初围筑沙田的朋友，尤其是千万从事开垦拓荒的劳动人们。试想：把低处于惊涛骇浪中的海滩，垦拓成功良田腴产，这是何等费力的事！所以这里的每一方每一寸土地，都渗透了经营者的心血，也拌和着千万工作者的血汗！

拿沙洲区整个面积所有人口，来跟本邑其他各区比较，可以发现沙洲人口分布的密度，是少于别地。在这里，可以讲得到"地广人稀"。沙洲区现有田亩已近三十万亩，人口约十二万人，平均每人有田三亩。然而沙田大部分握在大中地主的手里，没有土地的佃农，倒要占农民全数的百分之九十（？）左右，所以土地集中的情形，以沙洲区为最甚。

土地集中在地主手里，在资本主义发达的国家，农业经营，自然也随之而发展为农业资本化，以美国来讲，多数地主，除拥有大量土地外，其他如经营农业的耕种机器、科学农具、肥料种子，手里都一应具备，除直接雇佣佣工，从事大量农业生产者外，也有把田分租出去，而供给佃户以耕种工具及肥料、种子等等，从收获中提成作为租子的，不过，他们因为利用机器，工作者省力，而所得报酬，却因大量收获，亦比较丰厚，故美国农家，地主与农民财富虽有高下，生活享受并无过大的距离，至少不会有如中国那样，地主因田连阡陌，过着富裕豪华的生活，而佃农则贫无立锥之地，以致产生"乐岁终身苦，凶年一旦亡"的悲剧，陷于半死不活的啼饥号寒的境地。

沙洲区因为新兴，人口不多，具有"地广人稀"的条件，土地虽然集中在少数者手里，但佃农可以尽量向之租种，只要肯吃苦，会种田，不遇天灾人祸，不怕积不起钱，所以情形跟各地两样，业、佃间的关系，比较亦属不同。

（1948年10月21日第1版）

海塘保圩亩捐·工程会请复议

江、常、通海塘工程委员会所订保圩亩捐，分为甲、乙、丙、丁四种，分别向受益农民征收，此案前经六届参议会决议，"其征收范围如（'如'原误作'以'，径改）下：江边向里一千六百丈为限，不分等级，每亩收限，不分等级，每亩收二斗五升"，转知工程会。该会据函后，以保圩亩捐分等缴费办法，早经江、常、通三县长及地方人士议决，并已给示布告，若再拟予变更，未免厚彼薄此，请县转咨参议会重行复议，俾仍照原办法征收。

（1948年10月23日第1版）

沙洲区乡镇会议·成立水利工程会·管制经济决定具体办法

（西港通讯）西港沙洲区署于念二日召开乡镇长、乡民代表、参议员联席会议，商讨平定物价、推进水利建设及督导整编保甲等要务，出席者区长丁君彦、沙洲区督导员全扬清、各乡镇长、乡民代表、参议员、各乡队附及常备班长……首由丁、全分别向各乡镇长解释督导工作要点及应办事项……旋开始讨论水利建设工作，即席成立水利工程委员会，并推定，一，并推定丁君彦、刘剑白为正副主任。（后略）

（1948年10月23日第1版）

黄竹楼案宣判无罪

沙洲区人黄竹楼，现年七十岁，前经被诉公共危险一案，因证据不足，日前由地院杨泉德推事判决无罪。兹将判决理由录之如下：本件起诉意旨，以被害人王玉明、顾进发、刘士明、侯春荣、黄三宝等陈称，本年九月十四日夜，突有不知姓名之强汉多人，将民等所住之房屋十余间纵火焚毁，并声言乃因民等所耕之田，系黄竹楼的，为何十年不还租？现奉黄竹楼之命令，来烧你们的屋等语云云。经卷查鹿苑乡公所调查，报告被害人王玉明等住屋，被焚属实，惟讯据被告黄竹楼，固坚不认有教唆他人烧屋情事，辩称"被害人等所种之田亩素有产权纠纷"。实施纵火者，依情理言，约得二类：一系被告之仇人，意图诬害被告；另一系被告之友人，则纵火时决不致声言系被告所授意放火，况被告与被害人等素不相识云云。本院审核情节，因无论被告之辩解属实与否，但被害人等既未曾将纵火之正犯捕获，以资参信，又未能提出其他丝毫确切证据，足证被告有教唆放火情事，自难凭片面供词，遽律被告以罪责。本件被告罪嫌即属不足，应予谕知无罪。据上结论，合依《刑事诉讼法》第二百九十三条第一项判决，如主文。

（1948年12月20日第1版）

侵占沙田提起公诉

沙洲海桑乡二保居民袁继周暨永安乡九保居民徐佩秋，于去年二月间，与该乡沿海居民徐汝生、陆文钰等合伙围筑沙田，并公推袁继周为围务主任，嗣袁继周复委托陈佩秋代理一切，二人遂狼狈为奸，将应分配各小户之沙田十三亩侵占变卖，当今徐汝生等向地检处呈控侵占罪行，经沈检察官详加侦查后，以袁、陈二人实共犯《刑法》第三百三十五条第一项之罪嫌，昨日提起公诉。

（1949年1月24日第1版）

青草沙、西长沙请求解除封锁

严区长（按，即严祖宏，继丁君彦后任沙洲区区长）呈县转请沙洲区海桑乡附近青草沙、西长沙两地，处长江之中，该地居民往还出入、交易买卖以及政令推行，俱仗舟船进出。顷驻军因江防关系，不准船只出入，将两地封锁，当地居民及该管镇公所，因封锁后无法通行，对农业及政令均将有碍，经呈报沙洲区署，请求商准驻军开放，沙洲区严区长据呈后，顷特呈请县府转请指挥所迅予开放，以利往还。

(1949年3月1日第2版)

风雨怒潮成灾福山圩堤崩决·田产房屋陆沉损失甚巨

福山口外原厚德公司围垦沙田约有二千余亩，分新老圩等字号，凡六圩，每圩内三四百亩不等，圩内农民散处其间，筑屋而居，俨然小型农场。不料最近因挖掘工事之作用完全破坏，竟于前日风雨之际，狂潮澎湃如万马奔腾，竟将老二圩堤决毁决口。当时江潮汹涌，势如决川，人民方在午膳之际，狂潮已冲入屋内，顿时全圩陆沉，儿啼女哭，惨不忍闻，家具床帐，漂流入江，田产农作物一时漂流江面，农民携儿背女，纷纷逃至高处，幸在白日，并未有人惨死，所有江防碉堡亦淹于水中，一时群众入水抢救。后潮水渐退，而农民之损失已不可统计。昨日潮水退后，厚德公司方面除办善后救济外，将立即发动抢修圩堤，然工程损失之巨，殊堪惊人。

(1949年3月18日第2版)

第四编 地方文史及个人文集资料

沙洲县文史资料选辑

《文史资料选辑》由沙洲县政协文史资料研究委员会编印，1982年6月编印第一辑。1986年起先后改为《张家港文史资料选辑》《张家港文史资料》《张家港文史》。1987年2月，张家港市政协文史资料研究委员会编印了第六辑。

刘海沙过去的隶属问题

刘海沙在常阴沙常通港的东北面，本属南通管辖。由于江流的改徙，它已和江南大陆连成一片，和南通县治已遥隔数十里江面。照情理，早就应该归属江南县治。在那时最合理的是改隶常熟县，因为它和常熟县辖的沙洲行政区只隔一条微流——常通港。

1937年以前，当地曾发生过隶属争执。发动者是常熟沙洲方面的地主和官吏。动机是想通过改隶排除向北泄水和疏浚港道的障碍，这当然是符合当地人民大众的愿望的。

常熟方面呈请省厅予以改隶，南通方面必然起来反对。当时江苏省民政厅厅长是缪斌，无锡人，他不会有意识地来反对改隶。但建设厅厅长王柏龄是苏北人。在旧社会，抱着狭隘地方观念的人是很多的。南通方面自然走王柏龄的门路。省府委员会议这个案件时，王柏龄就坚决反对，因此改隶一事就被否决而搁置了。

抗日战争时期，汪伪"忠义救国军"、伪省保安队挺进军先后在沙洲活动和霸占，他们当然不会来关心改隶问题。当时事实上都不分县界，而是在一个统治机构之内。人民的新四军在一段时期也曾设立沙洲县，是把江阴、常熟和南通三县的沙洲区域合并组成的一个地方政府。

日寇投降后，刘海沙人民困于南通伪县政府的诛求（那时南通各乡区多为新四军所据，伪县政府号令所能及的地方很小，一切给养多需刘海沙供给），伪刘海沙区区长所收编的汉奸屈重光、土匪陈老才集团叛服不常，当地治安秩序几无保障，并且危害到常熟沙区的治安，因此两县的沙区人民都希望将刘海沙改隶常熟。我在那时也抱着同样的愿望，曾有好几个人，特别是好大喜功的伪区长刘剑白来动员我写篇文字去宣传鼓动，我就答应下来，写成一文，题目叫作"南通县刘海沙改隶常熟县商榷书"。旅沪沙人杨公柏将原稿印成千份，一面分送南通、常熟各界，一面由区长及临时参议员分别向县政府和临时参议会申请同意转请省厅办理。这篇商榷书对江、常、通三县的地理历史，常、通两县沙区分合的利害关系，以及当时的社会情况颇有阐述，可以看作地方文献。现在我把全文抄录如下：

（参见本书第174~176页，此处从略）

这篇商榷书所涉及的事情，很多是旧社会的意识形态，当然谈不到新的立场观点，为保存史料起见，照录原文，不易一字，我想是应该这样做的。

商榷书内所说的海门顾姓，就是顾七斤。他所占围的沙田，号称十万亩，可能是夸大的。他除掉勾结贪官劣绅、掠夺沙田、刻薄农民外，最可恶的是，佃农妻女有姿色的，他往往强令到他家里充作侍婢，恣意侮辱。现在沙洲年龄较高的人们，可能还在传说着。

他死后，一班依草附木的人在毛竹镇替他盖了一所祠庙，塑着他的衣冠像。在毛竹镇没有塌入长江的时候，有些人还把他当作财神，向他烧香求愿。

商榷书内所说的常熟钱姓，名叫祐之，住在鹿苑西街，就是钱钦伯、钱召诵的父亲。他在常通港以南占围着不少沙田，有名的砚秀庄就是他的庄院。南兴镇也是他家兴建的。他和顾七斤虽然是争沙田的仇敌，但后来成为儿女亲家，互相勾结利用。

顾七斤在和钱祐之大争沙田的同时，可能更早一些，还曾和沙民王关及曹龙等大打沙仗。王关等以江阴县的居民身份向江阴官吏报领常阴沙滩地。顾七斤曾捏告王关等是土匪，贿请当时的国防军——绿营到沙围剿，造成有名的"绿营会剿"。当时烧去民房很多，王关、曹龙预先逃避，未遭毒手。后来官厅出来划定疆界，因此在金鸡港以南都划作江阴县境，有西兴、长安等市集。40年前，次第塌没入江。在续修《江阴县志》附图内还可以看到当时的地形。毛竹镇和长安镇差不多是同时坍入长江的。

以上的事实，在起草商榷书时是不便发表的，因此在这里附带谈谈，也是需要的。

自从商榷书发表后，隶属纠纷算是开始了：常熟方面，当然竭力向省方请愿。南通方面，恰和第一次隶属纠纷一样，走着坚决反对的道路。商榷书所说的利害关系，他们无暇考虑，也根本不愿考虑。南通的国民党部，马上叫党内的重要分子吴朝宰回到刘海沙，一面召集一些可被利用的人，集会抗议，上书请愿，一面张贴标语，打倒我个人。这时正在1946年的夏季，这时的江苏省主席是王懋功，民政厅厅长是王公玙，都是苏北人，也和王柏龄一样抱着狭隘的地方主义，就把常熟方面合理的请求批从缓议。第二次刘海沙改隶运动，就这样又告失败。

在旧社会里主持正义的人虽然也有些，但斗争性是极其微弱的。我和一些同情改隶的人看到了反对力量的雄厚，就丧失掉再接再厉的勇气，同时我也看到了反动统治权将被新兴的进步势力所夺取，因此就偃旗息鼓，不再有所举动。

南通县属的刘海沙，到了1949年解放大军渡江后，就毫无争执地在人民的欢呼声中改隶了常熟县。今天又成为沙洲县的辖境，把从前跨江而治的苦难一扫而空。这就证明了一个真理：只有人民自己掌握政权，才会使一切合理。

（作者曹仲道，原载《文史资料选辑》第一辑）

十一圩港史话

十一圩港在纵贯沙洲全境的二干河的入江处，北濒长江，与天生港、南通港隔江相望；南连太湖，和苏、锡紧紧相连。十苏王公路由此起点，交通四通八达，旅客熙来攘往，它是长江下游贯通大江南北的主要渡口之一。

港名来历

十一圩港开掘于清代同治十一年（1872），是刘海沙第十一条南北走向的河港。随着段山东边的紫鲚沙、横墩沙、青草沙、蕉沙相继围垦成圩，圩与圩之间都开掘了一条界河（圩港），由西至东，按开掘先后以数字命港名。从一圩港至十一圩港，经过百年沧桑变迁，有的随沙田坍入大江，有的被泥沙淤积堵塞，如今只有七圩港、十一圩港经过拓宽加深，继续发挥运输灌溉的作用。

1921年前，十一圩港流经刘海沙、蕉沙，长仅5华里。自南北夹江筑坝截流，南沙东兴沙和常阴沙连成一片，锦丰、东莱相继成陆，遂与新庄港连接，向南直通无锡、苏州等地，成为江南平原水上运输的主要航道之一。

矮浮桥畔

距十一圩港港口1华里的矮浮桥是刘海沙东西交通的一座三节木桥。初建的木桥，桥墩低矮，大潮时桥面常浮水面，故人们称它"矮浮桥"。1925年该桥重建，两头桥墩是水泥结构，当中桥墩是木桩，可通大船。解放前，每届春季，苏北吕四渔场和浙江舟山渔场的渔船，满载小黄鱼，纷纷扬帆来到十一圩港。以矮浮桥为中心，南至庞家桥、北至港口3华里的河道中，帆樯如林，有渔港风貌。前来购鱼者，车如水，人如龙，盛极一时。

1939年，矮浮桥被大水冲圮。大恶霸欧阳桂生借口重建矮浮桥，趁本人60寿辰之机，发起所谓祝寿献金建桥的花招，强迫十一圩港、南兴镇和附近群众献寿礼数千元。结果没有建桥，而在十二圩港镇南街建造了一幢华丽住宅（解放后，欧阳桂生被镇压，该屋被没收归公）。

1964年冬季，人民政府在矮浮桥的南面建三门节制闸一座，闸长14米，闸上可行汽车，当中闸门阔8米，可通大船，万人方便。

饱经灾难

在旧社会动乱岁月里，十一圩港饱经灾难。北伐战争时期（1927），国民革命军刘峙率部由此渡江北上。抗日战争时期（1937年8月），国民党军队103师驻兵于此，沿江设防御工事，后不战而撤。1940年至1945年，日伪军驻在港口，设"检问所"，对过往群众百般欺凌，敲诈勒索。1945年8月，国民党71军3个师（88师、89师、91师）由此渡江至南通接受日军投降；1946年春，该部又从天生港南来，经此去上海。1949年2月，国民党在苏北的残兵败将和机关人员从这里狼狈南逃。每次大兵过境，十一圩港都深受其害。

1949年4月22日，沙洲解放，十一圩港获得了新生。但是国民党反动派不甘心失败，经常派飞机来十一圩轰炸、扫射。1949年10月，停泊在港口外的"东山号""德泰号"货轮先后被炸沉，人民财产受到很大损失。

旧貌新颜

解放前，十一圩港东畔港堤两旁排列着两行草屋，开设有旅社、茶馆、饭店、酒店等十多家小店。上海大通航运公司设立办事处（称"洋篷"）于此，有4艘大轮船（正大、龙大、鸿大、志大）每日上下班往来于上海至泰兴口岸之间各港，经过十一圩港搭客载货。还有两艘大帆船（称"义渡"）每日开往南通芦泾港和天生港。常十公路（泥路）有敞篷班车搭客至常熟。交通尚称方便。

解放后，十一圩港的面貌日新月异。为维护旅客和航运安全，人民政府在港口设立了水上派出所和船舶监管站。1955年南通港大达轮埠（今称"南通航运局"）在此设办事处，以小轮船代替木帆船（义渡），每日二至三班，往来于南通港。十苏王公路在原常十泥路的基础上铺了石子，每日班车开往上海、苏州、无锡、沙洲等地。

1958年9月23日上午，刘少奇同志巡视苏北广大农村后由南通港渡江，风尘仆仆来到十一圩港。他在港畔小茶馆里休息片刻后，即在前来迎接的常熟县委书记隋性初陪同下乘车赴常熟视察。1959年春，常熟县商业局拨款16 800元，在十一圩港建平房27间，开设迎宾旅社、江滨饭店。交通部门扩建了十一圩港的汽车站候车室、轮船码头和候船室。据悉，这是刘少奇同志关怀旅客向常熟县委建议，常熟县委立即办理的。十一圩港由此焕发了青春。

如今十一圩港东畔，高楼矗立，厂房和居民点鳞次栉比。国营水产购销站和农船修理厂、化工厂、五金铆焊厂、电瓶厂、金属制品厂等社办企业像雨后春笋，陆续兴起。长途客班汽车和渡江班轮南来北往，人群拥挤，展现了欣欣向荣的景象。

海市蜃楼

1950年3月19日中午，天气晴朗，风平浪静。十一圩港江堤上聚集着数百群众，他们正在观望"海市蜃楼"的奇异景象：遥望西北方的江面上，高楼巍巍，炊烟袅袅，街道屋宇、车辆行人，隐约可辨，迷离恍惚，犹如"仙境"，约历时1小时才渐渐消失。

海市蜃楼是一种大气物理现象，是从实物发出的光线，经密度不同的大气层发生折射之后形成的一种虚像。这种奇境，通常只有在海边和沙漠中才会出现。十一圩港江面上出现海市蜃楼，是罕见的自然景象。

（作者张志文，原载《文史资料选辑》第一辑）

后塍之得名

后塍，原属江阴东南乡大桥镇，扼沙洲四乡（旧中正、德顺、福善、年丰）之孔道，为沙洲各乡农产品之集散地，日用品之吞吐口。近数十年来，后塍商业之盛，几欲驾杨舍、周庄而上，现已成为沙洲县大镇之一。

后塍之东3里有老烟墩，之西3里有烟墩圩。据说明末倭寇扰我江边，上岸偷袭，劫掠子女财帛，出没无常，于是我筑土墩，举烽火，为聚众防倭之用。由此可知后塍地方最初是逼近江边的。

相传当地有"严扣瞎子打海坝"之说，据说是严扣瞎子率领群众筑江堤截江流，使长江峡道淤涨成滩，从此江心之小岛与大陆连成一片。小岛旧称"老沙"，即今善政桥、纯阳堂"老套"以北之地。"新套"南岸到后塍北巷门之狭长沙滩，西起张家港，东迄十家埭，属前大桥镇，名"挂脚沙"。小菜场东面大路即严扣瞎子所筑之戗岸也，因此其地曰"海枪岸"，又叫"东岸"。岸边燕子河，则为挂脚沙与漕田之分界线也。

余友严君，祖居东岸南之严家场，与江心之三角滩隔水相望。水阔里许，一苇可航。他曾告诉我说：太平军兴，战火弥漫江南，每当战起，居民辄渡江避往三角滩，其祖母在三角滩上娩生其父，迄今105年。可见此长江峡道合龙已近百年。三角滩在今后塍中学之北，其名至今未改。

400年前，后塍原是一片荒凉沙滩。明万历年间，有常熟陈姓者见此滩地地土肥沃，宜稼宜圃，遂移家来此，辟草莱，开阡陌，得良田若干顷，因名其田曰"陈圩"；又凿沟渠，通江水，以供灌溉，并名之曰"陈沟"，即今北接南套、南通东横河之陈沟北段也。其后陈氏子姓繁衍，村落相望，因名其前村曰"前陈"，后村曰"后陈"。以前陈家祠堂（现已改为仓库）西首之小屋三楹，即前陈之遗址也。昔日，居前陈者，专事农业；居后陈者，则农而兼商，由一家水面店开始，浸渐而有商贩商店。嗣后外姓迁来，发展迅速，房屋栉比，商店林立，至清康熙间始建为镇，"后陈"之得名自此始。而"前陈"之名则湮没无闻矣。以上情况，或得之于前人传说，或散见于陈氏家乘，至于谐"后陈"为"后塍"，想是人民群众不甘以私姓名地方而更易之耳。其更名之始于何时，则失考矣。

（作者蔡邦年，原载《文史资料选辑》第一辑）

【按】这篇不长的文字记述了往昔大江之南一片滩地圩田变迁发展的历程。数百年间，数十代先民辛勤耕耘劳作，由农及商，使这一方土地蝶变为江南一座颇为繁昌的集镇，故而有一定的标本意义。这里，可补充三则相关资料以备参考：

一、《张家港市地名志》。后塍原名"后陈"，系明万历年间从常熟梓童塔来此开垦沙滩的陈少元第四代世孙陈天益开建。据《陈氏宗谱》卷二《天益公传》载：时居"后陈"自然村的陈天益见居民增多，于是"广聚粮食，列而为肆"，先后以粮食易货，公平交易，人乐其便，随着"岁月增加，遂成集市"。清康熙三十八年（1699）建镇，因其街道适从"后陈"中心南北穿过，遂取名"后陈镇"。清康熙四十六年（1707），江阴知县陶公为表彰陈天益开镇有功，"特给匾旌其门"。初建时为当时雷沟河旁、关帝庙侧的一条小街，后由于江滩淤涨，至清乾隆十六年（1751），法水庵（城隍庙）在漕南边建成，街道向北延至法水庵，全长约400米，形成南街和北街，东侧的东弄、西侧的杨家弄成为东街和西街。进出后陈镇设有6个石牌巷门。

二、《后陈镇新建城隍神庙碑记》。后陈镇的城隍庙是由原先的法水庵改建而成（该碑记云："即法水庵旧区更建城隍神庙。"），法水庵据传为明代海边的海神庙。

此碑由进士张廷樾撰文并书写，于乾隆十六年（1751）秋立石。由此可知，清乾隆年间，后塍镇还是称"后陈镇"的。

三、王恩洽《后塍春秋》一文中提及："后塍这个名称，传说是清咸丰举人、后塍人吴正蔡因纪念他儿子中举而改称的。"

段山北夹筑坝始末

岷江西来，逾江阴而江面猝宽。其主流湍急，自黄山、长江折趋北岸，南通城郊遂为坍坎。坍坎者，陆地崩圮入江之所也。主流以南，略近南岸，江水逆上，往往浡泓演迤，积泥土成洲渚，散布江中。数百年来经人力围垦，或自然弥合，截至清同治、光绪年间，形成南、中、北三沙区；南为老沙，已连江南大陆；中为盘篮、东兴两沙；北为常阴、刘海两沙。其间贯以两岔流，称"段山南北夹"。其略图曾载《光绪常昭合志》（按，此指光绪三十年庞鸿文主纂之《常昭合志稿》）。

两夹江皆西狭而东宽，狭处不逾3华里。然风潮冲决之患，坍削迁徙之害，待渡之苦，复舟之忧，皆不得免。一旦坝成滩高，变洪涛为良田，其利尤溥。故沙民闻筑坝断流之说，无不奔走告语，冀其速成。

光绪之末，常熟生员钱召诵任侠好交游，有旧业在常阴沙南兴镇西念秀庄（即"砚秀庄"）。当坎坍，将渐次入江，思弭其患，乃乘江轮诣江宁，将夤缘督署，以裕国阜民为由，呈请准予集资筑坝。不意行至焦山，船中报火警，召诵惶急投江毙命。事遂已。

公元1916年（民国五年）初冬，沙民卢国英、黄承祖、汤舜耕、徐韵琴及江阴城绅吴听胪、郑梓甫（两人有滩田在小盘篮沙）等倡议，乘冬令潮小之际，纠众就北夹最狭处（北岸为常阴沙、朝阳港，南岸为小盘篮沙）兴工筑江坝。两岸坍失耕田之户皆携畚锹踊跃助工。其开办购材及工值等费，皆由发起人及赞助者筹付。两岸设工程局，由徐韵琴、黄承祖、汤舜耕等分别主持。集民二千五六百人，分数部作息，昼夜施工，未十日而合龙。合龙者，南北坝身相接、填其缺口而断流之谓也。当其合龙之际，缺口愈狭，则流愈急，而工愈难。当时以破船数艘载石及土沉缺口，急掷泥牛（稻草包土成块之谓）千百枚，迅速高出水面，其成败在呼吸间，可谓至危。既断流，立担土加高坝身，使潮至不致溢决。迨坝成而群情之喜可知也。耗资若干，今已不可考，大约不逾万金。

其明年，南通巨绅张謇闻之，谓北夹断流将增大江流量，损及北岸保圩工事，乃电诘江苏省省长齐耀琳。耀琳，滑吏也。初不知段山北夹筑坝事，得张电，转饬江、常两邑知事查禁具复，两邑转会沙董查复，俱以已停工对。耀琳据以函复张氏。公牍往还，已历数月。张怒斥耀琳颟顸。耀琳不得已，乃饬省清理官产沙田处总办曾朴及江阴、常熟、如皋、南通四县知事定期集南通会商处理办法。张氏痛斥朴及江、常两知事，朴以未预闻筑坝事，亦未召买北夹滩地对；常熟知事张镜寰以坝址在江阴境，已无从干预自解；江阴知事陈思则无可诿卸，乃引咎逊谢。张氏遂以二事要求耀琳：一、撤陈思任；二、派员率警会同江、常两知事莅沙雇工铲除坝身，恢复长江支流。

耀琳皆照办。时坝成已逾半载，坝东涨滩高与两岸陆地等，且绵延数里。奉命铲坝者知无可为力，姑令雇工凿坝身成缺口丈许，具报完案。官督既去，沙民星夜担土填缺口，张氏无可如何也。

常熟大姓庞叔廉，有庄院数处在盘篮、东兴两沙。其族孙名仲嘉者，少年喜事，察知筑坝诸人格于南通张氏，不得报领北夹新滩，乃怂恿无锡广勤纱厂主人杨翰西与流寓上海皖人刘子鹤、刘世珩等，合资请北京内阁总理钱能训知照财政部准予报领北夹新滩一万亩，是名刘世珩案。世珩，字聚卿，清末以举人官道员，分发江宁（是时江苏省分宁、苏两属）。时张謇方任省谘议局议长，世珩副之，颇得张氏欢心。张闻其报案，碍于情面，不便抗议。为分权利计，乃函荐前如皋县知事、皖人刘焕为部派江苏省清理沙田局总办（曾朴只任清理官产处长），并令左右效奔走者继刘世珩案后续报梁登仕案 10 000 亩、周季咸案 6 000 亩。每亩先缴滩价 3 元，以 2 元缴库，1 元充南通保坍经费，共得 26 000 元。各案俟围垦成田，再缴 3 元入库，升科征粮。当即由沙田局收受价款，掣给部照，附收 5 厘经征费为沙田局办公之用，其额外需索条件，则非他人所知。

民国九年（1920）春，刘世珩由杨翰西派人来招工筑堤，围垦滩地，名广业垦殖公司。原筑坝者闻而大哗，推徐韵琴纠众阻挠广业围务。翰西请无锡警队来沙洲弹压，在盘篮沙棟树港北激成械斗，韵琴党姜根云被创死，其家属诣常熟县署（时知事兼理司法）控诉，指翰西为主使杀人犯。翰西惧，不敢到案，介省议员常熟人季通与韵琴讲解，以 10 万金偿筑坝费，由韵琴负责保证不再阻挠广业围务，广业亦不得阻止坍户按粮额收复以往坍失之田。另给姜姓新田若干亩以示抚恤，由原告请求撤销控诉案。段山北夹筑坝事于是告终。后二年，段山南夹又议筑坝，亦徐韵琴主之。不赘述。

（作者曹仲道，原载《文史资料选辑》第二辑）

沙洲、江阴的水上纽带——东横河

东横河，东西走向，全长七十余华里，联接诸港，北引江潮，南通湖水，灌溉田畴数千顷。河面上风帆点点，百舸争流，水运繁忙，是连接沙洲和江阴两县的水上纽带。

据明嘉靖和清光绪《江阴县志》记载：东横河是北宋真宗天禧年间（按，北宋天禧年间为 1017—1021 年）江阴知军崔立下令百姓开凿的（崔立，字本之，开封鄢陵人）。继崔立之后，宋仁宗嘉祐年间县丞杨士颜，宋徽宗政和年间知县王有，明朝天顺年间知县周斌，正德年间知县万纪，嘉靖年间知县王泮等地方官先后予以疏浚。明万历十年（1582）又对东横河进行了疏浚。清代同治年间，江阴知县汪坤厚对东横河进行了系统整修，并拓长十余华里。汪坤厚，字渔坨，浙江萧山人。他死后，当地人民为了纪念他的功绩，特地在双牌鸣凤桥西建了一座汪公亭，并刻有碑文。现地方长老尚有"小汪知县开凿横河"之说。

前人为什么要开凿并多次疏浚东横河呢？明嘉靖时江阴知县赵锦在《江阴县志》

"后记"中这样写道:"江阴素称殷富,为国家财赋之区。而地多高卬,民尝苦旱。昔人并开诸渠,皆自江以达于运河。议者因谓以泄震泽(按,即太湖)之水使入于江,而不知其正欲引江之流以便乎农也。惟其潮汐往来,沙潭易积,疏浚未几而湮阏如故。故言水利者莫急于江阴,而言治水之难者亦惟江阴为甚。"

清光绪《江阴县志》在谈到东横河的疏浚时则又写道:自章卿(泗港)、杨舍二十余里,淤成平陆,居民或扬屋其上。杨舍尚有谷渎可通,章卿一镇,则旱潦莫由蓄泄,亦且汲饮莫由挹注,尤以横河不浚为病。

以上所引文字说明:一、早在横河开凿之前,虽有南北走向的几条港渠,但是远远不能满足江阴东境现沙洲县境内农业生产发展的需要,必须开一条东西走向的具有相当规模的河道;二、横河以北,沙土居多,潮汛往来常导致河床淤积(横河北部成陆较晚,当初长江与横河相距不远),所以每隔几年就要进行疏浚。

至于横河的取名,那是十分明白的。盖横河联络的诸港(河北有黄山、石牌、白沙、石头、陈沟、雷沟、北蔡、泗港、范港、斜桥等10条港;河南有罗泾、白蛇、亭子、清溪、南蔡、谷渎等6条港)都是南北纵向的,唯横河横亘东西,遂以此命名,使人顾名即能思义。

鉴于东横河在发展农业和交通运输等方面所起的重要作用,解放后,党和政府对该河的修浚一直十分重视。1958年,江阴县委组织了拓浚东横河的水利工程。数万民工夜以继日,奋战工地,堪称场面壮阔,规模空前。以后,东横河又经过几次不同规模的局部疏浚。按统一规格整治后的东横河,河面宽阔,坦荡挺直。一座座水泥拱桥雄跨横河两岸,水波浩荡,粼粼生辉。

东横河自开凿至今,已有九百多年。在这漫长的岁月里,社会发生了翻天复地的变化,东横河也饱经人世沧桑。倘若我们今天要考证沙洲南部的成陆年代,研究古代水利技术,那么东横河不失为一个重要的历史佐证。

(作者徐振旗,原载《文史资料选辑》第二辑)

沙洲成陆谈

南老北新

现在的沙洲县位于长江下游,是太湖平原的一部分。它的形成和发展,经历了漫长的岁月。根据成陆的先后,可以横贯全县的沙漕交界河为分界线,从西北面的巫山港起,到东南面的西旸套闸,把沙洲大地划分为两大区域。南区属长江老三角洲(长江夹带的泥沙在入河的河口区堆积而成的低平的陆地,它的平面形状呈三角形)的一部分,俗名"江南";北区属长江新三角洲的一部分,俗名"沙上"。

南区由南沙、后塍、泗港、杨舍、塘市、乘航、塘桥、西张、港口、凤凰、妙桥及鹿苑大部、东莱小部组成。据历史记载,已有2 500年了。远在春秋(前770—前476)时期,鹿苑一带是吴王养鹿打猎的地方。古城杨舍曾在西晋时(265—317)建过暨阳县城,南北朝时(420—589)建过梁丰县城。古金村附近,于东汉(25—220)时在南沙乡建司盐都尉署(三国时期,东吴改置为虞农都尉署)。可见,这里早已是文明发达的地方。这里河道、沟渠纵横,田连阡陌,土地肥沃,适宜种植稻、麦,素称"梁丰之乡"。

北区由中兴、德积、晨阳、大新、合兴组成老沙;锦丰、南丰、乐余、三兴、兆丰、常阴沙农场、东莱及鹿苑一部分组成新沙。这是近千年来,由长江喇叭口向东延伸,江身北移时在江心淤积起来的沙滩,通过沙嘴间的并岸连滩、江流的韵律摆荡、人工的打坝断流逐年连接成的新平原,其中成陆时间最短的地方仅几十年的历史。它有河道挺直、潮汐明显、田有圩、港备闸、泥土松等特点,是植棉良地。

江南古陆

俗称"江南"的南区,位于长江下游河口段,也是长江的产物。

宏伟秀丽的长江,支流众多,水量充沛,每年从上游、中游带下来的泥沙量十分丰富。据统计,江流每年带着1 000多立方千米的巨额水量和4.5亿吨泥沙,以每秒2米的速度,由西向东,奔腾入海。由于到了下游,江口的水流逐渐平缓,江面又不断地扩大,加上河口段地区受了海潮顶托,泥沙易于下沉,日积月累,宽阔而平缓的河道中就积成了许多河口沙嘴。加上河流和风向等的影响,细小的泥沙物质被带到较远的河底去沉积;较粗的泥沙物质,就在河水顶托、河床摆动、潮汐拱阻及沿岸流水的相互作用下,在长江河口段地区形成许多沙滩。长江三角洲平均每40年要向外延伸1公里,长江口也以每年30米的速度向外伸展。

据历史记载,在唐朝(618—907)长江口还在扬州附近,南北两岸相距180多公里,沿岸的丹徒、江阴、杨舍、太仓、金山一线,形成了一条古海岸线。到宋朝中叶(距今1 000余年),为了防止江水倒流,西起江阴东到宝山,曾筑过一条宽30米、高2米的堤岸(土名"海城")。那时在杨舍城上可以看到长江。巫山以东的石头港、西雷沟、东雷沟、蔡港、泗港、谷渎港、令节港、黄泗浦、奚浦塘、西旸港都是当时的小河港。港口之南,即是现在的江南大陆。

江上明珠

长江全长6 300公里,从源头到三峡,峡谷多,水流急。自宜昌以下,地渐平坦,水势稍刹,水流携带的泥沙下沉,沿途堆积下来,在下游江中形成了许多小沙滩,名叫"江心洲",它们好似镶在嫩黄地毯上的碧绿明珠。

这些江心洲的形成原因,各有不同。

有的在长江奔流途中,由于地势逐渐下降,坡度变缓,加以季节的更迭、流量的减少,促使水流搬运泥沙的能力减弱,一部分较大的源沙颗粒沉积下来,形成浅滩,而浅滩形成后,又对水流起阻碍作用,加快了泥沙的沉积,最后浅滩露出水面,成为江心洲。如拦门沙、蕉沙、双沙等的形成。

有的由于河流在弯曲地段中,河岸凹进处,流速较大,河岸受到强烈冲刷,冲刷下来的泥沙被河流带到凸出河岸的岸边,堆积下来而形成沙滩。如福兴沙、寿兴沙等的形成。

有的是因为长江河道在各个地段宽窄不同,当水流从宽大的河段流入狭窄河段时，水流因受阻而流速减慢，引起江中泥沙沉淀堆积，形成江心洲。如永凝沙、东凝沙、刘海沙的形成。

有的水流从长江狭窄河段流出，因为江面突然扩展，水流分散，在河道两侧引起回流，致使泥沙沿着两侧堆积。如盘篮沙、东兴沙、天福沙等的形成。

有的是长江支流汇入主流时，大量泥沙在汇合口堆积而成，特别是当主流与支流出现洪水时更为突出，甚至阻塞。如永凝沙、东兴沙，在明朝时期，在北夹南口，不到200年很快就形成了。

有的是在长江河口段或从窄到阔的地段，受到潮汐影响，潮流与江流相互顶托，势均力敌，使大量泥沙堵积成为江心洲。如兆丰公社东边及常阴沙农场的形成。

有的是江中原来有座小山，泥沙在小山四周堆积而成江心洲。如巫山沙、段山沙的形成。

三洲二夹

沙洲北区，原是由四十多个大小不等的江心洲相互合并而成的，再通过人工培壅、打坝断流、建圩筑堤、造闸围田等手段，使北区圩田与南区大陆相连，逐渐成为现在的沙洲县境。

远在北宋时代（960—1127），长江中心有6个江心洲，它们是巫山沙、护漱沙、二角沙、段山沙、横墩沙、蒲沙。到了明嘉靖年间（1522—1566），江中有9个江心沙，它们是大草阴沙（即护漱沙）、扶桑沙、蕉沙（即蒲沙）、盘篮沙、登瀛沙、东兴沙（即二角沙）、拦门沙、段山沙、巫山沙。到了清代道光年间（1821—1850），沙洲又增加，计有青屏沙、常兴沙、福兴沙、寿兴沙、带子沙、庆凝沙、天福沙、蕉沙、横墩沙、刘海沙、盘篮沙、东兴沙、关丝沙等13个沙。到光绪八年（1882），25块沙分别汇聚成东、中、西三个大江心洲，中间有两条长江岔流相隔。

西江心洲由东兴沙、南正兴沙、青屏沙、寿兴沙、常兴沙、福兴沙、大阴沙、大草阴沙、平北沙、东凝沙、永凝沙、庆凝沙、天福沙、带子沙等14块沙并成，东西长20公里，南北宽13公里。

在西江心洲东南1公里的江面上，有盘篮沙、东盈沙、扶桑沙、东兴沙等5块沙组成的中心洲。它北狭南阔，形似琵琶，故又名琵琶沙，东西阔2~3公里，南北长12公里。

东江心洲，由关丝沙、蕉沙、文兴沙、登瀛沙、刘海沙、横墩沙、紫气沙等小沙洲组成。

东、中、西三个江心洲当中，有两条长江岔流相隔，东、中之间称"北夹"，中、西之间称"南夹"。两夹的汇合处在段山沙的东南面，其排列的形状好像一个"爪"字，人称"三洲二夹顶一沙"。

老沙联陆

清乾隆年间（1736—1795），在南岸后塍集市以北的长江中，西江心洲不断向江心延伸，其中寿兴沙涨得特别快。同时，江潮又把南岸石头港附近的江岸大量冲坍，成片土地没于江中。到咸丰（1851—1861）初年，为了保牢南岸土地，人们先在后塍西北的小长江（又称"小夹"）筑了不少堤坝，如徐家坝、周家坝、范家坝等，以阻挡由巫山沙两侧冲过来的江泓，保牢江南土地。如果把寿兴沙南岸与后塍北岸相连，同样可以保牢后塍。于是，从咸丰三年（1853）开始，从西岸的东石头港起到东边的鹿苑港止，打了14条堤坝阻挡西来的江泓。这项筑坝断流工程共分三段进行：西段由南岸的东石头港至雷沟附近，与江中寿兴沙的韩家港、大阴沙的直港、侯家港相接；中段由南岸的谷渎港、私港（泗港）、蔡港与江中东凝沙的姚家港、段山港（南口）相接；东段由南岸的令节港、新庄港、黄泗浦、鹿苑港与江中的福兴沙、庆凝沙相接。

到了咸丰七年（1857）春，何家坝、谢家坝、安家坝、大坝等最后几条堤坝全部筑好，使江心洲的土地通过堤坝与江南大陆相接，原来的小长江（小夹）的江身仅留一条江漕，即是现在的沙漕交界河。交界河之南谓"江南"，交界河之北谓"江北"。

西江心洲连陆之后，为了使南北港口相连、东西江水相通，便于灌溉，利于交通，在沙漕交界河以北又开凿一条大河，名"横套河"。此河西自巫山港起，东到鹿苑港止。从此，本来南北两岸是"一江相隔"，现在变为"对河相望"了。光绪元年（1875），西江心洲北边的拦门沙、段山沙及西北边的巫山沙，以同样的打坝形式先后并入，使整个西江心洲完全同大陆相连。这块新接陆地，东起东凝沙的东五节桥，西到南正兴沙的西五节桥，东西长21公里，连成土地25万余亩。

这块陆地因是由以沙质为主的沙滩组成，故名"沙上"。之后，由于东、中二江心洲的接连成片，为了区别其早晚，故称西江心洲为"老沙"。

北夹断流

在东江心洲与中江心洲之间，有一条长江的岔流，叫"北夹"。清光绪三十三年（1907），在东江心洲的西南端，因受长江中江泓南流的影响，许多土地坍没，数年间先后坍去了四五千亩土地，并有继续坍塌的趋势。这时人心浮动，就想办法保坍。相关人士通过视察认为，如果在北夹的北面江水入口处筑一条堤坝，让南流的江泓改道，江流全部由江中间的主航道流走，不但可以保全南岸的南兴沙，还可以同中江心洲（东兴沙）的盘篮沙连成一块。于是，有人提出把北夹闸断，两头筑坝，不让江水流经此处。民国三年（1914）秋天，当地群众联名向江苏省沙田总局呈报后，便组织民工挑泥筑坝。经过一个寒冬的努力，到民国四年春天，在两洲之间的北夹中，连起了几十条堤坝，使中、东两个江心洲连成一体。它们的连接处是：东江心洲南岸有南长圩、鼎和圩、北鼎中圩、鼎泰圩、鼎瑞圩、鼎盛圩、周案圩、茅案圩等；中江心洲东北岸的是鼎生圩、杨家圩、东善圩、西城圩、广泰圩、鼎益圩、梁案圩、登东圩、民新圩、永顺圩等。两个江心洲之间留了一条长河，名叫"中心河"。此河从老河坝起，经七圩港口的店岸，经锦丰镇、乐余镇、红旗镇到大流漕，朝东南向至恤济港入江。这条中心河代替了北夹的位置，故又名"北中心河"。

北夹断流之后，东、中两块江心洲连成一片。

东江心洲原属南通县管辖，中江心洲原属常熟县管辖，自从两沙合并后，两县政府受理了多起土地产权纠纷案。后来经省调解，决定以常通港为界，港之南属常熟县，港之北属南通县。

【按】关于段山北夹诸海坝，《张家港市地名志》有如下记载：清末，长江流经段山，形成一条汊江，即段山夹。汊江由段山与常阴沙之间入口，向东南与主泓汇合，中间被东兴沙分为南、北两夹，即段山北夹和段山南夹。由于水流冲击，夹江两岸坍失严重。民国五年（1916）11月，鼎丰（一说和丰）垦殖公司筹资万余元筑坝，坝址一端选在小盘篮沙的安庄圩（今大新镇老海坝村），另一端选在常阴沙毛竹镇西南的补口圩（今已坍失）。历时40天，坝成。坝长1.28公里，高4米，顶宽3米，坡比1：1.2。因其是北夹江上第一条海坝，故又称"老海坝"。此后，鼎丰垦殖公司于民国八年（1919）、民国十年（1921）、民国十一年（1922）、民国十三年（1924）、民国十五年（1926），又在北夹上陆续筑起5条海坝，按先后顺序，称"二海坝""三海坝""四海坝""五海坝""六海坝"。

南夹筑坝

自从北夹断流之后，东江心洲与中江心洲相连成陆，在北夹江身中积成了不少土地，这些土地疏松肥沃，宜种植棉花、花生等。因此有人寻思把南夹也填起来，这样不仅可把整个沙洲区域与江南相连，而且可以增加不少土地。于是在民国十一年（1922）年底，由常熟人冯益云、江阴人吴汀鹭、常熟人徐韵琴等人发起组成福利垦殖公司，组织民工在南夹江中于北首的段山东北先筑一条堤岸（海坝），把北面冲来的江泓阻住。这个坝被称为"新海坝"。接着，又从段山港起，到南头的三丈浦止，在沿着中江心洲西岸的东徐案、西徐案、安仁圩、福利圩、钱家圩、河丰圩、复兴圩、交通圩、庆耕圩和南岸早已连接的西江心洲东岸的南新圩、耕东圩、退省圩、盈济圩、辰中圩、舌头圩、放涨圩、扁担圩之间，再筑6条大堤，即现在的二海坝、四海坝、五海坝、六海坝、七海坝。坝筑成之后，完全阻住了自西北方向段山港口冲过来的江流。在这条海坝中间，原南夹流漕身下仅留一条小河，名"南中心河"。这些工程，人称"南夹筑坝"。

从此，西、中、东三个江心洲全部与江南大陆相接，这就是现在的沙洲县北区。由于它以沙地为主，所以统称"沙上"。根据它的连接时间先后，人们有意无意地称西江心洲为"老沙上"，称晚连接的中、东两个江心洲为"新沙上"。

【按】关于段山南夹诸海坝，《张家港市地名志》有如下记述：民国十三年（1924）3月，江苏省督军公署核准南夹海坝工程，由福利垦殖公司修筑。坝址南端选在平北沙的顶海岸。因在段山北夹海坝（老海坝）筑成之后，故又称"新海坝"。之后，福利垦殖公司又陆续在耕乐圩—安仁圩、耕新圩—盈济圩、和丰圩—元宝圩、复兴圩—悦来圩、民中圩—交通圩等处修筑了8条海坝，依顺序称为"二海坝""三海坝""四海坝""五海坝""六海坝""七海坝""八海坝""九海坝"。

筑丁防坍

明末清初，在巫山沙到福山之间的江面上散布着几十个江心洲，当时的段山还在江心，属苏北如皋县。由于长江江身北移，西、中、东三个江心洲先后崛起，使由西北江阴方向冲过来的江泓沿着江岸分为4条河流（北夹、南夹、小澦、长江主身）通向喇叭口，再入大海。清末民初以来，新老沙的连陆，北夹、南夹、小澦三条岔流的筑坝断流，使长江水流只能沿着巫山港以北，经段山港、金鸡港，通过横墩沙、关丝沙、蕉沙、刘海沙的北岸，向东出海。因为江面变狭窄，水体收缩，上流下来的水泓因受阻而流速减慢。同时，由于对江如皋县长青沙的南涨，加上长江主泓的韵律摆荡，江南北岸发生了坍塌现象。

连接后的三个江心洲（即老沙、新沙）陆地形似一个三角形，东角在福山，西角在巫山，北角在段山以北，长江水浪沿着北岸直冲段山以北土地。因此，凡是伸出段山东北的横墩沙、关丝沙西北的土地就首当其冲了。经过长时间的江泓冲削，段山西北的土地大面积坍塌。1924年到1938年坍塌了三余圩、丰裕圩、六圩及长恒镇。1938年到1945年坍塌了毛竹镇及李介圩、丁丰圩、南流圩、桃圩、万钱圩和新七圩港。1945年到1949年坍塌了安丰圩、福栖圩等14个圩，以及入圩港、凤凰桥。解放以后，又坍了永安圩、保安圩、通丰圩、华丰圩、东兴补口圩、扁担圩等12个圩和南兴镇、九龙港口，共坍没土地长约13公里，阔4~5公里，使北岸线与段山相平。

为了防止段山东南的土地继续坍塌，人民政府从1957年开始，在七圩港处，从老海坝起经安庆圩、同兴圩、公畴圩、鼎生圩、南长圩直到正丰圩止，先后打了11条丁字坝，全长5公里，以阻挡西北方向冲来的江泓浪波。从此坍势始刹，原先民间流行的"东沙涨、西沙坍"的说法也改变为"东沙涨、西沙稳"了。

东涨围田

自从三块江心洲连陆后，段山以西的长江江流奔腾向东，遇着潮汐上来，海水又从东推西，与江水双方屏凑，使大量泥沙沉积于东江心洲的登瀛沙、东新沙、海桑沙的老岸旁边。因为潮落时，江水自上游挟带的泥沙数量大减，流势亦稍刹，而落潮时间要比涨潮时间长一两个小时，大量江流回水而沉下的泥沙遂堆积成滩，形成陆地。这片陆地逐年向东延伸，故称"东涨"。

人们就利用东涨的地理条件进行人工围垦，建成良田。民国二十一年（1932）起，为了进一步巩固东涨的沙地，就在沿岸筑起长堤，围成圩田。在扶桑沙、海桑沙的东南面先后围成的有壬申圩（1932）、丙子圩（1936），东、中、西三个戊寅圩（1938），以及乙卯圩（1939）、庚辰大圩（1940）、辛巳圩（1941）、壬午圩（1942）、丙戌圩（1946）等14个圩田。这些工程人们称之为"东涨围田"。

新筑堤围垦的圩田连成一大片，它的南岸直接与小陈浦口（今倪家巷）、大陈浦口（今邱家巷）、西洋泾港（今西旸塘口）相连接。在连接处还留下一条河道，它的西口与横套河东口相连，它的东口直通长江。河道全长11公里，名"永南河"。

近40年来，沿着登瀛沙、东新沙东南岸所涨的新地，先后围了大大小小数百只圩塘，即是现在的三兴、乐余、兆丰东部及常阴沙农场全部，有8万多亩土地。北自西界港口起，东到福山港止，江岸线长达28公里。根据江泓东流与潮汐相顶托的自然规律，这里还会有继续向东涨滩、成陆的可能，这真可谓"沧海变桑田"了。

梁丰之乡

沙洲南区的江南古陆，加上北区的新、老两沙，组成了现今沙洲县全部土地。

沙洲县自东端的芦浦港到西端的巫山港，江岸线长达98公里，有大小港口24个，隔江与靖江、如皋、南通相对。陆地界线67公里，东南与常熟县、西与江阴县为邻。全县总面积996.79平方公里，其中水面积约占全县总面积的9%。全县耕地面积64.4166万亩（1981年统计数字）。全县人口以76.8万人计（1982年统计数字），平均每人占有耕地约8分4厘。

沙洲县土地肥沃，物产丰富。东北部以沙土为主，有部分夹沙土；西北部以沙土与沙夹黄土为主；南部以黄泥为主。主要作物是水稻、棉花、三麦、油菜。加上江岸线较长，河渠密布，水面利用面积具备发展畜牧业与渔业的有利条件，所以自古以来，当地素有"鱼米之乡""梁丰之乡"的美称。

（作者包文灿，原载《文史资料选辑》第二辑）

【按】包文灿先生的这篇《沙洲成陆谈》大约写于1982或1983年，是本土作者较早论述沙洲成陆的专文。文中对沙洲县域整体地貌的描述，特别是对沙洲北区诸沙连片、筑坝围田等情况的叙述，既概括又有条理。或因当时可资参考的地方文献不足，在论述北区诸沙成因及记述早先此地行政建置方面有一些舛误。编者谨参照徐祖白先生《张家港史纪》一书有关篇章及其他地方文献做了一些修订。特此说明。

段山南夹筑坝纪略

1916年冬，段山北夹筑坝既成，南通实业家张季直氏疑其有妨大江北岸保坍工事，力请省令铲坝，但已无效。详情已载拙作《段山北夹筑坝始末》一文。后张氏门下梁登仕、周季咸等继刘世珩报领北夹新涨滩地。沙氏谤张氏，以为梁、周两案皆张氏领地，以巨绅而巧取豪夺如沙棍之所为，窃为羞之。张氏闻而恶之，每对客辄言不再过问段山夹筑坝事。

江阴、常熟两邑之热衷沙田权利者趁机起而谋筑段山南夹江坝，以为坝成30年内可得良田20万亩，其利远胜北夹。然除江阴城绅吴听胪、郑粹甫等数人外，多无力投资，即有力亦不肯率先浪掷，徒空谈而已。

常州赵陶怀者，清乾隆、嘉庆间名士赵怀玉之裔孙（怀玉著有《亦有生斋文集》，并率先刊行《四库全书》简明目录，迄今学者多知其名），名门寒士，颇识江阴士绅，闻段山南夹筑坝之利而心艳之，顾无力投资，以告其友人冯逸云。逸云官知县，罢职寓苏州，仕宦所得，苦无生息途径，闻陶怀之说则大喜，允出万金为倡，江阴士绅亦各出资佐之。鉴于北夹坝成而失利也，议先组福利垦殖公司，拟具生产计划，报请省厅核准备案，以杜他人觊觎攘夺。

迨法令程序办竣，而时已在1922年壬戌岁正月。赵、冯等匆匆携款到沙，以盘篮沙吴郑庄（即吴听胪、郑粹甫之田庄）为工程总局，设南局于老沙川港东穆蟾香宅，勘定坝址于川港口东半里许。川港者，江、常两邑界河也，故坝址在常熟境，其北端在吴郑庄东里许。

筹备就绪，开工已在二月初汛后。在事诸人狃于北夹成坝合龙之易，不复虑及春深潮汛之大，开工10日，将合龙，而涨潮落水皆湍急，不得已高价购木船多艘载重沉缺口，冀得断流，但悉为急流冲走，无法合龙，遂以失败告终。耗金若干，秘不得闻。

是岁冬十一月，赵陶怀又偕吴、郑所派人员携款至沙，议重开工，邀徐韵琴为工程主任，王宝山为工程师。徐韵琴者，常邑新庄乡人，席租产，为任侠，群少年多归之，既预北夹筑坝，复率众与广业垦殖公司抗争，名益噪。王宝山者，屡为人围筑新田圩堤，号为知工程。乃勘定坝址于川港口西半里许，北端近吴郑庄，南局则移设川港西李新陆宅。筹备既讫，于十二月初汛落后开工，昼夜不停，至十六日即合龙。赵、徐等以为大功告成，不复虑有他变，且为节省开支计，出工人数减少至半。虽仍开夜工，但所运之泥平铺坝面，致坝身增高迟缓。讵十二月十八夜，潮水猝涨，竟越坝身而过，泻成缺口，当时工人在坝者虽尚有数百人，但一时无可措手，坝遂中断。

其时公司财力已竭，群情骇惑，仓卒无可筹借。赵陶怀、徐韵琴虽以镇静处之，然计无所出。忽有人倡言："何不为'树上开花'之计？"询其办法，则主张发行泥工票代现款发工资。赵、徐闻之，深叹其妙，乃议定每工一票，载明作价银洋8元，以全坝工事结束为度，结束后兑现款，如不愿兑现款，每票可优先得高滩一亩，自备工本围垦成田，永为世产。追宣布后，工人并无异议，遂商定于明年（即癸亥岁）正月初落汛后再动工。

时庆凝沙和尚港口积存保坍黄石多吨，农民以船运至缺口掩护坝身，使缺口不再扩大。而附近农民又集资延道士设坛醮禳。凡此种种，足证群情望坝成之殷切。

春节后汛退开工，未两日即再合龙。乃先就全坝筑5尺厚小堤，高5尺许，藉防潮水再越坝身。又10日而坝身增高至适度，工事始告结束。泥工票每张涨至20元，工人大喜。此工程围成新滩共1 600亩，公司前后耗资达数万之巨。

此坝之成，距今（癸亥岁）正60年。今日沙洲幅员之广、物产之富，自当溯源于此坝。回思首事诸人，再三失败，其曲折艰辛，有足悲者。坝成十余年而赵陶怀死，予以远游楚北，未再与相见，亦不知其已否收回成本，但闻福利垦殖公司滩地为争讼械斗之场而已！聊追述崖略，以贻治沙洲掌故者。

(作者曹仲道，原载《文史资料选辑》第三辑)

张家港的形成和来历

据《江苏通志》有关资料记载，唐代初期，现今南沙乡的巫山、长山和大新乡的段山等，都是长江中的小岛，只有香山兀立在长江之阴。当时香山南坡的老百姓要到江北去，渡口在今南沙乡东山村（即邬家巷）东端。在古老的石头港上，宋时曾建造过一所渡船庵和一座渡船桥，今日遗迹尚存。由于寿兴沙涨成滩田，上游水流在巫山滩受阻而转弯，流沙沉积，形成巫山沙。巫山沙形成后，水流从巫子门入香山，在此坡下打转又被镇山阻挡，即形成雷沟、东垛、天台等小块沙滩。巫山沙的形成在北宋，天台沙的形成约在南宋，东垛、雷沟沙的形成约在元代。元末，香山、巫山、长山周围已演变为一片沼泽地，水草丛生，芦苇连片，成为苇雀等海鸟天然生息的泽国。由于潮汐来去，泥沙不断沉积，明初，东垛沙、寿兴沙、巫山沙等先后形成陆地。因江潮的冲击，有些沙滩又渐渐坍塌。当地人民造岸筑坝，阻潮挡风，经过长期的艰苦斗争，直至明末清初才勉强保牢这片土地。如今保留下来的村名如郁家岸、王家岸、踏东岸、脉西岸，以及徐家坝、协和坝、永恒坝、万年坝等（即现在的三甲里、五甲里、八甲里一带），就是当地居民与天斗、与地斗的明证。

清道光、咸丰年间，在香山与镇山之间有一涧，常年流水不息，逐渐形成水漕。由于水漕不连接其他河道，每当暴雨来临，就洪水泛滥。当时在此大滩种植的张姓大户，在今张家埭东端顺着水漕浚修成一条小河道，名曰"张家港"。后来历经修拓，围田开河，由石头港至南套相连接，成为通向长江的港口，此港口实际上是原小张家港的延伸，但后人仍叫它"张家港"。

（节选自《张家港今昔》一文，作者柳铭，原载《文史资料汇编》第四辑）

鲜为人知的常安镇

常安镇位于老常阴沙新桥西北（现大新乡北杨村北去江中约4公里处，即今长江中涨出之常兴沙，亦叫"朱案林案滩"，已属如皋县辖地）。镇北1.5公里许是大白港，港口有码头，可停靠大小帆船。西去1公里多，过朝山港即是文昌宫和西兴镇。

清道光年间，沙洲又增加了13个沙头，北部刘海沙、横墩沙、关丝沙、蕉沙、登瀛沙、文兴沙相连，又因沙头位于常熟与江阴县北端江中，故名曰"常阴沙"。不久，地主豪绅争相至此围垦沙田，佃农渐众。至道光末年，由范、薛二地主合资建镇，将镇房租赁给商人开店设行，从中牟利。镇周围有顶风庄、陶生庄、翁氏小圩、黄五房等数十个村庄。咸丰初年（1853年前后），王关、曹龙以江阴县居民身份向江阴官府报领常阴沙滩地，海门豪绅顾七斤与其抗争沙田，遂捏造王关等为土匪，贿请当时国防军绿营到沙围剿。王关等预先得悉消息逃匿，未遭毒手。后来，官厅出面划定疆界，金鸡港以南划为江阴县境，有西兴、常安等镇。

常安镇有一名闻轶事。清朝光绪初年，江阴县令金某为官廉洁、清正，绰号"金剥皮"。为何叫"金剥皮"呢？原来有一次，他扮成百姓到常安镇察访民情，见一孽子用棒打娘，就去劝解。孽子不听，仍打个不休，后硬被金县令拉开。金县令回到江阴县衙后，即派二差役至常安镇将此孽子抓到县衙，令差役将丝绵纸涂上糨糊，贴在孽子背上，又叫其在太阳下曝晒，然后将丝绵纸从其背上慢慢揭下，结果纸连背皮一起撕下，痛得孽子哇哇直叫，连声告饶："今后誓不打娘！"嗣后，常安镇群众便称金县令为"金剥皮"。金县令为啥私访常安镇？因为常安镇上有两个恶霸开茶馆摆赌场，横行乡里，鱼肉百姓。一个叫王小二，是圩长；一个名叫唐扣林，他家有80吨的"下洋船"。有一次，唐扣林看中一户农家的一棵大树，树有两抱粗，是上几代先人种下的。唐扣林只肯出价60元要买下，大树主人不肯卖，唐扣林皱着眉头，鼻子里"哼哼"几声走了。当天半夜,唐扣林指派几个狗腿子伐倒大树,连夜搬走了。大树主人家查访到大树是被唐扣林偷走,便告到县衙。谁知县衙役因受唐扣林贿赂,已针插不进,状告不准。

后来,金县令渐渐得知唐、王两恶霸在常安镇为非作歹之种种劣迹,故而要私察暗访,查个明白。金县令带两名差役,扮成客商模样,进入常安镇,混入王小二赌场。金县令一边同众赌棍厮混,一边问东问西,了解王、唐的欺行霸市劣行,还暗中命差役窃获两件赌证——4张纸牌和王小二搁在赌场里的一支白铜水烟筒。回县衙之后,金县令即派遣8名得力差役将王小二、唐扣林等8名恶棍赌首拿获。在公堂上,唐、王等还想抵赖,拒不认罪。金县令当即出示4张做了特别记号的纸牌和王小二的白铜水烟筒。这下,他们才一个个瞠目结舌,不得不老实交代,表示情愿受罚。金县令暗访常安镇,严惩恶霸地痞的事迹,一时传得沸沸扬扬,善良百姓人人拍手称快。

常安镇在光绪年间为全盛时期。此时,东面毛竹镇规模还不大,常安镇系老常阴沙数一数二大镇,由秀才王老五任镇董事,处理镇上诸等事宜。镇街呈十字形,有渔行两爿,专门收购大白港口五十多条小渔船捕捉之刀鱼、鲥鱼、河豚及一般鱼虾。另外,又收购十多艘下洋大船至东海捕捉的黄鱼、带鱼、鲳鳊鱼,倾销常阴沙和苏南、苏北各地。镇上还有苏恒茂、义兴泰等京货南货店十多爿(这些店铺在坍江之前大多已搬迁到毛竹镇,之后又搬迁到乐余镇),有染坊2爿、盐行2爿、粮行十多爿、酒饭店十多爿、茶馆4爿(兼书场或赌场)、肉墩3爿及典当、客栈、花行、土布庄、纱行等。镇上还有几家私塾,每家私塾有1位塾师、二十多个学生,均由地富豪门出钱聘师开设,穷人家孩子是进不了私塾的。镇中还有一座都天庙(坍江前搬到了老海坝),由范、薛二地主经办,人称范、薛二人为庙施主。庙内塑有都天、猛将、城隍神像。县衙准拨庙产50亩,范、薛既可以从中牟利,又可为自己树碑立传。而广大农民终年辛劳却不得温饱,只好把希望寄托于神明菩萨和"修身来世"。庙内有道士5名,平常只有一两人守庙,余者去常阴沙各地"做斋事""过周年""捉鬼"等。

民国初年,新老沙连接陆地,段山北夹、南夹、小夹三条长江岔流筑坝断流,使长江水流只能沿巫山港以北经段山港、金鸡港,通过横墩沙、关丝沙、蕉沙、刘海沙的北岸向东出海。因这段江面已变狭窄,上游主泓道直冲常阴沙西北土地,又加上江水韵律摆荡,致使常阴沙西北发生坍塌现象。20世纪20年代中期,首当其冲之西兴镇先坍入江中。坍江前,居民纷纷向毛竹镇等地迁徙。常阴沙有的人家曾因坍江先后7次搬迁,颠沛流离,可见这里人民在当时受尽多少苦难啊!

(作者郑生大、陆俊才,原载《文史资料选辑》第五辑)

【按】据《张家港市地名志》记载,西兴镇建于清道光十年(1830),原位于大新镇段山以北江中常阴沙西部。民国九年(1920),西兴镇全部坍入江中。常安镇于1922年至1923年坍入江中。

盛极一时的毛竹镇

毛竹镇位于刘海沙（常阴沙的一部分）西部常通港东之桃圩和刘家圩北，紧靠江边。镇北毛竹港从旁流过，港口设有轮船码头，可去南通等地，水路交通便利。港东有三亩多毛竹园，枝叶茂盛，四季常青，故镇名"毛竹镇"。镇东有小道通十二圩港，西去2.5公里跨常通港桥可达常安镇、西兴镇，南去两三公里即是老海坝镇，东可至德安镇、南兴镇。

毛竹镇由海门豪绅顾七斤资建，其目的是将店房高价租赁给商家，牟利获财。1853年，太平军占领江南时，顾七斤倚仗清通州团练大臣王藻之力占刘海沙围田，为争沙田，顾先后斗胜钱祐之、王关、曹龙等人。顾还捏造王关等为土匪，贿请清绿营至沙洲围剿，烧去民房甚多。此后，顾七斤气势更盛，占田号称10万亩，有36个村庄、72只圩塘，并声称：周围九里十三步，要与南通城比高低。

咸丰五年（1855），刘海沙农户渐增，商业亟须发展，顾乃筹建集镇，即毛竹镇。光绪初年，顾七斤在毛竹镇东毛竹园外雇工近千，垒一土山，在山底埋藏元宝3只，谓"无宝不成山"。土山高16米有余，方圆不到1公里。山上建一尼姑庵，有尼姑11名。庵为四合殿宇，正殿5间，东西偏殿各3间，庵门两侧有前殿各两间，院中砌一宝亭，供烧化纸钱之用。庵外有广场。山上及坡坎植青松翠柏数百株。光绪二十八年十二月（时在1903年1月），江阴富绅赵佩荆以经办慈善事业为名，呈请江苏巡抚批准，颁发执照，划常阴沙芙蓉圩沙田1 000亩作经费，在毛竹镇东街建常阴沙育婴堂（又称"赵氏育婴堂"）。育婴堂内设育婴、保婴两堂，雇奶妈十多名（下略）。赵佩荆还将执照全文镌刻在石碑上立于芙蓉圩畔，定名"育婴功德碑"。芙蓉圩在常阴沙西端，属江阴县辖。

清末，毛竹镇由郭保忠任董事，主理镇上事宜。

1916年，段山北夹筑坝（即老海坝）。1922年，段山南夹筑坝告成。长江上游主泓遂北移，直冲常阴沙北土地，因而西兴镇、常安镇相继坍入江中，居民纷纷迁居毛竹镇，毛竹镇进一步发展。之后一直到1931年前为毛竹镇全盛时期，这段时期毛竹镇的规模大于原常安镇。又因镇上有官盐行、渔行、码头、赌场（3爿）、花行（2爿，由无锡、南通资本家开设）、典当、钱庄、戏馆、书场（2爿）、茶馆（3爿）、粮食行（二十多爿）和饭店（十多爿），日夜开市，甚为热闹。此外，镇上还有义泰、协仁盛、苏恒茂京南货店、田恒德药店、王云茂南杂货店及竹木器店十多爿，宋氏等酒坊3爿，还有线香店（2爿）、客栈和邮政机构、私人医院等。典当后面有兵营1座，驻兵1个营（缉私营），有炮艇常在江中巡逻。镇东有公立毛竹镇小学，有四合院堂教室、办公室、宿舍二十多间，7个班级。街中间有城隍庙和顾家祠堂。城隍庙规模较大，正殿中间端坐城隍、观音菩萨、如来佛、大圣。两边偏殿各5间，供坐十殿阎君。庙宇有三十多间屋，设客厅、厨房、宿舍等。庙内有道士十多名。顾七斤除勾结贪官劣绅掠夺沙田，残酷剥削农民外，还强占民女，无恶不作。他死后，一班依草附木之人还塑其衣冠像，安坐诸佛下首。一些人还把顾七斤奉为财神，烧香求愿，甚为荒唐。此时，毛竹镇已形成十字街道，南北长1公里多，东西长0.5公里许,有居民300户,隶属南通县五区。刘海沙本属常阴沙部分,连接常熟、沙洲陆地,理应隶属当时的常熟县。1934年,沙民曾以公牒呈请省府,时省厅执政者囿于"乡土情谊",故倾向南通县一边,未准讼。

由于西坍东涨继续发展,至1936年,毛竹镇已坍到北市梢典当附近,居民被迫逐步迁徙,一部分迁至老海坝,大部分迁至十二圩港、锦丰、乐余镇等地。1937年,毛竹镇大半个镇街坍入江中。同年八月,日寇侵占上海后,两艘日舰停泊在毛竹镇北的江面上,因惧国民党军队驻江阴黄山炮台炮轰,不敢贸然西进。日舰向毛竹镇东南的顾家仓房发射炮弹多发,毁去半座仓房,还向段山发炮,毁去段山庙宇一角(当时段山庙宇为段山小学教师宿舍)。1938年,毛竹镇全部坍入江中,坍势直逼老海坝。

(作者郑生大、陆俊才,原载《文史资料选辑》第五辑)

颇负盛誉的老海坝镇

老海坝镇(又名"兴安镇"),因建于老海坝上而得名。其坝始于段山北夹北岸常阴沙朝阳港侧,至南岸小盘篮沙,全长3公里,宽约10米,于民国五年(1916)由徐韵琴、汤舜耕等主持及江阴城绅吴听胪(汀鹭)、郑粹甫等合资,集沙民2 500余人,经数月昼夜运石担土而筑成。坝成后,吴、郑等又集民工围垦沙田数万亩,于是各地破产农民纷纷前来租种沙田,以血汗换取微薄收入,维持生计。随着沙民日众,生活所需品日多,亟须筹建集镇。1918年,吴郑庄地主偕同大商人郭遵典、田老炳、唐志清、朱老三等在老海坝上建瓦房数百间,租赁给商户开店设行。1923年春,新海坝筑成,围垦沙田益广,佃农益多,物产益丰,商业益盛。

1937年毛竹镇开始坍江,不少商户迁至老海坝,无锡、上海的物资靠这里中转。之后一直到1949年,为老海坝镇全盛时期。镇上一字形街道,南北长约1公里。镇中有北中心河穿过(此河直通金鸡港凤凰桥,至江边),河上有一木桥,联通镇之南北。镇上有商铺百余家:郭遵典的典当行、花行、粮食行,唐万吉的百货店,徐志荣的布店、茶食店,吴善章的竹木石灰行,同和祥的木行、棺材铺;另有布店2爿,茶食店2爿,酒店7爿,粮食行12爿,茶馆5爿,京南货店9爿,纸马香烛店6爿,糖果店6爿,竹木、石灰、砖瓦行2爿,豆腐店4爿,肉店6爿,渔行3爿,柴行2爿,药店4爿,首饰店1爿;还有盐行、嫁妆店及私人诊所等。民国初年,镇上由董事郭保忠、黄老五主理事务,后设国民政府海坝乡乡公所。保长陆步清专管捕捉强盗土匪,更夫张文宝专管捉贼。

镇北市梢有都天庙,庙内供都天、城隍、观音、猛将菩萨,道士张兰南、倪福如主持香火。镇南有老海坝小学,由张尚德、杨惠清主持校务,8个班级,十多位教师。

其时,老海坝之繁荣,除了常安镇坍江后众多商户迁入,两坝筑成后围田益多、沙民益众,以及沿江5公里无大镇等诸多原因外,还因老海坝商界与上海几家大公司联系密切、往来频繁,交谊深、进货方便。此地水路交通便利,有金鸡港轮船码头,上海货轮多在此停泊、卸货,作为中转。抗战时期,商人赵汝舟与人合伙开设轮船公司(有股东10人),专从上海运来日用百货、布匹、火油及糖果、年货等,又从老海坝外运外销皮棉、粮食、大豆、花生、生猪等农副产品。镇上还有宋氏兄弟5人开设的渔行,收购江边三四十条渔船捕捞的各种鱼虾,渔汛期一天往往收购达数百担,有长江下游名产刀鱼、鲥鱼、河豚、鲴鱼、鲟鱼等,大多运销上海、南通。

20世纪40年代初,老海坝镇有"小上海"之称,镇上还有鸦片馆、赌场、妓院。

抗战前夕,镇上驻军一个营(缉私营),并设盐局。抗战初期,镇上设有商团,购枪十多支。

1940年11月,中国共产党领导的民运工作队进驻老海坝,领导农民运动,宣传抗日救国,开展"二五"减租运动。1941年2月,中共海坝乡党支部成立,支部书记为唐荷宝(后为杨志章);还成立海坝乡抗日民主政府,共产党员王德高任乡长,民主人士顾永康任副乡长,领导群众开展抗日救亡运动,并成立新海常备队,有二十多人(枪)。

1949年夏,金鸡港坍江,老海坝设江边码头,有上海三北公司的"新江南"号轮船往返于上海与老海坝之间,镇上市容并不逊色。其时因舟山群岛尚未解放,国民党飞机常至上海与老海坝沿江一带扫射骚扰。为保护上海轮船公司船只,镇旁驻解放军防空高射炮部队一个连。8月份,解放军部队撤走后,国民党潜伏特务马义伦(常熟人)、吴俊章、张国祥等11人趁机在老海坝镇一带破坏捣乱,两个特务还趁海坝乡人民政府乡长朱友生在镇上张贴剿匪肃特宣传标语,妄图劫持并杀害朱友生。朱友生机智勇敢,经顽强搏斗,未遭毒手,结果特务开枪打死一船民,朱友生的手枪被敌特夺去。乡指导员葛少祥闻枪声从乡政府冲到街上,持枪追击敌特,特务逃往店岸北面江边芦苇丛中。10月,江阴县政府派遣剿匪部队一个连(连长为侯士俊)及一个短枪班(班长王文俊),来海坝镇剿匪肃特。1950年4月,破获国民党武装特务组织,其名称谓"中国反共救国军长江支队沿江中队"。匪徒全部捕获,归案法办。同时还清查出盐行的一起特务案件,抓获以范云宝为首的十多名人犯,分别情节给予处理(范云宝被判无期徒刑)。

后来,随着附近各镇的兴起和发展,加之老海坝又面临坍江危险,海坝镇日渐冷落萧条,轮船停航,花行改为收棉站,大商店只售出不进货,到1953年,街上只剩下徐志荣京南货店及一些小店小摊。1955年年底,镇上的供销社、信用社、邮政所、粮管所、水产场、饭店、肉店、酒店(3爿)、理发店(2爿),以及联合诊所、药店、海坝小学等相继迁至新海坝。

1956年夏,上游江流主泓汹涌,直冲老海坝,28天坍去93米左右,群众称为"走马坍"。居民被迫纷纷迁往兆丰、南丰、店岸、锦丰等地。1957年,全镇坍入江中。嗣后,县政府在七圩港设立保坍工程指挥部,向江中投石,筑3条各约500米的石堤,名曰"海箭",又在江堤岸边筑石坡,挡住了急流的冲刷,稳住了坍势。现老海坝村尚有4个生产队,已无集镇,仅有1爿村代销店。

(作者郑生大、杨志章,原载《文史资料选辑》第五辑)

东界港之兴衰

一、镇名由来

乐余镇的东界港,又名"殷茅镇",解放前属南通县管辖。该地本是沙滩,入夏一片汪洋,随着潮涨潮落,流漕里的水才自由流动。遇有风暴,渔船避风入漕,既便且稳,渔民视作优良避风港。

自光绪三十年(1904)至宣统二年(1910),流漕西面的登瀛沙次第出水。在登一圩到登十二圩成田后,登全圩亦于宣统二年成田。至此这一流漕正式成为西部各圩向长江出水之小港。民国三年(1914),港东(即流漕)沙滩又相继出水,当时沙棍又筑新圩,名曰"文兴头圩"。民国五年(1916),又围筑文兴二圩。因民工日多,费时亦久,因而引来肩挑小担贩卖烟酒、熟菜、日杂等物,方便民工所需。民工早上由港西涉水而东,晚上返回,一遇涨水,即成大碍。故工程处在港上架一木桥,以便利民工往来。桥头要道逐渐出现了固定摊贩。首先有殷云生一户,后来增添茅宰根一户,两家在桥头搭棚,贩卖日杂。其后渔舟云集,渔行应运而生,商号亦逐年增多。该地属南通所治,因政教相关,故又设了渡口,人员往返频繁,逐渐形成市集。镇名即以最先入居该地的殷、茅两户之姓命名。

民国十一年(1922),拆小木桥改造大桥,所有大小船只自长江进口,可直至桥畔歇息。这一段河港(现为四干河入江一段)名曰"东界港",故镇又名"东界港镇"。

二、东界港的兴盛

东界港有季节性鱼市。

东界港附近群众除种田外,当然要靠水吃水。有相当数量的船户从事渔业和运输,因而给东界港带来了渔乡风味。

长江春汛,刀鱼首先见苗,清明开始,汛期长达两个月之久。继之河豚、凤尾鱼(梅子鲚)、银鱼,五月端阳时节的鲥鱼也先后出水上市。外海宁波渔船还运来鲜黄鱼、咸黄鱼等。港内渔船帆樯林立,这里是沙洲南夹成陆、东界港取代鹿苑而成的新兴渔港。

东界港成为渔港后,又不断招来各路鱼贩,鹿苑、东莱、合兴,更有远至杨舍、塘桥的鱼贩纷纷来此贩鲜,形成了十分热闹的鱼市。镇上设有渔行,鱼价由渔行挂牌,渔舟和鱼贩都要投行从市。

东界港渔行中资本最大的是殷记渔行,远近闻名。每当春汛前,渔行向渔舟、钩船发放贷款,让鱼贩和渔户得款修船、添网。至于小贩入行称鱼,也可赊账取鱼(若是生客,需保人保户),获利后再结账付款。这样操作渔行不愁无市,只愁鱼少。渔船、小贩、渔行利害相关,息息相通。

解放前,沙洲北部陆上交通不甚便利,以几条干河水上运输为主。这时的东界港成为水码头,运出本地的棉花,运进外地的肥料和粮食,因此东界港南来北往的船只和客商仍是很多,镇上旅舍、酒饭店有十多家,可谓商旅云集,市肆繁忙。

东界港又是重要的渡口。

东界港与南通隔江相望，沙区东片群众去南通都以东界港过渡方便；本地人外出采办，或急病外出就医，也以南通为主。东界港口有两只义渡，每天来往南通四渡，流量有数百人次。另有小船便渡，随叫随开船，收费合理。更重要的是，常通港以北（原属南通县五区）村镇密集，附近集镇有西界港、双桥镇及属常熟县的乐余镇、四兴镇、南丰镇等。这些集镇的商号大多与南通密切相关，推销和批货互相依存。沙洲片的东北部向南通出口的大宗物产是棉花，运进的是大米、布匹、日用百货，进进出出，都是以东界港为集散地，这就促进了东界港的繁荣兴旺。

三、兴盛高峰期

抗战开始，苏南的国民党军队于 1937 年 12 月全部撤退，苏北地区的南通尚未沦陷，上海则成了"孤岛"，商旅全从北线水路进出。日军虽在江中拦阻，但禁不住土生土长的船民"偷渡"，故而远近商旅纷至沓来。当时不但沙洲区，甚至常熟以南或无锡等地需用火油、工业所用柴油这类民生必需品，均从南通、上海用帆船运来，然后再转运各地，东界港成了一个中转站。此时东界港的兴盛可说是空前的。后来日伪认为有油水可捞，便在东界港设卡收税，但商旅并不因此而却步，仍是商贩云集，热闹非常。

新四军北撤后，这里亦是南粮北运的渡口。日军虽然严密控制，但东界港的繁荣并未减退。

四、衰落原因

东界港自建镇至 1949 年，有近 40 年之久的繁荣期，后来为何衰落呢？试论其原因如下：

政区改制。1950 年 2 月，包含东港镇在内的南通五区改隶常熟县，因而此地政经、文卫等均与南通脱离关系，人员往来大为减少，渡口逐步冷落。

经济改制。沙区传统种植以棉花为主，过去外地各棉纺厂自行设站收购，南通纺织厂在沙收购的棉花，每年近总收购数的五分之一。1952 年之后，棉花归花纱公司统一收购，因此东界港运输业迅速缩水。

渡口变更。20 世纪 50 年代，常十王公路通车后，渡口移至（三兴）十一圩港，并开办了机轮渡，致使东界港渡口人员流量大减。渡口变更是影响东界港集镇繁荣的主要原因。

渔业合作社的成立。渔船先后组织起来，又不以东界港为基地。有些船户弃渔从农，运输业和渔业不如从前，外海宁波亦无渔船来东界港了，当地的渔港风味大为逊色。

20 世纪 80 年代，乐余乡仍在东界港设立交通管理站、农船修理厂。集镇上仍有供销社、粮站和集体商业，它还是乐余乡沿江几个村的集市贸易中心。

（作者姜辅行，原载《文史资料选辑》第五辑）

西港镇史（节录）

西港镇位于东兴沙、老三干河与西港交界处，清同治元年（1862），有方、钱两家在西港建造一段北街房屋，经营商业而成镇。而后，相继有冯、王两家及杨、曹、陈、李、吕诸姓分别建造东街和西街房屋。清光绪十六年（1890），街道又有扩建，是由鹿苑钱家建造的一段距离较长、街面较宽阔而且有廊檐屋的新街（南街），又称"永安镇"。

镇北面有桥北港，南面有南港，东面有东港，西通夹江名为"西港"。因镇址在西港，故叫"西港镇"，距今已有130年历史。

西港，早在成镇前是由一条天然流漕而形成。当时既短又弯曲，河床狭小淤浅，排灌能力极低。民国十七年（1928），沙洲乡董委托杨老二开浚西港，串通桥北港，北通民丰港（北中心河），南通南中心河，全长5.5公里，始成为西港。后经土地局命名为"三干河"。

同治四年（1865），镇东建造了一座关帝庙。庙主为刘长寿。正殿5间向南，两侧殿各两间。前植两棵银杏树（现存一棵雄树）。光绪二十九年（1903），镇西建有一座天主堂，前排屋3间，后排3间2厦，系后塍朱神父所建（1959年开凿锦西河时被拆除）。另有一座建筑由陆召堂建造，前排3间，后排5间，两侧厢，中间为场地。后由陆祖赓主办为永善堂，设有劝戒烟酒堂。民国十七年（1928），沙洲市改为沙洲区，设区行政管理局，行政管理局由鹿苑迁移此堂办公。首任局长为刘剑白，之后相继由朱庆南、张心石接任。后行政管理局改称"区公所"。

民国六年（1917），国家拨款，由杨震寰负责在关帝庙南开办沙洲市第二小学（即西港小学）。

镇北外建有木桥，南有木架南桥和南中桥。民国十九年（1930），中街通往东街建造一座钢筋水泥桥，名"通津桥"，并刻有一副桥联："桥影不随流水去，市声初起早潮来"，系朱守真题。

民国十七年（1928）九月初二凌晨，镇中街草屋廊檐突然发生大火，当时恰巧刮着东风，大火顺着风势蔓延到西街、南街，喊声、哭声、火吞房屋的噼啪声、救火声连成一片。直到10时许这场大火才被扑灭，共计烧毁房屋四十多间，杨老二家的5间楼房也被烧掉。

西港镇原是沙洲片新兴集镇中历史较久的一个镇，是商业、经济、交通运输比较发达的集镇之一，又是一个旧政治中心，它处于粮棉夹种区，商贾往来众多，市场繁荣。商号大大小小有五十多家，如恒春茂、同润兴、同福康等较大的南北货店有5家，范鸿丰、永成昌等花行4家，同济堂、大德堂等药店2家，还有粮行、饭店、盐栈、渔行、香烛店等。民国十七年，钱祖赓、何有文合办西港至无锡的锡北轮船公司。民国三十二年（1943），周玉清开办从西港开往常熟的轮船码头。

（锦丰乡史志组编写，原载《文史资料选辑》第五辑）

店岸镇史（节录）

店岸镇位于盘篮沙中心。盘篮沙因形如盘篮而得名，其地早见于200年前（清嘉庆朝）的《常熟县志》版图，北连江阴县的常阴沙，西段有毛竹镇和老海坝。民国五年（1916）筑北海坝后，长江主泓道南移，段山水势不断冲击常阴沙突出部分，盘篮沙逐年走马坍江。1938年、1957年,毛竹镇、老海坝二镇先后坍没,又使盘篮沙突出于江滨。

镇北1里许有七圩港,纵贯盘篮沙入南夹,细流弯曲,宣泄不畅。民国十一年(1922),沙洲乡董局委派董事曹挹芬开浚第一干河,直达福前镇,北段两岸栽桑800株,供发展蚕桑事业。民国十六年(1927)土地局丈量时,命名为"一干河"(港口仍称"七圩港")。

店岸镇约建于120年前,传说是因最初有小店设于岸上而得名。民国初年,又有曹、张、陈、施、陶诸姓始建草屋成镇,经营商业。民国十三年(1924),镇东铁业店失火,延烧全镇,尽付一炬。曹挹芬建议改修瓦房,群起响应,遂建起"丁"字形街。当时有镇江商民开设义源、同光裕、同光顺、义茂恒、黄泰丰等京南货店5家,孙明德机器榨油厂、章记旅馆、饭店、施记茶馆,后来还有沪、锡收花处,代客典当等,营业颇盛。镇上设有东、西、北3所巷门,东巷门书有"福兴镇"三字,所以店岸镇又称"福兴镇"。

店岸镇北有店岸小学,为曹挹芬于民国五年(1916)创办,聘陈育贤为校长,前埭教室5间,为陈氏捐建,后改为瓦屋;后埭7间,中贯长廊,成"工"字形,由曹佩珩经手捐建。小学原名"沙洲市第十一国民小学"。解放后,小学逐渐向岸东发展(岸东原为曹挹芬所办保婺局),岸西原小学基地被石场所占。镇西有店岸中学(原为中华理教会礼堂),1953年,先是开办初中补习班,1958年发展为初中,一度开设过高中班,曾自建公助校舍30间。1979年拓宽一干河,部分校舍迁出(水利局补贴校方13 000元)。

镇上有大圣殿一座。镇北有曹挹芬于1923年创办的保婺局(俗称"老人堂"),收容年老寡妇。其规模较大,南北各有大瓦房两幢,东西有花园、凉亭,围墙周绕。1937年,保婺局并入三兴镇北街的红十字会常阴沙分会,原址改为店岸小学。

抗战开始,伪江苏省保安队曾来店岸驻防,不久被调走。之后国民党顾九锡部队沿江驻守,不久亦撤走。

20世纪40年代初正是国难最严重的时期,常熟县乐余镇鼎丰公司总经理张渐陆和东莱镇福利公司钱宇门为了争夺沙滩利益,互作你死我活的斗争。张渐陆为了保全身家,雇用打手龚保生麻子做保镖,此人原是个泼皮,身长力大,凶狠毒辣,能双手打枪。福利公司也知道此人厉害,就向十一圩港日军朱翻译告密,诬说龚保生是新四军的队长,因此日军密切注意龚的行动。1943年春的一天,龚保生和3个赌友到店岸章家客栈楼上吃喝赌博,十一圩日军探到他们的行踪,当即在四更天到达店岸,在章家客栈前面布了防(后门有围墙不通)。章家店面有3间平房,后面有两间楼房,楼下客房当天住着11个贩盐的旅客。

楼上4个人听到动静,感觉事情不妙,赶紧用床板挡在楼梯口,又抠来几条棉被罩在床板上面。日军涌进屋里,朝楼上开枪,楼上龚保生等4人4条短枪也一齐朝楼下射击,一时间枪声大作,龚保生一枪击中冲在前面的日本小队长,小队长中弹滚下楼梯。双方持续了约莫半个小时,楼上3人陆续从后窗跳到猪舍矮屋顶上,再奔围墙外的港河,泅水一段之后,上岸逃逸。龚保生一人子弹打完,肩膀受伤,窜到隔壁同善堂，藏匿在观音塑像背后的堂橱里。

天色渐明，日军中队长见找不到凶手，就吹哨集中，翻译诬说："这十多个旅客全是同党！"中队长吩咐把11个盐贩、店主的哥哥和1个亲戚共13个人一起带走。解到十一圩日军驻地，日军中队长也不加审问，就将13个人装在13个麻袋里，用刺刀戳死，扔进港外长江里去了。这就是抗战期间日寇肆意屠杀百姓、震惊远近的"店岸惨案"。

镇北200米处是一干河闸，1966年初建时，1孔，6米。1979年拓浚一干河，扩建为3孔，共18米。再往北500米，即为沙洲县保圩工程指挥部。20世纪50年代曾在沿江筑丁坝11道，保护江堤。江堤十分坚实，能抗拒历史上最大潮汛，并保障北中心河以北刘海沙的广大土地不再坍离南岸。工程处兼设土船坞，1984年拆过万吨旧船。店岸西街，因1979年扩浚一干河全部拆除，重建后，街面加宽，并铺设了水泥路面。

店岸镇过去常有沙船从十一圩港义渡去苏北，有利于地下革命基地的开辟，我党、我军不少领导同志曾在此活动过。如：1941年春节期间，新四军五二团司令杨知方，沙洲县县长蔡悲鸿、书记杨明德等曾在店岸曹希墨仓房前广场召开沙洲县抗日民主政府成立大会；1942年，包厚昌率部由靖江来此，到吴县开展抗日统一战线工作；焦康寿长期驻店岸，隐蔽在陈裁缝家，组织开展地下工作。

（作者蒋希益，原载《文史资料选辑》第五辑）

沙洲围筑新田纠纷述略

友人以沙洲历来围筑新田往往发生纠纷，酿成人命巨案，嘱撰史料，以备他日参考。窃念欲谈围田纠纷，必先谈报领滩案经过，其是非曲直方有依据。固有未经报领而先围筑者，此必在非常时期，拥特殊势力者方敢为之。大多数经过报案，缴价，官厅准给印照，始行围筑，然尚不免发生争执，则由界址不明或主持围务者对案内各户处理欠公允之故。兹先述报领。

报领者，人民指定地段水域，报请官厅核准丈放。由"丈书"丈明，绘其图册载明四至及亩分，遵章缴纳滩价，由官厅给予印凭，所谓滩照者是也。此自人民言之，若是官厅言之，则曰"召买"。清代规定，凡召买，必须确有滩地，不得以水作滩，故往往间歇数年或多年始行召买。但知县深居衙署，何从知有滩地可卖，大抵由人民报请丈放，或由绅董请托，县官据情转请布政使批准，方出示召买，以示公允。其办法亦屡变更。

布政使，大吏也，亦有思惠及小民，防止豪强大户擅其利者；亦有倡导化私为公，尽先由地方公益及慈善事业缴价报领者。

其惠及小民办法，则规定须造具领户花名册，必须土著，每户限领10亩以内。以为如此，则大户婪吞之弊可绝。不知贫户固无力买滩，即富裕之农亦绝不肯以辛苦积累所得投之于是非纷争之地。其卒也，皆由豪强有力者勾结书吏伪造名册，其滩照皆入少数人之手。

其欲化私为公者，于召买时尽先由公益慈善部门报领，故在解放前，带子沙有苏三堂租田，合兴有书院租田，盘篮沙有水利公产租田，刘海沙有南菁书院租田，其他如宾兴、学田、征存、礼贤等名目繁多，毋烦列举。此等公共事业，断无资金缴滩价，亦断无人来沙主围务，皆由豪强大户借其名报领经围。迨成田后，岁纳租于公共机构，其租额仅倍于正赋，其实领户名为承佃，实则业主。各公共机构收此薄租，除完纳正赋外，尚余半数助公家之用，所谓化私为公者仅此而已。

辛亥革命后，以上办法悉废止，不问大户小民、土客公私、有滩无滩，但愿缴价报领，无不准许。唯经手召买之权不属县令，内阁财政部就江苏省政府所在地设清理沙田总局，又就有滩各县设分局主其事。其中不免有界址不明或发生一滩两卖之弊，其围筑纠纷，更甚于清代。以上所言皆报领之事。其围筑纠纷述之如下。

沙滩成田，虑无不经过人工围筑者。扩充耕地，阜国裕民，本非恶事，但因豪强争利，横生讼斗，机械变诈，巧取豪夺，遂为世所诟病。清道光纪元以前，吾沙围田纠纷已无可考。道咸以来，亦仅得之传闻。其较著者，如顾七斤与钱祐之之争，已见于本县《文史资料选辑》第一辑拙撰《南通县刘海沙改隶常熟县商榷书》一文，不再赘述。当时顾姓又曾与老沙之曹龙、王关所组织之沙民争夺通、常、江三州县在常阴沙西端之辖境，酿成械斗。顾姓请得绿营来沙镇压沙民，世称之为"绿营会剿"。绿营者，清朝八旗驻防以外之正规军也。此予闻诸先祖母冯者。先祖母殁于1927年春，年九十四，会剿事乃所身经，惜予年少无知，未叩其详。

清光绪、宣统间，刘海沙东端登瀛、文兴等沙次第出水，多已成田，皆在通境。有人嫉当地诸大姓报领多案，而己未得领，致书张季直氏主张化私为公。张氏方办教育及北岸保坍等事，需款甚急，乃据以告州牧，嘱详省，请将私人所领滩地共9案予以撤销，悉归地方公有，禁止私人围筑。诸业主闻之大哗，亟推袁文斋为首，向省力争，轩然大波已起，群称之曰"九案充公案"。予方童稚无知，结局如何，不克详述。袁文斋者，清庠生，以娴算学为督学使者赏识，得拔贡。本寒士，素未预滩案事，诸大姓利用其科名头衔以抗张氏。记日寇投降时，文斋年七十许，犹来常熟访其拔贡同年蒋元庆，予以其为父执，曾与周旋，但未问九案充公事。以上为清代沙田围筑纠纷事。

民国后，段山北夹筑坝成，安徽刘世珩、刘子鹤，无锡杨翰西等掩沙民筑坝培滩之功，径向北洋军阀内阁财政部部长李思浩报领北夹滩地万亩，组织广业垦殖公司，请军警保护，来沙兴工围田。沙民筑坝首领徐韵琴奋起集众抗之，于大械斗中发生命案，其事已见本县《文史资料选辑》第二辑拙撰《段山北夹筑坝始末》中，不再述。

最后当述福利垦殖公司围垦新田纠纷事。福利垦殖公司组成及在段山南夹筑坝，已见本县《文史资料选辑》第三辑拙撰《段山南夹筑坝纪略》一文中。坝成后，主持人赵陶怀暨重要股东冯逸云、吴汀鹭等商请徐韵琴主持围筑新田事务。约历三年，凡筑坝之债务，如"泥工票"应得新田暨夹江两岸原领之滩案，以及两岸农民所有之坍没留粮（简称"坍粮"）应补田亩，大致安排妥帖，未生争执。但经手围务者于分田时，不免多自与而招致他人之妒怨。

方筑坝工程最吃紧时，赵陶怀所携之款已竭。正危急间，鹿苑钱宇门至，以参观工事为名，实携现钞数千元欲入股。顾恐坝不成而存观望之心。韵琴与宇门有戚谊，窥见其隐，与赵陶怀故作镇静，阳语陶怀今后勿再收股金，免利权外溢。宇门闻之，虑失投资机会，乃倾所携钞币纳诸司会计者，工事于以获济。此韵琴亲语予以谲善应事机也。不知后来公司分裂，灾祸迭起，即自此始。

宇门，祐之之族裔，本沙田世家。工心计，喜殖产，经营木行于鹿苑，颇负信誉。既投资为公司股东，恶韵琴之擅权也。渐摭其围田浪费及自私事以告陶怀，且自言家世知围务，愿代韵琴主持工事。韵琴闻之，亦自愿交出围筑权，以明澹泊无私。陶怀遂允所请，由宇门经手筑第五大堤。

宇门虽经商，善会计，于筑堤要工实未深知，欲矫韵琴之浪费，倚其客赵叟为之设计规划。赵叟与予亦相识，偶忘其名，然颇知其刚愎自用，且嗜酒易怒，所定计划，唯节费是尚。其所聘佐助人员，亦有深知此项大堤将受沙民所谓"郁夹潮"冲击，堤身高厚之度应倍于非断流处之圩岸，建议放宽计划，叟弗之许，及堤成而秋汛至，遇大风，海潮陡涨，堤身悉被冲毁。

第五大堤既毁，本身之损失无论矣，所最担心者，自东来（莱）镇以北之第二干河方由常熟县拨款设局修浚，并经大堤内开通郁家港，以便泄南水，经十一圩出大江，工程之巨可知。一旦海潮冲入，累月不得收口，泥土淤积河身，则前功尽弃。两岸农民大哗，争起要求官厅责令公司出费，重新疏浚。公司不得已，预行拍卖新田若干亩，每亩定价50银元，才得时价十分之六，以应其需。陶怀等怨痛沮丧，不再信任宇门，重推韵琴支持围务。宇门所垫围费，因堤决而未及收回，不肯放弃围筑权，顾威望不逮韵琴，乃聘用健讼好斗之黄竹楼纠众阻挠公司围务。韵琴更事较多，惮于终讼，遂甘居失败，偃旗息鼓。

宇门既用竹楼，一切权力皆入竹楼之手，已徒居其名而已。会东五节桥朱永康被人暗杀，竹楼与永康始友而后敌，众皆疑竹楼。竹楼被捕入狱，宇门乃得稍稍收其权。是时陶怀已忧愤死，江阴股东吴汀鹭乃遣其友黄秉忠为代表与宇门争围筑权。未几日寇至，竹楼虽出狱，潜居邑城，不复下乡，宇门亦暂避事观望。

1938年初春，日寇虽踞邑城（常熟市），鹿苑、杨舍尚未分踞，沙洲为真空地带。有陈善良者，素附有力者围局部沙田，渐露头角，至是，欲独树一帜，纠众围筑公司滩地。一日自南丰镇归宿其家（在镇西北里许），夜半被人从枕上拉出，并其徒董某枪杀于篱外，众皆知其故而莫敢言。

黄秉忠者，江阴东乡闸上（现属泗港乡）人，少任侠，曾于后塍赌场殴人致死，入青洪帮为"通"字辈。辛亥革命后任江阴缉捕队长。绅士吴汀鹭喜其为人，与友善。既受汀鹭托，为公司代表，闻陈善良死，恃其为帮会前辈，且收门徒多至数千人，到处有逢迎者，即轻车简从，不携一械来南丰镇，联络各有力者设庄围田，竟未发生纠纷。秉忠自言："本非公司股东，仅为汀先生及诸股东帮忙而已。"众皆以为公司围务非秉忠莫属。

其明年，秉忠仍来南丰布置围务，既讫，返杨舍寓所。适杨舍某商有豆饼船泊张家港，为流散之伪游击队头目朱某（华士附近人）率其徒吴某又某甲共3人，持械喝令其船开往十二圩港（今三兴乡），意图勒索。某商乞秉忠营救，秉忠素视朱、吴为帮中儿孙辈，慨允去十二圩港为之调处，面责朱等不应有此土匪行动。朱等诉说所部给养无着，秉忠令某商捐赠鞋袜费若干金，朱乃释其船返杨舍。越旬日，秉忠又至南丰料理围务，晨起小食后方剃头，有人见朱、吴、某甲三人自北来问"老头子"住所，势甚恶，急走告秉忠。秉忠遽避入邻家闺房，闭其门，但已被朱等望见，遂攀墙头以短枪击杀之。众皆疑朱等受人指使，亦为围务事也。

未几，朱为驻鹿苑日寇捕去，自杀，其徒吴某及某甲皆为秉忠门徒所杀。秉忠既死，公司围筑权乃入钱昌时之手。昌时为宇门族弟，曾游学英国，习纺织，归为大生第三纺织厂工程师，不知何故，失业返里。伪忠义救国军第六支队被缴械改编后，支队长为客籍军人郭墨涛。昌时忽被任为第三大队长，闻者皆为惊异。未几日，寇下乡扫荡，郭率残部退入宜兴山中，昌时乃被敌伪县政府委充鹿苑行政区区长，所部即改为保卫队，仍归其统带。宇门嘱其代表公司股东主持围务，昌时颇慷慨，几乎有求必应，故吴汀鹭、张渐陆皆与之合作。至日寇投降，昌时以汉奸罪入狱始止。

昌时主持围务时，值伪江苏省省长李士群秉日寇旨意于江南地带举办"清乡"，常熟城内有所谓"宏济善堂"者，其经理陈姓伙同敌伪特工站组织太丰垦殖公司，抢围福利公司滩地。堤虽告成，但秋汛大风，海潮冲决堤身，尽丧其资而去。次年仍由昌时主持围务。

昌时入狱后，宇门与吴、张等合作，委围务于陈俊卿。未几，解放，宇门已前死，俊卿以事见法，公司滩地遂为国有，沙田围田纠纷遂永远结束。

（作者曹仲道，原载《文史资料选辑》第六辑）

常阴沙农场简介（节录）

江苏省国营常阴沙农场位于张家港市东北部，东临长江，与南通狼山隔江相望，西连兆丰，南接东沙，北部与兆丰、乐余毗邻。总面积35.6平方公里。

相传在清代嘉庆年间（1796—1820），通州一顾氏富翁远眺江南沙洲，只见绿茵如海，遂驾舟前往，招收贫苦民工围垦。尔后，常熟、江阴两县豪绅争相扩垦，逐渐向东推进。由于垦殖之地恰处常熟、江阴两县交界处，故取常熟之"常"字与江阴之"阴"字而名谓"常阴沙"。后因潮涨水落，泥沙淤积，常阴沙不断向东延伸，现已达二十多公里。常阴沙农场即其中淤积沙地的一部分。

1952年，常阴沙农场系初级农场，归常熟县领导，名"常熟县沙洲棉场"。当时，场址在常熟县大义乡一带。常阴沙农场范围较小，属沙洲棉场分场，搞棉种试验。后几经变迁，建立常阴棉场（在今兆丰乡红闸村），第一任场长是常中明。

1959年10月1日，在围垦的基础上，集长沙、跃进、合作、建设等圩，建立了农场（场址在今农场医院附近）。1961年6月，定名为"常阴沙农场"，属江苏省农垦公司领导。"文化大革命"初期（1966），改名为"东方红农场"，归沙洲县管辖。1979年，改为江苏省农垦局管辖。1980年，恢复原名"常阴沙农场"。二十多年来，扩垦芦苇丛生、沟汊纵横的荒江滩地27 654亩，平整土地34 000亩，完成土石方1 250方。如今（按，指1987年），农场拥有耕地38 000余亩，水面4 000亩。

农场河路成网。长沙河、运输河纵贯南北；六干河、农场河、七干河横穿东西。农场所在地红旗镇是仅有29年历史的新兴集镇，建镇前此地只有19米多长的沙土街道，铁匠铺1爿。场部建有红顶瓦房5间（人称"红房子"）。成集后，定名为"红旗镇"。

（作者蒋建东，原载《文史资料选辑》第六辑）

双山沙（节录）

双山沙，孤悬在张家港口北的长江中，因地处长山、巫山之间，故名"双山沙"。早期它是江中的一个暗沙，民国初年，才露出水面——水小则现，水大则没。岛的面积不大，上长芦苇。1933年以后，沙地迅猛高涨，面积扩大。

双山沙原属中兴乡管辖。1982年，经沙洲县委批准，单独设立双山乡。全乡辖6个行政村，人口近10 000人。

1919年始，南岸（中兴乡）猛将堂以北一带沙田和民房逐渐被江水冲塌沉入江中。沿江农民生活十分艰苦，为求一条求生之路，便冒险去双山沙开垦荒滩，种植稻棉杂粮。先是少数人渡江上岛耕种，尚相安无事，后来前去垦殖的农民逐渐增多，时有围垦争田的械斗事件发生。地方土豪又乘机挑拨，经常酿成互不相让的局面。

江阴县豪绅陈默之、陈景新、吴汀鹭见有利可图，遂联合地方人士朱襄唐、黄月桂、邹国祯、孙雪亭、陈飚初等人，于1924年前后集资成立福江公司，向县和省报买双山岛沙地。从此，围垦大权被豪绅土霸掌控。

福江公司成立后即着手雇工围垦滩田，先围垦600余亩，越一年再围垦700余亩。他们把围垦的滩田以每亩8～10元的廉价，由公司董事会内部按人分配，然后再转卖给无地、少地的农民。转手间，把价格抬高到每亩二三十元出售（当时5元钱可买白米1石）。也有的土地被地方有势力的人包去，抬高价格出售。而被生计所迫的贫苦农民则高价买进或出重租耕种，真是叫苦连天。迨解放前夕，福江公司又把全部滩田以每亩15石米的高价出售给旅沪同乡资本家。这些买田的资本家大多未收到田亩资金双山沙即告解放。

福江公司先设办事处于双山沙，后因潮汐风险太大，迁至西五节桥。负责收租的是江阴人章子钧（公司账房）。

解放前，双山沙的农田，稻产量每亩最高300多斤，棉产量每亩籽棉五六十斤。农民终年辛劳，除去缴租，所剩无几。如遇上游发洪水或台风侵袭，江堤被水冲塌，顿成泽国，田禾淹没，人畜漂流。所以，过去双山沙流传着这样的民谣："三年淹两头，遇雨日夜愁。""半年糠菜半年粮，有女不嫁双山郎。""种双山田，食也勿甘，夜也勿安；洪水一到，娘哭爹喊，性命交关；大囝小女，龀勒脚桶，交拨提篮……"

（作者蒋贻谷，原载《文史资料选辑》第六辑）

川港两侧人民 1947 年的一次挖坝斗争

人说:"沙洲民风强悍。"是的。1927 年,茅学勤、孙逊群举起了革命的红旗!此后,杨舍、后塍、老海坝的农民暴动曾震撼了当时的反动统治。20 世纪 30 年代,合兴农民谭九斤反对耿永光财主,进行了一场水利斗争。1941 年,沙洲县抗日民主政府成立后,领导沙洲人民与日本侵略军展开了一次又一次的反"清乡"斗争。1947 年,大新乡财主孙志鸿倚仗国民党反动派的威势,欺压人民,筑坝断水,绝了人民的生路,沙洲大地又一次燃起了反抗斗争的熊熊烈火!

1947 年春,江阴县大新乡牛角梢(现属张家港市大新乡)财主孙志鸿当选为国民党的江阴县参议员,"官运亨通"的他梦想大发横财,企图在段山夹口、川港咽喉筑一横坝,借助江潮涨落积成沙田。当时,沙田肥沃,卖得起价,只要围上几百亩,以每亩 100 元(这是最低的价格)计数,就可得数万元。此项工程本轻利大,当年动工,当年就能发财。

堤坝筑成了,流经大新镇、北川港、中兴街、南川港、缪家宅基一带的河汊从此断流,7.5 公里流域、几万亩土地、几千人的生计,遭到了严重威胁。沿着港堤走一走、看一看:学生桥附近川港底生出了绿苔;十字圩对直套圩埭地段,港底干裂,人来人往可以径直走路。种田无水!生活无水!农民奔走相告:大祸临头了,百姓要遭受断水之灾了!

百姓人心惶惶,叫苦连天,而孙志鸿同龚斌、曹希濂等一伙却正大摆宴席,庆贺大坝筑成,在花天酒地、酩酊大醉中做着发财美梦。民怨沸腾啊。"泥腿子"们纷纷议论开了,许多村庄的农民自发聚在一起——聂家埭聚集在李士兴家,界岸聚集在孙士贤家,中兴街聚集在章泉林家,北新小埭聚集在苏二官家,套圩埭聚集在陆慕渔家,北川港聚集在姜渭滨家,九圩埭聚集在张佩清家,四圩埭聚集在黄三郎家,议论的中心话题只有一个:孙志鸿筑坝围田,断了川港的水,农民死路一条,与其坐等饿死,不如同孙志鸿拼命!

随后,各村庄推派一两人到关帝庙中兴小学碰头,中兴小学一时成了联络中心。两三天里,中兴街、北新街、北川港、南川港的大大小小茶馆、街头巷尾,议论纷纷。人们说:农民已经到了生死关头,大家要齐心一致,团结起来,挖掉土坝,恢复水道;谁要阻挡,就铲平他家瓦屋!这些本来敢怒不敢言的人,现在要行动起来了。联络中心要求各村庄进一步发动好、组织好,大家统一了几点认识:

一、正义在我们这一边,孙志鸿干的是损人利己的坏事。有人从一首流传很广的民谣联想到现实:"月儿弯弯照九州,几家欢乐几家愁。几家围田发横财,几家饿殍抛田头。"有人打比方表明自己的决心和态度:"长江边上一盏灯,黑夜之中放光明。喉咙筑坝要挖掉,段山压顶众人挡!"

二、聚沙成塔,众志成城。"人心齐,泰山移。"我们有万人,孙志鸿只一个,在力量对比上,我们占绝对优势。

三、行动目标是集中力量挖坝。要把各种各样的民愤集中到"挖坝"上来,三千户人家要拿出三千把铁锄,三千人一条心,先挖坝,后解决其他问题。

四、向上告状。至少要有两三百户人家在状纸上面签字。

五、分化瓦解。曹仲道、曹叔道、曹紫寿、曹希墨在川港边上有田，断了水，他们家损害也大。对他们要做好工作，争取他们中立。还有曹紫来，他虽然无田，但他是前清秀才，应该知书达理，也要告知一下。

六、挖坝日期定在四月初四。

四月初四前两天，各村代表在中兴小学交流情况，着重分析了两点：一是到了现场，孙志鸿如闻讯赶来，可能会亮出手枪阻止挖坝，大家要有心理准备。二是各村群情激昂，要泄愤，要铲平孙志鸿家瓦屋，我们要因势利导，我们这次行动主要是对事不对人，尽量防止人身冲突。最后，大家一致决定：

一、根据水位观察，潮汛要提前到来，趁大汛期挖坝最妥当，于是再次决定四月初四挖坝。

二、鸣锣为号。由献麻子施锣，一记头——镗，镗，镗，镗，慢声长声。撤退时，不打锣。

三、统一行动。路上不休息、不停留，排除干扰，赶到坝上就挖！挖通，有水了，就撤退！

四、列队次序：南川港、套圩埭、北新街、港西小埭、十字圩、四圩埭、北新小埭、聂家埭、界岸、中学街、中兴小埭、九圩埭、北川港。一户出一人，不得缺席。

五、随带中饭干粮。

四月初四这天，天气灰蒙蒙。各村农民在锣声鼓舞下，按单列纵队自西向东，从南川港桥听潮庵、从套圩埭……走向三圩埭头。各人高举铁耙、锄头，浩浩荡荡而来。与此同时，中兴小学六年级学生也吹哨子集合了。他们举起小红旗快速前进，队伍在经过学生桥后，迅速赶到大队伍前面。同学们高唱起《开路先锋》《大路歌》《团结就是力量》等歌曲——"不怕你，关山千万重。不怕你，关山千万重！几千年的化石，积成了地面的山峰。前途没有路，人类不相通……看，岭塌山崩，天翻地动，哈哈哈哈……我们是开路的先锋！""团结就是力量，团结就是力量！团结团结就是力量！"

大约个把小时，队伍来到了坝上。学生队伍三十多个人散开两旁，成为保护物具和饭团的卫士。大部队立即开始挖坝！没几分钟，只听西边段山方向传来枪声，挖坝人众顿时有点骚动。这时，有人高喊："不要停！这是朝天枪，吓唬吓唬人的！继续干，不要停！"枪声停了，大家加紧挖坝。这时我脑筋飞快地想了想，马上同边上的苏二官商量了一下，请他立即去段山跑一趟，向交通警察讲清楚：孙志鸿在川港筑了坝，阻塞了水路，他为了个人发财，却坑害了千万庄稼人！水路不通，田里断水，是要老百姓的命啊！老百姓是为了救命，不得已才来挖坝的！他们都是良民，是一些庄稼人、教书先生、小学生。

苏二官点点头，放下铁耙，飞快地朝段山跑去。几个人又很快商量了一下：北川港那边，由姜成去做交警队工作。

人们挖坝的劲头更大了，铁耙、铁锄阵阵挖，热汗滴落坝上土。土坝上挖开了缺口，水流过来啦！缺口继续扩大，扩大！

我抬头一望，土坝松动，北岸上的学生快站不牢了，同学们赶紧把衣物向南岸转移。这时已近中午，许多人兴奋得忘了吃中饭，有的边啃饭团边挖坝。坝面缩小了，水面扩大了！长江水从西面开始涌入坝内，坝基被冲垮了！

人众纷纷跳上南岸，兴奋地高呼："有水啰！通水啰！哈哈，哈哈哈……"

同学们又唱起歌："打通了江水，打通了江水……"

这时候，天公似乎也露出了笑脸，瞧，稍稍偏西的太阳从云层里钻出来啦！

有人从远处走过来说："刚才，黄三郎在大新镇碰上孙志鸿，仇人相见，分外眼红。黄三郎把铁耙一顿，骂了声'狗财主！断子绝孙！'不料，孙志鸿竟指使几个狗腿子将黄三郎押起来，送到段山警察队去了！"

徐玉坤气愤地说："怕他什么？过几天，大家出面把三郎保出来就是了！"

传讯人又说："孙志鸿听说坝挖开了，拿着手枪，暴跳如雷呢！"

李大郎一笑："三千人还怕他一个人不成？"

有位老师念叨着："谁戕害百姓，死路一条啊……"

坝基全被淹没了，汨汨长江水涌向川港，大家捐起锄头、铁耙踏上归途。献麻子脸上的麻点似乎比平时更光亮了，他提着锣，走进人群中间。同学们个个兴高采烈地挥舞着红旗唱起了《远足歌》："进，进，进！抖擞精神！行，行，行！体健身轻！远足去，有个原因！多走路，多见多闻！"

两个月后，300人的告状有了回音。南京派了两名官员来到中兴街港西陈士南茶馆，他们是来调查筑坝对百姓生活是否有影响的。

黄三郎告诉他们："狗财主孙志鸿，该断子绝孙！他一家发财万家穷！断了水路，老百姓就没有生路了！我们大家商量好的，三千把锄头齐上阵。水道挖通了，有了水，种田人才有生路。开头，我们向你们告状，你们又不理，我们只好动手了！"

南京官员反驳："我们不是来调查了？"

众人一听，嚷开了："啊哈，等到你们来调查，秧田里没水，早荒田啦！"

官员又问："孙志鸿怎样了？"

众人回答："他还能怎样？他还敢放个屁？他只能欺一个老百姓，三千老百姓团结起来，他还敢怎样？他夹着尾巴溜走了！"

这，就是1947年川港两侧人民进行的一场挖坝斗争。这件事从发生至今已有四十多个年头了，可是我回忆起来还是那么历历在目，因为它在沙洲的水利斗争史上留下了光辉的一页啊！

（作者徐德润，原载《文史资料选辑》第八辑）

张家港市沿江的崩岸与保坍

民国五年（1916）和十一年（1922），在沙洲片（原江阴和常熟两县沿江一带为沙洲片）打海坝堵塞段山南北夹，涨出了25万亩农田。其中常阴沙地段突出江面长达十余公里。解放前后，在双山沙南北两汊汇流的冲击下，当地长期严重崩岸。1969年起，水利局实施护岸工程，才逐渐遏阻了坍势。但因流量的变化，仍有东涨西坍、南崩北淤之势，兹述其梗概如次。

一、河流分段与涨坍形势

流经本市的长江，位于长江河口段的上段，澄通河的中部，为分汊形河道。江岸线从长山至东河（福山港）全长93.7公里。上游为江阴段，江面宽仅1.35公里。江阴以下，江面急剧展宽，进入本市境内后，被双山沙分成南、北两汊：北汊长11公里，河槽顺直，江面宽3公里，为主汊；南汊长14公里，河槽弯曲，江面狭窄，宽1公里，为支汊。南、北两汊在拦门沙汇合后，主泓沿南岸护漕港边滩，经段山、老海坝、九龙港、十一圩等崩岸下泄。过十二圩后，主流折向东北方，进入南通段。主流顶冲姚港以下岸线后，几乎呈90度折向南偏东方向，向常熟县的野猫口、徐六泾方向流去。本市江岸线从西五节桥至老沙码头（称西段或德积段），长7公里；段山至十二圩（称东段或老海坝段）长17公里，为崩岸地段。从老沙码头转弯至段山为护槽边滩。从十二圩港以下，又逐渐处于不冲不淤并向淤涨过渡的地段。

在护槽港边滩至新港之间的长江江面宽4公里，但在中部老海坝处的长江江面宽10公里多。江中沙洲并列，较大的江心洲有又来沙、高案沙（长青沙）、民主沙、薛案沙、开沙及横港暗沙等。各沙洲间支汊纵横，其中较大的沙有又来沙、高案沙与二百亩之间的北汊，又来沙与民主沙之间的中汊发展很盛。北汊较小已淤积，近年几乎断流。据南通地区水利局1979年的一次测流结果，北汊只占长江总流量的0.1%，中汊占9.6%，民主沙与又来沙以南的主流占90.3%。

本段受径流的影响较大，特别是7—9月汛期影响更大，同时受潮汐影响，每天二涨二落。据天生港验潮站1917—1974年的潮位资料统计，本段平均涨潮历时4时15分，平均落潮历时8时15分，历年平均潮差为1.96米。1969年10月，长江南岸实测站在老海坝处测得水面流速平均值为1.63米/秒。1979年8月，南通水利局在护漕港与民主沙之间测得平均流速为1.61米/秒。

二、涨落原因与实坍面积

本市沿江属长江三角洲冲积平原，河岸的边界条件为现代化河流冲积物。河岸除表层原有约2米的沙壤土外，深层均为灰色极细沙（粒径0.05~0.10毫米），结构疏松，抗冲能力极弱。河床质的分布与水流动力强弱关系极为密切。从1979年8月南通市水利局的实测资料看，一条槽部位及冲刷坑由于水流淘刷，河床质粗化，粒径较大，最大可达0.24毫米；处于淤涨的边滩、沙尾或正在淤塞的支汊，河床质较细。

由于水流顶冲、弯道环流、土质抗冲力弱等因素，历史上与近期本市东西两段崩坍十分严重。西段自西五节桥至老沙码头间，崩岸线长7公里，1946—1969年共坍失农田8 000多亩，平均每年坍进40米左右。1968年以后，由于张家港建码头，捞沉船，疏航道，南汊在1973—1975年崩坍有所发展。东段自段山至十二圩崩岸线长达17公里，自1915年以来，一直发生严重崩坍。据1926—1969年统计资料，先后坍失农田35 000多亩（如果包括1926年以前坍去的西兴镇、常安镇、毛竹镇、德安镇等地，合约50 000亩以上）。原来突出江中的三角地带全部坍去，最大坍进达3 800米，平均每年坍进60米左右。

三、解放前的保坍情况

1946—1949年,江心洲200亩一角水直向南岸金鸡港、小阴沙一带猛冲,坍去杜家圩、章家圩、郑家圩(新桥西),又向东猛冲老海坝、七圩港,以致老海坝大堤脱入江中。由于杜泾港东岸岸身单薄,华兴三圩、七圩被江潮抽去木涵洞,出现大豁口,江水汹涌入圩,情况十分严重。大新乡长黄绪纯曾纠集吴北山、孙景清、黄彝鼎等发起征收田亩捐,每亩1元,又得锦丰镇大通轮船公司杨公柏捐助巨款,采运长山黄石,用鸡笼填石,在平潮时投入江中以保坍。但老海坝处流速迅猛,石块随即被冲散。

店岸壤接老海坝,也呈走马坍势。乡长陶天宝与当地士绅陈君一、陈育贤、曹希墨等亦发起亩捐助工。附近江边有一艘被蒋机炸沉的商轮,载重千余吨,亦被移至岸边缓冲流势,并抛石固堤。然而不到一个月,江潮即穿过轮船,江岸向南坍去,整个关丝乡亦随之入江。

南兴镇同样突出江面,同时出现严重坍江。当时该镇取代毛竹镇的商业地位,与苏北芦泾港有义渡往来。乡长张品珍与当地绅商袁福基、黄德胜等筹划保坍,后因各家店铺有向锦丰镇迁移之念,未能实现。

以上三处,老海坝于1956年入江,连同毛竹镇共坍进3 800米;店岸包括关丝沙坍进1 000米;南兴镇于1969年入江,坍去南兴乡的一半,共坍进750米。

四、解放后的护岸工程概况

沙洲县水利局自1969年在店岸北七圩港西设立水利工程处,并根据崩坍的严重程度、控制作用的大小及先急后缓、先险后夷、先重点后一般的原则,制订长江保坍工程规划,逐年实施。

(一)修建丁坝工程

1. 东段的丁坝工程分两期进行:第一期于1970年4月开始,选在主流顶冲的老海坝及七圩港附近,分两组进行。1、2、3号丁坝为一组,4、5、6号丁坝为另一组。施工后立即收到了效果,大大鼓舞了人心。第二期根据已建两个丁坝群之间的冲刷情况,加修7、8、10号丁坝。同时随着水流顶冲的下移,逐步向九龙港发展,修筑了9、11、12号丁坝。其中12号丁坝因偏角小,被水流抄了后路,施工不久就被冲垮沉入江中。

2. 西段工程是1972年开始的,先在顶冲段上部修建1、2、3号丁坝。在该组丁坝施工过程中,考虑到该段江面狭窄,丁坝修成后将缩小航宽,同时坝头附近水流结构将发生剧烈变化,造成水流紊乱,有碍航行,所以丁坝中途就停止施工了(仅完成计划的15%),护岸措施改用平顺抛石法。

3. 丁坝的兴建,使原来平顺的江岸线因水流结构的变化而变得弯曲,坝头前下方产生冲刷坑,坝上下侧淘刷出现了崩窝,这对丁坝而言是不安全的。总结了第一期的施工经验,到第二期丁坝施工时加大了丁坝的偏角,起到了一定的缓冲缓刷作用。为了保护丁坝的安全,除对丁坝抛铁丝笼装石进行加固外,1974年开始在丁坝两侧根据冲刷情况进行了加固(部分丁坝间用平顺抛石法护岸)。

4. 1974年以后,考虑到丁坝施工后存在的问题,如水流结构的变化带来的险情、坝头突出江中对航行不利、投资过大等，护岸措施由建丁坝改为平顺抛石，平抛的作用与丁坝不同，不是起挑流迫泓作用，而是改变河床边界的结构，增强抗冲能力，稳定河床，水流仍较平顺，而且投资也少些。由于它的优点多，所以后来就用平顺抛石的方法护岸了。

（二）工程实绩

保圩防洪工程指挥部在上级的正确领导和省政府在经济上的大力支援下，在1970年以来的十余年间，对崩岸严重地段因地制宜地兴建了一些护岸工程，共完成11条丁坝，保护岸线5 810米；平顺抛石护岸长5 190米。共投资1 739.75万元，完成块石246万吨。这些工程的兴建，除了保护本市江堤的安全外，亦为发展江海航运创造了有利条件。

五、今后维修规划

从以上情况来看，本市沿江崩岸保圩工程基本上已完成，而且有固若金汤的黄岸大堤，似无值得忧虑之处，所以江堤内到处是新建的楼房，鳞次栉比，绵亘数十公里，显示出改革开放后农民生活的富裕。但是还有不少地方急需新建和维修，才能确保万民的安全。

1. 东段（段山至十二圩）已完成的11条丁坝，因丁坝间距大，坝长又较短，坝头与平抛区边缘都有刷深，4、5、6、10号丁坝近处江堤出现崩窝、冲刷坑，必须继续平抛石块670米（每米100吨），培修加固。

2. 目前长江深槽仍然紧贴老海坝段岸线，水深流急，威胁很大。近年未做护岸工程，原有工程标准又低，经多年考验，仍有局部地段的冲刷，有的还很严重，急需继续抛石护岸500米。

3. 九龙港至东兴圩间近2公里范围内，因未建工程，深槽历年刷深加剧。1974年4月曾突然塌方10 000多立方米，1980年以来已有8处水下崩窝。该段如不及早治理，深槽继续迫进，必将引起河势变化，后果不堪设想，急需平抛石块1 840米。

4. 十一圩至十二圩间，该段主流处于向南通段过渡带，属不冲不淤类型，而且从西界港向东均现涨势。

5. 17公里长的灌砌块石护坎工程只完成了1公里，还需在东段做16公里，需块石16万吨。

6. 西段（西五节桥至老沙码头）由于主槽紧贴南岸，主流顶冲岸边，造成岸线历年崩退，弯曲半径越来越小，至1970年只有2.9公里，在南汊不断弯曲的同时，北汊的断面积河宽、水深也在变化。1958年，中心偏北出现一条狭长的阴沙，把北汊分成南、北两股水道，1960年阴沙北水道经开挖疏浚开始通航。以后阴沙逐渐向下游及东南方移动并缩小，1974年大型船舶停止通航，而阴沙南水道也在淤涨缩小过程中，10米等深线向东南岸线逼近，致使南水道逐渐变狭。总之，南汊在护岸前（1972）处于不断发展阶段，向东南方向弯进且水深不断加大，双山沙随之向东南方淤涨，同时北汊处于微冲微淤的基本稳定状态。

南汊自1972年开始对主流顶冲段的小王港和宾兴圩段进行了治理，十余年来已初步深理了3公里的崩岸线，但尚不足50%（全长7公里），护岸后，弯曲率已稳定在1.44，使自然性河弯变成了强制性河弯，控制了出水方向和动力轴线，限制了深泓线的右移，初步稳定了该段河势。因此必须继续在小王港至十字圩港之间平抛长1 800米的块石并修筑坎工程3 000米。

长江下游南岸水陆交通便利，深水港不少，可以建厂的地段颇多。随着外向型经济的开发和建设，本市沿江一带将在我市的经济建设中发挥更重要的作用，因此，护岸保坍工程不仅要加速进行，而且要提高质量，重要地段应采用混凝土护坎护堤，方能一劳永逸。

原注：本文由张家港市长江保坍防洪工程指挥部提供资料并经该部工程师邬伯龙、童品才、陈照康和助理工程师胡凤祥审阅。

（作者蒋希益，原载《文史资料选辑》第八辑）

张家港由来考（节录）

据清光绪《江阴县志》所载《濒江草图》和《濒江各沙图》记载，张家港发源于镇山，流经东垛沙，由老夹口入江。其东，有石头港，接南套河，亦从老夹口入江。其西，有邱家港。再西，有张公港，发源于香山的桃花涧，那里曾建有张公庙，民间传说是为纪念张士诚而造的。张公港、邱家港都经巫子套（巫山港）入江。

清《张氏宗谱》（昌绪堂）记：明永乐四年丙戌十月，张抗得由泰州广陵镇迁至东垛沙，发迹后围圩造田。据张氏十三世孙张兆霖回忆，他祖上曾围有徐湘圩、芦场圩、大圩、佛新圩、严桥一圩、严桥二圩等，今属南沙乡镇山村。约1845—1855年，张氏为疏通镇山与香山之间的水漕，方便灌溉，在今张家埭东端顺着水漕疏浚成一条河，名曰"张家港"。江阴县沙田局登记张家沙田时，正式注册为"张家港"。

张家港原先是南起镇山北的张家埭，北至季家埭（亦称"南港上"）。之后，随着沙滩向北积涨，张家港也向北开凿伸入老夹。后因老夹淤塞，张家港又继续向北开凿，延伸至安利桥（今张家港闸）入江。这两段河道合称"张家港"。1958年以张家港为入江口，向南经石头港一段开挖新河，接通亭子港、应天河直至北涢（今江阴市境内）。全部拓浚后，河名统称为"张家港"。1968年，张家港由北涢向东延伸拓浚，经大塘河（今张家港市港口乡）再折向南，经常熟市入昆山市，接通吴淞江，成为一条衔接多个港口的区域性河道。

张家港入江口两侧江岸段为天然深水良港，1968年开始建港，1982年辟为对外港口，以"张家港"命名。

（作者唐古，原载《文史资料选辑》第八辑）

张謇南通保坍与沙洲

张謇晚年致力于水利，南通江岸保坍，是他人生中精彩的一笔，亦是江苏水利史上的明珠，但张謇南通保坍实得力于沙洲却鲜为人知，故这里补上一笔。

清末，南通天生港至姚港十多公里江岸大坍。张謇于光绪三十四年（1908）拿出私资3 000元勘查，至宣统二年（1910）制成《通州沿江形势图》和《通州建筑沿江水榥保护坍田说明书》。鉴于政府不能拨款，地方财政又无款可拨，南通地方自治公所议向大清银行借款动工，用四港田地 2 万亩作抵，待工成后从沿江受益地亩中分年摊还，结果未获允准。张謇又向上海道筹借 70 万两银，以沿江田作抵，亦未获成功。

民国元年（1912）南通保坍会成立，张謇任会长，自筹资金，以工代赈，修筑天生港至姚港江堤 6 公里，用款 3.55 万元。但筑榥（即丁坝）经费仍无着落。1914 年，南通保坍会提出将刘海沙被私自占卖的登瀛、文兴等 9 案（在今乐余沿江一带）公产收回整理，以作筑榥经费。1915 年江苏省政府派员来登瀛、文兴等地勘查，查明文兴有地 4 800 亩，登瀛有地 9 549 亩，均系南通公产，应由该地农户按地亩等级向南通缴款赎地，随后由江苏省政府发出公告予以执行。此即"九案充公案"。嗣后，共缴赎地款数十万元，全部用于天生港至姚港筑榥。原计划筑榥 12 座，1916—1919 年筑成水榥 10 座。姚港至任港间江堤 2.5 公里，因九案沙田公产款用完，保坍工作暂停。

1916 年段山北夹海坝截流后，水流改道直冲南通江岸，北岸坍削日甚。单就姚港一带坍势，需筑榥五六座，每座至少需 4 万元。南通保坍会无法负担，南通、如皋要求铲除北夹海坝。江苏省省长公署派警前来铲坝，但坝东北夹中涨沙已高于两岸平田，遂议定夹中培涨新沙收归国有，从每亩滩价 3 元中提取 1 元充作通如保坍经费。仅刘世珩、梁登士、周季咸报领北夹涨沙 2.6 万亩，即提去 2.6 万元；福利公司报领南夹涨沙 30 万亩，又提去 30 万元。南通保坍会记："前后又经数年之争执，续得款若干万元，益部拨十万元，于是保坍始得次第施工。"

1926 年，张謇逝世，南通保坍基本停止。前后十余年，南通沿江共筑榥 18 座，榥与榥之间相应的岸墙工程约 9 公里。

综上所述，南通保坍的筑榥经费主要来自沙洲地区的刘海沙九案公产缴纳赎地款和从段山南北夹新涨沙地缴纳滩银中提取的保坍经费。

（作者钱中俊，原载《张家港文史资料》第十三辑）

记抗日民主政府兴修水利

沙洲地区，港汊纵横，河塘密布，水利便捷，素称"鱼米之乡"。但在 20 世纪 30 年代前后，整整十多年间，这些港套一直未经疏浚，致使通江河道淤沙沉积，水泄不畅，造成农田排灌困难。淫雨则蓄水四溢，加之潮水倒灌，圩田尽成泽国；久旱则港汊无水，河道显底，禾苗枯萎。以致当地连年遭受旱涝灾害，人民生活陷入困境。又值抗战军兴，横遭日寇蹂躏，天灾人祸，更陷人民于双重灾难之中。

1940 年，新四军在我沙洲地区建立了抗日根据地，翌年初又成立了沙洲县抗日民主政权。当时的民主政府，一面抗击日寇，加强地方治安，使人民得以安居乐业；一面兴办地方事业，促进生产发展和经济繁荣。由于举措得力，赢得了沙洲人民的热忱拥护和由衷爱戴。其时，民心振奋，抗战情绪十分高昂。

现就抗日民主政府组织兴修水利一事作具体介绍。

1941年春，我沙洲县抗日民主政府组织数万民工整治河港，对县境辖区36条半港套全面予以疏浚，历时半月，大功告成。自此，我沙洲地区港套畅通，航运称便，排灌得宜，农田大受其益，年年获得丰收。这次疏浚河道港套，民主政府做了周密规划，并组成疏浚港套的专业机构，设立了河工局，在疏浚工程中既发挥了地方各级政权的作用，又充分发动了群众，还起用了一些爱国士绅，让原有圩长、区图担负了具体行政事务和后勤工作。根据原来港套岸上竖立的石碑所标示的田亩地段丈量的数字，以田亩计工、分派挑泥挖方任务，民主政府酌贴和调拨一定经费。工程所需，实报实支，革除了过去圩长徇私舞弊、勾结劣绅、中饱私囊的陋规。对个别老奸巨猾、蔑视法纪、贪赃枉法的圩长和地痞，则立即给予狠狠惩治，从而调动了民工们的积极性，使工程顺利进展，较快地完成了任务。

这36条半港套，以北老套为轴心（北老套即流经五节桥、善政桥、南新街以东的一条河套），南及南河套南（即后塍的一条港套），西抵长山，东及一干河（老一干河），北到金鸡港（已坍入江）。具体名称罗列如下：长山港、巫山港、石头港、东雷港、西雷港、陈沟、蔡港、南横套河、北老横套、水洞港、直港、夹港、侯家港、蟛蜞港、洋滩港、南天生港、北天生港、杜港、韩家港、姚家港、龙潜港（李家港）、小檀树港、大檀树港（大圩港）、朝东圩港（思贤港）、新横港（十字港、缪家港）、永盛圩横套、段山港、太字圩港、壬头港、金鸡港、护漕港、永通港（包括横套）、川港、一干河、悦来横套、南中心河、北中心河等。全长100公里左右，其中，仅南横套未全部疏浚，因福前镇以东已不属沙洲县民主政府管辖，此段河道未及疏浚，故称为"半条横套"。

半个多世纪过去了，当年抗日民主政府兴修水利的善举人们记忆犹新，且盛赞不已。特此记述，以为后人留念。

（作者周维勋，原载《张家港文史资料》第十五辑）

解放初大新乡抗洪救灾斗争

1949年7月24日，台风、暴雨、大潮"三兄弟"同时侵袭沿江地区。由于解放前国民党反动派不重视江堤建设，不顾人民死活，留下祸患，江堤又狭又矮，根本无法抵御"三兄弟"的肆虐和侵袭。大新、海坝沿江江堤多处决口，堤身倒塌，潮水汹涌地冲向堤内农田、村庄、竹林、家具、畜禽、杂物到处漂流，来不及逃跑的妇女、孩子被洪魔夺走了生命。

海坝乡14个村中有11个村被大水淹没，18只圩塘、1 000多户人家、4 000多亩农田受灾，猪、羊、鸡、鸭等家畜家禽全部淹死，房屋倒塌3 000多间，死亡24人。仅新海坝的王诸人一家就淹死3人。有的虽死里逃生，但家产已荡然无存，幸存者无家可归。大新乡淹去金字二圩156亩圩田，其余田块也受涝灾。

严重水灾发生后，晨阳区和大新、海坝、福善等沿江各乡政府干部立即组织区中队、乡民兵抢救受灾群众，把灾民转移到安全地带，搭起了临时居住棚，并发动群众互救互帮，救济衣被、粮食，以安定生活。潮水退去后，又及时组织民工挑泥填补江堤缺口,以防后患。

为了解决受灾群众生活困难,区、乡政府还组织群众开展生产自救运动,如大种蔬菜,养殖家禽、家畜等。大新乡和海坝乡饲养耕牛35头、母猪400余头。后来这两个乡的小猪被贩到鹿苑、东莱、杨舍、福山等地,供不应求。群众编了一句顺口溜:"卖不完的西北乡(苗猪),塞不足的东南乡(苗猪)。"灾民积极发展种植和养殖业,增加了经济收入。

1949年年底至翌年5月,人民政府采取"以公代赈"的办法大力修建江堤。农民出劳力挑土建江堤,政府以粮食代工资。农民每完成1土方发给大米或面粉2斤。每天1个劳力可以挑土2方以上。贫困农民可以全额享受"以工代赈"的粮食,中农享受一半,经济条件好且未受到严重水灾的上中农不予享受。大新乡13个村出动民工1 300余人,享受以工代赈的占81.2%,解决粮食10万余斤。海坝乡14个村出动民工1 400余人,享受以工代赈的占87.3%,解决粮食近20万斤。广大农民既度过了"春荒",又修好了江堤,真是一举两得,大家盛赞:"共产党英明伟大,毛主席是我们的大救星!"

大新乡民工挑江堤地段从壬头港口东侧至新海坝,海坝乡民工挑江堤地段从新海坝至店岸,福善乡民工挑江堤地段从段山港至壬头港。施工中,由各乡乡长带领民工挑泥,插好草把,江堤标准是外坡1∶2.5,内坡1∶1.75,顶高7米,顶宽3米,总长11.3公里。与此同时,还兴建了朝东圩港和渡泾港港堤。海坝乡还完成了界港(与常熟县锦丰乡交界港)港堤的兴建任务,分配部分民工挑好了金鸡港至海坝港的江堤、港堤,完成总土方40余万立方米。

以工代赈兴修水利,不仅预防了自然灾害对沿江地区的侵袭,而且为以后数年的农业丰收奠定了基础。

(作者郑生大,原载《张家港文史资料》第十八辑)

常熟县文史资料辑存

常熟、南通两县争隶刘海沙纪略

公元一九四五年秋,日本侵略者投降,国民党反动政府自重庆还都南京。其明年,常熟县沙洲人民苦于农田宣泄必须假道南通县属刘海沙而屡受权势阻挠,群起要求将刘海沙行政区改隶常熟,以一事权。南通伪政府及临时参议会乃百计却其议。常境沙民诉之于江苏省政府,时苏北籍王柏龄任伪民政厅厅长,循乡情而蔑公理,竟批驳之。沙民方俟机再举。1949年人民政府成立,不烦口舌,即以刘海沙改隶常熟县,如沙洲人民初愿。即此一端,反动政府之乖谬不得人心,概可见矣。

不佞当时徇沙民之请,于1946年草拟《南通县属刘海沙改隶常熟商榷书》一文,经沙民刊印散发散印,为舆论之助,中多涉及沙洲沿革变迁。1965年沙洲县政协欲辑文史资料,猥荷索稿,即草一文予之。原稿闻已在"文化大革命"中散失。兹略记其事,后由本人记其事,附原《南通县属刘海沙改隶常熟商榷书》(节略)于后，亦以明一时之得失是非。今沙洲虽分治，然考常熟疆域沿革者，未可略而不论也。

（参见本书第174~176页，此处从略）

（作者曹仲道，原载《常熟县文史资料辑存》第七期）

【按】本文刊发于《常熟县文史资料辑存》第七期。文中所引用曹氏所撰之《南通县属刘海沙改隶常熟商榷书》一文，首刊于1946年1月29日《常熟青年日报》，后收入曹氏《画月录》。

段山南北夹筑坝追忆

扬子江出江阴县郭后，两岸渐阔，居人皆呼为海而不名为江。其西来湍流形成深洪，凡深洪冲刷之处，岸边陆地往往坍没入江。故在四五十年前，如皋自张黄港起东迄南通狼山湾，皆为深洪所冲刷，坍势甚烈，张謇谋筑保坍，仅能保障天生港以东一带。而江流南岸则久无深洪，经过昼夜潮汐挟泥沙而上，淤淀为若干洲渚，洲渚之间有不能自然涨合成为更大沙洲者，需人力加工，筑坝断流，培壅滩地使成大陆。今日沙洲县土地之形成，盖经几百年来无数加工筑坝断流而后有此果实。就中年代较近、工程较巨、影响较大之人力加工，应推段山南北夹两江坝之役，亦即本篇所欲追述之范围，但详细资料无从搜集，止凭个人记忆，粗具轮廓，以供将来编纂地方志乘者之参考。

一、段山南北夹未筑坝以前沙洲之形势

段山两坝未筑以前之沙洲，因支江贯穿其中，分为南、北、中三沙。南沙西自江阴县属张家港浮山头起，经后塍、斜桥、新庄而东至鹿苑，长约四十华里，早与江南大陆相连，南自善港起北至段山，约广二十华里，以川港为江阴、常熟两县界河，居民最密，文化亦较发达。中沙与南沙夹一支江，西自小盘篮沙起，经盘篮，东至东兴沙之四兴港，约长二十五华里，南北广约七华里，其狭处仅一华里。北沙与中沙又夹一支江，西自紫鲮沙起，经横墩、关丝、蕉沙及刘海、登瀛、文兴等沙而东至恤济港，约长十五华里，南北广约七华里，于其狭处仅三华里，统名为"常阴沙"。当地土质最宜植棉，风俗较为奢侈。

二、筑坝之动机

南、北、中三沙虽然处于大江洪流以南，不如南通、如皋两县沿江一带之凶猛坍削，但支江东趋亦有小型洪流曲折冲刷，因此田庐坟墓每年坍没入江者颇多。而被坍之圩必须退筑好圩堤以防风潮，但坍势不已，往往经三四年必须退筑好圩堤，当地人名之为"切退岸"。因此，不及时筑坝，不但田宅入江，丧失生活资料，而且切退岸工费负担极为沉重。当地农民每盼有人发起筑坝断流以弭巨患，此为筑坝动机之一。而土豪富绅思培涨滩地，围筑成田，以扩张其财富，尤为主要动机。段山夹南北两坝先后兴筑，其动机不外此两种。

三、段山夹筑坝

远在光绪三十三四年，鹿苑土豪钱召诵即发起筑坝培滩，自沪乘轮赴江宁谋关

节，江督准许立案，以便集款兴工，行至镇江附近，江轮起火，钱召诵惶速投江而死，事遂中止。入民国后，常熟徐韵琴、季融五、钱词笙、杨震寰、曹印年，江阴吴汀鹭、郑粹甫、郭粹秀等集议于沪，以资不易集，姑作缓图。至民国五年（1916）十一月，卢国英、汤静山、徐韵琴等集议兴筑北夹江坝，召集两岸坝前圩民代表会议，以将来涨滩补偿坍没入江田亩为号召。群情欢应，分别出力出钱，汤静山任工程主任，择定坝址为小盘篮沙与毛竹镇西南，皆在江阴辖境，南北长约二华里，趁小汛水枯时动工。未十日即合龙，及大潮汛至，已屹若金城。不数月而坝东涨沙已高于两岸平田。

坝成翌年，南通张謇借口支江断流有损江北保坍工程，电请省长齐耀琳，集矢于江苏沙田官产处处长曾朴，认为其勾结沙棍，准备坝成滩涨，召买图利。齐令江阴、常熟、如皋、南通四县长集南通，会议铲坝办法。结果由四县会同省派委员率领武装警察到沙铲除江坝，但仅开一缺口而去，沙民复将缺口堵塞，江坝安全毫无影响。张謇又以汤静山谋刺自己为由，电省缉办，结果汤静山托人疏通息案。张謇知坝成滩涨，为大利所在，乃荐前如皋县县长刘焕为江苏沙田总局总办，并电省将全部涨滩充作江北保坍经费。讵料常熟庞次淮、庞仲嘉，无锡杨翰西，贵池刘世珩等已通过邵松年之介绍，得北京内阁总理钱能训及财政部部长李思浩许可，准予以刘世珩名义报领全部涨滩，先缴一万亩滩价，每亩以丙等计，定价六元，先缴三元，成田后再补缴三元，部令知照江苏沙田局遵章丈放。刘焕奉令赶往南通报知张謇，张謇估计部中需款孔急，非函电所能阻挠，乃急命手下人周季成、梁登仕、张培谦、马息深等组织集团向省局争领，以期抵制刘世珩等。但刘世珩在清末以道员筹办江宁商务，与张謇素有交谊，张亦不便坚持破坏。最后由人调停，刘世珩一面让出大部分滩地，由梁登仕、周季成分别报领，一面承认每亩滩地摊缴南通保坍费一元，纷争和平解决，而本地土豪及群众出力出钱筑坝者，反毫无所得。

四、徐韵琴与广业垦殖公司之斗争

刘世珩案组成广业垦殖公司，由杨翰西、庞仲嘉等主持到沙围田，时在民国九年（1920）之春，徐韵琴代表投资筑坝集团出面抗争，并雇用打手到工地阻挠施工。广业垦殖公司请官厅派兵警百余名赴工地保护，遂酿成冲突，结果徐韵琴所雇用打手多被打伤或拘捕，而姜根云受伤最重，徐遂以姜根云身死报请相验，法官将到而姜犹未死，徐手下人即将姜扼令气绝，乃得以杀人罪由检察官向杨翰西等提起公诉。杨翰西等大惧，央人转寰，议定以10万金赔偿筑坝费，交徐韵琴支配，发还投资各户，并由公司声明，任两岸坍田入江户凭原有粮串自行围筑补偿，公司不加阻挠。徐韵琴得款后，以弥补械斗及官司损失为理由，未将各户投资扫数发还。而杨翰西、庞仲嘉等亦以沙棍不易做，将股票卖与江阴薛醴泉等退出沙案争执集团。

五、段山南夹筑坝

民国十一年春二月，常州冯益云、赵陶怀、江阴祝丹卿、吴汀鹭、郑粹甫及常熟徐韵琴、钱词笙、杨震寰等组织福利垦殖公司，议筑段山南夹江坝，择定坝址在川港东百余丈。其时已在春季，潮汛较大，不宜冒险动工，但请来的工程顾问汤静山、杨笛舟等狃于北夹坝之易成，皆主立即施工。及两岸延伸之坝身相距五六丈时，潮流迅

急,虽沉破船十余艘而不得合龙,最后只得放弃,约定候至冬令再行动工。农历十一月,徐韵琴、赵陶怀到沙筹备开工,择定坝址在川港西百余丈,全在江阴境内。于十二月初三日正式开工,不到十昼夜即已合龙,但未及时加高坝身,致被大潮溢破堤面,成为决口。一时无法抢救,乃以船载黄石封护两坝头。至春节后,于正月十九日重行施工,唯股款不继,形势异常危急,乃发行泥工票,以代工资,每票可得滩一亩,值价八元,农民踊跃趋工,遂于大汛前合龙。然公司经两次筑坝,挫折返工,损失至十多万金,有一蹶不振之势。其后纠纷迭起,沙棍地痞攘权夺利,械斗命案层出不穷,而南、北、中三沙却从此连为一片陆地,到今仅40年,而两夹东南端涨滩围筑成田者在20万亩以上,户口随之增加,提供了现在设立沙洲县治之完备条件。地方志乘,所当纪及。

(作者周景濂,原载《常熟文史资料辑存》第三期)

【按】此文作者周景濂(1901—1974),常熟沙洲合兴(今属张家港冶金工业园)人,民国时期毕业于中央大学史地系(一说历史系),毕生从教,先后在上海正风文学院、上海美术专科学校、常熟私立大南中学、常熟淑琴女校、常熟中山中学、常熟县立师范任教。20世纪50年代曾任常熟县教育科科长,1951年任常熟农工民主党苏南区支部主任委员,有《中葡外交史》《苏东坡传》等著作传世。

筑圩法

明代耿橘著。

筑岸法

(一)围岸分难易三等,及子岸同脚异顶法。老农之言曰:"种田先做岸。"盖低田患水,以围岸为存亡也。矧本县东南一带,极目汪洋,十年九涝,室家悬罄,弃田而去者过半矣。故有田无岸,与无田同。岸不高厚,与无岸同。岸高厚而无子岸,与不高厚同。

今考修围之法,难易略有三等:一等难修,系水中突起,无基而成,又两水相夹,易于浸倒,须用木桩,甚则用竹笆,又甚则石炮,方可成功。……二等次难,系平地筑基,较前稍易,不用桩、笆。三等易修,系原有古岸,而后稍颓塌者,止费修补之力。筑法:水涨则专增其里,水涸则兼补其外。……三等岸脚阔皆九尺,顶阔皆六尺,高以一丈为率。又须相度田形,以为高卑。大抵极低之田,务筑极高之岸。虽大潦之年,而围无恙,田必登,乃为筑岸有功耳。广询父老,详稽水势,能比往昔大潦之水高出一尺,则永无患矣。其田之稍高者,岸亦不妨稍卑。惟田有高卑,而岸能平齐,则水利大成矣。

子岸者,围岸之辅也,较围岸又卑一二尺。盖虑外围水浸易坏,故内作此,以固其防。筑法与围岸同脚而异顶,如围岸顶阔六尺,子岸须顶阔八尺,方为坚固。其脚基总阔二丈,须一齐筑起为妙。围岸一名圩岸,又名正岸;子岸一名副岸,又俗名岘塌，总之一岸也。此岸既成，可束水不得肆其横流之势，而低田可保常稔矣。……

（二）戗岸岸外开沟，难易亦分三等。围田无论大小，中间必有稍高稍低之别，若不分别彼此，各立戗岸，将一隙受水，遍围汪洋；将彼此推诿，势必难救。稍高者曰："吾祸未甚也。"将观望而不之戽；稍低者曰："吾琐琐者，奈此浩浩何？"将畏难而不敢戽。如此，则围岸虽筑，亦属无用。法于围内细加区分，某高、某低、某稍高、某稍低、某太高、某太低，随其形势截断，另筑小岸以防之。盖大围如城垣，小戗如院落，二者不可缺一。万一水溃外围，才及一戗，可以力戽；即多及数戗，亦可以众力戽。乃家自为守，人自为战之法。筑时要于低田外边开沟取土，内边筑岸，内岸既成，外沟亦就。外沟以受高田之水，使不内浸；内岸以卫低田之稼，俾免外入，又为高低两便之法。此岸大略亦有三等：一等难修，系地势洼下，从水筑起者，虽不似围岸之难，工力亦颇称巨；二等次难，系稍低之地，岸亦稍卑，且平地筑起，较前称易；三等，稍高之地，其岸亦卑。三等岸俱脚阔五尺，顶阔三尺，高卑随地形为之。……

（三）围外依形连搭筑岸，围内随势一体开河。宋臣范仲淹言于朝曰："江南围田，每一围方数十里，中有河渠，外有门闸。旱则开闸，引江水之利；涝则闭闸，拒江水之害。旱涝不及，为农美利。"（按，范仲淹，989—1052，北宋人，卒谥文正。公元1035年曾经在苏州治水，此处引自其《答手诏条陈十事》，原文为："江南旧有圩田，每一圩方数十里，如大城。中有河渠，外有门闸。旱则开闸引江水之利，涝则闭闸拒江水之害。旱涝不及，为农美利。"）

我朝吴岩之疏有曰："治农之官，督令田主佃户，各将围岸取土修筑高阔坚固，旱则车水以入，涝则车水以出。"夫车水出入，以救旱涝，常熟之田亦多有之。但此能御小小旱涝，而不能御大旱大涝。须建闸开渠，如文正之言，乃尽水田之制，而得水利之实。且一劳而永逸，费少而获多，何惮而不为也。

今查各圩疆界，多系犬牙交错，势难逐圩分筑，况又不必于分筑者。惟看地形，四边有河，即随河做岸，连搭成围。大者合数十圩、数千百亩共筑一围，小者即一圩、数十亩自筑一围亦可。但外筑围岸，内筑戗岸，务合规式，不得鲁莽。其大小围内，除原有河渠水势通利，及虽无河渠而田形平稔者照旧外，不然者，必须相度地势，割田若干亩，而开河渠。盖土之不平，而水之弗便，或四面高、中心下，如仰盂形者，或中心高、四面下，如覆盆形者，或半高、半下，或高下宛转诸不等形者，外岸虽成，其何以救腹里之旱涝？故须因形制宜，或开十字河，或丁字、一字、月样、弓样等河，小者一道，大者数道。于河口要处，建闸一座或数座。旱涝有救，高下俱熟，乃称美田。又不但为旱涝高下之用而已，柴粪草饼，水通船便，可无难于搬运云。……

（四）筑岸务实及取土法　凡筑岸先实其底，下脚不实，则上身不坚，务要十倍工夫，坚筑下脚，渐次累高，加土一层，又筑一层，杵捣其面，棍鞭其旁，必锥之不入，然后为实筑也。法如岸高一丈，其下五尺分作十次加土，每加五寸筑一次；上五尺乃作五次加土，每加一尺筑一次。如此用工，何患不实。一劳永逸，法当如是。

但低乡水区，不患无坚筑之人，而患无可用之土。合当先按圩中形势，果有仰盂、覆盆、高下不等，宜开十字、丁字、一字、月样、弓样等河渠者，查议的确，申明开凿，取土以筑其岸。高下旱涝，均属有救，计无便于此者。不然者，即查附近有何浜溇淤浅可浚者，斩坝戽水，就其中取土筑岸。岸既得高，而河又得深，计亦无便于此者。然潭塘、任阳、唐市、五瞿、湖南、毕泽诸极低之乡，往往田浮水面，四边纯是塘泾。又圩段延袤，大者千顷，小者五六十顷，中间包络水荡数十百处，河渠既多，而浜溇又深，无撮土可取也。炊而无米，坐以待毙可乎，不可乎！本县再四思维，此等处，须查本地有老板荒田，……年久无人告垦者，查明丘段丈尺。出示民众采土筑岸。又不然者，须查有新荒田。与夫九荒一熟，究且必为板荒者，与夫年远废基遗址，不便耕种者，查议的确，……俱听民采土筑岸。又不然者，须查本地有茭芦场之介居水次，止收草利……者，……听民采土筑岸。此纵中间不无捐弃。不犹愈于并熟田而淹之，而荒而弃之耶！……又不然者，令民于岸里二丈以外，开沟取土。其沟宁广无深，深不过二尺。……夫就岸取土、岸高沟深、内外水侵、岸旋为土、法之所深忌也。但离岸远，则岸址宽，而沟水未能即侵；沟身浅，则受水少，而填塞后易为力。如尤泾岸隆庆（1567—1572 年）初年故事，乃万万不得已之计。但所取之沟，令……匀摊田面之土，兼罱外河之泥，一年内务填平满，无令损岸始得。

又查本县低乡土脉有三色不堪用者：有乌山土，有灰萝土，有竖门土。乌山土性坚硬而质脦，种禾茂且多实，但腠理疏而透水，以之筑岸易高，以之障水不密。灰萝土，即乌山之根，入田一二尺，其色如灰，握之不成团，浸之则漫溃，无论障水不能，即杵之亦不必坚矣。竖门土，其性不横而直，其脉自于水底贯穿，围岸虽固，水却从田底溢出，欲围而救之无益也。此三者筑法，必从岸脚先掘成沟，深三尺。或用潮泥，或取别境白土实之，然后以本土筑岸其上，方为有用。

附

鱼鳞取土法

田面上四散挑土，俗呼为"抽田肋"。高乡以此法换土插田，挑田肋置于岸边，罱河泥盖于田面，而田益熟矣。其法：方一尺，取一锹，四散掘之，如鱼鳞相似。此法亦可取土筑岸，但用力多，见功少。

守岸法

正岸六尺，通人行。子岸八尺，闲而无用，宜种植其上。法惟种蓝为最上。盖蓝之为物，必增土以培其根，愈培愈厚，种蓝三年，岸高尺许。其有土名乌山，不宜于蓝者，或种麻豆，或种菜茄亦得。盖利之所出，民必惜之。但禁锄时勿损其岸可也。若正岸外址，令民莳葑，或种菱其上。盖菱与葑，其苗皆可御浪，使岸不受啮。况菱实可啖，葑苗可薪；又其下皆可藏鱼。利之所出，民必惜之，岸不期守，而自无虞矣。

开河法

（一）准水面分工次难易　开河之法，其说甚难，均是河也，中间不无淤塞深浅之殊，地形亦有高下凹凸之异，而土方之多寡，工次之难易，必有判焉不相同者。宋臣郏侨云："以地面为丈尺，不以水面为丈尺，不问高下，匀其浅深，欲水之东注，必不可得。"［按，郏侨，北宋人，字子高，晚年自号凝和子，昆山（今属江苏）人，北宋水利学家郏亶之子。负才挺特，为王安石器许，后为将仕郎，继其父辑水利书，有所发明，为乡里推重，谓之郏长官。著有《幼成警悟集》，已佚。事见《淳祐玉峰志》卷中、《至正昆山郡志》卷四《郏亶传》。郏侨著有《论太湖水利》一文，此处所引即见该文］夫物之取平者必期于水，治水而不师乎水，非智也。须于勘河之时，先行分段编号算土之法。若本河有水，即沿河点水，有深浅不同之处，差一尺者，即另为一段。假如通河水深一尺，而有深二尺者，即易段也。深三尺者，又易段也。深四尺者，极易段也。深与开尺寸等者，免挑段也。阔仿此。各立桩编号以记之。……若本河无水，即督夫先于中心挑一水线，深广各三尺或二尺，务要彻头彻尾，一脉通流。却于水面上，丈量露出余土，有厚薄不同之处，差一尺者，另为一段。假如通河皆余土一尺，而有余二尺者，即难段也，余三尺者，又难段也，余四尺者，太难段也，余五尺者，极难段也。……

（二）堆土法　夫役偷安，类于近便岸上抛土，不思老岸平坦，一遇天雨淋漓，此土随水流入河心，倏挑倏塞，徒费钱粮，徒费夫工，亦竟何益。必于河岸平坦之处，务令远挑二十步之外，照鱼鳞法，层层散堆。……若有古岸高出田上者，即挑土岸内相帮，以固子岸亦可。其平岸之处，不得援此为例。若岸有半圮之处，即宜挑土补塞，筑成高岸。挑土一层，坚筑一番，层层而上，岸必坚牢，一举两得。不可姑置岸上，待后日筑之。后来日久人玩，贻害河道不小也。若田中有溇荡，或原因取土，致田深陷者，即用河土填平。若岸边有民房、有园亭逼近，不便挑土者，即令业户自备桩笆，于房园边旋筑成岸，亦两利之道也；若河狭则不可耳。……

（三）干河甫毕，刻期齐浚支河　凡田附干河者少，而附支河者多。盖河有干支，譬之树焉，千百枝皆附一干而生，是干为重矣。然敷叶、开花、结子，功在于枝，不可忽也。彼支河切近丘圩，灌溉之益，所关匪细。若浚干河，而不浚支河，则支河反高，水势难以逆上。而干河两旁所及有限，支河所经之多田，反成荒弃，即干河之水又焉用之。法当于干河半工之时，即专官料理支河，责令各支河得利业户，俱照田论工，一齐并举。仍责成该支河千百长催督，务要先期料理停妥。俟干河工完之日，先放各支河水，放毕，随于各支河口筑一小坝，俟小坝成，然后决大坝，而放湖水。其工之次第如此。盖浚干河时，凡干河水悉放之支河，而后大工可就；浚支河时，凡支河水悉归之干河，而后众小工易成。况支河高，干河低，不过一决之力。若先放湖水，则方浚之初，水势必大，此时支河不能直入，必假车戽，劳费巨矣。浚河者，往往于干河告成之后，心懒力疲，置支河于不问；为民者，亦曰："姑俟异日也。"而前工荒矣。盖机不可失，而劳不可辞。其工之始终又如此。……

建闸法

宋臣范仲淹有言：修围、浚河、置闸，三者如鼎足，缺一不可。郏侨亦云："汉唐遗法，自松江而东，至于海，遵海而北，至于扬子江，沿江而西，至于江阴界，一浦一港，大者皆有闸，小者皆有堰，以外控江海，而内防旱涝也。"（按，此处引自郑侠《论太湖水利》。原文为："某闻钱氏循汉唐法，自吴江县松江而东至于海，又沿海而北至于扬子江，又沿江而西至于常州江阴界，一河一浦，皆有堰闸。所以贼水不入，久无患害。"）

夫所谓遵海沿江而至于江阴界者，半系常熟之地方。自今考之，惟白茆港口、福山港口、七浦之斜堰，仅有闸迹，其他更不多见。何也？盖有闸，必有守闸者。……而江海口地多旷廓，守之为难。况波涛冲蚀，水道又有迁徙之患，势必难存者。此等闸，工费动逾千金，销毁不逾岁月，置而不论可也。至于围田之上流，泾浜之要口，小闸小堰，外抵横流，内泄涨溢，关系旱涝不小，且工费亦不多，如之，何其不为之？……

【按】耿橘，明万历三十二年（1604）任常熟县知县。其讲求农田水利，主张"高区浚河，低区筑岸"，曾先后疏浚横浦、横沥河、李墓塘、盐铁塘、福山塘、奚浦、三丈浦等，治水成绩卓著。又恢复虞山书院，聘请名儒讲学，刻《虞山书院志》。《筑圩法》选自其所著《常熟县水利全书》第一卷，节录了筑岸法四条、开河法三条，以及建闸法，由此可见本地修筑圩田的技术水平与社会影响。

荔圆楼集

钱育仁著，1929年常熟翠英社刊印。

挽家肇仲茂才（荃琛）

不死于私仇而死于公益吾乡奄奄无生气矣垦牧创公司填海雄心何人继起作精卫（原注：组公司，发起在圌山筑坝断海培，与江阴张君赴宁请愿，至镇江，轮船失火，同被溺毙）

既为我宗恸兼为天下恸此恨绵绵有穷期耶刹那传警电归丧京口共泪同声哭仲连

【按】以上挽联引自《荔圆楼集》卷五。

钱育仁，字安伯，号南铁，原常熟新庄乡汤家桥（今属张家港市杨舍镇）人，14岁入县学，时人以"道路争看小秀才"相赠，20岁以一等一名得岁贡。工律句，以骈文著称于时，思想开明，推崇革命，先后出任虞社社长、常熟图书馆馆长、《重修常昭合志》编纂委员会委员等，有《荔圆楼集》《荔圆楼续集附外集》《荔圆楼骈文》等传世。

该联涉及距今一百多年前影响颇大的一桩沙洲围垦旧事，即光绪末年，鹿苑钱召诵（又作肇仲）仿效南通张謇，召集同志组织垦殖公司，计划在段山北夹筑坝以便围垦，在专程赴南京办理手续途中不幸罹难故事。

肇仲，即钱荃琛，本钱福祐（祐之）第七子，嗣梦龙为后。海虞钱氏振鹿公支三十五世孙，已故全国政协副主席钱昌照生父。

圌山，段山之旧称。

有关钱召诵为筹备段山筑坝奔走及罹难事,《沙洲县志·围垦志》(江苏人民出版社1992年版)第二章"围垦工程"曾有简要记载:"光绪三十三年(1907年)五月,鹿苑钱召诵等发起筑坝培滩的倡议,赴省(南京)报案获准,后因钱召诵回归途中遇难而废止。"但该志对钱氏罹难时间并未作出交代。沙洲耆宿曹仲道对当时钱氏罹难细节曾有较为细致的回忆:"光绪之末,常熟生员钱召诵任侠好交游,有旧业在常阴沙南兴镇西念秀庄(即'砚秀庄')。当坎坍,将渐次入江,思弭其患,乃乘江轮诣江宁,将夤缘督署,以裕国阜民为由,呈请准予集资筑坝。不意行至焦山,船中报火警,召诵惶急投江毙命。事遂已。"(曹仲道《段山北夹筑坝始末》,《文史资料选辑》第二辑)可惜,曹氏依然没能说出召诵罹难的具体时间。

而作为当时人的钱育仁,其挽联包括夹注对钱召诵罹难的具体时间也未作交代。钱召诵之子钱昌照在其晚年回忆中虽曾专门提到以上家难情形,但对其生父的罹难时间也没能说清。据钱昌照回忆,父亲出事那年,他还不满9岁,但具体时间则未作交代。据《海虞禄园钱氏振鹿公支世谱·世表》,钱召诵罹难时在光绪三十四年八月初十(1908年9月5日),享年40岁,而钱昌照则称其父亲"享年四十三岁"(《钱昌照回忆录》)。一般相对于个人回忆而言,族谱对族人生卒时间的记载当更为具体而精准,值得采信。

荔圆楼续集附外集

钱育仁著,1936年常熟开文社代印。

答季融五书(辛酉)

融五同学老哥荃察:

南夹筑坝问题,不佞受良心裁判,平旦清明时,默想十年后西北乡人民流离困苦之惨状,致有反对之表示,与执事策略相左,此固吾两人偶然所见不同,然亦不佞秉性迂执,根器浅薄所致,乃执事不加责谴,赐书温慰,诚意殷拳,至深感愧,愿区区之愚,仍有不能默尔者,谨附诤友之义,为执事陈之,愿赐省察。

执事所见者,南夹筑坝后之利,故来书全以"利"字相劝诱;不佞所见者,南夹筑坝之害,故对于亲友之投赀南夹者,概以"害"字相规。盖执事所见者,十数人之私利,不佞所见者,数十万人之公害,果孰轻而孰重乎?且执事西北乡人也,于西北乡水利当必洞悉,今试问南夹封塞之后,三丈浦、黄泗浦、新庄港、奚溥各干河,尚有通江之路乎?港口杜塞,各干河同时俱废,等于沟洫,设遇旱潦,将何法以救济之乎?沿江百余万亩之膏腴,岁岁受灾,必至荒芜不治,无论农民,全体失业,妨碍社会安宁,即中人之家,恃田租为生者,来源骤绝,亦必同为饿莩,只余从沙田起家之十数新大财主,独乐其乐,数十万人之生命财产,一一作牺牲品,斯时西北乡尚成若何景象?言念及此,不寒而栗,主张多数幸福主义如执事者,当亦恻然动于中也。夫南夹不塞,西北乡尚有干河以开浚;南夹塞,则干河废,故谓封闭南夹再规水利者，犹木本已拔而思培其枝叶，宁有幸耶？论者又谓天然淤塞，不如人工筑坝。无论江流变迁，形势未必一定。即使天然淤塞，其来也渐，尚可施人力以资救济，奈何惧天害之迂缓，而以人工速之乎？譬如有病臌者，医生不究其病源，设法排泄其污浊，攻治其积滞，谓病本无望，不如塞其谷道以速之，死而丰其衣衾棺椁，以饰终焉，有是理乎？不佞此次反对，完全为公共利益起见，于平时信仰执事之心毫无抵触，且不愿假反对之名，冀分余润，自贬人格，此心湛然，可对老友而无愧！

某公自当选省议员后，从未谋面，不知其踪迹所在，是以未经通问，云泥分隔，事有固然。闻伊得优先股若干万，数年之后立成巨富，执事倘与相见，请为告语曰：塞翁得马，未为福也。率笔奉复，诸希照察不宣。同学弟钱育仁谨状。

【按】该文作于1921年（辛酉年），即南夹筑坝成功前一年，初刊于《荔圆楼续集附外集》上册卷一。

20世纪20年代初，鹿苑（今属塘桥镇）钱词笙（钱福淇三子）、王（黄）庄里（今属杨舍镇双鹿村）季通昆仲等地方人士组织福利垦殖公司，计划在段山南夹筑坝围田。南夹筑坝，号称可得沙田20万亩，由于牵涉多方利益，引发巨大争议，一时舆论哗然，支持者固然不少，反对者也不乏其人，钱育仁即是后者中之代表。虽然结果与作者初衷完全背离，但此函所表达的意见及其时代背景，颇耐后人寻味。

又，文末提及的某位省议员，当系鹿苑钱词笙（名琛）。是年，他刚当选为江苏省第三届议会议员，正踌躇满志，与同志组织福利垦殖公司，为南夹筑坝围垦而四处奔波。

附 季通生平

季通（1878—1932），原常熟鹿苑乡王（黄）庄里人，字融五，季达（谱名鲁瞻，字毅生）之兄，清廪生。光绪三十年（1904），在乡试中指斥时政，后游学日本，于乡设塾。辛亥革命爆发后，曾于上海中国公学组织北伐队，加入中国社会党。1912年入上海民国法律学校肄业，被聘为上海爱国女校校董。次年当选江苏省议会议员，曾任副议长，参与创办上海实业学校及《建设潮》报，提倡兴办实业。1918年当选国会候补参议员，参与发起浙江水利联合会。新文化运动兴起，赴北京大学旁听并补习英语，研究学术。1920年于《建设》杂志撰文《井田制有无之研究》，与胡适、胡汉民、廖仲恺、朱执信、吕思勉等展开井田制度的论辩，并将文章结集刊行。次年任上海爱国女校校长，振兴校务。1922年兼任常熟县商会会董，参与发起福利垦殖公司。次年当选吴、常、江、昆四县旅宁同乡会首届理事，创办《建设周刊》，兼任《纯报旬刊》特约编辑。1925年当选国民会议候补代表、上海爱国女校校董，次年曾创办爱国女子文科大学，1927年于上海爱国女校添设师范科。曾先后加入武当太极拳社、川汇太极拳社。1931年，参与发起上海国术团体联合会，并任会章起草委员；与蒋维乔组织文字音韵研究会；当选常熟旅沪同乡会候补执行委员。次年夏辞上海爱国女校校长职，自行设所行医，获上海市中医登记资格。深悟佛理，从印光法师受戒习净土宗。精研岐黄，能根据新学理施旧方术，旁及新发明之红疗、温灸等物理疗法，曾发表《书霍乱沿革考补遗后》。（季永元等编《海虞季氏宗谱·王

庄里支谱》，2011年；李峰、汤钰林编著《苏州历代人物大辞典》，上海辞书出版社2016年版）

郡庠生秦公家传（丙子）（节选）

（前略）

钱育仁曰：

昔野心家之凭借特殊势力，堵塞段山南北二夹，筑坝以培滩也，我西北乡人士以妨害数千顷农田水利纷起抗争，无效，乃思急则治标之策，开干河疏支渠，使水有所归，潮有所灌，庶遇旱潦不为害。故十余年来，浚新庄港者三，浚支河小港者以十数，而公实无役不从，任劳怨冒风雨，巡行河干，抚循役夫，稽察工程，筹垫经费，不倦不眠。今二干河均得行使汽轮，商旅称便，皆公之精神心血所结成之纪念品也。以视牺牲大多数人之利益，逞三数人之私欲，甚或婪财肥己，据河工为利薮者，其贤与不肖，相去为何如耶噫！

【按】本文录自钱育仁《荔圆楼续集附外集》上册卷一之《散体》。

画月录

曹仲道著，未刊稿。

刘海沙改隶之争

公元一九六一年，江南始设沙洲县，治杨舍。割南通县之刘海（沙），江阴县之大桥、章卿、杨舍、塘市、中正、德润、福善、年丰，常熟县之沙洲、新庄、鹿苑、塘桥、恬庄、慈妙、凤凰各乡区隶之。十年来交通建设，蔚为壮观。回忆数十年前刘海沙改隶之争，利害是非，皎然明白，乃形格势禁，必待革命成功后始底于成。旧日之议论庞杂，挟私逞臆，官吏不能秉公决断，滋长葛藤。今得一扫而空，诚为快事！一九四六年余曾草《南通县属刘海沙改隶常熟县商榷书》一文布之通、常两邑，虽事过境迁，然足供考地方利害严格之资。录之于后：

（参见本书第174~176页，此处从略）

【按】本文录自曹仲道未刊稿《画月录》卷三，对照1946年1月29日发表于《常熟青年日报》之初稿，文字略有出入。

南阴沙

友人王琳元近从仓库书堆中检得明隆庆二年刻昆山郑若曾开阳所著《江南经略》残本二册，绘有江海防汛简图，其令节、谷渎两港口外大江中有洲，一题曰阴沙，盖即今沙（洲）岔港镇西北之阴沙埭一带，旧隶江阴县，所谓南阴沙者是也。先祖妣冯太夫人曾为弘说南阴沙姻戚顾氏家故事。然五六十年来，此名不挂人口，今已无知者矣。盖沙洲陆地之形成，以南阴沙为最早，稍北之年丰镇，亦南阴沙递涨陆地。旧有阎王庙，庭植银杏三株，大可十围，相传明万历时所种。其东南三里许一丛祠曰墩郎庙，庙西高墩一罗汉松，亦五百年前物，皆可据以证沙洲成民居之年代。惜罗汉松已伐去，此十年前事，姑记于此。

【按】明隆庆二年，公元1567年。

段山明代在江中

郑氏图中段山在阴沙西北江中。余戊寅秋缘事宿江阴后塍镇西村民戴姓家。翌日主人导游香山，过七房庄，入宝林庵。壁间陷一碑，记村中三老人同梦段山洞龛观音大士求徙江南，因具舟泛江迎大士像归供庵中。碑尾纪元为崇祯几年，中述烟波渺漫情景，足见是时段山沙与后来所谓老沙者犹未相连，此于考证沙洲形成经过极有关系。检《江阴县志》，无此碑目。二十年前曾寓书三甲里（按，村镇名），小学校长徐泰安为抄录碑文，而碑已佚。

【按】戊寅年，公元1938年。

明代已有寿兴沙

明常熟令耿橘《水利书》刻本附西北乡图：新庄港口北江中有两洲，一名蓬莱沙，当即今之盘篮沙。又全谢山《鲒埼亭集》：崇明沈廷扬传言，沈公以舟师入江，打粮寿兴沙，值台风败舟，避入鹿苑港，师为清梁提督所歼，沈公被执至江宁就义。寿兴沙，为今东来镇西北一带地名，据此，则明代已有此沙，耿氏图亦略而不详也。

【按】以上三则资料，选自曹仲道未刊稿《画月录》卷五。

韵荷诗文集

钱用和著，我国台湾地区"中华大典编印会"印行。

百年诞辰忆亲恩（节录）

我第一次出远门，同姊姊乘着帆船渡到常阴沙。那里长堤高围，广田千顷，庄屋数椽，隐现在深林中，冬青成篱，木板为桥，清溪环绕，绿荫遮盖，梅园杏圃，桃坞荷池，菊畦桂树，松陇竹林，四季花香，到处景幽，如入桃花源里。广场上，农产品从佃户家送来展晒，喜占丰年，鲜虾肥蟹，雏鸡水鸭，茨菇芋艿，花生山药，俯拾即是。最有趣的，张网捕鱼，驱牛在小溪中涉水慢步，鱼群惊跃似新月，尽落入网，巨口细鳞，烹食鲜美。我心到此领略乐趣不少。又赴东兴沙，盘桓数日，仍乘帆船渡江回去。此次与来时风平浪静情形不同，船刚出港，即风浪大作，船身颠簸动荡，如在水面跳舞，我和姊姊蜷伏舱底，呕吐不已，幸舵手把握稳定，能冲风破浪，达抵港海。我们登陆到家，母亲早依闾盼望。

【按】本文录自钱用和《韵荷诗文集》(张群题签)下册之《百年诞辰忆亲恩·初出茅庐》。

钱用和（1897—1990），又名禄园，字韵荷，号幸吾，著名学者、教育家兼社会活动家，张家港鹿苑人。先后毕业于国立北京女子高等师范学校国文部、美国芝加哥大学，并入哥伦比亚大学师范学院深造。五四运动时任北京女学界联合会会长，先后任江苏省立第三女子师范学校校长、国民革命军遗族学校教务长，以及上海暨南大学、南京金陵女子大学、上海交通大学、台湾东吴大学法学院教授。著有《三年之影》《韵荷存稿》《韵荷诗文集》《我的八十年生涯》等。

鹿苑钱氏为当地著名沙田世家，自钱用和的祖父（钱福淇）一辈起，累世从事沙田围垦，闻名远近。本文即为作者赴沙洲体验生活的一段亲历和见闻。

有关20世纪30年代前沙洲地区沙田经营者的日常生活，以及当地的自然风貌、人文风情，由于时隔久远，加上文献等的不足，后人已很难了解。钱用和的这段回忆文字，对了解当年（南夹筑坝之前）沙洲地区的围垦历史、当地自然风物，以及"永佃制"背景下业主与佃户之间相对和谐的租佃关系，颇有参考价值。

钱昌照回忆录

钱昌照著，东方出版社2011年版。

我1899年11月2日出生在江苏省常熟县鹿苑镇。鹿苑镇由一个十字形的街道组成，东街较短。我家住在西街口外，距离常熟县城约30华里。（下略）

我的先人，曾祖父一辈，武人居多。书斋里有这样一副对联："韬略一门，五登蕊榜；簪缨四世，六宴琼林。"说明这是个世代相传的官绅之家。

我出生的时候，正值国家由积弱而濒于危亡之际。清廷腐败，列强侵凌。我家与清末的一位著名人物翁同龢家是世交，来往较密。翁同龢被遣返原籍后，我父亲常到虞山鹁鸪峰区探望他。通过翁同龢的关系，我父亲得以和南通张謇结交，张是翁的得意门生。19世纪末，一般志士仁人对国事日非，无不痛心疾首。翁同龢当时思想比较进步。戊戌政变失败，翁因曾保荐康有为、梁启超、谭嗣同、唐才常等人，遭到慈禧嫉恨，被遣回原籍，并由常熟县令监视其行动。

我父亲名荃琛，字召诵，进学以后即放弃举业，经常往来于上海、南京、北京之间，秉性豪爽，善与人交，挥金如土。我父亲对慈禧当权的清廷，甚为不满，认为军事、外交所以一败涂地，是由于国家贫弱，而要富国强兵，端赖振兴实业，因此在年过三十以后，即热心于垦殖及工业。他和南通名人刘一山、陈楚涛订金兰之盟，共同致力于盐垦，打算开荒植棉，兴办纺织厂。

我父亲平生仗义疏财，可以举一个例子。1897年他在上海时，上海道抓到三个反日的台湾同胞，日本领事馆要求引渡。我父亲很同情那三个爱国志士，为了避人耳目，在妓院里约了几个朋友，其中有李平书（绅士）、施德之（医生）等，一起拼凑了10万两银子，送到上海道那里，买放了这三个台胞。三个台胞中只知一个人姓林。

被放出来后，他们就登上英国船去了英国。抗战胜利后，我第一次去台湾时，听到说那位姓林的家住在台中。

1908年，我还不满9岁的时候，为了和两江总督张人骏商量盐垦事宜，父亲从上海去南京，坐的是日本商轮"大富丸"。船行经镇江，忽起大火，船长和我父亲相识，就把自己的救生圈拿出给了他。父亲拿到救生圈就往水里跳，另外几个人也跟着跳入水中，但是他的随从却没有和他一起跳。后来在镇江江边沙滩上找到我父亲和另外两个无名氏的尸首。家中一连接到上海、南京和镇江发来的三封告知父亲不幸遇难的电报，记得当时我正在书院读书，消息传来后家人匆忙把我接回家中。我刚一进门，就听到一片哭声，才知道父亲已不幸去世（享年43岁）。

父亲突然逝世，家庭经济大成问题。我家那时的家景并不富裕，常要借债。父亲的脾气是，借钱给人从来不要借据，可是借人家钱一定出借据，而且每借必还。父亲逝世后，所欠的债由母亲出卖田产陆续偿还。以后伯叔等六人分了家，我们这一房经济困难，所有费用全靠变卖田产维持。当我从英国自费留学回来时，田产已变卖殆尽。

我母亲是清末文学家、思想家、诗人龚自珍之孙女，龚家与翁同龢家也是世交。龚自珍字定庵，浙江省仁和县人。龚定庵的次子名陶字念匏，做过金山知县，我母亲是龚陶的独女，由翁家和曾任贵州巡抚的庞鸿书家介绍，和我父亲结了婚。（下略）

1927年10月8日，母亲突然中风去世，我当时在南京供职，闻讯赴沪奔丧，悲痛逾恒，撰有《先妣龚太夫人行述》一文，以资纪念。全文录后：

先妣龚太夫人行述

先妣仁和龚氏，外曾祖定庵公，文名满海内。外祖念匏公世其学。先妣生而颖慧，幼从念匏公宦游四方，周知世务，年二十一来归先考召诒公。先考在日，急公好义，奔走南北，家事一委之先妣。宾祭之供，盐米之琐，昕宵黾勉，经理秩然。不幸先考中年弃养，先兄昌煦游学申江，以疾致夭。先妣既抱无穷之戚，复丧家嗣，精神怫郁，慈躬已不无耗损矣。然先妣洞明时事，恒以远志勖昌照，命留学英国。在外六年，举凡风土之习，旅学之资，所以切慈怀而顾念筹维者，心力且交瘁焉。昌照既毕业回国，先妣为娶嘉兴沈性元女士以为室，爱之如吾嫂吾姊。嫂为江阴周雅亭女士，未婚而遭先兄昌煦之丧，矢志柏舟，入家侍姑。姊慧中则适南汇卫友松君。先妣以婚嫁粗毕，子妇承欢，慈怀稍豫。昌照数年前后赴绥远、察哈尔诸边地游历，关山万里，定省又疏，迩年服务首都，仍不克长依膝下。幸沪宁接轸，归省尚易。方冀吾母克享遐龄，优游岁月，略尽乌私（原文如此），以报罔极之恩于万一，而孰知古人风木之痛，蓼莪之悲，竟丁于不孝之一身耶？呜呼哀哉！

先妣禀赋素强，先后育子女七人，四皆不育，迭更忧患，备极劬劳，晚年颇觉虚弱。去夏患痢甚剧，旋幸医愈，戒家人不令昌照知也。秋间体健如常。十月八日午后十时十五分，忽患中风，神色陡异。急迫医诊治，药石无及，竟于十时三十分长逝。昌照接电驰沪，已不及亲聆遗言也。衔恤在疚，忽已一年，终天之恨，曷其有极端。先妣明义达理，戚族中偶有争执，片言裁处，受者衾服。自奉俭约，而因人施与不少吝，远近被惠，群颂其慈。自疾起迄寿终，不逾一刻，毫无痛苦，知与不知，皆以为一生积善之报。惟昌照无怙之侍，愧然一身，生平志事，百不偿一，求所以稍慰吾亲在天之灵者，夙夜彷徨，诚不胜其鲜民之恸，而未知所处也。呜呼哀哉！略摅哀悃，伏维矜鉴。

不孝钱昌照泣述

【按】本文节录自《钱昌照回忆录》第一章"青少年时代"之第一节"我的家庭"。

浮生百记

钱昌祚著，我国台湾地区《传记文学丛刊》之三十六，1975年刊印。

洪杨乱（按，这是对太平天国运动的蔑称）后，我祖父颂娱公福淇与祖母徐太夫人，亲勤垦殖，重整家园。长子、我生父耕玉公寿琛，光绪丁酉科举人，为早殇的伯祖父平轩公后。次子玉粟公晋琛，中年去世。我堂兄于门（按，即宇门）昌裔为颂娱公承重孙。三子词笙公名琛，江苏省第三届议会议员，妻张太夫人，有子而殇，后屡流产，乃于1917年以我为嗣子。我生母程太夫人，生长成的子女六人，男女相间。（按，摘录自《浮生百记》之二"我的家世"）

鹿苑北面长江中的沙洲，东兴、盘篮二沙相连。我家建有东、南、西等仓房，以南仓建筑为优（按，当指躬耕庄），我与妻子俱去住过。鹿苑西南张墅镇（按，即张市），我家建有仓厅，嗣父母曾住过三四年，我也到过，常熟城内西门大街，祖父购有寓所。（按，摘录自《浮生百记》之三"我的家园"）

鹿苑在常熟西北乡，濒临长江，有河塘三丈浦穿过，通常城附近湖泊及内河，据说是西汉吴王濞开的盐铁塘，但我所知，鹿苑附近不产盐铁。至鹿苑得名，相传为春秋吴王夫差养鹿之所。鹿苑有东、西二大街，南、北二弄及若干小弄，以西街及南弄铺面较多。有三拱洞的大石桥跨三丈浦联络东西街。我小时已见两个桥洞淤塞，但附近居民仍尊称为"鹿苑大桥"。三丈浦南可通民船至常城，到南距三公里的西塘桥，弯曲较多。西塘桥到常城，有民营小汽轮。北到江边出口处，俗称"海上"，约一公里半。距大桥北约半公里的浦旁有一土阜"望海墩"，可见"海上"，我幼时常登临。墩的东西有土堤，俗称"海城（埕）"，东迄九公里外的福山，西迄终点我不复记忆。幼时三丈浦通江潮，流沙常需修浚。后此邑人有"蓄清拒浑"的计划，于镇北有两棵银杏树成荫的关帝庙附近筑闸，旁有引河，以控潮水。惟西乡、南乡水利权益冲突，枯水季节，双方代表齐集我家，我生父耕玉公为乡董，一方要求开闸，他方反对，相持不下，令我父深感困扰！

鹿苑"海上"（原注："海上"，长江之俗称，此处当指段山"南夹"东段）以北，渡江有相连的东兴沙、盘篮沙，再渡江有常阴沙，其两端与江南接近处，昔称"圌山峡"，有如"公"字缺口，而两股江流为"八"字下两空档。常阴沙北江面辽阔，面对南通。邑人投资者曾于两空档筑坝，以促长沙田。南通张季直先生以为妨碍南通水利，促成官方表面铲坝，而坝旁沙田自然涨成。鹿苑到各沙可通胶皮车，"蓄清拒浑"的计划自然完成。我嗣父词笙公等投资者忙于保坝，与张謇老打笔墨官司，为旁观者捷足先登，向省沙田局购到新涨滩地滩照，嗣父等反致落空自怨。后来江阴、常熟地方人士组织一福利垦殖公司，经营围田，我堂兄于门曾任经理，颇增私产。惟涉讼颇繁，我家等其他股东无多利益。（按，摘录自《浮生百记》之四"我的家乡"）

鹿苑镇上有两个小学校：我家西邻不远有鹿苑书院改建的公立小学，人称西校；在三丈浦东岸，距我家步行约十分钟，有私立晋安小学，人称东校。校名系采用创办人钱晋琛（我二叔）及闵安敬（我表叔祖）的官名。我于一九一零年九岁入晋安小学时，创办人已故，由我祖父颂娱公为校长，秦紫阁先生为主任。

我堂兄于门后将晋安小学作为福利公司办事处，我以其见利忘义，弃绝祖宗兴学美德，很不以为然。（按，摘录自《浮生百记》之六"我在初小一年"）

【按】钱昌祚（1901—1988），张家港鹿苑人，海虞禄园钱氏振鹿公支三十六世孙，钱用和女士胞弟，我国著名航空机械专家。早年就读于鹿苑晋安小学、杨舍梁丰小学、江阴南菁中学、上海浦东中学、北京清华学堂，后赴美国麻省理工学院学习航空工程，师从冯·卡门教授，1924年获硕士学位。回国后在浙江公立工业专门学校（今浙江大学前身之一）、清华大学任教，先后出任国民政府中央航空学校教育长、航空委员会技术厅副厅长、国防部第六厅厅长，1938年当选为世界航空协会七理事之一。1949年6月赴台后转而从事经济工作。

钱氏少小离家，负笈在外，一生行迹多在学、军、政诸界，终生不与围务，但因自幼耳濡目染，对先世事迹及围垦故事多有耳闻，在其晚年所著回忆中亦时有记载，这些内容对了解早年沙洲围垦掌故及其时代风尚颇有裨益。

圌山峡，段山夹之旧称，包括段山北夹和段山南夹，由于夹江的阻隔，自清代道光年间开始，境内沙洲地区被陆续分割为南、中、北三沙。

钱耕玉先生暨德配程夫人百龄诞辰追思录

鹿苑钱氏世系叙略

（前略）武肃王子嗣众多，且有赐姓养子若干人。独忠懿王后一支最为繁多，以纳土于宋，无有兵革，未尝破家。故合族三千余人，俱入汴京，至高宗南渡，仍回临安。自此子孙散居江浙，繁衍称盛。武肃王十世孙某，官南通州判，值南宋末元人南侵殉难（按，据《海虞禄园钱氏振鹿公支世谱·传记》之《吴越十一世通州公传》，元孙之父名迈，于知通州任上"卒于官"，故称其"殉难"恐不确），以一子留南通匿民间，一子千一公渡江而南至常熟，故钱氏虞山世谱以武肃十一世孙千一公为始迁祖。相传千一公渡江时，背包持伞，觅渡不得。见一艨艟巨舟沿江而来，招呼舟子获准搭舟。舱内似有官府，不敢惊扰，兀立船头，倚伞桅侧，渡江登岸，忘伞未取。翌日闲游镇市某庙，见有陈饰巨舟模样，舟底仍有滴水，其伞赫然依桅侧，以为渡江得有神助。此当又是子孙故作神话矣。

千一公有二子，分为鹿苑、奚浦二支。明末清初牧斋公（讳谦益）属于奚浦支。鹿苑与奚浦，俱为常熟西北沿江之乡镇，相距不过五六华里。两支俱分殖城区及附近乡镇，而人丁以鹿苑支为盛。仲兄昌运（显符）与族叔元萼（伯鸣）会同考据，以为近时鹿苑钱姓，乃武肃二十七世（按，此有误，当为二十六世）孙振鹿公由附近陈行桥迁居后所繁殖。伯鸣书法秀丽，显符能摄影及绘像，经合作编订石印之振鹿公谱，自振鹿公起下衍至三十六七世，列名于谱者连昌祚在内八百余人。

鹿苑钱氏，在清代簪缨辈出，有"四世六进士，三代五经魁"之科名，乡党称盛。高祖石臣公（晚自号固庵），武肃三十二世孙，在昆季六人中行第三。六人之后嗣，今称"小六房"，连石臣公同祖堂兄弟之后嗣，称为"老六房"。石臣公之元配徐太夫人无后，例载嫡配不得无奉祀子，以二房伯高祖松涛公之次子檀卿公为嗣，娶程氏、何氏，俱无所出。石臣公继配徐太夫人生曾祖西严公，适朱氏曾祖姑母及曾叔祖吟岩公、啸岩公。西岩公娶闵太夫人，生伯祖蕙人公，承檀卿公后；伯祖平轩公早殇，及先祖颂娱公。颂娱公娶徐太夫人，生先父耕玉公，奉闵太夫人遗命为平轩公后，及先叔玉粟公、词笙公，及适姚氏姑母，与早殇之阆珍公。耕玉公娶程太夫人，有长成之子女各三人，另见事略。玉粟公之子从兄昌裔字于（一作"宇"）门，则为颂娱公承重孙，有弟妹早夭。词笙公生前于昌祚十七岁时，即商准先妣，抚祚为嗣子，另抚女慧珠。吟严公之子为祐之公，兼祧啸岩公。啸岩公生一女适吴。祐之公生七子女。石臣公之后与先考并为"琛"字辈者共十二人。其下与昌祚并为长成之"昌"字辈，连庶出者在内，共二十人。此外小六房各支，人丁俱较稀少。钱氏自始迁视千一公渡江卜居海虞，已历六百余年，颇得风气之先。六十年前吾家私塾已请有英文教师，五十年前，与昌祚同时就学江阴南菁中学之"昌"字辈兄弟共五人，其后至上海浦东中学者共八人，当时全校学额俱不过百余人，故钱氏学风称盛。

【按】本文节录自《钱耕玉先生暨德配程夫人百龄诞辰追思录》（张群题签）。本文简要介绍了海虞钱氏振鹿公支三十四世孙钱福淇（用和、昌祚之祖父）、钱福佑（召诵之父、昌照之祖）从兄弟的世系及渊源，是了解和研究近代沙田世家鹿苑钱氏的重要参考文献。

《钱耕玉先生暨德配程夫人百龄诞辰追思录》为钱氏家族内刊，薄薄数十页，成书（册）于20世纪60年代中期，由用和、昌祚、卓升三姊弟（妹）等分别撰述成册，以为纪念其父母百龄诞辰之追思录，分送亲友。为更好地保存钱氏家族的珍贵档案，报效桑梓，2015年钱卓升教授（用和养女，20世纪20年代毕业于北京大学史学系，我国台湾地区社会家政教育专家，曾荣膺台湾地区儿童教育奖）之女李眉教授（大脑生理学专家），从大洋彼岸将《钱耕玉先生暨德配程夫人百龄诞辰追思录》等一批家藏文献慷慨捐赠给了张家港市档案馆。

第五编 档案围垦资料

财政部呈设立清理江苏沙田局文并批令

为遴员办理江苏沙田局，仰祈钧鉴事。窃查江苏省沿海、沿江各县，年涨新沙，民垦为田，向例每十年清丈一次。辛亥军兴，迄未举办。其间弊窦丛积，隐占无算。前经饬据部派员刘次源查报，以南汇、崇明、川沙、海门、奉贤、上海、宝山、常熟、南通、江阴、如皋、东台、盐城、赣榆等十四县为最多，约可丈出二百万亩。此外，如泰兴、金山、丹徒各县，沙田亦不在少数。自非专设一局，全省清理，不足以重官产。当经由部饬，派现办沪关清理处陶湘为总办，在上海设立清理江苏沙田局，认真办理在案。兹据陶湘以一再兼差，事繁责重，详请辞职，自应照准。惟查苏省沙田积弊甚深，办理不得其宜，深虑难收实效，固非有情形熟悉之人不能胜任。尤非畀以专权，难于镇摄。拟将该局总办一职改为专任，以崇体制而策进行。查有前候选道庄炎曾任广西苍梧、永福等县知县，光复后历任江苏南汇、盐城等县知事，于该处沙田情形甚为熟悉，拟请任命庄炎为清理江苏沙田局总办，仍会同江苏财政厅秉承巡按使妥筹办理。所有遴员办理苏省沙田缘由是否有当，理合具呈，伏乞大总统鉴核训示施行。谨呈。

（民国三年十二月二十七日）

公牍"水利门"

厅长陈世璋　训令常熟县长。省政府训令：据该县沙洲市第二区农民协会电请，令县转饬福利公司缴款开第三干河，令拟切实办法，呈复候夺，并转行知照由。

为令遵事。案奉省政府训令第九一四号，内开：案据常熟沙洲市第二区农民协会组织部长曹达吾呈称，窃据沙洲市沿第三干河各圩农民函称："民等自福利公司筑坝以来，水道均为淤塞，频年以致荒歉，除水利亩捐各种负担外，仍罹水旱之灾。民等终岁劳动，妻啼饥，儿号寒，呼吁无从，然愿死守不敢离散逃亡者，徒以祖墓在，不忍抛弃，深望将干河早日开浚，或者解倒悬之危有日。不料日复一日，年复一年，干河情难早日开浚。民等灾深累重，亦支撑不得。今各圩农民念既求生困难，曷若群起与该公司一决存亡，免年年常受此惨苦。若惟贵会为解放农民重要机关，不得不先声明，凡我农民所受一切痛苦，是贵会所洞悉。今日之事，亦请贵会同时作为佐证，留待他日好将我民众冤苦情形，代为尽情一诉上峰官长。民等即死之日，犹生之年。兹谨沥血具呈，伏乞鉴核。实为德便。"等因。且查目下民情惶急异常，三五成群，切切私议。金谓"现届初春潮汛尤枯，桃花水未发，幸且无妨；倘将来春雨连绵，海潮上涨，如前次历年之灾，小熟不保。我辈性命能无虞云云"。据函：前因敝会除急行挨户告慰，竭力宣传阻止外，理合急电呈钧府，伏乞迅即指令县政府从速拨款，兴工开浚第三干河，以利水利而安民心，实为德便，等情前来，除指令外，合行令仰该厅长迅即查明此案与福利公司经过情形，妥为核伤，并案办理，此令。又奉省政府训令第一三八八号，内开："案据常熟沙洲市农民协会号电称，现福利公司定期筑坝，置问所规定之三干河，并不问田水无门宣泄，万民惊惶。为特电请，速令常熟县转饬该公司，先将开浚三干河经费缴县，方可兴工，免激民众公愤等情。据此查福利公司只顾筑坝争田，不知水利设计，所有认缴之四十万元水利经费，延不清缴，以致延搁已久，尚无具体办法，合再令仰该厅长即便遵照查案，拟具切实办法，呈候核夺，毋再延宕，切切。并转知该会知照此令各等因。"奉此。查此案前据该协会号电分送到厅，当经电令该县长，会同建设局长，查勘核办，具报在案。迄尚未据呈报至福利公司认缴水利经费。曾据查报已近二十万元。前据呈请向北夹各业户征收水利经费，业经会令照准拨充，是第三干河工费已属有着，应由该县长迅速会同该县建设局长，清理原定工款，即日开浚第三干河，以资宣泄，除呈复外，合行令仰该县长即便会同该局长遵照办理具复，并转该会知照，一面仍将敬日电令勘办情形另文呈报毋延。切切此令。

（民国十七年四月九日）

第六编 家谱围垦资料

海虞禄园钱氏振鹿公支世谱

钱元萼、钱昌运编纂,民国十九年(1930)石印本。

吴越三十四世封通奉大夫颂娱公传

公讳福淇,字颂娱,号从渔,西岩公之季子也。母闵太夫人,生子三:长蕙人公;次平轩公,早世;公最幼,二龄失怙,六龄入塾,质聪颖,读(书)过目成诵,得力于母教者多。清咸丰十年,遭粤匪之难,随长兄惠(蕙)人公避居通州,流离转徙,勉奉甘旨。不半载,闵太夫人遽弃养,相与扶柩南旋,力营丧葬,尽哀尽礼,继迁常阴沙之顾氏桃园庄,蕙人公就李军门梅平幕。公以童年摄家政,时当世变,田租无所入,境特窘,航海涉波,奔驰南北,藉货值以济之,致束书高阁。兵燹颠沛之状,公事后追思,未尝不深痛也。厥后寇平旋里,年二十一娶徐太夫人(按,即徐舜功长女,徐巷人。咸丰庚申之乱,舜功随江南团练大臣庞锺璐在乡办团练抗击太平军,于袁家桥之役殉难,追封"游击衔都司云骑尉"。徐巷,今属杨舍镇徐丰村)。逾年承兄命析炊,受田二顷,与徐太夫人守寒俭风,渐有余蓄。

沙洲向章召垦,公乃滨江治产,辟草莱以筑圩,募田佣以播种。必躬亲其事以底于成,积铢累寸,历三十余载之辛劳,始获家境大裕。于东兴、盘篮、庆凝各沙及张市均置田庐,城中亦有别业,建市廛数十于西港镇,以通贸易。鹿苑旧宅厅事将圮,葺而新之,又拓地以广旁舍,使子孙食德服畴,莫非公艰勤创业所贻。公处事以慎,待人以和,谋地方公益以诚。清光绪中叶,沙洲水患频仍,与乡人士谋善后,于庆凝沙陆地凿渠,东兴沙环海培堤,皆绵亘数十里,利溥数万亩,襄赞有司督率工事,虽严霜烈日,昕夕从公,未尝言瘁。西洋(按,即今西旸)塘及白茆、黄泗浦两口,皆参画竟工。修三丈浦,董其役者凡四。民国初年,又以"蓄清拒浑"法议浚,长子耕玉公身与其事,而公实为之倡。凡乡间水旱之灾,历办赈济平粜诸善举,查放必亲,唯恐弗周,不特解囊乐输而已。公热心任事之大略如此。

尝以弱龄孤露未能事亲为憾,念闵太夫人苦节纯孝,述其事于言官，上至朝，得旌如例，建坊于附郭总节祠前。又以西岩公北闱赍志，命长子观政铨部，得邀封诰。先是，建丙舍、植松楸，每遇祭扫，必慨溯遗泽，以资启迪。迭聘名师教子教孙，均获科第或竟校业，每谆谆以敦品、勤学、卫生、慎交诸要义策励幼辈。族中子弟有颖秀者，劝其向学以补助之。又命次子玉粟公与九思闵公（按，即闵安敬，鹿苑人，光绪末年举人，后被褫夺功名）输金举办晋安小学于里中，学子莘莘出于族党者略多。公承先启后之隐衷如此。

其事兄嫂敬恭之意，至老弗渝。交友尚诚笃，不苟然诺。里中有疾陷，时周恤之；戚党有告乏者，辄为筹划生计，赠与弗靳也。素善训摄，年近古稀精力尚健，耳目湛然，喜翻种植书，研究教育理，涉及笔札，习以为常。呜呼！公之德行，可为乡里之标率矣！

公生于道光二十六年二月二十八日卯时，殁于民国二年旧历九月十八日戌时，享年六十八岁。子四：长寿琛，嗣平轩公后；次晋琛，中年逝世；三名琛；四聘琛，未冠早世。女月庭，适同邑姚氏。

【按】本编钱氏传记或生平，均据民国十九年《海虞禄园钱氏振鹿公支世谱》中的族人传记整理并标点；文中所涉地名、人物，必要时略作注释，附于文中。

《海虞禄园钱氏振鹿公支世谱》为吴越王钱镠（武肃王）二十六世孙振鹿公后裔支谱，民国十九年石印本。今鹿苑镇及附近之钱氏居民多为该支后裔。

吴越卅五世吏部文选司员外郎耕玉公传

公讳寿琛，字耕玉，号甘学，颂娱公之长子，嗣平轩公后。生而颖异，气宇端重，入塾读书，博览强记，未舞勺即穷六经，业师许为"远到材"。年十六补博士弟子员，旋食廪饩，犹下帷攻苦，无间寒暑，光绪丁酉科得举于乡。自戊戌政变，科举停废，承父命纳赀为员外郎，供职铨部文选司。时经庚子之变，档案棼乱，僚属办事多棘手，公殚数月之力清厘积卷，使历年案牍朗若列眉，为上峰所器重。嗣迭供要职，均能尽其所长，并为诸长请封诰。留京六载，颇有交游。

会辛亥改革，公适以省亲旋里，遂家居不复入仕途，尽力于地方自治事业，历任本乡乡董、学董、教育款产处副董、县商会商董、县水利工程局副主任、县自治筹备处副主任等职。遇事不争权利，实行其应尽义务，邑人士以此推重之。对于本乡公益，尤能竭赞助维持之责。如长私立晋安小学，则注重联络学生家庭，大得社会信仰，校务日以发达，致人浮于额，无法容纳，乃复推设乡立国民小学三所，以期教育普及。

黄泗浦、三丈浦两干河，为西北乡水利命脉，十年中三次开浚，均主持局务。旋以江流急趋，挟沙填塞，群议于三丈浦口建筑石闸，为拒浑蓄清之策。公悉心擘画，工程告竣，款无虚糜，沿浦舟楫通行，灌溉便利，乡人颂德不衰。

公天性好善，每遇饥灾，必筹款赈济，首先解囊以为提倡，历年办施衣发粟、春抚平粜等事，乡民均沾实惠，以是存活者甚众。本乡北部滨江，为枭匪出没之区，每冬必主持防务，任保卫局团总，数年全乡不闻有盗警，民风日趋沉厚。有以雀鼠之争来告者，必邀集两造，苦口婆心，反复理喻，使彼此谅解而后已。故董乡事十余年，乡人鲜有以细故涉讼者。公之处事和平，至诚感人，于此可见一斑。且性喜诱掖后进，青年之有志求学、无力供给学费者，辄岁与饮助无德色，因以造就成材者颇众。故邑人无论识与不识，咸称仁厚长者，公自视欿然，曰"行吾心所安而已"。

公事亲孝，昆季间友爱尤笃。母徐太夫人弃养时，颂娱公春秋已高，恐伤其心也，哀毁之余，常愉色怡声，以冀得欢心。遇有疾病，必亲尝汤药，彻夜不寐，疾愈而后已。迨颂娱公弃养，公痛哭失声，自治丧以至卜地安葬，皆亲自经营。仲弟玉粟公壮年逝世，赵孺人亦相继殁，时侄昌裔尚未弱冠，公与词笙公分任其家事，使竟其学业。后词笙公当选省会议员，奔走白门，常因公数月不返，又代为庀治家事，使无内顾之忧。如是公私操劳，心力交瘁，竟致咯血不起。居恒诏其子辈，以世界潮流趋重实业，宜各求专门学术，俾克自立，因是子女感勉，均能毕业于国内外大学或专门学校，侧身社会办事。

公生于同治六年四月二十五日子时，殁于民国十一年旧历六月十七日未时，寿五十六岁，配夫人程氏。子三：长昌谷，嗣稚蕙公后；次昌运；三昌祚，嗣词笙公后。女三：长永宜，适同邑宋志超讳景昌，已故，待旌节烈；次用和；三卓升，适邑城李荃孙。

附 钱福淇后裔传略

钱寿琛传略

字耕玉，号甘学，本福淇长子，嗣平轩公福同为子，清例敕授通奉大夫花翎，吏部文选司员外郎加六级，光绪丁酉科举人。公气宇端重，自幼好学，及举孝廉，犹手不释卷。科举废，就职吏部文选司，措施能尽所长。留京五载，以辛亥改革旋里，不复入仕途，尽力于地方自治事业，历任乡董、学董、商董、县水利工程局及自治筹备处副主任等职，遇事不争权利，实行其应尽义务。在乡提倡教育，主持防务，开浚河道，建筑石闸，息讼解纷，放赈发粟，十余年间，劳瘁不辞，乡民均沾实惠。处家孝友，提掖后进，恒以实业自立勖其子辈，为邑人士所推重，称仁厚长者。生于同治六年丁卯四月二十五日，殁于民国十一年壬戌六月十七日，葬倪巷浜东首，寿五十六岁。

配程氏，讳德履，字馥苏，系邑城名宿邑庠生尹流公讳天寿长女，清封夫人。性宽厚，貌慈祥，处事谦和，好施贫，因故邻里戚旧莫不称颂，并通诗书、娴内则，主治家政不赖外务，居常浏览书报，洞达时事，使子女同受教育无歧视。生于同治五年丙寅九月，殁于民国十七年戊辰八月，寿六十三岁。

【按】附录标题均为编者另拟，下略。

钱寿琛子女传略

子三：

长子昌谷，字蕙诒（一作贻），嗣庆琛，京师大学堂商科毕业，曾任北京陆军军需学校教官，北京溥益实业公司会计主任，鹿苑乡行政局长，国民政府外交部会计科长，上海特别市公安局会计主任。生于清光绪十四年戊子十一月初十日，配杨氏，名霓，字肥生，系邑城心甫公长女。子三：士杰、士直、士雄（士直、士雄幼殇）。女二：吴铢、小争（铮）。

次子昌运，字显符，上海浦东中学校及日本大阪高等工业学校毕业，化学技师，曾任济南溥益糖厂制糖科长，好工艺及美术，有志兴办实业，题其书室曰"崇实斋"。生于光绪二十年甲午六月二十日，配陆氏，名云，字翔青，无锡荡口人氏。子士钧，字济英，生于民国十一年壬戌十二月十八日。

三子昌祚，字莘觉，名琛嗣子，上海浦东中学及清华学堂毕业，美国麻省理工学院机械硕士，清华大学教授，曾任国民政府中央航空学校教育长。生于光绪二十七年辛丑六月二十三日。配蔡氏振华，字剑英，系德清城内焕文先生长女，生于清光绪三十二年丙午二月。子士安，女荇采。

女三：

长女永宜，字咏沂，适栏杆桥日晖坝宋公志超讳景昌，已故，待旌节烈。

次女用和，字韵荷，国立北京女子高等师范学校国文部毕业，曾任江苏省立第三师范学校校长，江苏省派赴美教育考察员，留学美国芝加哥大学，得教育哲学学士学位。（按，用和生于光绪丁酉年，出生不久即传来其父中举捷报。）

三女卓升，字竹声，省立女子蚕桑学校毕业，北京大学史学科学士，适同邑李荃孙。

钱晋琛、钱昌裔传略

晋琛，字玉粟，福淇（颂娱）次子，清例授修职郎，分府候选训导，附贡生。公性豪爽，虽儒士而具经济才，营木业、渔业，均著成效，又输金与九思闽公合创晋安小学校，以培植里党子弟，壮年谢世，惜未大展。生于同治八年己巳四月十九，殁于光绪三十二年丙午，享寿三十八岁。子二：昌裔、昌校；女一：名棠芬。

昌裔，字宇门，玉粟长子，浦东中学毕业，现营木业，建新宅于城内前花园弄。生于清光绪十八年壬辰十二月十八日。配张氏，名竞亚，字嬿新，系施家桥梦麟公女。子二：士良、士超（昌校嗣子，现肄业孝友中学，生于民国九年庚申十一月二十五日）。

【按】名琛，福淇三子，生平见《吴越卅五世江苏省议会议员词笙公传》；聘琛，福淇四子，未弱冠即病殁。

吴越卅五世江苏省议会议员词笙公传

公讳名琛，字词笙，颂娱公第三子。生而崎岩，读书颖悟过人，既学为文，能惊其长老。出应童子试，卓然冠其曹，补博士弟子员。嗣清廷变法，废科举，遂绝意进取，以兴办地方实业为己任。民国成立，公知政体趋重法治，士无实学不足于任重，乃毕业于民国法律学校。

家居滨江，所置产半在江心之沙洲，督佃垦殖之余，兼营棉茧、榨油、酿酒、制皂各业，又于盘篮沙田庐左近辟榛莽，构市橡数十，为贸易之所，荒芜之区顿成市场。沙地棉产素丰，常阴沙尤称最，日商挟厚资，来者势焰甚盛，欺压无所不至，商农苦之，莫敢校。公据理驳诘，于是苛条悉除，日商村上尤敬惮，尝曰："君政治外交才也，奈何隐于贾？"公笑颔之。当辛亥改革，沙民之莠者勾结枭匪，蠢然思动，居民惶恐不可终日。公慨然出资，筹设保卫局，力任其事，发伏摘奸无遁情，因是宵小戢伏，间阎安谧，颂德者不衰。

公虽儒生，究心世务，而于乡邦利病，擘画尤详。本乡北枕大江，中有东兴沙，与常阴沙带水相隔，南、北二夹，西向合为段山夹。其间江流迂缓，泥沙日积，不利舟行，一值风涛，冲啮尤足患，临邑士绅屡议于夹间筑坝，助长沙滩，以利农产，卒以工巨弗克举。丁巳冬，公集同志组织保坍会，恭督佣役，先于北夹兴筑，屹然成堤。效既著，赞助者益众，不数年间，南夹堤亦告成，佃农赖以垦殖者万计。三丈浦干河，为全乡水利命脉，关系尤巨，为请于当事拨款修浚，役徒群趋，计日而成，功无楛蠹，使舟楫通行，灌溉便利，商农俱蒙惠焉。

岁辛酉，苏省议会三届改选，公被选为议员。每有论列，不务空言，而抉摘利弊，动中窾要，以是人皆知公之综练，遇重要事多咨询焉。先是，耕玉公主任乡政有年，以仁厚廉平称，逮公继任亦如之。凡桑梓公益，如兴学校、赈灾、防务诸大端，无不首为之倡，输财尽力，惟恐弗及。甲子秋，齐鲁构衅，大兵猝集，里人相率渡江北徙。本乡居要口，讹言朋兴，行旅生畏，而游勇尤出入躐突，骚动乡民，公为之设法调和，卒无事。乙丑春，溃兵复过境，一夕数惊。公联合相邻乡，集团自卫，互通谍报，使得为备，而筹款应付，尤费苦心，虽所居被掠，夷然不以为意，惟以得获安全为幸。其任事勇而应变敏，乡人多称之。柄乡政者五年，所晋皆不出里党亲故，一以息事宁人为旨，曰"吾接物以诚，处事以和而已"，当无不谅者。遇有纷难，辄隐弭之，未尝以此自矜焉。

公事亲孝，笃于友爱。母徐太夫人殁，哀毁之余，恒愉色柔声以博父欢。当耕玉公供职铨部时，公侍父家居，进奉甘旨，外庀治家政，秩然不紊。迨遭颂娱公丧，又竭尽哀礼。

公气体虽健，中年以后迭经丧变，同胞昆季相继捐馆，益觉忧戚伤神，精力遂衰。民国十六年旧历八月十七日亥刻，疾终鹿苑西街新宅。公生于光绪元年六月二十二日申时，寿五十三岁。配夫人张氏，嗣子昌祚，女慧珠。

钱福祐传略

福祐，字祐之，梦虎（按，谱称啸岩公，兼祧梦龙一支。梦虎与梦龙兄弟，同为道光甲辰科武举人）子，清例授儒林郎，议叙州同，国子监典籍，国史馆誊录，附贡生。公壮岁时，家计未丰，能以勤俭敏干起家，坐拥本乡及沙洲田产颇巨。构新镇于鹿苑东北隅，构南兴镇于常阴沙中段，创办鹿苑书院以奖掖文士，董浚三丈浦、常通港及川心港，以便利航行灌溉，惠及乡邦，泽绵子裔。惜中道不禄，创业未竟焉。生于道光二十四年乙酉十二月二十五日，寿四十二，葬蔡家桥北首主穴。

配蔡氏，系邑城文山公六女，清封孺人，晋封宜人。衣常布素，喜养贫老。治事精勤，老犹亲家政，对外折冲，恒身任之，虽巾帼而有丈夫气，故乡人每有就断曲直

者。生于道光二十五年七月初八日,殁于民国十七年戊辰八月二十五日,寿八十四。侧室刘氏,母家江阴。(后略)

子七:葆琛(钦伯)、茛琛、荃琛、蔚琛、荟琛、华琛、苳琛(按,茛琛、荟琛,均刘氏出,余为蔡氏出)。女一(略)。

【按】本文标题为编者所拟。迟至晚清咸丰、同治年间,通、常、澄地方人士"翻海作坝",围垦沙洲,昔日滨江的无主荒滩一时间成为投资热土,海门的顾七斤、常熟的钱祐之,乃其中的两个典型代表。

咸丰、同治年间,围绕常阴沙(包括刘海沙等沙洲)的围垦,顾、钱等地方大姓彼此争利,酿成"沙案",一时轰动,终由江苏藩司出面,以常通港为界,北隶南通,南归常熟,沙案冲突乃得以消歇。和气才能生财,合作方可共赢,为了避免两败俱伤,顾、钱两姓改变策略,纳聘成婚,终成儿女亲家(祐之次子茛琛娶顾氏长孙女),大大增强了彼此的竞争实力。

附 钱福祐诸子传略

葆琛

岁廪贡生(原文如此,仍旧),字钦伯,福祐长子。公文思警博,才具连达,好雄谈高论,中年信天主教。能继父志,治沙田,增恒产,辟新舍于鹿苑北塘岸。任本乡董事,参浚三丈浦等河道。1907年,因科举停办,改办鹿苑书院为公立两等小学,首长校务。民国十七年主修鹿苑支谱。生于同治四年乙丑八月十五日,殁于民国十七年戊辰十一月二十七日,寿六十四。配苏氏,母家江阴周庄(下略);继配屈氏,母家本邑城内(下略);继配范氏(下略),侧室王氏(下略)。子四:昌诒;昌谟,为嗣子;昌讓;昌谔,抚养子;昌诫。女一,适上海姚。

茛琛

字亚伯,福祐次子,清例授儒林郎,候选布政司理问,附贡生。生于同治六年丁卯九月,殁于民国元年,寿四十六岁,葬新造桥。配顾氏,系通州登瀛沙七斤公长孙女,生于同治六年。子二:昌时、昌明。女二(略)。

蔚琛

字豹君,福祐四子,清例授修职郎,府庠附贡生(按,原文如此,仍旧)。公曾任常阴沙南兴镇董事,在本镇办施药局,以济贫病,人皆法之。生于同治十年,殁于光绪三十三年。子五:昌期、昌谟(嗣葆琛)、昌荃、昌猷(嗣苳琛)、昌道。配顾氏(后略)。

荟琛

字俊云,福祐五子,清例授承德郎,候选按察使照磨,附贡生。公曾任本乡乡立一校及本乡乡董。生于同治十年,殁于民国十七年,寿五十八岁。配杨氏,母家恬庄。继配郭氏,为杨库郭氏后裔。子三:昌熙、昌文、昌武,俱杨氏出;女三:长杨氏出,次、三郭氏出。

华琛

字朴三,号祝三,福祐六子,清例授儒林郎,候选布政司理问,廪贡生。公少而敏慧，故长文艺，工诗赋，弱冠食廪饩。科举既废，不复习帖括，兼效陶朱之懋，迁家滨江海，渔舶岁至，负贩络绎，设行以为经纪。曾任本乡乡佐，一以息讼解纷为事。民国十六年大饥，筹款发粟，以赈灾黎，乡民颂之。生于同治十三年甲戌八月初四，殁于民国十六年丁卯七月十七日，寿五十四岁。配吕氏（后略），侧室奚秀氏（后略）。子四：昌徵（吕氏出）、昌第（吕出，嗣苁琛）、昌甲（吕出）、昌鼎（本乡奚氏出）。女一（略）。

苁琛

福祐七子，清旌孝子，生于光绪四年戊寅三月二十七日，殁于光绪十七年，寿十四。子二：昌猷（嗣子）、昌第（嗣子）。

荃琛

字召诵，本福祐三子，嗣梦龙为后，清例授朝仪大夫，钦加运同衔，候选盐大使，附贡生。公豪爽任侠，好义接纷，少负大志，广结交游。光绪季年，鉴段山夹可筑巨坝培田以利农垦，拟集资兴工，为立案事奔走白门，中途江轮失慎，竟及于难，时论惜之。生于同治七年四月，殁于光绪三十三年丁未八月，寿四十岁，葬庞家巷西号。配龚氏，系浙江杭州龚定庵孙女（按，即龚自珍次子龚陶独女）。子三：昌煦、昌浩、昌照。女一：适南汇卫君友松。

【按】据《海虞禄园钱氏振鹿公支世谱》统计，福祐七子，孙辈（"昌"字辈）合计25人，可谓人丁兴旺。

诗歌、民谣

江　涨

秋来雨似浇，雨罢水如潮。市改依高岸，津喧没断桥。
云阴哭鸠妇，池溢走鱼苗。天意良难测，前时旱欲焦。

（宋代唐庚作。选自《张家港诗咏》，主编梁一波，凤凰出版社2008年版）

【按】宋代，江阴以下的长江主泓道开始北移，出现北坍南涨。据《嘉靖江阴县志》记载，宋初，今张家港市西北面的江中出现时隐时现的巫山沙和二角沙。宋代诗人唐庚（1070—1120）所描写的“江涨”，应该与江底升高、沙洲陆续形成有密切关联。

沙　上

四望无边际，中浮一片沙。人家居钓艇，官赋种芦花。
渚绿红蒿短，江青白鸟斜。垂流欲东去，万里寄生涯。

（元代宋无作。选自《张家港诗咏》，主编梁一波，凤凰出版社2008年版）

【按】方志记载，继宋代出现巫山沙、二角沙之后，其西北境又陆续形成了天台沙、东江湾沙、雷沟沙等多个沙洲。宋元际游走于长江南岸的诗人宋无（1260—1340）的这首题名“沙上”的诗颇有价值，值得注意。诗歌描绘了早期沙洲的自然风光和当地人的生活状况。此间土人称这些沙洲、沙屿为“沙上”（“沙”，方言读如“朗”），宋无很有可能是听到土人口述，便用“沙上”作为诗题。

春日野步书田家

翳日桤阴翠幄遮，葑围高下弈枰斜。
陂塘几曲深浅水，桃李一溪红白花。
赭尾自跳鱼放子，绿头相并鸭眠沙。
春郊景物堪图写，输于烟樵雨牧家。

（元代宋无作。选自《张家港诗咏》，主编梁一波，凤凰出版社2008年版）

【按】葑，即芜菁，俗称“大头菜”，性喜冷凉，适于砂壤土生长。葑围，指栽种芫菁的圩田。陂塘，圩岸里面的水塘、水池。鱼放子，春季鱼产卵。从诗中的"葑围""陂塘""鸭眠沙"等用语，可见这首七律写的是早期沙田围垦之后的风景物象。

踏车谣

高田水，低田水，田田积水车不起。去年因水民薄收，今年又水朝廷忧。
岸圩自是农夫事，工程赖有官催修。东家妇，西家妇，唤郎去斫荒丘土。
车沟昨日里外平，断塍紧待新泥补。踏车正忙儿又啼，抱儿踏车力不齐。
踏车不齐车转捩轴，轴转横牙妇伤足。妇忘怨嗟抚儿哭。
水深未易干，怕郎受笞辱。愿天晴，祛雨阴。
入夏无苦旱，至秋无苦霖。上宽天子忧民心，吾农饱暖长讴吟。

（元代张庸作。选自《嘉靖江阴县志》）

修圩歌

修圩莫修外，留得草根在。草积土自坚，不怕风浪喧。
修圩只修内，培得脚跟大。脚大岸自高，不怕东风潮。
教尔筑岸塍，筑得坚如城。莫作浮土堆，转眼都倾颓。
教尔分小圩，圩小水易除。废田苦不多，救得千家禾。

（明代姚文灏作。选自《嘉靖江阴县志》）

【按】姚文灏的这首《修圩歌》可以看作一篇修圩要诀。作者用通俗简明的语言总结概括了多年来筑圩修圩的施工经验及要领，具有一定的认知价值和功利价值。

开坝歌

开河容易坝难通，我有良方不费工。坝里掘潭宽似坝，却疏余土入其中。

（明代姚文灏作。选自《嘉靖江阴县志》）

吴农开河谣

远堆新土才稀罕，尽露黄泥始罢休。两岸马槽斜见底，中间水线直通头。

（明代姚文灏作。选自《嘉靖江阴县志》）

相视吟

三江七泽使舟轻，看尽长堤及短塍。鸡犬不惊行李处，鱼龙应识棹歌声。
泽边圩埂年年坏，江上潮沙日日凝。一筑一疏无别事，但教东作自西成。

（明代姚文灏作。选自《嘉靖江阴县志》）

【按】这首诗写的是官府巡查长江江堤及修筑圩田堤坝的情形。颈联两句叙写了筑修圩堤、圩坝的不易和沙洲日渐增长的实际情况。末句是围垦中筑堤筑坝的经验之谈：施工时先筑好东边的堤坝，然后再筑西边的堤坝就容易得多了。

望寿兴沙洲

沙洲涨出海中央，争筑圩田在渺茫。种得木棉天下暖，真成东海变栽桑。

（清代赵翼作。选自《赵翼诗编年全集》，主编华夫，天津古籍出版社1996年版）

【按】这首七绝是乾隆嘉庆年间诗人赵翼（1727—1814）寓居杨舍时所写。据地方志记载，明代时江中沙洲加速扩涨，逐步并联。清代中叶，江中沙洲自南往北基本上并联成三大块，称为"南沙""中沙""北沙"。寿兴沙，在今杨舍镇北面偏东处。诗的前两句叙写了在新长出的沙洲上，本地居民和外来移民争筑圩田、围垦的情况。第三句末作者原注"地产木棉最多"，因为新开垦的沙地较为贫瘠，不宜种植水稻，而适合种棉花。诗中的"木棉"，指可供纺纱织布之棉花。方志上说，宋元时期，此地从南方引进棉花，开始在雷沟沙等沙滩地上种植。

段山南夹筑江堰，余徇乡人士请从事斯役。
次坡集赵德麟新开西湖韵，赠同事李大光藻

军兴十年仓庾穷，庚癸呼到泥沙中。奇算忽与水争地，谈笑已失海若雄。
岷江西来七千里，两岸膏沃禾麦丰。段山之东多洲渚，支派南北未可通。
父老每叹泛舟险，欲架飞梁愿亦空。何意今年小游戏，居然塞破冯夷宫。
坐令洪流成止水，波光浮圆如瞳昽。平生稍稍厌夷坦，犯险颇有鲛人风。
与君相从何所似，延津同日飞双龙。堤东淤土堪卜筑，他年过我听秋虫。

（曹仲道作。选自《午生诗稿》）

【按】这首诗作于1923年。1916年冬，段山北夹筑坝断流之后，滩地增长迅猛，数年间新滩长出10 000亩。投资筑坝、修圩围田，获利甚丰，吸引了江阴、常熟两邑之热衷沙田权利者趁机而谋筑段山南夹江坝。江阴赵陶怀与冯逸云于1922年初联手组建福利垦殖公司，筹划操办南夹筑坝事，并于当年二月开工。施工后的一年多时间里，筑坝工程屡遭挫折。后终于1923年春筑成。首期工程围成新滩共1 600亩。段山南夹筑坝后60年，即1983年，曹仲道回忆往事，著有《段山南夹筑坝纪略》一文，可与此诗参阅。

四兴港望圩田三绝句

逢掖今生误作儒，晚师农圃信良图。家资恰有琴书在，换得西河五秭无？
腴地通潮亩一钟，爰田二顷亚侯封。怀新我识良苗意，剩与东坡夸世农。
江涨新沙海渐移，层层堤垸浩无涯。蓬莱可有闲田地，留与仙翁种紫芝？

（曹仲道作。选自《午生诗稿》）

【按】20世纪20年代前后，鼎丰垦殖公司、广业垦殖公司、福利垦殖公司等先后在德积、大新、合兴、三兴、锦丰等处筑坝筑堤，围圩造田，成果甚丰，单1926年，锦丰地区围垦沙田总计就有57 000亩。

初抵文兴沙

路入文兴界,夷犹趣倍长。杏梁初日丽,菱叶晚风香。
赠答同溱洧,歌谣想濮桑。由来轻艳地,易发使君狂。

(曹仲道作。选自《午生诗稿》)

【按】文兴沙位于今乐余镇东部,东兴村一带。面积约4 800亩。该沙洲形成于1912年,是刘海沙以东发育而成的又一沙洲。是时,刘海沙西部开始坍江,沙滩向东积涨延伸。刘海沙行政局将新兴的沙洲取名"文兴沙"。南通人士顾云千等于民国三年(1914)到此围成文兴头圩,之后又相继围成文兴二圩、三圩、四圩、五圩、六圩等9个圩。

筑堤扁担不离肩

家住长江边,扁担不离肩。围田挑江堤,天天不能歇。
扁担一离肩,圩岸不保险。米罐底朝天,烟囱不冒烟。

(丁仲明唱。选自《沙上山歌》,张家港市沙上文化研究会编,凤凰出版社2014年版)

心盼围圩有希望

身居茅庐野茫茫,日挑泥担冲热浪。夜观星星和月亮,心盼围圩有希望。
夜半鸡啼惊好梦,浪击圩岸心里慌。圩岸不倒有收成,三顿才有麦糁汤。
圩岸一倒喝黄汤,大浪冲倒茅草房。手吊柳梢喊救命,哭儿哭女哭爷娘。

(丁仲明唱,陈品忠搜集。选自《沙上山歌》,张家港市沙上文化研究会编,凤凰出版社2014年版)

有钱不买补额圩田

有钱不买补额圩田,干了僵硬湿了粘。
钉耙一砸一个洞,一砸就是四条缝,种了十年九年穷。

(选自《沙上山歌》,张家港市沙上文化研究会编,凤凰出版社2014年版)

【按】补额圩在大新镇桥头村南部,有埭名"补额圩埭"。山歌手说,这首山歌在清末民初时流传于大新龙华村、桥头村一带(1999年7月龙桥村、桥头村合并为龙桥村)。当地乡民说补额圩的沙田地力差,种庄稼收成不好,故有"有钱不买补额圩田"一说。

东北风起涨潮天

东北风起涨潮天,雨水调匀好种田。高田种到山脚下,低田种到从江边。

(施月春唱,杨子才搜集。选自《沙上山歌》,张家港市沙上文化研究会编,凤凰出版社2014年版)

做田难做四月天

做田难做四月天，做人难做半中年。莳秧要水棉要旱，蚕要温和麦要寒。

（苏红忠唱。选自《沙上山歌》，张家港市沙上文化研究会编，凤凰出版社2014年版）

轶闻传说

苍天赐福地

四百多年前，那时大新还未成陆，处在长江江心之中。

一年夏天，长江发大水，冲毁江南堤岸，大片农田被水淹没，庄稼颗粒无收。大批农舍倒塌，很多农户妻离子散，家破人亡。

江南一片悲哀，一片恸号：苍天啊！你为何无眼？你为何不保佑我俚百姓？

民间的恸哭声惊动了天庭。天帝得知民间发大水，立即派观音到民间勘察灾情。

且说观音端坐莲台，腾云驾雾火速赶到江南，只见一片汪洋，到处是民不聊生的悲惨景象，不由顿生怜悯之心。

观音急忙召见江神。观音道："江神，天帝命你管理江河，保佑人间国泰民安，如今江南遭此水灾，百姓处在水深火热之中，你如此渎职，该当何罪？"

江神连忙申辩："观音菩萨，天帝命我管理江河，保佑人间国泰民安，这乃是我本分，理当尽心尽责才是。怎奈江中有一蛟精，妖术颇大，无风能掀三丈浪，刮大风时能翻江倒海。近日它兴风作浪，冲破江堤，淹没良田，为害百姓，小神实在无法，请菩萨明鉴！"

观音掐指一算，方知是300年前在天宫因违反天条，被天帝贬罚于人间修行正果的蛟精所为。如今这厮仍劣性不改，为害百姓，为苍天所不容。但如何治罪于它，且等启奏天帝再行定夺。

观音回到天宫，将江南的灾难一一禀告天帝。天帝闻此，顿时天颜不悦。

天帝道："朕委派江神管理江河，如今江南决堤淹地，百姓遭殃，江神如此不尽职，朕定要拿其是问。"

观音连忙解释："天帝，此番并不是江神失职，而是那300年前被天帝贬罚人间修行的蛟精作祟所致。天帝啊，如不降服这孽障，江南永世不得太平。"

天帝一听，勃然大怒，即命太上老君速去民间收伏了孽蛟，并终身囚于天牢。

观音菩萨大慈大悲，众人皆知。孽蛟已囚，江南从此可得太平，但观音还有一桩心愿未了。这次到江南勘察灾情，目睹锦绣江南沿江大片土地陷入江中，观音内心感到甚是可惜。加之很多百姓流离失所，无家可归，更勾起观音的恻隐之心。如果坍塌于江中的地方再成陆地，让百姓重建家园，过上安居乐业的日子，这岂不是苍天赐福于人间，深得民心之举？想到此，观音决心再禀奏天帝。

天帝准奏，观音领旨又召江神商议。观音道："天帝已下旨，赐江南江边成陆，不知江神有何良方？"

江神道："菩萨，要使坍塌于江心中的地方重现陆地，非我一人之力所能及，必须借助雷公、雷婆、风神、雨神之威力方能成事。"

观音道："如何办法，你详细说来听听？"

江神仔细琢磨道："成陆之事最关键的是缺泥土，而泥土需从长江上游的丘陵高坡移来。那高坡泥土如何移至？要请雷公、雷婆施展法术，风神、雨神相帮。待到狂风大作，雷电交加，下得倾盆大雨，方可将高坡之泥土、丘陵之树木沦入江中，我再推波助澜，将大批树木组成众多木排，随泥沙漂流至江南的江边，这样木排就可阻使泥沙使之滞留凝聚而成陆地。"

观音觉得此法可行，于是再召雷公、雷婆、风神、雨神商量，众神均表示愿为成陆助一臂之力。且说时隔不几年，长江南滨河床果然快速升高。至明万历年末，现大新境内已露出洲渚，时谓"沙头"，亦称"江心洲"。

不多几年工夫，江心洲愈积愈大。民众眼看着大江在这里缓缓流淌，靠南岸的沙土渐渐凝聚成大片沙洲，便将这片沙洲定名为"平凝沙"。现大新境内的新丰村三组、四组，旧时称之为"东木排埭""西木排埭"——传说均是众神以木排相助而成。

又过了几年，平凝沙周围又形成了诸多沙头，如东凝沙、平北沙、永凝沙、段山沙、盘篮沙等，且又相继连片成陆。江南百姓纷纷涌入这片福地竞相围垦，不多久，天赐福地呈现出一派生机。

（搜集整理：花进宝。选自《双杏寺的故事》，花进宝主编，延边大学出版社1999年版，有改动）

殷明圩和江神庙

且说平凝沙成陆后，周围许多地主豪绅都对这块肥肉垂涎三尺，争相围垦占田，出租给佃农耕种（旧时称"搁新田"），以获取钱财。

江阴豪绅陈恒荣、朱吉禄因财大势强，买通县衙，获准围垦平凝沙。监管孙继富张榜招工，苏南、苏北无地少地农民及数千难民，为养活家小，纷纷前往围田。待准备工作就绪，正式开工已是二月下旬。当时人们习惯于常规围垦，未考虑防汛事宜，开工不几日，桃花汛期来临，只得停工。至小汛后复工，民工昼夜不息筑坝十余日，眼看将要合龙，哪料月半大潮又至，反将未合口冲大。众人心急如焚，束手无策。如拖延时日，不仅开支增大，而且往后潮位只会升高，合龙难度将更大。陈、朱问孙继富有何办法，孙说用船载石沉于缺口，以石代泥，否则无济于事。于是雇船购运石料，沉于缺口。本以为可大功告成，不料又节外生枝。是日半夜时辰，潮水从堤岸底层一穴漫溢，大伙未及发现，凌晨堤岸被冲垮，造成了更大的缺口。

民工多日辛苦，疲惫不堪，工钱又未兑现，眼见前功尽弃，群情困惑。监管孙继富也无计可施，一筹莫展。

正当众人急得如热锅上的蚂蚁之时，江神得知了情形。江神想：天帝赐其成陆，为的是江南百姓共享洪福，如今围堤不成，劳民伤财，我怎能袖手旁观？

江神正寻思着如何助众人一臂之力，忽见江中漂来一木偶神像，不由心中一喜，便将神像急推向堤岸决口处。

众人见神像漂至，又惊又喜，一时不知所措。这时，有一位苏北民工叫殷明的见后一惊："此神像定是江神老爷，他前来保佑我们围堤。"殷明来不及多考虑，当即跳入急流，拼命将神像推向堤岸。于是众人合力将神像捞起，放于圩田高地。殷明首先跪拜神像，虔诚求助，并泣诉："江神啊，您行行善，我等家有高堂、妻儿，急等围堤工钱活命，请江神保佑围堤成功啊！"

孙继富和众民工见情也齐跪不起。孙继富许愿："若江神保佑围堤成功，日后定塑菩萨金身，修江神庙堂，以表虔诚敬谢之意！"

说也奇怪，话音刚落，只见潮水哗哗退去，一落数丈，众人惊喜不已，一边齐呼"谢江神"，一边赶紧取大棚里铺地稻草和泥扎成"泥牛"投入缺口。只一个时辰，缺口即全部合龙。

平凝沙上第一个圩田终于围成了。民工们都说是殷明祈求江神护佑有功，纷纷提议把这个圩田定名为"殷明圩"。陈恒荣、朱吉禄两家原先尚未商定好圩名，现在听民众这么一议论，也就顺水推舟，当即把圩名定了下来——殷明圩就在如今年丰村境内。

再说殷明对众人的抬举感激不尽，收工之后，他回到苏北老家，说服家人，举家迁到殷明圩，在此建新家，创新业。

监管孙继富没有忘记求江神保佑时许下的愿，积极筹建江神庙。陈、朱两家原本信佛，听说殷明等人虽不富裕，却也在工钱中捐出银两铜钱资助建庙，很是感动，于是慷慨解囊，建庙积德。又从外地请来塑像高手，塑造了江神神像。

江神庙落成，择个黄道吉日，举行开光大典。江神庙有正殿，有侧厢，飞檐翘角，富丽堂皇。因江神显灵愈传愈神，四方沙民前来进香祈福者络绎不绝，香火日益兴旺。

其时，江神庙北侧江中来往船只甚多，夜间行船时有搁浅于沙滩。当地百姓又在江神庙前竖起一根五丈多高的旗杆，夜间挂起灯笼，以作航标，故而土人亦称江神庙为"旗杆庙"。

却说平凝沙在南，段山沙在北，平凝沙上的江神庙宛如龙头高高昂起，段山沙上的段山屹立江边，仿佛是翘起的龙尾，一南一北遥相呼应。在这块风水宝地上，沙上人世世代代辛勤耕耘，用自己勤劳的双手描绘着锦绣家园。

（搜集整理：花进宝。选自《双杏寺的故事》，花进宝主编，延边大学出版社1999年版，有改动）

飞蝗不落平凝沙

相传很久以前，许多地方曾发生过多次蝗虫灾害。凡是蝗虫经过的地方，庄稼都被吃得精光。唯有平凝沙范围内，禾苗依然葱郁茂盛，煞是奇怪。欲知其中奇，且听慢慢说来。

有年夏天，双杏寺周边的农田，棉苗、稻禾、黄豆等作物长得一片葱绿，眼看丰收在望，老百姓心里高兴啊！突然，其他地方纷纷传来遭受严重蝗灾的消息，说是仅一个早上蝗虫就吃了几十亩黄豆棵，一个上午几百亩棉田及稻禾就一棵不剩了。真是灾情天天有，传闻日日惊，一时间人心惶惶。

　　双杏寺住持不二和尚也为此忧心忡忡——他要保护地方庄稼不受蝗虫侵袭，让老百姓有个好收成。不二和尚想到寺内的城隍老爷一向护佑百姓，极为灵验，于是，率寺内众僧设法会，念经忏，烧高香，祈求城隍老爷施法，驱蝗保民。当天夜里，城隍老爷托梦给不二和尚，说是民间蝗灾情况尽已知悉，但天庭自有神司管蝗虫，自己心有余而力不足，待上天禀报玉皇大帝之后再行定夺。

　　第二天，城隍直上凌霄，向玉帝呈上一道奏章，请求派神将到民间治蝗。玉帝当即准奏，派猛将前去灭蝗。原来，猛将老爷是蝗虫的克星。

　　猛将老爷驾临双杏寺，如此这般地向不二和尚交代了一番。不二和尚心领神会，即遵照猛将吩咐，在双杏寺内搭起一座丈二高的除蝗法坛，法坛左右各悬挂一只丈余长的仿制蝗虫，这两只蝗虫的头颅被割去——表示如有蝗虫敢来此地侵袭，定当斩首示众。法坛下面端坐着众多念佛婆婆，她们一边口中念青苗佛经，一边手中忙着制作红、黄、绿色三角令旗。青苗佛经念毕，身穿法衣、手执拂尘的佛头带领众信徒走向田头。佛头一边走，一边还摇着串铃，口中念念有词。众人纷纷将三色令旗插在田间。

　　说来奇怪，蝗虫一见如此这般光景，竟不敢越雷池半步。

　　当然，也有极少数胆大妄为的蝗虫要作祟，猛将老爷便在它们头上加上一道符咒，再刻上一个"王"字——这"王"字如同观音娘娘戴在孙悟空头上的紧箍儿一般，只要一念咒语，图谋不轨的蝗虫立刻毙命。

　　一天下午，众多百姓正聚集在双杏寺广场上烧香拜佛，忽然间，从南面天空中涌来一大片黑压压的乌云，乌云还在头顶上发出轰轰巨响——原来是不知其数的蝗虫飞了过来。但是这群蝗虫并没有在此停留，而是越过双杏寺，一直朝北面疾驰而去……

　　从此，此地便流传开了一句熟语："飞蝗不落平凝沙。"

　　双杏寺镇守着的这块风水宝地，年年风调雨顺，五谷丰登啊！

　　（搜集整理：丁正环。选自《双杏寺的故事》，花进宝主编，延边大学出版社1999年版，有改动）

段山的传说

一、来历

　　很久以前，平凝沙一带的长江南岸山多墩多，长江北岸无山少墩。

　　有一天，小秦王路过江北天生港，见这里许多百姓都有愤愤不平之意，一问情由，方知是怨恨天道不公，说是江南有山有石可保坍，而江北无山无石难挡浪，百姓深受其害。

　　小秦王仔细一看，果真如此。于是问江神："长江水位究竟有多高？"江神答：

"无风腾起三尺浪。春秋时节,十里洋洋,高低一丈。若是风婆、雨伯、洪水三兄弟一起来,浪头一掀三丈三。"

"原来如此,难怪无山无石可挡浪潮的江北百姓要口出怨言!"小秦王指指江南边,又指指江北边,不由大喝一声:"怎能如此不公!"

说罢,小秦王一个虎跳,蹿上云端,挥起手中神鞭,对准矗立在江南岸的香山北峰一左一右用力连劈两鞭——

轰!轰!

只见鞭到之处,香山北峰裂成两大截飞崩出来,直抛江北面——左边一截抛到靖江,落地生根,成了孤山;右边一截抛到南通江边,落地生根,成了狼山。因为狼山的石色也像香山一般,呈紫褐色,故而狼山又称"紫琅山"。

小秦王又用鞭梢一勾,一块山边角落得不远——就落在香山东北面的长江里,人称"断山"——是山石被鞭抽断之意。后人觉得"断山"名称不雅,将其改名为"段山"。

小秦王神鞭劈三山,是为江边老百姓谋福利啊。

【按】"小秦王鞭山"的传说在沿江一带流传甚广,有多个版本,其中一个版本讲小秦王所劈之山是长山。长山又称"真山""石筏山""秦望山"。长山东边早期形成的沙洲有天台沙、巫山沙、石头港沙、段山沙等。

二、圌山

提起段山,众人皆知。从前段山又叫"圌(方言读如团,tuán)山",知晓的人就不多了。

传说在龙凤年间,占据江南段山沿江一带的张士诚与朱元璋、韩林儿结为异姓兄弟。三兄弟一致反对元朝统治,于是起兵造反,要平分坐天下。

不久,红巾军首领韩林儿被大将刘福通拥立为小明王。后来,小明王与张士诚分道扬镳,小明王部队被张士诚包围在安庆,小明王急派人求朱元璋发兵解围。朱元璋找军师刘伯温商议,刘伯温想了想说:"张士诚和小明王相互残杀,都会大伤元气。这对大王您日后完成统一大业倒是有利的。现今如果救了小明王,将来就会多一个竞争对手啊!"朱元璋觉得军师所言甚有道理,于是决定不发兵。

小明王无法,只得率领亲兵冒险突围,乘上船只向东逃跑。张士诚的战船在后面紧追不舍。小明王眼看追兵愈来愈近,情急之中,忽见江中有一座小山,就命舵工靠岸,躲进了这座小山。张士诚在后面看得真切,原来小明王躲进了自己的据地老巢中,心中不由一喜。张士诚立马布兵遣将,将孑立江中的山头团团围住。就在他要上山一举歼灭小明王时,哪知江中潮水猛落,大船总靠不拢山脚,张士诚十分焦躁。忽然山上又射下一阵乱箭,围山士兵死伤数百。张士诚无奈,只得收兵,回镇江大营。

朱元璋总也弄不明白小明王大难不死的原因,就派军师刘伯温到实地察看。刘军师将山形水势仔细察看了一番,顿有"乾与坤合天地宽,山与水连象形胜"之感。军师自言自语道:"此地是朝生紫霞迎日头,瑞气万千;午有灵光射斗牛,皇气满天;晚落金乌接银月,福臻万年;夜出北斗横天际,浩恩绵绵。"军师心想:张士诚虽久据此山,却对此山的形胜还未真正了解。小明王被张士诚圌(意为围住)在这里，所以得以生还，是这座宝山救了他的命啊！此山不如就叫"囤山"吧！

【按】韩林儿、张士诚、朱元璋是元末起义军中的风云人物。这段传说讲了起义军首领之间的争斗，讲了段山曾经作为军事要地的掌故，有一定的认知价值。但民间传说不是正史，所叙内容往往与历史事实有些出入。史载，元至正十五年（1355），刘福通迎立韩林儿为帝，建都亳州，国号"宋"，史称"韩宋"，年号"龙凤"。时朱元璋为韩林儿部下，任左副元帅。龙凤十二年（1366），朱元璋拥兵自重，沉韩林儿于瓜洲长江中。元至正二十七年（1367），朱元璋遣大将军徐达攻陷平江（今江苏苏州），擒吴王张士诚，张士诚在被押解应天（今江苏南京）途中自缢死。

三、青螺山

从前，段山还在江心中。远远望去，就像一颗大青螺吸浮在长江上。

传说东海老龙王的长孙与服侍龙婆的一个丫鬟深深相爱。这个丫鬟原是一个青螺精。老龙王对长孙与青螺姑娘相爱十分恼火，趁长孙不在龙宫时，暗里将青螺姑娘压在段山底下。

龙长孙回宫不见了青螺姑娘，日夜思念，闷闷不乐，身子渐渐消瘦。一天，老龙王叫其他几个龙孙陪龙长孙到外面去散散心。他们来到了孑立在江中的段山上。几个龙孙出于好奇，便要把段山揿到长江底。他们揿呀揿呀，忽听得下面有喊救命的声音，龙长孙觉得好像是青螺姑娘的声音，钻下去一看，果然是青螺姑娘，便一把将青螺姑娘从山底拉了出来。

青螺姑娘出得山来，一头扑在龙长孙怀里，两个有情人抱头痛哭。众龙孙被他俩的真心相爱感动了，有意成全他们，但一时想不出好办法来瞒过龙王爷爷。过了一会儿，有个龙孙想了想说："要是龙爷爷知道青螺姑娘已不在段山底下，今后定然不会放过青螺姑娘。不如叫青螺姑娘断尾吸在段山顶上，我们谎称青螺姑娘已经恢复原形，这样龙爷爷就不会怀疑了。"众龙孙一听，都认为这倒是个妙计。

从此，龙长孙和青螺姑娘再也没有回到东海龙宫，他俩留在民间成了一对恩爱夫妻。

因此，人们将段山称为"青螺山"。《澄江旧话》也记载了这个传说。

四、蛤蟆山

300年前，段山旁的万顺圩里住着一个姓石的姑娘，名叫铁妹。她不仅挑花、纳绷、织布样样精通，而且还有一副好心肠。

村西头有一个段姓后生家，叫金生。金生心地善良，有一副结实的身板。漂亮的铁妹深深爱慕着心地善良的金生，心地善良的金生也喜欢贤惠漂亮的铁妹。村上人都说，铁妹和金生是天生的一对。

一天傍晚，一只偌大的蛤蟆精跳到段山夹的深漕里。它吹吹气，村子里雾蒙蒙，一片腥气；它喷喷水，村上的人家全都灌满了水。铁妹和金生好不容易游到了段山上。他俩看看村里的景况，心里犯愁。突然间，段山夹的水面上泛起一个大漩涡，一个白胡子老头被一个阔嘴、凸眼、短腿的丑八怪押着浮上水面。丑八怪命白胡子老头向山上喊话："乡亲们听着，段山夹漕里来了一只蛤蟆精，腥气是它吹的，大水是它喷的，它要一个美女给它做老婆。如三天之内不把美女送给它，大水要淹到八月半!"

听了白胡子老头的喊话,铁妹心想,若长期淹下去,全村百姓都遭殃了。她眼珠子转了几转,办法就来哉。她一把拉过金生,在他耳旁悄悄地说了一阵,然后双双游到段山夹的水漕边。

金生对着水漕里喊道:"蛤蟆王、蛤蟆王,我把妹妹送漕旁。快来相亲当面讲,我好回家备嫁妆!"

蛤蟆王听到喊话,钻出水面一看,果然有一位绝色美娇娘站在齐腰深的水中。它高兴得蹦跳起来嚷嚷:"天上仙女我见过万万千,龙宫美女我都看不上。眼前的妹妹我中意,我要娶她做新娘!"它接连几跳,跳到铁妹身旁,就要动手动脚。金生急忙阻止道:"蛤蟆王,莫轻狂,动手动脚勿像样。待我回去做好一十八套新衣裳,三天之后你抬花轿来娶新娘!"

蛤蟆王一听,又蹦起三尺高,笑着连说道:"好,好,好!三天之后你一定要办到!"金生又说了:"如今大路水连天,我怎么到城里办妆奁?你快快把水退下去,我好赶紧去把布来剪。"蛤蟆王马上接话:"这好说,这好办,这大水说退就退一霎眼!"说罢,蛤蟆王张开大嘴巴用力一吸,顿时遍地大水被它吸到大肚子里去了。

三天后,蛤蟆王喜滋滋地带着小蛤蟆们抬着花轿来到铁妹家迎亲,却看见铁妹正低头落泪,哭得十分伤心,蛤蟆王忙问道:"心肝宝贝美娇娘,迎亲轿子到场坎。女大十八正好嫁,临轿为啥泪轻弹?"

铁妹说:"蛤蟆王,好新郎,我做了一十八套新嫁衣裳,有套嫁衣该用珠宝做扣档,可找遍珠店都配不上。俗话说,出嫁衣裳不称心,过门要死当家人!"说罢,铁妹哭得更加伤心了。

蛤蟆王听了哈哈大笑:"宝贝呀,莫悲伤,我就去城里找个珠宝商!"

铁妹接口说:"蛤蟆王,好君郎,我这身衣裳是金线盘花银线镶,只有段山洞里的珍珠才配得上!"

蛤蟆王一听,连蹦带跳哈哈大笑:"好妹妹,好新娘,你不但美貌还有好主张,点子胜过诸葛亮!大王我、立马就到段山洞里走一趟,拿到珍珠百宝送新娘!"说罢,一个大蹦跳,直扑到段山顶上。

再说金生早已同九九八十一个青壮小伙子蹲守在段山顶上的马鞍石旁。蛤蟆王见阿舅金生在此,便一跳跳到马鞍石上。他不知马鞍石上已浇满了黏糖,蛤蟆王前脚动,后脚黏牢;后脚想动,前脚又被黏牢,这样两下三下,越动越黏,动弹不得。这时,四周放起大火,片刻工夫,这只蛤蟆精就被烧成了石头。

从此以后,人们就将段山称为"蛤蟆山"。

(口述:江勤堂;记录整理:瞿涌晨。选自《双杏寺的故事》,花进宝主编,延边大学出版社1999年版,有改动)

断头港

断头港是大新港的旧名,也是今天大新镇的别名。

清朝咸丰年间,永凝沙上有一条北接渡泾港、南通小朝西埭的港道,它与东西流向的段山夹中心套河相交,名为"小朝西港"。小朝西港狭窄弯曲,潮涨水溢岸,潮落底朝天,向南一里多就断了头,所以又被人们称作"断头港"。

到了民国十年(1921),江阴福利垦殖公司在新海坝和顶海岸之间拦了一条坝,坝上渐渐有人造屋住家,有人开店设铺,原先冷落的断头港一下子变得热闹起来。北去老海坝挑鲜的,南到双杏寺烧香的,东往中兴街赌钱的,西至朝东圩港籴米的,大多要在断头港歇脚停留。

民国十二年,大岸埭地方绅士李新乐萌发了在断头港建街兴镇的念头。他邀集愿意参加建镇经商的人多次磋商,最后一锤定音,决定合力建镇。然后还要定一个新建镇的镇名,大家七嘴八舌议论纷纷。有的说,以地名"断头港"的谐音取"段头镇"好了;有的说,要盼街市兴旺,不如叫作"大兴镇"。颇有才学的李新乐沉默少许后摇摇头开口说道:"称'段头镇'总归感觉不吉利,'大兴镇'这个名称好是好,但不过周边取名'大兴'的已经比较多了。依我之见,不如将'兴旺'之'兴'改为'新旧'之'新'。"众人一听,都觉得李先生言之有理,于是一个齐声号子表示赞同,"大新镇"这个名称由此诞生。

李新乐、李醉仙等十余人紧锣密鼓,筹措建街事宜。到这年年底,在断头港的东侧就建成了一条南北走向、长约半里、东西对面的街市。

解放之后数十年间,地方政府三次疏浚了断头港,又截弯取直,将断头港变成了一条既能排灌又能通航的宽阔河港。今天大新镇的规模格局、繁华程度,与从前的"断头港"真有天壤之别啊!

(口述:陈斗生,男,时年88岁;顾永源,男,时年80岁。搜集整理:卢林培、江勤堂。选自《双杏寺的故事》,花进宝主编,延边大学出版社1999年版,有改动)

救命墩

救命墩原先是烟墩。明代老沙上的烟墩是万历年间由江阴知县发起修筑的。至清乾隆年间,沿江一带已有十多个烟墩。

今大新境内,旧时有两个烟墩,一个在长青村,一个在龙桥村。烟墩是用土堆成的,墩高8至10米,上平面长、宽各10米左右,墩基周长45米至50米。夯土十分坚固,墩一侧用黄石或砖砌成一条甬道,呈"之"字形通到墩顶。

筑烟墩,是用来传递军事情报的。在墩顶堆放干柴及硫黄、硝石等引火物,一旦敌人来犯,白天放烟幕为号,夜间点火为号。设置一般是五里一墩,十里一台,统称"烽火台"。烟墩除用于军事外,在炎热的夏天,许多沙民会将烟墩作为夜间纳凉之处。最重要的是,每当洪水泛滥,危及老百姓生命时,村民便拥到烟墩顶上,故烟墩又被村民称作"救命墩"。

清乾隆十三年(1749),两江总督周应龙视察江防,派人加固救命墩,并在墩的四周20步开外种上枫树或杨树，形成栅栏。此外，还在墩顶竖起旗杆，将扯旗作为防汛信号。诸事安排完毕后，由县衙颁文通告：任何人不得将烟墩私占或另作他用。

雍正年间，江南巡抚到沿江赈灾，发现烟墩太少，于是命江阴知县郭纯发动沙民在平凝沙上又堆筑起数个大土墩，供百姓避难之用。因土墩全用雨淋不塌的黄泥垒成，故老百姓也称它为"黄墩"。

（搜集整理：瞿涌晨。选自《双杏寺的故事》，花进宝主编，延边大学出版社1999年版，有改动）

刘海沙的来历

锦丰镇北面沿江一带，从前是一大片沙田，这片沙田叫"刘海沙"。刘海是传说中的仙人啊，这片沙田怎么取了这样一个名字呢？听老辈讲，有这样一段故事。

在清朝咸丰年间，江北面海门县有一个乡绅叫顾七斤，家有良田千亩，又会经商做生意。这一年夏天，顾七斤听说江南面的沙滩又积涨出了许多，官府正招募有实力的地方富绅前去圈地开垦。顾七斤寻思："坐吃要山空，我不妨到江南去踏勘踏勘，或许有机会亦未可知。"

顾七斤打定主意，就雇了一条帆船出发了。真是"天有不测风云"，出门辰光，天还是好好的，帆船刚驶到江心，天色突变，顷刻之间乌云密布，狂风暴雨大作，帆船失去控制，一个大浪头打来，掀翻了船身……慌乱之中，顾七斤赶紧抱住一块舱板，在浪涛中沉沉浮浮，随波漂流……

过了大约一个时辰，顾七斤从昏迷中渐渐苏醒过来，感觉两只脚好像踏在沙滩上，他赶紧挣扎着浮出水面，走到岸边，一个踉跄，又跌倒在地。等到顾七斤再睁开两眼，只见风已止、雨已停，云隙里又露出了太阳。再定睛一看，奇怪！在离他三丈远的地方明明站着一个人——

这个人模样和打扮好奇怪：是一个后生家，胖胖壮壮的，蓬头散发；披一件宽宽松松的外衣，手腕上系一串用红线穿起的金钱；赤脚，脚下呢，踩着一只三条腿的大蛤蟆……

"咦……"顾七斤见多识广——这不就是传说中的刘海仙吗？

勿错，眼前这位就是大名鼎鼎的八仙之一、吕纯阳的得意弟子刘海。刘海同乃师一般，喜欢云游四方，为百姓祛邪解难，除害灭妖。传说刘海早先以砍樵为生，得了法力之后，在山中铲除了金蟾、石罗汉、九尾狐狸三怪，还收了三足金蟾帮他钓钱财，周济百姓。所以民间广为流传这一说法："刘海戏金蟾，步步钓金钱。"

顾七斤激动了："大仙，大仙——"下面"救我"两字还未曾出口，只见刘海朝他点点头，伸出手，指点着他周围的芦苇滩，微微一笑，然后倏忽腾空而起，消失在一朵祥云之中……

顾七斤愣了半晌，明白了："哦，是刘海仙指点我开发这片宝地——这是一桩对百姓有利的好事啊……"

接下来，顾七斤在江南盘桓了几天，同当地保甲、乡绅接洽，磋商圈地、围垦事宜。顾七斤盘算一番，回到家乡，花了一笔钱，在通州府办到一张开发滩地的执照。当年冬季，就在江南组织起数千民工大干起来，筑坝、围岸、开渠、整地。从冬到春，几千亩滩地初具规模。可就在此时，节外生枝，来了一个竞争对手。怎么回事呢？

原来，在江边圈地围垦的事也吸引了常熟地界上的富绅，有一个叫钱祐之的，在常熟县衙门里也花钱搞到一张营业执照，也组织一帮人急急忙忙前来围垦。于是，钱、顾双方打起官司来，明争暗斗，争地，抢水，纠缠不休。一场官司打了十来年，从咸丰年间打到同治年间，末了呢，总算由江苏布政使出面调停，以新开凿的常通港为界，北属南通，南属常熟，这样，钱、顾两方才算摆平。

当初，顾七斤名下的沙田要起个名字，顾七斤自然想起刘海仙的指点，就取名"刘海沙"。不过么，听老人讲，其实骨子里顾七斤还有一层意思：他的对手姓钱，他要挖苦姓钱的，他要出出这口气——"刘海戏金蟾"嘛，金就是钱，钱就是金，你姓钱的不过就是一只三脚癞团哇！

（整理：乐予。选自《沙上文化青少年读本》，张家港市沙上文化研究会编，广陵书社2019年版，有改动）

"讨饭圩"

杨舍镇西北偏北有个范港村，因境内纵贯南北的范港河而得名。

查《杨舍堡城志稿》中的杨舍镇全图，清代光绪年间范港河还是直通长江的河道。因范港河北通长江，南连东横河，故而在农田灌溉及水上运输上发挥了较大作用。明代中叶，在范港设巡检司，沿江巡检司的主要职责是对过往船只进行管理、检查，并防御倭寇入侵骚扰。据地方志记载，清末，有郭姓商人在范港口开设协成木行，后又开设花衣行，经营木材生意，经销花衣、籽棉。此后众多客商、棉农渐渐在此聚集。至民国中期，范港桥东西两岸形成了一条百米长的街市。

范港有个自然村叫"丰字圩"，又称"绞绳圩"。相传清初有一龚姓移居此地种麻，收益尚可。20世纪30年代中后期，龚氏后代将种植的麻取皮后用自己制作的木机绞制成麻绳，之后又用稻草绞成草绳。麻绳的用途很多，草绳一般用于本地棉花等物件的打包。龚氏生意兴隆。数年后，村里几乎家家户户都做绞绳。

可是，绞绳圩在20世纪30年代后期至50年代初期曾一度被称为"讨饭圩"，为什么呢？

绞绳圩地处南横套南边，地势低洼，常因台风暴雨袭击而堤岸溃塌，洪水淹没圩田、房屋。据当地老人回忆，抗战爆发以来十多年间，这里几乎三年两头遭受水涝灾害，曾经多次出现圩田颗粒无收的情况。那时候，绞绳村有30户人家，有29家半被称为"讨饭户"——为什么呢？因为有一户姓董的人家只是在每年年初一到正月半外出讨饭，所以被称为半个讨饭户。

新中国成立后，人民政府十分重视防汛抗灾工作，自1975年起陆续修建了包港、范港、庙泾港 3 座圩口闸和 3 座排涝站，修筑了 2 600 米长、4.3 米高的范港圩堤，并增设引排涵洞 12 座。

（作者陈进章。原载《谷渎潮声（续集）》，2021 年版，有改动）

顾七斤之死

在旧时常阴沙诸沙中，有个登瀛沙（位于今乐余双桥之北）。追溯登瀛沙及其历史，顾七斤无疑是个关键人物。

从现有资料得知，顾七斤名岐，号渭溪，"七斤"乃其诨号，乡人尊称其"七斤公"。他是通州海门人，嘉庆年间出生，同治十二年（1873）卒。咸丰年间，太平军占领江南，时局动荡，顾七斤夤缘得到通州团练大臣王藻力的支持，集资率先过江至登瀛沙从事围垦，因经营有方而富甲一方，声名远播，可谓家喻户晓。有关他的种种传说轶闻，至今依然在常阴沙当地老人口中流传。

顾七斤早年以围垦起家，是境内最早的沙田大亨。他识见非凡，长袖善舞，且富有行动力，在瞅准了沿江滩涂蕴含的巨大经济价值后，巧妙借助身边的社会资源，率先在常阴沙一带进行规模垦殖。他善于处理与各竞争对手的关系，如与鹿苑钱祐之家族从公开竞争对抗到逐步转为联姻合作。据鹿苑钱氏振鹿公支家谱记载，钱祐之的次子莪琛后来就娶了顾七斤的孙女，从此顾、钱成了儿女亲家。

顾七斤围垦的成功先例引来了周边投资者的跟进，他们前赴后继，筚路蓝缕，为常阴沙地区的经济繁荣奠定了坚实基础。后人饮水思源，奉顾氏为财神，为他立祠，每当春、秋二祭，人们会不约而同地对着顾的神主祭拜，以求为自己带来福报财运。

由于人性的复杂，以及利益立场和认知视角各异，时人及后人对顾七斤的生平行迹难免褒贬不一。其中有关他的死引出的一些离奇传说，尤其匪夷所思，耐人寻味。

顾七斤死于 1873 年年初。据他的同时代乡人描述，虽然顾氏生前是个十足的土豪，得到了普通人根本难以企及的荣华富贵，但他死得很痛苦，也很难看，一句话，很不体面。这又是为什么呢？莫非顾七斤真的是前世做过孽，或者做过什么伤天害理的坏事，才不得好死？带着这个问题，我们不妨来看看当时人的叙述。

据知情者称，常阴沙一带的人多称顾氏为"七爹"，或径称其为"老板"。他拥有良田 70 000 余亩，家中饲养的耕牛就有 2 000 头，其财力之雄厚由此可见一斑。依托地主身份，其全年收成的百分之七十归他本人，佃户辛苦一年，只能得到百分之三十。

顾七斤不仅是个货真价实的土豪，还是一个享乐主义者。据说，顾氏除了在登瀛沙建了一座大型豪宅之外，还在周边另建有八十多处别业或庄房，供其享乐。

传说顾氏这人非常好色，常不择手段强掳有姿色的民女供其淫乐，先后共纳妾 5 人，而"远近妇人受其污者莫点其数"。顾七斤共生有 9 个儿子，但奇怪的是，居然没有一个长得像他，所谓"无一似乃翁之门户人也"，你说奇怪吧？

同治十二年元月二十一日这一天，天色灰暗，寒气逼人。此时的顾七斤，由于长期的身体透支，加上年迈有病，早已失去了昔日的雄风，连日来一直卧病在床。就在他昏睡之中，一只黑虫突然飞来，落在他的耳朵上咬了一下，因疼痛难耐，昏睡中的顾七斤顿时惊醒，继而两足蹬床，大声叫喊。很快，他似乎出现了全身性的中毒症状，人们看到他头肿如斗，四肢也迅速肿胀。

接下来的 6 天，顾七斤的病情继续恶化。就这样，原本老病衰弱的顾七斤，忍受着平生从未遇到过的病痛折磨，度过了人生中最痛苦的 6 天。到了二十七日，病人终于呜呼哀哉，撒手人寰。

顾七斤死了，可离奇的事还在继续。

在他的尸体入殓时，人们诧异地发现，他枕头底下居然躺着一条死蜥蜴（四脚蛇）！在大冬天里，居然有飞虫咬人致死，而且居然有冬眠的蜥蜴死在死者枕头底下，这些奇事，着实匪夷所思。这些均为参加吊唁的朋友亲眼所见！

上述故事，后人看来难免离奇诡异，如同小说家言，但无论真伪，其中所包含的因果报应、劝人为善的道德教化，则是显而易见。

（黄志刚根据《申报》1873 年 7 月 27 日第三版《黑虫伤人致死》等资料整理而成，初刊于《沙上文化研究会论文集》第三期，有改动）

第八编 围垦相关研究成果

近代"沙田世家"
——以鹿苑钱氏支系钱福祐家族为例

随着长江泥沙的不断堆积，鹿苑一带出现了广阔的沙洲地，大批移民纷纷前来围垦造田。钱福祐家族因兵乱（咸丰庚申战事）而迁居滨江沙洲，也萌发了围田的想法。经过族人的不断努力，钱氏家族积累了不少财富。在家族兴盛后，面对科举废除的历史变革，钱氏家族开始兴办新式学校，培养家族人才，在近代出现了钱昌照等众多名人。

从相关文献中可以发现，迟至清代同治年间（1862—1874），鹿苑钱福祐、钱福淇（从）兄弟已开始了沿江沙洲的围垦，之后，子孙克绍箕裘，承先启后，累世究心围务，振兴实业，直至当地解放，前后历时将近一个世纪，称其"沙田世家"，可谓实至名归。

一、谱系和家境

江南钱氏，为五代吴越国（907—978）武肃王钱镠（852—932）之苗裔，源远流长，开枝散叶，子孙分布海内外，因后裔主要集中在江浙一带，世称"吴越世家"。鹿苑钱氏，始迁祖千一公（元孙）为武肃王十一世孙，南宋末年为避元兵自南通渡江南来（按，千一公父迈，知南通州，一说为南通州判，时值元兵南侵，卒于任），卜居滨江之奚浦（今属张家港市塘桥镇巨桥村），四传至昌宗，生二子：钱镛、钱珍。钱镛居禄园（今鹿苑），为禄园支祖；钱珍留在奚浦，为奚浦支祖。两支钱氏，各有后裔迁城，明、清两代簪缨辈出，素有"四世六进士，三代五经魁"之科名。据《海虞禄园钱氏振鹿公支世谱》，近世定居鹿苑镇地区之钱姓，乃武肃王二十七孙振鹿公由附近陈巷桥（即乘航桥）迁居后所繁衍。原来，自钱镛之子本忠（静闲公）首迁鹿苑，经180年的生息，蔚为巨族，至嘉靖倭患，二十四世孙怀桥公迁居陈巷桥（港西巷），至其裔孙永安（字瑞甫，号振鹿，明恩贡生）一辈，举家迁回鹿苑镇，是为钱氏振鹿公支系，而钱福祐昆季即其支系后裔，按族谱，钱福祐一辈为武肃王三十四世孙。

福祐曾祖名渤（1737—1805，吴越王三十一世孙），字协乾，号恬溪，国学生，与恬庄杨岱（1737—1803）为同时期人。曾构新居于鹿苑西街旧宅之东,是为燕贻堂支。

祖廷柱(1770—1856),渤三子,武举人,太湖协右营千总,附监生。廷颇能承续家风,"读书起家,兼营米业",且"俭德持恭,仁风被众"。

父梦虎,廷柱第三子,武举人。

福祐父辈有兄弟四人,分别是万年、泰庚、梦虎(啸岩公)、梦龙,除仲子泰庚外,万年、梦虎、梦龙兄弟三人均为武举,其中,梦虎、梦龙兄弟曾同年考中道光甲辰科(1844)武举。再往前推,福祐祖父廷柱仲兄,即钱福祐伯父廷栋,及其子万青(福祐从兄)父子,分别为乾隆五十三年(1788)及嘉庆二十四年(1819)武举人。因此,钱昌照晚年曾说:"我的先人,曾祖父一辈,武人居多。"

父辈兄弟四人中,只有仲弟庚泰一人业儒,志在科场,不幸科运不济,乡试未售,且途侵霜雪,最终病入膏肓,赍志而殁。

钱福祐,字祐之,庶出(生母陶氏),兼祧梦龙(吟岩公),附贡生。家谱称钱福祐"德望著于乡里,家业列素封"。

福祐生七子,分别为:葆琛、莪琛、荃琛、蔚琛、荟琛、华琛、荩琛。其中,尤以钱葆琛、钱荃琛等能承继父业,究心沙田围务,成就显著。

旧时的常熟,翁氏与钱氏均为望族,素有来往,堪称世交。据钱昌照回忆,光绪二十四年(1898)五月,两朝帝师翁同龢罢职归里,在翁氏里居的7年间,父亲钱荃琛常去拜访,并由此结识了翁氏门生、实业家张謇(先世自常熟迁居海门)。

张謇为清末状元(1894),近代著名实业家,他所倡导的实业救国和发展现代教育的思想及实践,对中国的现代化进程影响巨大,受到后人的广泛肯定。通过翁同龢的介绍,南通张氏和鹿苑钱氏建立起了深厚的关系,并对鹿苑钱氏近世从事的实业活动产生了不小的影响。近代鹿苑钱氏之能究心实业,致力围务,与南通张氏密切相关。

二、围田和沙案

1860年三月,清军江南大营被太平军攻破,太平军占领江阴、苏州、昆山,常熟顿时三面受敌,沦为孤城,地方震动。据《海虞禄园钱氏振鹿公支世谱·鹿苑乡小志》记载,为逃避战乱,"乡民相率避难至沙洲、江北一带",钱福祐一家也被迫避居沙洲。此时,丁忧在籍的塘桥庞锺璐(时任工部侍郎)被任命为江南督办团练大臣,组织地方团练(乡勇)以抵抗太平军,前后"血战数十阵,死亡相继,约有数万"(徐日襄《庚申江阴东南常熟西北乡日记》)。八月二日,太平军乘虚而入,分别从江阴和杨舍突袭常熟,哨马络绎,督办庞锺璐和常、昭两县县令周沫润、王庆元仓皇出逃,史称"庚申之乱"。此后的两年多时间内,当地兵燹丧乱,文物凋零,经济凋敝,民不聊生。

"庚申之乱"结束,钱福祐回乡开始了在沙洲地区的围垦活动,并因此"家境大裕","坐拥本乡及沙洲田产颇巨"。或许得益于鹿苑得天独厚的地理条件,文献显示,钱福祐是当时在北部沿江沙洲(北沙)最早从事大规模围垦的常熟人。

清末民初,地处常熟西北乡的鹿苑镇,北滨大江,为境内著名的滨江大镇。"海城"(又称"冈身",东起宝山,西迄江阴)横贯镇北,登高北眺,诸沙历历;三丈浦纵贯全镇,北通长江(南夹东段),将镇区一分为二。晚清同光间,鹿苑西北沙田迭涨,与老沙毗连。进入民国,随着段山北夹、南夹陆续筑坝,南夹大涨滩,鹿苑遂与江中对岸的东兴沙接壤。

清末的沙洲一带,地势低洼,水利失修,水患频仍。为改善水利,方便围垦,钱福祐先后参与了常通港(常、通之界河)及川心港(江、常之界河)等河港的疏浚。

钱福祐最早在北部的刘海沙一带从事围垦。在此之前,海门顾氏(顾七斤)早在咸丰年间就已乘战乱之隙在此围垦,置下了很多田产,佳境庄即为顾氏在刘海沙的首个围垦庄园。战乱结束后,朝廷出台了一系列鼓励垦荒的政策,钱福祐兄弟抓住机遇,持照前往北沙从事围垦。在刘海沙附近的关丝沙,钱福祐构建了他的第一个围垦庄园——砚秀庄,从兄福淇则在周边沙洲从事围垦,并有庄园躬耕庄,规模宏大。从此,围绕北沙围垦,钱、顾两家相互竞争,摩擦不断。

清代嘉庆年间,江中横墩、登瀛、关丝诸沙逐渐连成一片,合称"北沙"。因北沙一带土壤肥沃,物产富饶,尤其十分适合棉花等农作物的种植,自道光年间(1821—1851)开始,周边常熟、江阴、南通州等地的人们前往围垦。到了同治年间,通州顾飞熊、常熟钱福祐、江阴金一亭等为争夺管辖之地,讼于江苏布政使司数十年。

其间,海门顾七斤在九龙港口附近首先构建九龙镇。面对强劲的竞争对手,钱福祐不甘示弱,为了证明自己的实力,他于常阴沙中段九龙港畔建了一条"丁"字形街道,名曰"南兴镇"(位于关丝沙西端,距锦丰镇西北3公里处,1969年坍没入江)。

为了解决彼此间的矛盾,同治十三年(1874),当局以乾巽为向,中分鸿沟,名曰"常通港",其南隶常熟,地形狭长,其北归通州,江阴殿于西,三家纷争因此稍息。其中,北沙常通港以北南通所辖之地名曰"刘海沙",取江阴、常熟之"金""钱"二姓命名,含"刘海戏金钱"之意;其西为横墩沙、中为关丝沙、东为焦沙,早在道光时江心突涨,江(阴)、常(熟)划界,先后筑圩,故名"常阴沙"。

再后来,为进一步避免两败俱伤,顾、钱二姓纳聘联姻,构建利益共同体。钱福祐次子裘琛娶了顾七斤长孙女,从此钱、顾成了儿女亲家,如此强强联合,进一步巩固和提高了彼此的地位与实力。

三、实业与教育

自明清以来,随着商人地位的提高,儒商合流日益成为趋势,所谓"言商仍向儒",儒、商不分家;援儒入商,秉持儒家人格理想;利援义取,求天下之公利;作育人才,崇文重教;热心公益,回馈社会。事实上,早在乾隆年间,钱福祐的曾祖钱渤已是"家业列素封",虽然家谱对其起家的具体原因未做进一步说明,但也不难推想其中隐含的儒商结合的巨大可能;到了钱福祐祖父钱廷柱一代,则明显出现了"读书起家,兼营米业"的发展格局,"儒商合流"趋势逐渐清晰。

19世纪末20世纪初,我国的民族资本主义日益发展,不少世家子弟在洋务思潮和"经世致用""实业兴国"思想的影响下,开始由仕途转向工商,认为"非启民智,无以图存;非兴实业,无以言富"(王伊同《吴汀鹭先生传略》,《江阴文史资料》第十九辑),儒商结合日益成为潮流,一时间,"实业救国"和"教育救国"成为时代潮流,被普遍认为乃救国之良方。

面对时代的挑战和机遇,鹿苑钱氏与时俱进,表现出了非凡的应变能力:一方面究心围务,振兴实业;另一方面则崇教兴学,作育人才。两者互为依托,互相促进,为这个近代著名的沙田世家提供了物质保障和智力支持。

明、清两代,钱氏科名崇隆,堪称"簪缨世家"。近代以来,钱氏振鹿公支仅有武举人才,文科举人从没有过,光绪丁酉年(1897),福淇长子,即福祐从侄耕玉中举,于钱氏而言,可谓空前绝后。随着西学东渐,社会转型,钱氏作育子弟方面与时俱进,颇具识见和眼光。尤其进入20世纪之后,钱氏除了设塾,延聘西席,教育子女之外(光绪末年的钱氏家塾师资雄厚,不仅有教"经学"的大先生,还有教英文的洋先生,见《钱昌照回忆录》),还于光绪二年(1876)在西街创办鹿苑书院,礼聘蒋士骥(蒋陈锡五世孙,同治十一年进士)等宿儒硕学,"奖掖文士"。1905年科举制度废除,钱福祐长子钱葆琛又顺应时代要求,于1907年将书院改为鹿苑公立两等(含初等和高等)小学。几乎同时(前后相差半年),福祐从兄福淇令次子玉粟和同镇的闵安敬(举人,后被褫夺)联合在镇东创办了晋安小学,聘请江阴周庄的周景丰(烈士周水平族人)等名师作育里中子弟。钱昌照、钱昌祚早年均在该校就读。两所学校,根据各自所处位置,人称"西校"和"东校"。20世纪30年代,晋琛之子昌裔为了方便南夹筑坝围垦,擅将东校移作福利垦殖公司办公用房,被视为有违祖先办学初衷,唯利是图,颇为族人诟病。一座江南普通集镇,在清末已有两所颇具规模的新式学堂,钱氏之崇文重教,作育人才,可见一斑。

此外,民国七年(1918),钱氏后裔在北沙的南兴镇创办了南兴小学,首任校长为张锡麒。

两朝帝师翁同龢曾为南浔张(静江)故居撰过一联:"世间数百年旧家无非积德,天下第一好事还是读书"。作为境内著名的世家旧族,重教兴学素来是鹿苑钱氏的家族传统,也是其文脉永续和振兴家业的智力保障,最终成就了这个著名的"沙田世家"。也正因为此,鹿苑钱氏近代以来明德辈出,人才济济。其中,福祐、福淇两支"昌"字辈后裔中,子弟有志向学,负笈在外,接受中等、高等教育,甚至留洋深造者,不在少数,其中,钱昌照(福祐之孙)、钱用和、钱昌祚、钱卓升(三人均为福淇之裔孙)均曾留学英美名校,学贯中西,功业卓著,乃钱氏后裔之代表。

四、围垦人物简介

钱氏围垦,历经数代,福祐兄弟之后,人才辈出,堪称沙田世家。现据钱氏族谱及有关文献,对相关人物生平略作介绍。

1. 钱葆琛

钱葆琛,字钦伯,福祐长子,光绪年贡生钱昌照伯父。家谱称其"文思惊博,才具连达,好雄谈高论",为当地著名讼师。

钱葆琛"能继父志，治沙田，增恒产"。曾担任本乡董事，留心地方公益。1905年科举制度废除，1907年，钱葆琛将父亲亲手创建的鹿苑书院改为新式学堂，并担任校长。1928年，钱葆琛开始主持《海虞禄园钱氏振鹿公支世谱》的修撰，同年去世，由昌运（耕玉之子，福淇之孙）主持编务。

2. 钱荃琛

钱荃琛，字召诵，以字行，本福祐三子，嗣梦龙为后，附贡生。妻龚氏，为晚清著名思想家、诗人龚自珍之次子龚陶（字念匏，曾任金山知县）独女（由常熟翁家和曾任贵州巡抚的庞鸿书作媒），1927年去世，其子钱昌照撰有《先妣龚太夫人行述》。

有关钱荃琛生平事迹，传世并不多。家谱称其"豪爽任侠，好义解纷，少负大志，广结交游"。对此，其子钱昌照的回忆或能丰富我们对钱荃琛个性的认知。

钱昌照回忆说，其父钱荃琛进学以后即放弃举业，经常往来于沪、宁与北京之间，平生仗义疏财，秉性豪爽，善与人交，挥金如土。鉴于晚清国家贫弱，他认为要富国强兵，就必须振兴实业，因此在30岁以后便热衷于垦殖及工业，与其金兰之交、南通名人刘一山及海门陈楚涛［按，陈维镛（1855—1898），字楚涛，海门巨富，以经营纱厂起家，兼事盐垦，为张謇初创大生纱厂时六大股东之一］一起致力于盐垦，计划开荒植棉，兴办纺织厂。

1897年，时年30岁的钱荃琛正在上海，听说上海道逮捕了三位反日的台湾同胞，日本领事馆要求引渡。钱荃琛非常同情这三位爱国志士，为了避人耳目，他设法与其他几位朋友一起拼凑了10万两银子送给上海道，三位爱国台胞因此得以释放。

作为"翻天作海"的沙田世家，钱家积累了丰富的围垦经验。到钱荃琛时，已熟练掌握了通过筑暗坝加速泥沙淤积的方法，后这一技术被推广运用于筑坝围垦工程（据周光祚先生口述）。

光绪三十三年（1907）八月初十，鉴于段山北夹可筑巨坝，培田以利农垦，钱荃琛计划集资兴工，并为立案事奔走南京，中途江轮失慎，不幸罹难，享年40岁，"时论惜之"。

钱荃琛为围务罹难一事在地方有一定影响，后人多有提及，然多语焉不详。对此，其子钱昌照曾有专门回忆，或可从中窥见钱荃琛为人处世之特点，姑全文引述如下：

我还不满9岁的时候，为了和两江总督张人骏（按，此说恐有误，当时两江总督由时任江苏巡抚的端方暂署，张人骏于1909年6月28日改任两江总督，直至清帝逊位）商量盐垦事宜，父亲从上海去南京，坐的是日本商轮"大福丸"。船行经镇江，忽起大火，船长和我父亲相识，就把自己的救生圈拿出给了他。父亲拿到救生圈就往水里跳，另有几个人也跟着跳入水中。但是他的随从却没有和他一起跳。后来在镇江江边沙滩上找到我父亲和另外两个无名氏的尸首。家中一连接到由上海、南京和镇江发来的三封告知父亲不幸遇难的电报，记得当时我正在书院读书，消息传来后家人匆忙把我接回家中。我刚一进门，就听到一片哭声，才知道父亲已不幸去世（享年43岁）。

父亲突然逝世，家庭经济大成问题。我家那时的家景并不富裕，常要借债。父亲的脾气是，借钱给人从来不要借据，可是借人家钱一定出借据，而且每借必还。父亲逝世后，所欠的债由母亲出卖田产陆续偿还。以后伯叔等六人分了家，我们这一房经济困难，所有费用全靠变卖田产维持。当我从英国自费留学回来时，田产已变卖殆尽。（《钱昌照回忆录》，中国文史出版社1998年版）

对于荃琛的罹难，时人多有惋惜。后来被推为虞社社长的邑人钱育仁曾专门撰写了一副挽联以示悼念，联曰：

不死于私仇而死于公益吾乡奄奄无生气矣垦牧创公司填海雄心何人继起作精卫

既为我宗恸兼为天下恸此恨绵绵有穷期耶刹那传警电归丧京口共泪同声哭仲连

上联专门提到了钱氏的罹难，并有尾注可资参考："组公司，发起在圈山筑坝断海培，与江阴张君赴宁请愿，至镇江，轮船失火，同被溺毙。"

可见，由于钱荃琛罹难，北夹筑坝计划夭折（此工程直至民国五年才重新启动），同时，因投资无法收回，最终资不抵债，钱家不得不变卖田产以偿还债务，家道从此中落。可能是出于世交之谊，也可能是因为同病相怜，总之，钱氏家难为钱荃琛生前至交陈葆初（按，陈葆初系陈维镛之子）获悉后，陈葆初主动伸出援助之手，雪中送炭，钱家困境方得纾解。从一定意义上说，钱昌照能自费留学伦敦政治经济学院，并赴牛津大学深造，前后历时六载，终于学成回国，陈葆初与有力焉。出于某些可以理解的原因，包括钱昌照在内的钱氏后人，几乎没人提起这段鲜为人知的往事（据周光祚先生回忆）。

值得一提的是，钱荃琛在致力于盐垦实业的同时，凭着见闻广博，在子女教育理念上眼光高远，超乎时流。

鉴于晚清时局，钱荃琛认为贫弱的中国需要培养一批外交官，藉此折冲樽俎。当时各国政府之间签订条约都以法文书写，为此，在钱昌照7岁时，钱荃琛专门从上海震旦大学聘请了一位精通法文的庄姓教师教其法语，希望将其培养成一名外交人才。为此，他之前已将长子钱昌煦送到震旦大学（一说是江南高等商业学堂，见《海虞禄园钱氏振鹿公支世谱·世表》）读书。次年钱荃琛因江轮失事突然离世后，家境拮据，钱家只得辞去庄老师，钱昌照的法文学习因此中断。两年后，还在震旦大学读书的长兄钱昌煦也"以疾致夭"。面对接连不断的家难打击，母亲龚氏精神怫郁，但她"周知世务""明义达理""洞明时事""恒以远志勖昌照，命留学英国"（《先妣龚太夫人行述》，见《钱昌照回忆录》第一章"青少年时代"第一节"我的家庭"）

12年后（1919），钱昌照遵母命远赴英国伦敦政治经济学院留学，后又在牛津大学深造，回国后毕生致力于我国经济和教育等问题的思考与实践，除了个人经历这一原因外，当与其早年家庭环境尤其是家庭教育密切相关。

3. 钱华琛

钱华琛，字朴三，号祝三，福祐六子，廪贡生。家谱称"公少而敏慧，故长文艺、工诗赋，弱冠食廪饩"。科举制度废除后，钱华琛弃文从商，"兼效陶朱之懋，迁家滨江海"。凭借沙洲地区优越的自然经济条件，钱华琛"设行以为经纪"，从事贸易。因钱华琛早逝，家谱中有关他的生平事迹记载并不丰富，但从字里行间我们不难看出近代鹿苑钱氏"儒商结合"的深厚家族传统。

此外，福祐四子钱蔚琛，字豹君，附贡生，因为先人祖业所在，曾任常阴沙南兴镇的董事。

4. 钱昌时

钱昌时，字雍黎，钱福祐次子栽琛之长子。母顾氏，为海门围垦闻人顾七斤长孙女，家境殷实。钱昌时于南通纺织专门学校毕业后，获得英国老威尔大学纺织科学士学位，曾在上海大同洋行任职，后担任南通大生三厂工程师、代理厂长（一说经理）及南通大学纺织科教授。在任大生三厂代理厂长期间，因挪用公款而辞职返乡。日伪时期，钱昌时长袖善舞，与陆汉邦合资在常熟开设大丰纱厂，兼任常熟县商会会长，周旋于"忠义救国军"、日伪等政治势力之间，曾被任命为"忠义救国军"第六支队第三大队队长。日寇进驻沙洲之后，钱昌时摇身一变，成了伪鹿苑行政区区长，所部也改为保卫队，归其统领。后来，福利垦殖公司股东、江阴绅士吴汀鹭的私人代表黄秉忠被刺，钱昌时一度代族兄钱宇门负责福利垦殖公司南夹围务，因此"颇增私产"。现在"洋浦"一带沙田即为他所围垦。不过由于时局所囿，相比前辈，他的影响不是很大。

钱昌时为人颇慷慨，几乎有求必应，故吴汀鹭、张渐陆之辈皆乐意与之合作。钱昌时主持南夹围务时，伪江苏省省长李士群秉日寇"意旨"，于江南一带搞"清乡"运动，常熟城内有所谓"宏济善堂"者，其经理陈姓伙同敌伪特工站组织太丰垦殖公司，抢围福利垦殖公司滩地。堤虽告成，但秋汛大风，海潮冲决堤身，所有投资瞬间化为乌有。次年（1942）仍由钱昌时主持福利垦殖公司的南夹围务，直至抗战结束。

抗战胜利后，钱昌时因之前附逆而被捕入狱，中华人民共和国成立后出狱，先后服务于东北纺织工业局工程师室、旅大市金州纺织厂（任工程师）。

以上仅就钱福祐一族的有关情况稍作介绍，以见沙田世家之一斑，而其从兄福淇一族的围垦成就及相关人物，参见《海虞禄园钱氏振鹿公支世谱》的"传记"和"世表"，不再赘述。

五、小结

纵观近代鹿苑钱福祐家族的百年变迁，莫不与近代时局乃至国运紧密相联。钱福祐家族最初因兵乱被迫迁居沙洲，依托时局大环境，创办实业，以围垦起家，经过几代人筚路蓝缕的艰苦创业，家族实力得以迅速壮大，终成当地著名沙田世家。与此同时，钱氏家族崇教兴学，培养人才，逐渐由沙田世家向文化家族转变，由传统地主向现代儒商及知识精英转变，经过一系列调整和蝶变，成功实现了整个家族的华丽转身。

【按】本文初刊于2018年《张家港文史资料》第三十八期，《张家港文史志》总第十六期。本次整理，作者对原文做了一定的修正。

后 记

经过两年多时间的准备和努力，《张家港沙上围垦史料丛编（第一辑）》终于付印出版，这是张家港市沙上历史文化研究的一项具有重大基础性、战略性意义的寻根探源工程，也可称为张家港市沙上文化研究的"筑基"工程。

2022年5月27日，习近平总书记在主持中共中央政治局就深化中华文明探源工程进行第三十九次集体学习时强调，经过几代学者接续努力，中华文明探源工程等重大工程的研究成果，实证了我国百万年的人类史、一万年的文化史、五千多年的文明史。中华文明探源工程成绩显著，但仍然任重而道远，必须继续推进、不断深化。编纂出版《张家港沙上围垦史料丛编（第一辑）》，是张家港市沙上文化研究会贯彻落实习近平总书记重要讲话精神的重要举措。

两年多来，为了本书的编辑出版，张家港市冶金工业园（锦丰镇）等单位的领导和专家，以及各方热心人士，给予了全方位的关心和支持，特别是冶金工业园（锦丰镇）领导十分重视，把此项工作纳入文化建设重要内容，在工作协调、人员保障、调研考察等方面给予了大力支持。对此，我们深表感谢！

本丛编是反映张家港沙上围垦史的专业书籍，对于研究张家港沙上地区乃至长江下游苏南地区自然环境、地域风貌、地理沿革、经济社会发展和人文历史的演进嬗变，对于研究长江文化特别是吴文化和江南文化的变迁发展，具有十分重要的价值和意义，我们将继续努力深入挖掘资料，做好续编工作，以感谢读者的支持。

张家港沙上围垦资料的征集范围广、涉及领域多、时间跨度久远、工作难度大，缺憾在所难免，恳请读者予以理解。因部分资料的作者通讯地址不详，无法取得联系，敬请各位有著作权的作者持有效证件到张家港市冶金工业园（锦丰镇）文化中心领取稿酬，有效时限为本书出版之日起两年内。

本书编委会
2023年2月15日